制作古典美女

还原照片真实色彩

制作日落效果

制作下雪效果

制作沧桑艺术效果

制作人物在天空中漂浮的效果

更换照片背景

使用高斯模糊滤镜制作景深效果

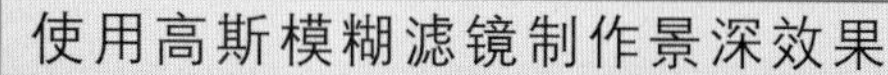

制作鹦鹉的动态效果

制作电影海报

制作证件照效果

镜头光晕

制作炫彩效果

使用颗粒滤镜制作插画效果

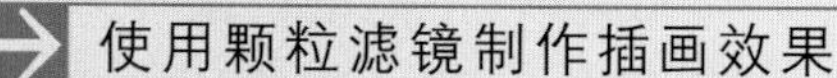

制作水彩画效果

制作放射效果

旋转的裙摆

制作油画效果

影像照片

制作百叶窗效果

增强风景照的神秘感

在照片中添加蓝天白云

素描效果

用嵌入图像的文字修饰照片

修改逆光人物照片

制作水晶璀璨效果

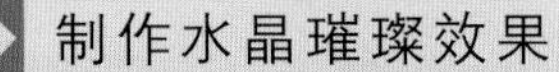

制作速写效果

制作撕纸效果

魔棒去背景

制作朦胧的艺术效果

改变衣服颜色后的效果

使用模糊滤镜制作雨丝飘落的效果

为照片添加彩虹的效果

为树林增添光线的效果

制作金属人物

美白皮肤的效果

Photoshop CS4 数码照片处理从入门到精通

新知互动　编著

中国铁道出版社
CHINA RAILWAY PUBLISHING HOUSE

内 容 简 介

Adobe Photoshop CS4提供了强大的数字艺术制作平台，其软件兼容性很强。本书上篇通过八章的篇幅对Photoshop CS4进行了全面的介绍，包括选区的建立与使用、绘图与修图工具的应用、颜色的基本概念和选取、图层的应用、图像色彩与色调的调节原理、通道与蒙版的应用、路径工具的使用等内容。下篇通过大量的实例详细介绍了使用Photoshop CS4进行数码照片处理的常用技巧。

本书适用于多层面的读者，包括初学者与图像处理专业设计人员。通过对本书内容的学习，读者不仅可以掌握Photoshop CS4软件的使用，还可以熟练完成对数码照片的后期处理，制作出高品质的艺术效果。

图书在版编目（CIP）数据

Photoshop CS4数码照片处理从入门到精通／新知互动编著. —北京：中国铁道出版社，2009.9

（从入门到精通）

ISBN 978-7-113-10508-2

I.P… II.新… III.图形软件，Photoshop CS4 IV.TP391.41

中国版本图书馆CIP数据核字（2009）第161957号

书　　名：Photoshop CS4数码照片处理从入门到精通

作　　者：新知互动　编著

策划编辑：严晓舟　张雁芳

责任编辑：张雁芳　　　　**编辑部电话**：(010)63583215

特邀编辑：王　惠

封面设计：新知互动　　　　**封面制作**：白　雪

责任校对：郑　楠

责任印制：李　佳

出版发行：中国铁道出版社（北京市宣武区右安门西街8号）　**邮政编码**：100054

印　　刷：北京精彩雅恒印刷有限公司

开　　本：850mm×1092mm　1/16　　**印张**：27.75　　**插页**：4　　**字数**：719千

版　　次：2010年1月第1版　　2010年1月第1次印刷

印　　数：4 000册

书　　号：ISBN 978-7-113-10508-2/TP·3551

定　　价：79.00元（附赠光盘）

前言 Preface

随着数码产品越来越广泛地步入我们的生活，数码相机已经成为家庭生活中广泛使用的生活用品。使用数码相机拍摄照片也已经逐渐大众化，而且数码照片也慢慢被人们所接受，在各类媒体中得到了广泛的应用。

与传统胶片相机相比，数码相机拍摄出来的照片有一个突出的特点，就是照片后期处理空间非常广，自由度非常大。每个人都可以按照自己的意愿，对数码照片进行技术处理和艺术加工。

本书以拍摄数码生活照片为主题，介绍了使用Photoshop CS4强大的图像处理功能来处理数码照片和制作设计方面的知识，针对常见的数码照片难题，提供了最实用的照片编修与处理技巧，让您可以轻松地解决各种数码照片所遇到的难题。

本书共分为两篇，收集了上百个来自日常生活的数码照片范例，分章讲解了使用Photoshop CS4图像处理软件对数码照片进行处理的方法与技巧，将应用技巧的讲解带入具体的实例中。

其中，技术详解篇主要介绍了Photoshop CS4的基础知识与各种工具的使用、数码照片的编辑以及各种调整技法，使读者掌握Photoshop CS4软件的基本使用方法。

数码照片处理实例篇包含了大量精彩的照片处理实例，内容丰富、范围广泛 。包括数码照片的基本处理技巧、人像处理技巧、特效处理技巧以及数码照片个性艺术设计处理技巧。

为了方便读者学习，本书的配套光盘中收录了所有实例的素材与处理后的最终效果图，读者既可以参照书中所述步骤从头开始制作实例，也可以打开光盘中的实例进行分解。

本书中丰富的影像处理技巧和创意实例，对从事美术设计、平面制作的专业人员有较强的参考价值。通过这些实例的学习，您一定能够创作出更有创意的作品。

由于时间仓促，书中难免存在不足之处，恳请广大读者批评指正。

编者

2009年8月

01 Chapter 数码照片的基本操作

02 Chapter 调整图像的色调

03 Chapter 绘图工具的使用

04 Chapter 通道

05 Chapter 图层的混合模式

06 Chapter 图像的变换与调整

07 Chapter 滤镜

08 Chapter 数码照片的输出

09 Chapter 数码照片修饰技巧

10 Chapter 数码照片人物处理技巧

11 Chapter 数码照片特效处理技巧

12 Chapter 数码照片个性艺术设计

01 Chapter

数码照片的基本操作

本章主要介绍Photoshop软件的基础知识及基本操作。

1.1 数码照片的打开与存储

1.1.1 打开照片

要对一个以前编辑过的Photoshop CS4文件重新进行编辑，继续之前未完成的操作，或编辑一些需要制作的图片资料时，可以执行“文件”/“打开”命令，打开需要编辑的文件。

使用“文件”/“打开”命令打开图像的步骤如下：

01 在菜单栏中执行“文件”/“打开”命令，如图1-1所示，或使用快捷键【Ctrl+O】，弹出“打开”对话框。

02 在“打开”对话框中的“查找范围”下拉列表框中选择素材图像所在的文件夹，在“文件类型”下拉列表框中选择需要打开的文件格式。若选择“所有格式”选项将显示所有格式的图片，如图1-2所示。

03 选择所需的图片后，“文件名”和“文件类型”下拉列表框中会显示文件的名称与文件的格式。单击“打开”按钮，即可打开所选择的图片，如图1-3所示。

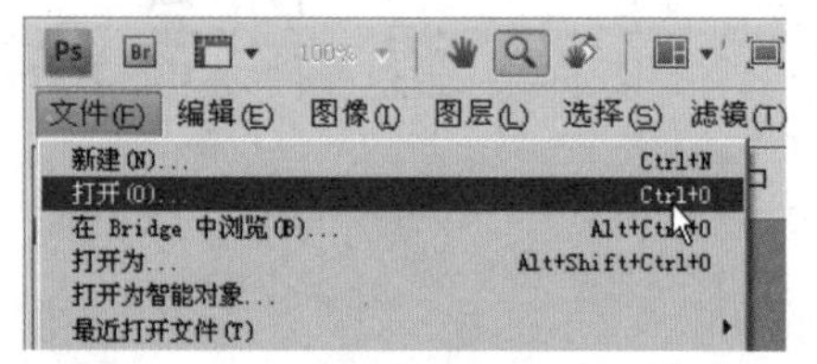

图1-1

图1-2

图1-3

提示 · 技巧

Photoshop CS4可以同时打开多个图像文件。在“打开”对话框中选择一个文件，然后按住【Shift】键选择另一个文件，可以选中连续的多个图像文件，或者按住【Ctrl】键逐个选择多个图像。选择多个文件后，单击“打开”按钮，即可打开多个图像。

有时打开一幅图像时，会弹出一个“嵌入的配置文件不匹配”对话框，提示图像的颜色不匹配问题，说明所打开文件的色彩设置与当前使用的色彩设置不一致，如图1-4所示。该对话框会提示颜色的匹配选择，单击“确定”按钮，即可进行颜色的转换。

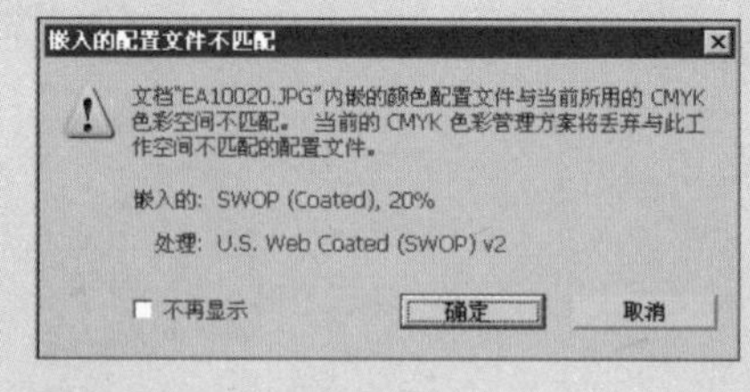

图1-4

1.1.2 存储照片

编辑完图像后，必须保存文件，以方便以后对图片进行各种处理操作。Photoshop软件支持超过20种的文件格式，如包含图层信息的Photoshop PSD格式，Windows环境下通用的PCX、BMP、TIFF格式，或是网络上流行的GIF、JPG文件格式等，用户可以根据需要选择合适的文件格式。

使用“文件”/“存储”命令存储图像的方法如下：

执行“文件”/“存储”命令，当第一次存储文件时将会弹出“存储为”对话框，如图1-5所示。

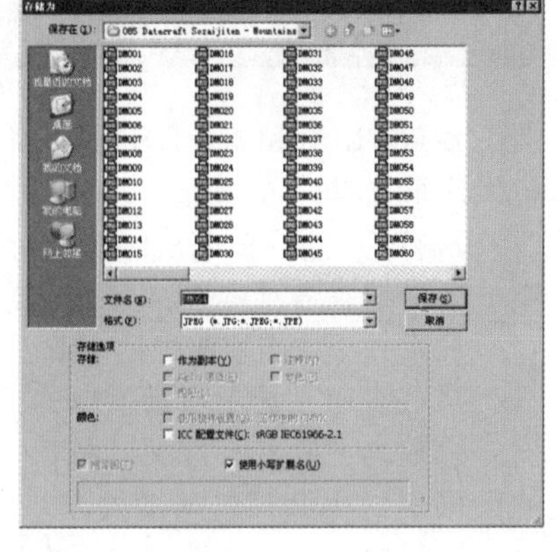

图1-5

“存储为”对话框中各项参数的意义如下：

保存在：用于选择存放文件的位置。若要回到上一级目录，可单击“向上移一层”按钮；若要新建一个文件夹，可单击“新建文件夹”按钮。

文件名：输入要存储的文件名称。文件名不能用特殊符号，如\、/、?、;等。

格式：选择需要保存的格式。

存储选项：在此选项组中可以进行各项参数的设置。

作为副本：对原文件进行备份但不影响原文件，它以复制方式保存文件，用户仍可以对原文件进行编辑。

图层：当文件中存在多个图层时，可以将图层与文件一起保存。取消选择该复选框，则将所有图层合并为一个图层。

使用校样设置：处理CMYK，是检验CMYK图像的溢色功能。

ICC配置文件：设置图像在不同显示器中所显示的颜色一致。

使用小写扩展名：在默认状态下系统会自动选中该复选框，表示文件扩展名使用小写形式。

缩略图：只适用于PSD、JPG等格式的文件，选中此复选框可以显示图像的缩览图，能在“打开”对话框中预览。

“保存”按钮：单击该按钮，即可对图像进行保存。

提示 · 技巧

对已经存储过的图像文件进行编辑后，若需要再次储存，只需执行“文件”/“存储”命令，程序会自动将编辑好的部分加入到原来存储的文件中，覆盖修改前的图像。

PSD、PDD格式：PSD、PDD是Photoshop的专用文件格式，可以保存图层、通道、路径等信息，文件比较大。需要继续在Photoshop中进行编辑的照片应存储为此格式。

1.2 处理数码照片常用的文件格式

GIF格式：8位压缩图像，只能处理256色，只支持一个Alpha通道图像信息，便于在网上传播。

JPEG格式：JPEG格式支持CMYK、RGB和灰度颜色模式，但不支持Alpha通道，最大的特点是文件比较小。与GIF格式不同，JPEG格式保留RGB图像中所有的颜色信息，但它是通过有选择地丢弃数据来压缩文件的。压缩级别越高，得到的图像品质越低，反之则图像品质越高。

TIFF格式：TIFF格式是一种灵活的位图图像格式，几乎所有的绘画、图像编辑和页面排版应用程序都支持此格式，而且几乎所有的桌面扫描仪都可以产生TIFF图像。Photoshop可以在TIFF文件中存储图层，但如果在其他应用程序中打开此类文件，则只有拼合图像后才可显示。

BMP格式：BMP是标准的位图式图像文件格式，支持RGB、索引颜色、灰度和位图色彩模式，不支持Alpha通道，是一种非常稳定的格式。

1.3 改变数码照片的尺寸

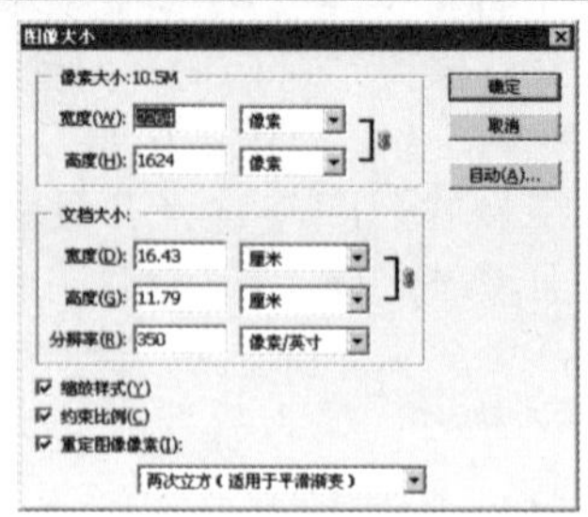

图 1-6

使用Photoshop CS4软件中的“图像大小”命令，可以对图像进行大小和分辨率的调整，方法如下：

执行“图像”/“图像大小”命令，在弹出的“图像大小”对话框中，通过设置各项参数，可以修改图像的大小，如图1-6所示。

像素大小：显示图像的“宽度”与“高度”，决定图像的显示尺寸。

文档大小：显示当前图像的打印“宽度”、“高度”和“分辨率”。

缩放样式：选中此复选框，在调整图像大小的同时，对图层添加的图层样式也会相应地缩放。

约束比例：选中此复选框，图像的宽度和高度列表框右侧将出现标记，表示宽度与高度的比例已经锁定，改变其中一项的值，另一项也会发生相应的改变。

重定图像像素：选中此复选框，则在改变图像尺寸或分辨率的同时，图像的总像素值也随之发生变化。如果在改变图像分辨率时，希望图像总像素值不发生改变，则可取消选中“重定图像像素”复选框。此时若减小图像的打印尺寸，则图像的分辨率就会增加；而若增加图像的分辨率，则图像的打印尺寸就会减小。

1.4 裁切数码照片

1.4.1 使用“裁剪工具”裁剪照片

在编辑图像的过程中，经常会对图像进行裁剪操作。使用工具箱中的“裁剪工具”，便可对图像进行裁剪操作。

在工具箱中单击“裁剪工具”，会显示“裁剪工具”选项栏，如图1-7所示。

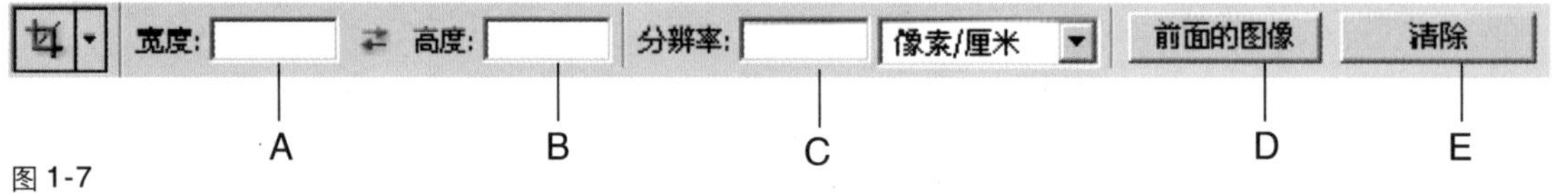

图 1-7

A→宽度：用于输入“宽度”值。

B→高度：用于输入“高度”值。

C→分辨率：用于输入分辨率。分辨率常用的单位是“像素/英寸”。当按【Enter】键确认后，所得图像大小与选项栏中所设定的尺寸及分辨率一致。也可以使“宽度”、“高度”和“分辨率”值保持空白，按住鼠标左键进行拖动，裁切后的图像与拖动框大小相同，分辨率与原图一致。

D→前面的图像：单击该按钮，裁剪选项栏中将显示出当前图像的大小及分辨率。

E→清除：单击该按钮可以将裁剪选项栏中的数值清除。

使用“裁剪工具”处理图像的步骤如下：

01 执行“文件”/“打开”命令，在弹出的“打开”对话框中选择一张图片，单击“打开”按钮即可打开图片，如图1-8所示。

02 选择工具箱中的“裁剪工具”，将鼠标指针定位在图像上，按住鼠标左键进行拖动，在图像上绘制出需要裁剪的范围，如图1-9所示。

03 按【Enter】键或在裁剪框中双击鼠标确认裁剪，图像效果如图1-10所示。若要取消裁剪框，按【Esc】键即可。

图 1-8

图 1-9

图 1-10

04 当使用裁剪工具设置好裁剪框之后，“裁剪工具”选项栏将变成如图 1-11 所示的形式。

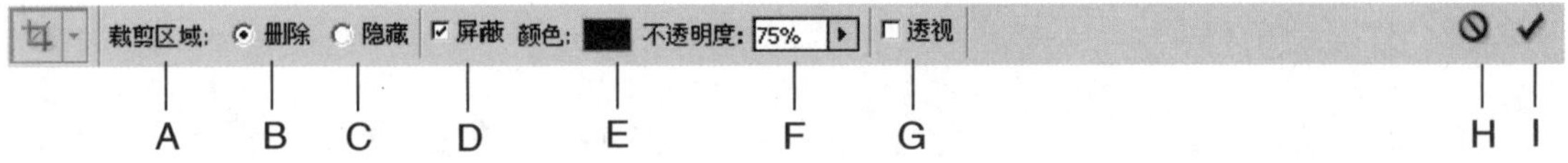

图 1-11

A →裁剪区域：该选项组包含两个选项——删除和隐藏。
B →删除：确认裁剪后，裁剪框以外的部分将被删除。
C →隐藏：裁剪框以外的部分被隐藏，使用工具箱中的“抓手工具”可以移动图像。
D →屏蔽：当用鼠标拖动形成裁剪框之后，裁剪框以外的部分将被透明的黑色遮盖。
E →颜色：单击“颜色”颜色块，即可在弹出的“拾色器”对话框中设置遮盖颜色。
F →不透明度：输入遮盖颜色的不透明度值，可改变裁剪框以外部分的不透明度。
G →透视：移动裁剪框的 8 个锚点，可以使需要裁剪的图像产生透视效果。
H →“当前裁剪操作”按钮：单击该按钮，将取消当前裁剪操作。
I →“提交当前裁剪操作”按钮：单击该按钮，将应用当前裁剪操作。

提示 · 技巧

若“裁剪区域”对应的两个选项不可选，则说明当前图像只有背景图层。若要对其进行操作，可以双击背景图层，将背景图层转换为普通图层。

1.4.2 旋转裁剪照片

在工具箱中选择“裁剪工具”，按住鼠标左键在图像上拖动，出现带有 8 个控制柄的裁剪框。将鼠标指针放在裁剪框的 4 个顶点上时，鼠标指针会变成形状，按住鼠标左键拖动可以改变裁剪框的大小。

将鼠标指针放在裁剪框的 4 条边上时，鼠标指针会变成形状，按住鼠标左键拖动可移动单个的边缘，其他 3 条边不受影响。

当鼠标指针的外形变成形状时，按住鼠标左键可以任意旋转裁剪框。

使用“裁剪工具”旋转图像的步骤如下：

01 执行“文件”/“打开”命令，在弹出的“打开”对话框中选择一张图片，单击“打开”按钮即可打开图片，如图 1-12 所示。

02 选择工具箱中的“裁剪工具”，将鼠标指针放在图像上，按住鼠标左键进行拖动，在图像上绘制出需要裁剪的范围。当鼠标指针变成形状时，按住鼠标左键可以任意旋转裁剪框，如图 1-13 所示。

03 按【Enter】键或在裁剪框中双击鼠标确认裁剪，裁剪后的图像如图 1-14 所示。

图 1-12

图 1-13

图 1-14

1.4.3 透视裁剪照片

在工具箱中选择“裁剪工具”，按住鼠标左键在图像上拖动，出现带有 8 个锚点的裁剪框，同时裁剪选项栏也发生了变化。选中“透视”复选框后，即可任意移动裁剪框的 8 个控制柄，使需要裁剪的图像具有透视效果。

使用“裁剪工具”透视裁剪图像的步骤如下：

01 执行“文件”/“打开”命令，在弹出的“打开”对话框中选择一张图片，单击“打开”按钮即可打开图片，如图 1-15 所示。

02 选择工具箱中的“裁剪工具”，将鼠标指针定位在图像上，按住鼠标左键进行拖动，在图像上绘制出需要裁剪的范围，如图 1-16 所示。

图 1-15

图 1-16

03 在“裁剪工具”选项栏中选中“透视”复选框。将鼠标指针放在任意的锚点上并拖动，如图 1-17 所示。

04 按【Enter】键或在裁剪框中双击鼠标确认裁剪，得到的图像效果如图 1-18 所示。

图 1-17

图 1-18

1.5 旋转与翻转数码照片

1.5.1 旋转画布

执行“图像”/“图像旋转”命令，可以对画布进行旋转和翻转。“图像旋转”子菜单中包含6个命令，如图1-19所示。

A→180度：将图像旋转180°。

B→90度（顺时针）：将图像按顺时针方向旋转90°。

C→90度（逆时针）：将图像按逆时针方向旋转90°。

D→任意角度：以任意角度旋转图像。

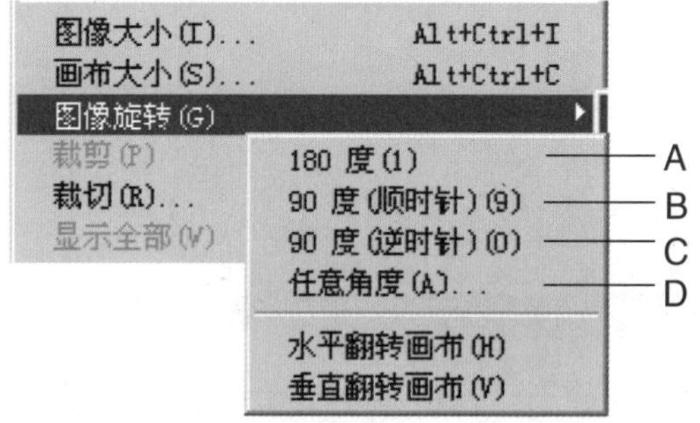

图1-19

提示 · 技巧

执行“图像”/“图像旋转”/“任意角度”命令后，会弹出“旋转画布”对话框。在“角度”文本框中可以输入任意的数值，并且选择旋转的方向为顺时针或逆时针。如图1-20～图1-24所示分别为原图像、旋转45°后的图像、旋转180°后的图像、顺时针旋转90°后的图像、逆时针旋转90°后的图像。

图1-20

图1-21

图1-22

图1-23

图1-24

1.5.2 翻转画布

执行"图像"/"图像旋转"命令，其子菜单如图1-25所示。分别执行"水平翻转画布"和"垂直翻转画布"命令，效果如图1-26和图1-27所示。

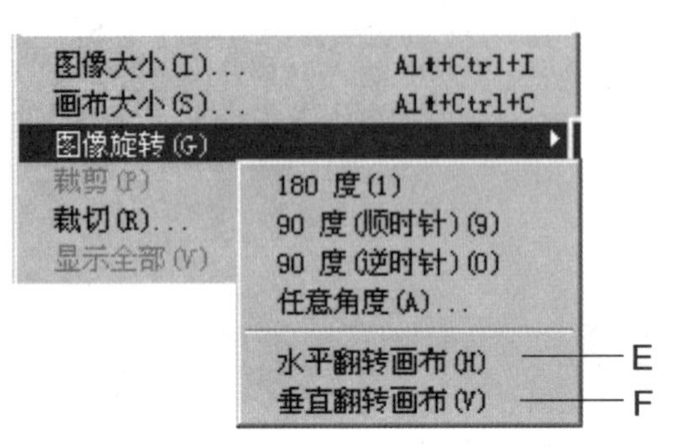

图1-25

图1-26

图1-27

E→水平翻转画布：将图像沿着垂直轴水平镜像。

F→垂直翻转画布：将图像沿着水平轴垂直镜像。

1.6 复制与粘贴数码照片

1.6.1 拖动粘贴照片

在处理图像的过程中，有时需要用到多张图片，这时，便可以拖动图片进行粘贴。

在工具箱中选择"移动工具"，弹出"移动工具"选项栏，如图1-28所示。

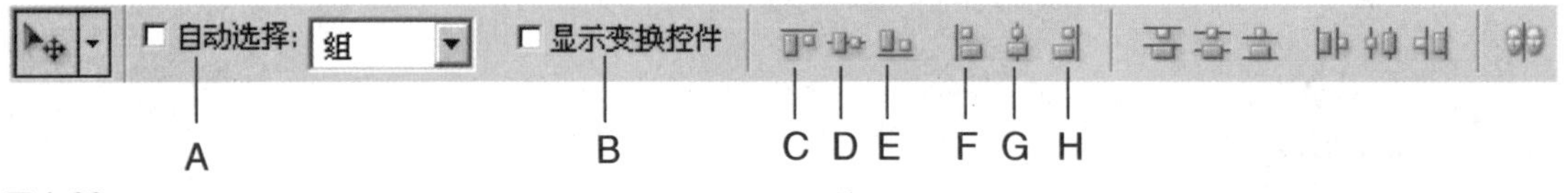

图1-28

A→自动选择：选中该复选框，当鼠标移动到图像上时，单击图层即可自动选择该图层。

B→显示变换控件：选中该复选框，选择图层后，图层的周围会出现带有8个锚点的变换控制框。

C→顶对齐：选择了两个图层或多个图层之后，单击此按钮，可将多个图层顶对齐。

D→垂直中齐：选择了两个图层或多个图层之后，单击此按钮，可将多个图层以中心垂直对齐。

E→底对齐：选择了两个图层或多个图层之后，单击此按钮，可将多个图层以底部对齐。

F→左对齐：选择了两个图层或多个图层之后，单击此按钮，可将多个图层以左边缘对齐。

G→水平中齐：选择了两个图层或多个图层之后，单击此按钮，可将多个图层以中心水平对齐。

H→右对齐：选择了两个图层或多个图层之后，单击此按钮，可将多个图层以右边缘对齐。

使用拖动粘贴方式处理图像的步骤如下：

01 执行"文件"/"打开"命令，随意打开两张照片，并将其分布在工作区中，以保证两张图片都能清楚显示，如图1-29所示。

02 选择工具箱中的“移动工具”，或按【V】键切换为“移动工具”。选择其中的一张图片，按住鼠标左键将其拖动到另一张图片中，此时，鼠标指针将变为带有加号的指针形状，如图1-30所示。

03 经过以上操作后，一张图片已经被粘贴到另一张图片中，同时默认生成新的“图层1”，如图1-31所示。

图1-29

图1-30

图1-31

1.6.2 复制粘贴照片

除了通过拖动粘贴图片之外，还可以运用“拷贝”命令粘贴图片。执行“编辑”/“拷贝”、“粘贴”命令，“编辑”菜单如图1-32所示。

A →拷贝：将图像复制到剪贴板中。

B →粘贴：粘贴图像。

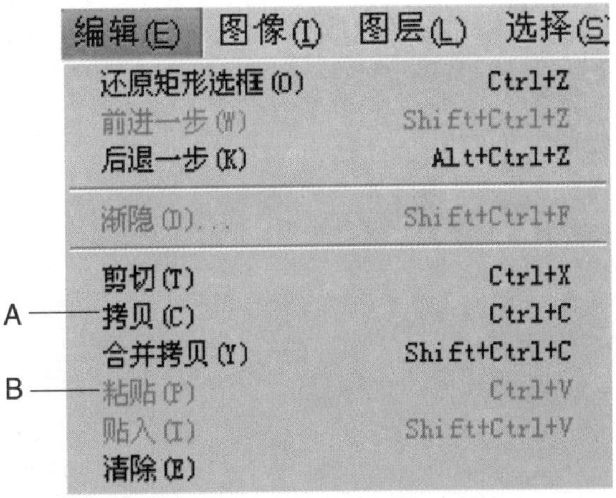

编辑(E) 图像(I) 图层(L) 选择(S)

还原矩形选框(O) Ctrl+Z
前进一步(W) Shift+Ctrl+Z
后退一步(K) Alt+Ctrl+Z
渐隐(D)... Shift+Ctrl+F
剪切(T) Ctrl+X
A——拷贝(C) Ctrl+C
合并拷贝(Y) Shift+Ctrl+C
B——粘贴(P) Ctrl+V
贴入(I) Shift+Ctrl+V
清除(E)

图1-32

使用“拷贝”、“粘贴”命令处理图像的步骤如下：

01 执行“文件”/“打开”命令，随意打开两幅图像，如图1-33所示。

图1-33

02 按快捷键【Ctrl+A】，将所需要复制的图像全部选中，执行“编辑”/“拷贝”命令或按快捷键【Ctrl+C】，以复制图像，如图1-34所示。

03 单击另一幅图像，执行“编辑”/“粘贴”命令或按快捷键【Ctrl+V】，对图像进行粘贴，如图1-35所示。

图1-34

图1-35

02 Chapter

调整图像的色调

本章主要介绍图像色彩的调整，包括图像色彩平衡调整、图像色彩和色调调整、特殊的色彩调整以及使用模式命令制作单色调效果等。

2.1 图像色调调整命令详解

2.1.1 使用“色阶”命令调整光线不足的现象

“色阶”命令主要用于调整图像的色调范围和明暗程度，改变图像的色彩平衡，使图像达到理想的色阶和谐。

单击“调整”面板中的“色阶”按钮，如图2-1所示，弹出“色阶”面板，拖动滑块来调整色阶值，如图2-2所示。也可以执行“图像”/“调整”/“色阶”命令或使用快捷键【Ctrl+L】来进行此调整。但是“调整”面板中的“色阶”命令会自动创建调整调整图层，对原图像无损，而“图像”菜单中“色阶”命令则在原图像中修改，对原图像有损。

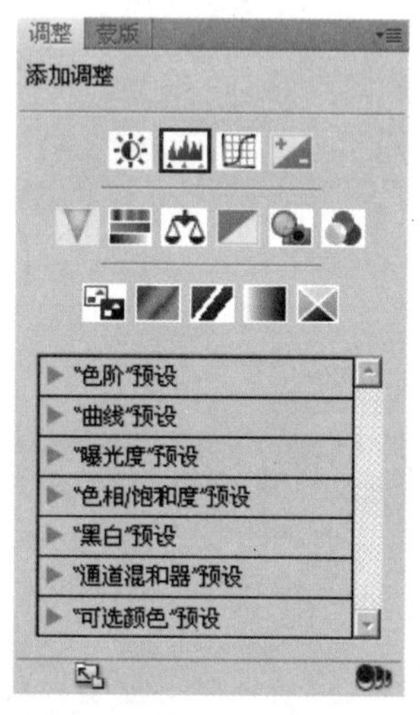

图2-1

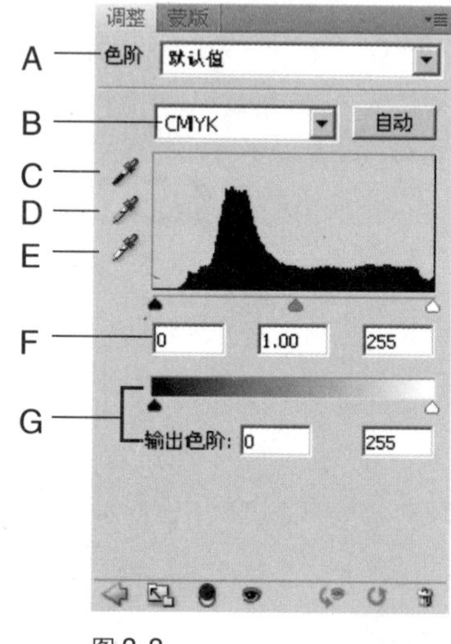

图2-2

A→“色阶”预设列表：单击右侧的下拉按钮，弹出下拉列表，其中包含了色阶的预设列表，可以根据需要进行选择，使操作更加方便快捷。

B→通道：可以对整幅图像的色调进行调整，也可以选择单一的通道进行调整。

C→设置黑场滑块：图像中最暗的部分，当滑块向右移动时，图像会变暗。

D→设置灰场滑块：图像中中间色调的部分。滑块越向右移动，图像越暗；反向移动，则越来越亮。

E→设置白场滑块：图像中最亮的部分，将滑块向左移动，图像会变亮。

F→输入色阶：可以在文本框中输入数值或拖曳滑块进行图像的阴影、中间色调和亮光的调整。

G→输出色阶：可以改变图像的明暗度。黑色滑块向右移动会使图像变亮，白色滑块向左移动会使图像变暗。

使用“色阶”命令调整图像光线不足的方法如下：

打开图库中的素材图片，单击“调整”面板中的“色阶”按钮，弹出“色阶”面板，将黑色滑块向右移动，调整到合适位置即可，如图2-3所示，这样图像将会变亮。原图像如图2-4所示，修改后的图像效果如图2-5所示。

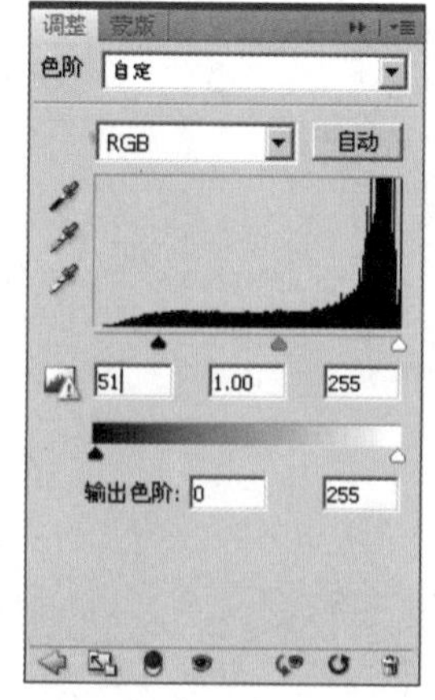

图2-3

图 2-4

图 2-5

2.1.2 使用“自动色调”命令平均化色调

“自动色调”命令是自动将图像的整体色调平均化，增强图像的对比度，但有时会产生偏色现象。使用“自动色调”命令处理图像光线效果的步骤如下：

01 执行“文件”/“打开”命令，在图库中打开素材图片，如图 2-6 所示。

02 执行“图像”/“自动色调”命令，如图 2-7 所示，或使用快捷键【Shift+Ctrl+L】，让系统自动调整色阶，调整后的图像效果如图 2-8 所示。

图 2-6

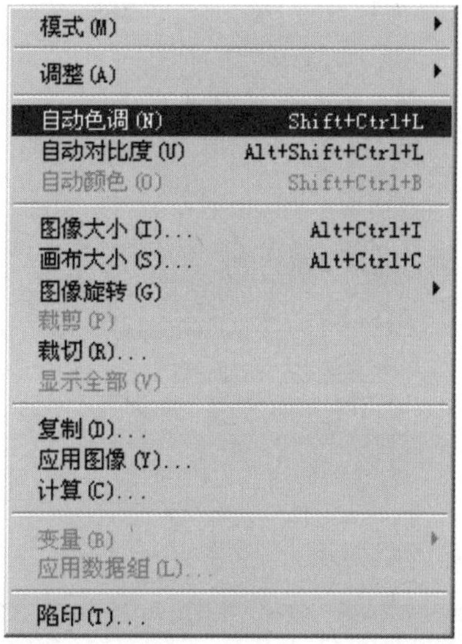

模式(M)
调整(A)
自动色调(N) Shift+Ctrl+L
自动对比度(U) Alt+Shift+Ctrl+L
自动颜色(O) Shift+Ctrl+B
图像大小(I)... Alt+Ctrl+I
画布大小(S)... Alt+Ctrl+C
图像旋转(G)
裁剪(P)
裁切(R)...
显示全部(V)
复制(D)...
应用图像(Y)...
计算(C)...
变量(B)
应用数据组(L)...
陷印(T)...

图 2-7

图 2-8

2.1.3 使用“曲线”命令调整失真照片的颜色

使用“曲线”命令可以调整图像的亮度和对比度，以此来对图像进行精确的调整。一张放置很久的照片底片，再次冲洗时便会出现各种程度的失真。而使用“曲线”命令则可以轻松修复这种失真的照片。

单击“调整”面板中的“曲线”按钮，如图2-9所示，弹出“曲线”面板，如图2-10所示。也可执行“图像”/“调整”/“曲线”命令，或使用快捷键【Ctrl+M】来进行此调整。

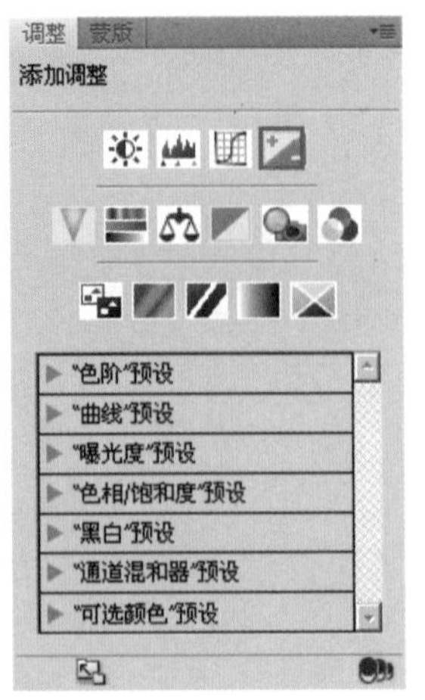

图2-9

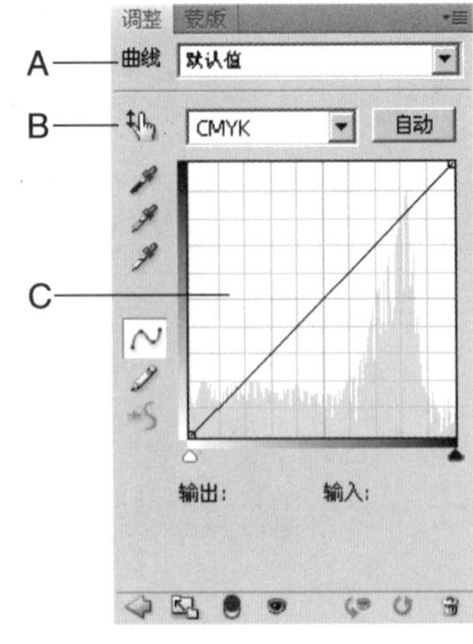

图2-10

A →“曲线”预设列表：单击右侧的下拉按钮，弹出下拉列表，其中包含了曲线的预设列表，可以根据需要进行选择，使操作更加方便快捷。

B →通道：可以在“通道”下拉列表框中选择某一通道进行调整。任一通道的调整均不影响其他通道的色调效果。

C →曲线图：曲线图中有横竖两个方向的线条组成的网格。横坐标代表水平色调，是图像调整前的亮度值，即输入色阶；纵坐标代表垂直色调，是图像调整后的亮度值，即输出色阶。

使用“曲线”命令处理图像的步骤如下：

01 执行“文件”/“打开”命令，打开素材图像，如图2-11所示。

02 在“调整”面板中单击“曲线”按钮，在弹出的“曲线”面板中进行如图2-12所示的参数设置，调整后得到的图像效果如图2-13所示。

图2-11

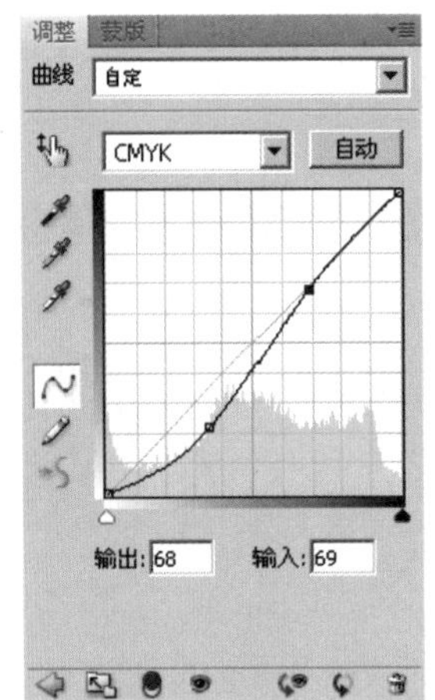

图2-12

图2-13

2.2 图像色彩平衡调整命令详解

2.2.1 使用“色彩平衡”命令粗略调整色彩

“色彩平衡”命令可以对图像进行粗略的调整，例如可以对图像的高光、中间调、阴影分别进行调整。

单击“调整”面板中的“色彩平衡”按钮，如图2-14所示，弹出“色彩平衡”面板，如图2-15所示。也可执行“图像”/“调整”/“色彩平衡”命令，或使用快捷键【Ctrl+B】来进行此调整。

A→色调：用于设置色彩调整所作用的图像色调范围，包括“阴影”、“中间调”和“高光”3部分，默认情况下选择“中间调”。选择的范围不同，图像调整后的效果也就不同。

B→色彩平衡：该选项组中有3对互补色，分别是“青色”和“红色、“洋红”和“绿色”、“黄色”和“蓝色”。可以通过拖动滑块或在文本框中输入数值来进行调节，输入数值的范围是-100~100。

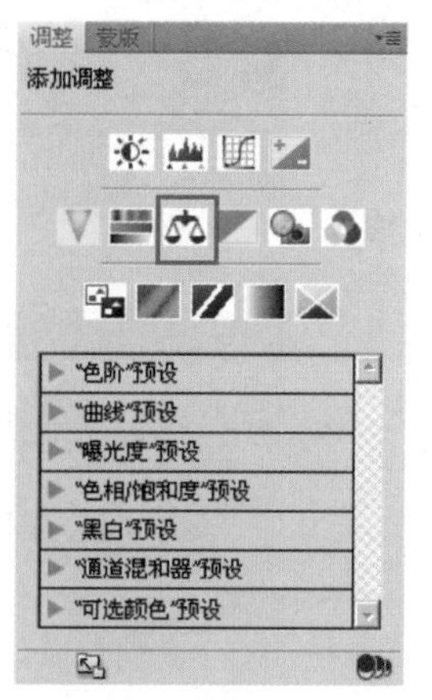

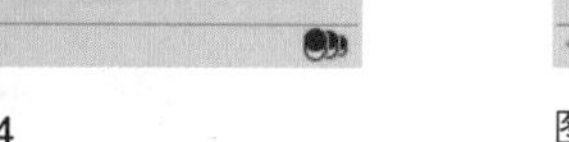
图2-14

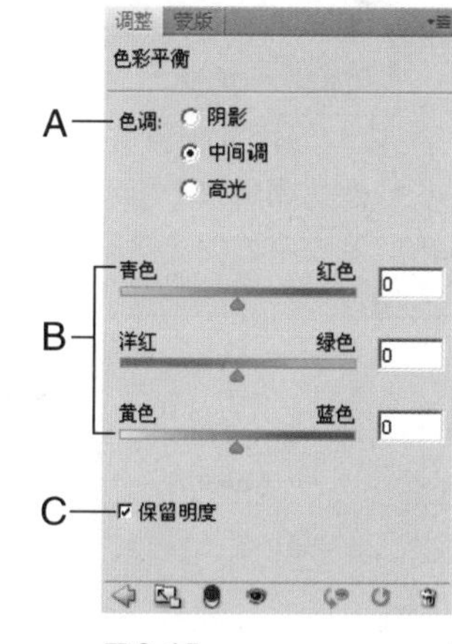

图2-15

C→保留明度：选中此复选框，在调节色彩平衡的过程中，可以保持图像的亮度值不变。

使用“色彩平衡”命令处理图像的步骤如下：

01 执行“文件”/“打开”命令，在弹出的对话框中选择素材图片，如图2-16所示。

02 单击“调整”面板中的“色彩平衡”按钮，弹出“色彩平衡”面板，选中“阴影”单选按钮，移动滑块设置具体参数，或者直接在色块后面的文本框中输入数值，如图2-17所示。得到的图像效果如图2-18所示。

图2-16

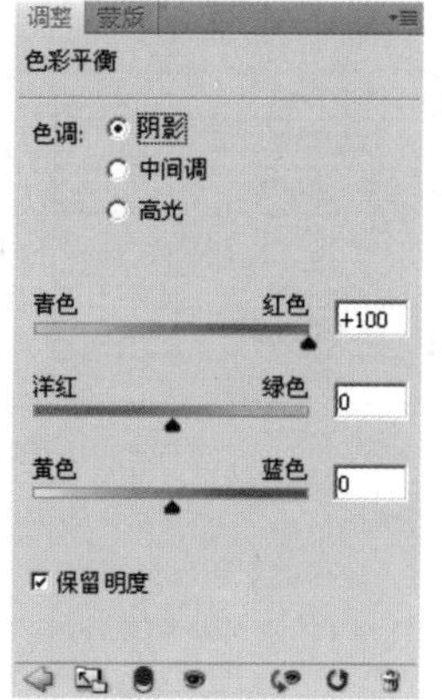

图2-17

图2-18

03 若在“色调”选项组中选中“中间调”单选按钮，同样可拖动滑块来设置具体的参数。这里，其值可与暗调值相同，如图2-19所示。得到的图像效果如图2-20所示。

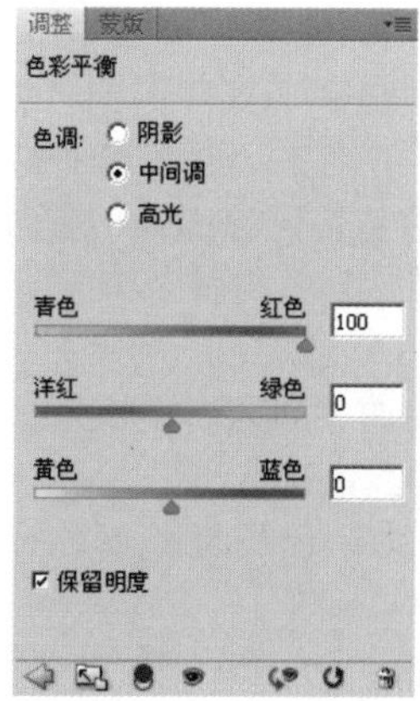

图2-19

图2-20

04 若在“色调”选项组中选中“高光”单选按钮，也可以采用相同的设置方法，具体设置如图2-21所示，得到的图像效果如图2-22所示。

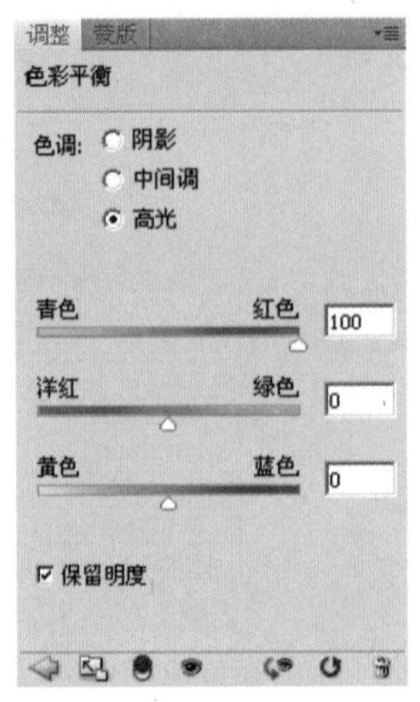

图2-21

图2-22

2.2.2 使用“色相/饱和度”命令调整色彩

使用“色相/饱和度”命令不仅可以调整图像的色相、饱和度及亮度，为图像添加更丰富的色彩，还可以制作出怀旧的色彩效果。

单击“调整”面板中的“色相/饱和度”按钮，如图2-23所示，弹出“色相/饱和度”面板，如图2-24所示。也可执行“图像”/“调整”/“色相/饱和度”命令，或使用快捷键【Ctrl+U】来进行此调整。

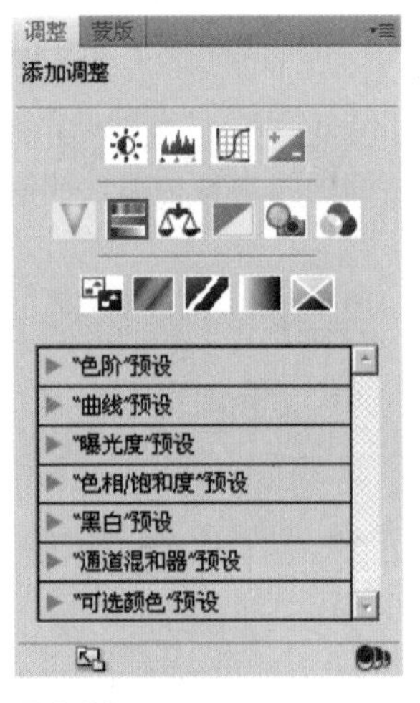

图2-23

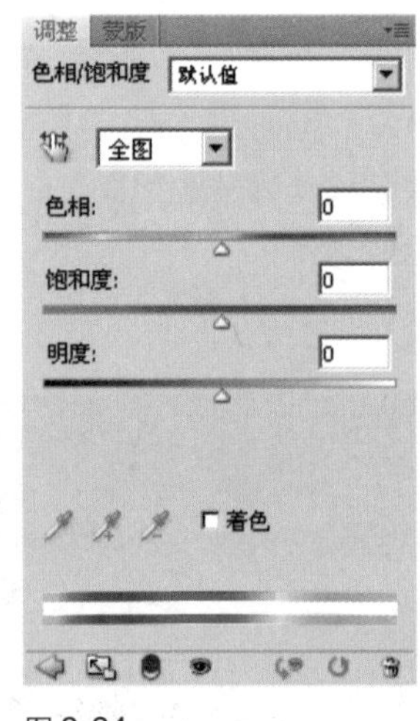

图2-24

“色相/饱和度”预设：单击其右侧的下拉按钮，弹出下拉列表中包含了“色相/饱和度”的预设列表，可以根据需要进行选择。

调整色彩范围：该选项默认为“全图”，下拉列表中包含6种颜色，选择某种颜色时，调整只对当前选中的颜色起作用。

色相：可拖动滑块或在文本框中输入数值来调整图像的色相，可输入的数值范围是-180~180。

饱和度：可拖动滑块或在文本框中输入数值来调整图像的饱和度，可输入的数值范围是-100~100。

亮度：可拖动滑块或在文本框中输入数值来调整图像的亮度，可输入的数值范围是-100~100。

颜色条：对话框下部的两个颜色条中，上面的颜色条显示调整前的颜色，下面的颜色条显示调整后的颜色。

吸管：选择普通吸管工具，可以选择调色的范围；选择带加号的吸管工具可以增加调色的范围；选择带减号的吸管工具，则可以减少调色的范围。

着色：选中该复选框，可以使图像变为单色图像，制作出怀旧的图像效果。

提示 · 技巧

选中“着色”复选框，也可以将黑白图像变为单色调图像，但是处理后图像的色彩会有一些损失。

使用“色相/饱和度”命令处理图像的步骤如下：

01 执行“文件”/“打开”命令，在弹出的对话框中选择素材图片，如图2-25所示。

02 单击“调整”面板中的“色相/饱和度”按钮，弹出“色相/饱和度”面板，在“调整色彩范围”下拉列表框中选择默认的“全图”选项，调整滑块的位置，如图2-26所示。得到的图像效果如图2-27所示。

图2-25

图2-26

图2-27

03 在“调整色彩范围”下拉列表框中选择“青色”选项时，移动“色相”滑块，如图2-28所示。得到的图像效果如图2-29所示。

04 在面板中选中“着色”复选框，对图像进行调整。移动滑块，设置各项参数，如图2-30所示。得到的图像效果如图2-31所示。

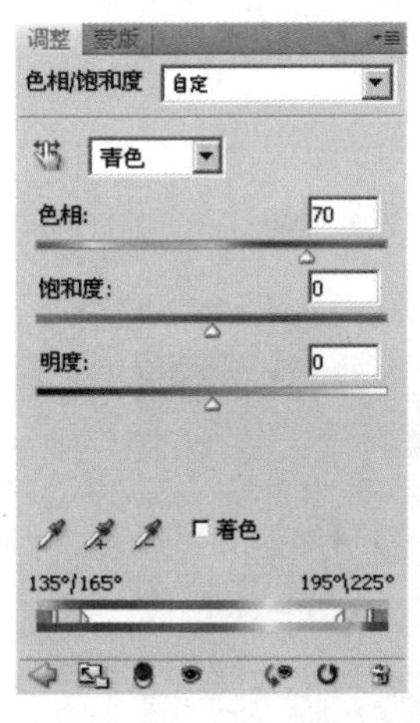

图2-28

图2-29

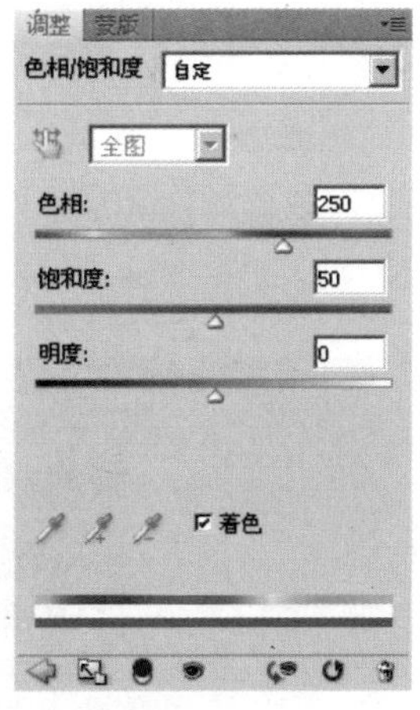

图2-30

图2-31

2.2.3 使用“替换颜色”命令调整单色照片

使用“替换颜色”命令不但可以很方便地进行颜色的替换，还可以方便地设置替换颜色区域内的色相、饱和度和亮度。

执行“图像”/“调整”/“替换颜色”命令，如图2-32所示，即可弹出“替换颜色”对话框，如图2-33所示。

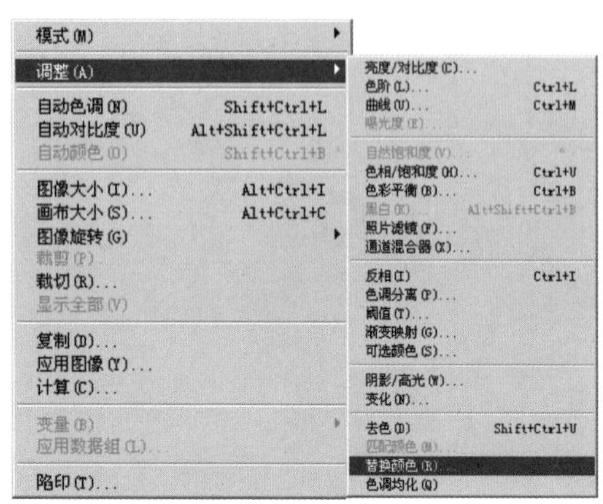

图2-32

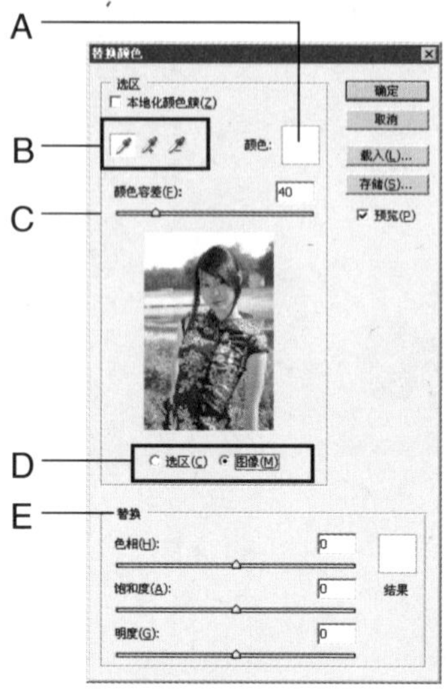

图2-33

A→颜色：用于设置颜色，可在弹出的“拾色器”对话框中进行颜色选取。

B→吸管工具：吸管工具中包括3个吸管，其中用于吸取图像或选区中要替换的颜色；用于增加要替换的颜色；用于减少要替换的颜色。

C→颜色容差：用于设置需要替换颜色的范围，通过移动滑块或输入设置来改变选取的范围。

D→选区/图像：用于切换图像的预览方式。选择“选区”时，将以黑白图像显示；选择“图像”时，将显示整个图像。

E→替换：通过设置“色相”、“饱和度”和“明度”的值，可以调整选取范围内图像的色相、饱和度和亮度。

使用“替换颜色”命令处理图像的步骤如下：

01 执行“文件”/“打开”命令，在弹出的对话框中选择素材图片，如图2-34所示。

02 执行“图像”/“调整”/“替换颜色”命令，在弹出的对话框中，用吸管吸取图像中要替换的颜色，然后移动滑块调整各项参数，如图2-35所示。调整后的图像效果如图2-36所示。

图2-34

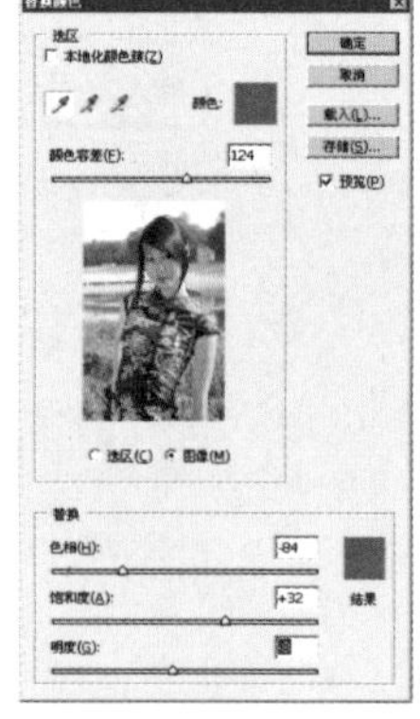

图2-35

图2-36

2.2.4 使用“可选颜色”命令调整选区颜色

“可选颜色”命令用于调整颜色之间的平衡。可以选择图像中的某一主色调进行调整，增加或减少印刷色的含量，而不影响其他主色调中的表现。

在“调整”面板中单击“可选颜色”按钮，如图2-37所示，弹出“可选颜色”面板，如图2-38所示。也可执行“图像”/“调整”/“可选颜色”命令来进行此调整。

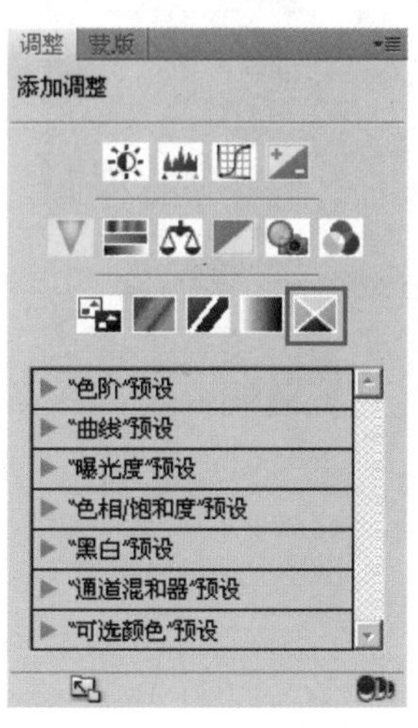

图2-37

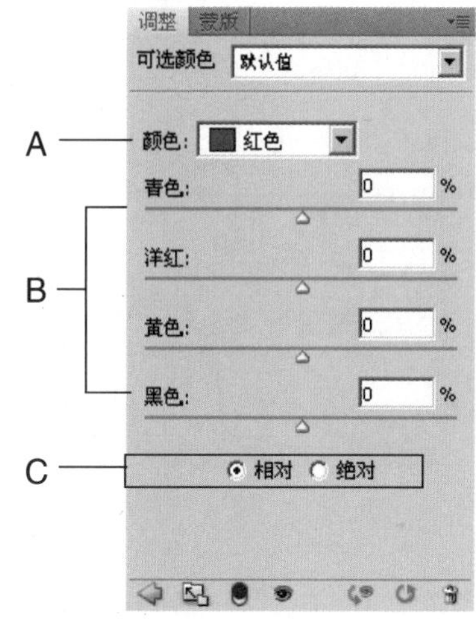

图2-38

A →颜色：其下拉列表中包含9种颜色，可以从中选择需要调整的主色。

B →滑块：通过移动这4个滑块，调整图像的C、M、Y、K值，取值范围为-100%～100%。

C →方法：用来设置色彩的调整方式，其中包括“相对”和“绝对”两个选项。当选中“相对”单选按钮时，根据原来的CMYK值总数量的百分比来计算；选中“绝对”单选按钮时，是以绝对值来调整颜色。

使用“可选颜色”命令处理图像的步骤如下：

01 执行“文件”/“打开”命令，在弹出的对话框中选择素材图片，如图2-39所示。

02 在“调整”面板中单击“相对”单选按钮，具体设置如图2-40所示，图像效果如图2-41所示。

图2-39

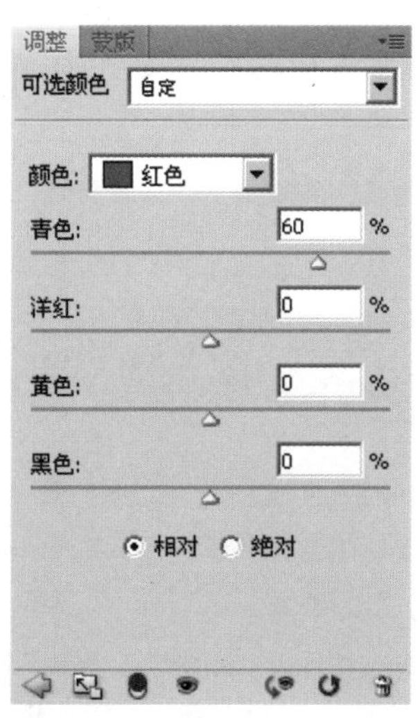

图2-40

图2-41

Chapter 02 调整图像的色调

03 若选中“绝对”单选按钮，如图2-42所示，得到的图像效果如图2-43所示。

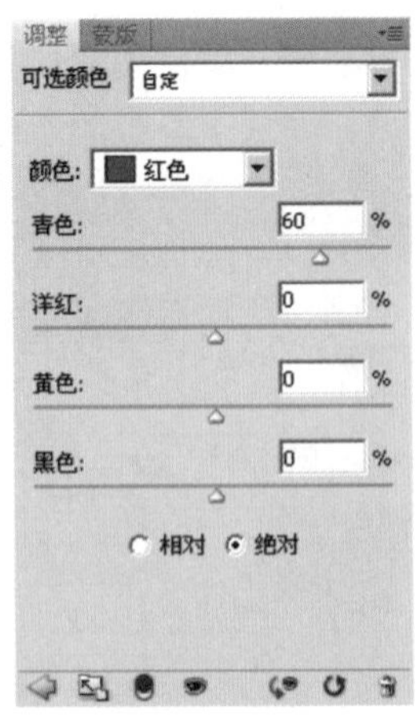

图2-42

图2-43

2.2.5 使用“通道混合器”命令调整色彩

“通道混合器”命令通过混合当前颜色通道与其他颜色通道中的图像像素来改变主通道的颜色，创造出特殊的色彩效果。

在“调整”面板中单击“通道混合器”按钮，如图2-44所示，弹出“通道混合器”面板，如图2-45所示。也可执行“图像”/“调整”/“通道混合器”命令来进行此调整。

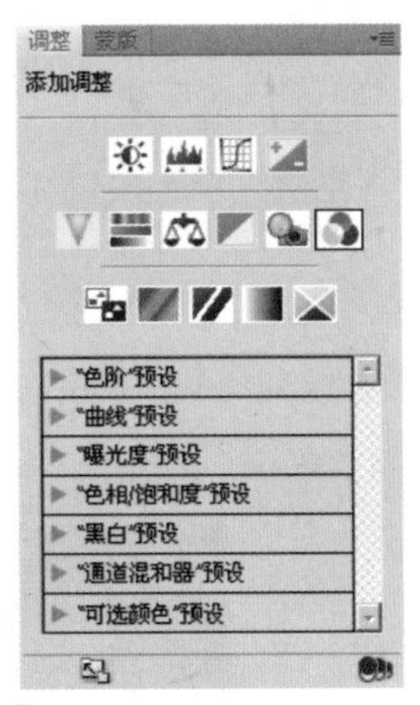

图2-44

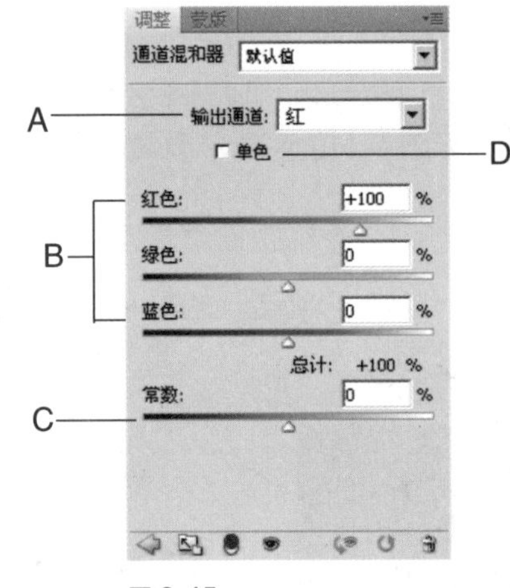

图2-45

A→输出通道：在其下拉列表中设置要调节的颜色。不同模式的图像会有不同的颜色通道，在RGB模式下，下拉列表中只显示红色、绿色和蓝色通道。

B→源通道：通过移动滑块来调整各个通道的颜色值，或直接在文本框中输入数值，调整范围为-200～200。

C→常数：在调整图像的颜色时，可以通过移动滑块或输入数值来增加通道的互补颜色。

D→单色：选中该复选框，图像将变为灰度模式，但色彩模式不发生改变。

使用“通道混合器”命令处理图像的步骤如下：

01 执行“文件”/“打开”命令，在弹出的对话框中选择素材图片，如图2-46所示。

02 在“调整”面板中单击“通道混合器”按钮，在弹出“通道混合器”面板中进行参数设置，如图2-47所示。得到的图像效果如图2-48所示。

图 2-46

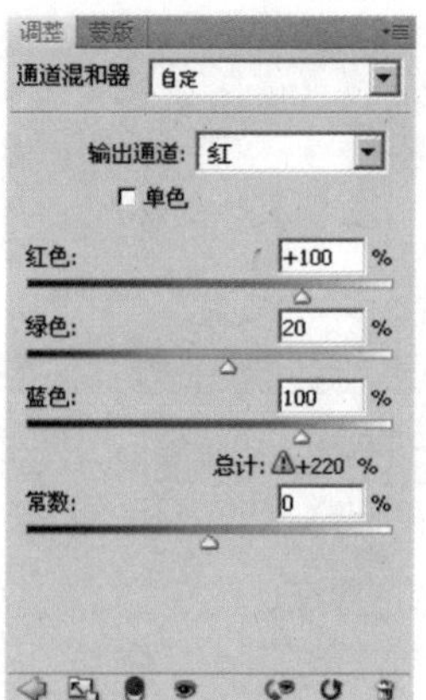

图 2-47

图 2-48

03 若选中“单色”复选框，面板参数设置和图像效果如图 2-49 所示。

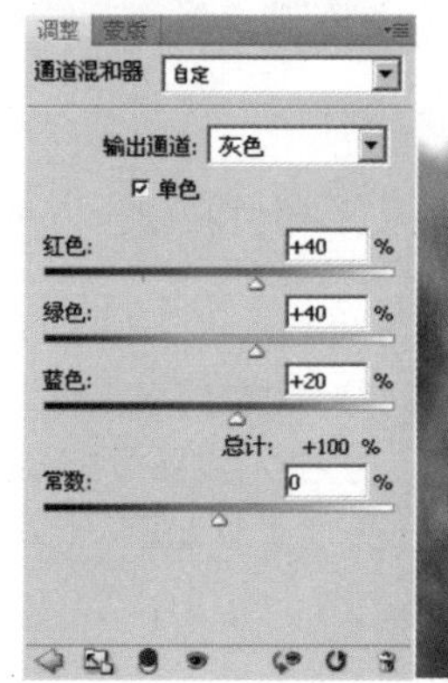

图 2-49

提示 · 技巧

“通道混合器”命令只适用于 RGB 和 CMYK 模式，此命令只能用于单一的颜色通道，不适用于主通道。

2.3 图像色彩和色调调整命令详解

2.3.1 使用“自动对比度”命令调整对比度

“自动对比度”命令可以直接调整图像的对比度，使图像更加鲜明。

执行“图像”/“调整”/“自动对比度”命令，如图 2-50 所示。此命令未设对话框，执行该命令后，系统将自动调整图像效果。

使用“自动对比度”命令处理图像的步骤如下：

01 执行“文件”/“打开”命令，在弹出的对话框中选择一幅素材图片，如图 2-51 所示。

02 执行“图像”/“调整”/“自动对比度”命令，自动调整的图像效果如图 2-52 所示。

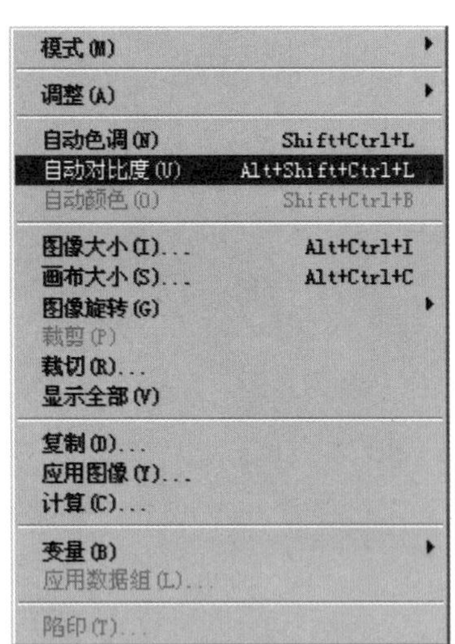

图2-50

图2-51

图2-52

2.3.2 使用“亮度/对比度”命令调整曝光过度

“亮度/对比度”命令可以调整图像的亮度和对比度，但不能调整单一的通道，也不能像“色阶”、“曲线”等命令一样对图像的细部进行调整，只能对图像进行粗略的调整，并且对图像的色阶不产生影响。

在“调整”面板中单击“亮度/对比度”按钮，如图2-53所示，弹出“亮度/对比度”面板，如图2-54所示。也可执行“图像”/“调整”/“亮度/对比度”命令来进行此调整。

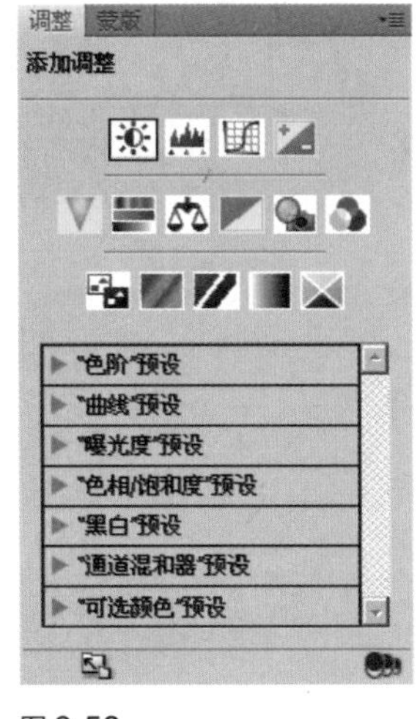

图2-53

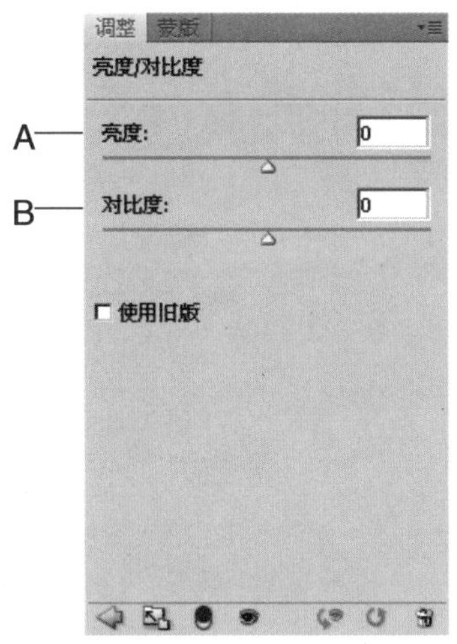

图2-54

A→亮度：用于调整图像的亮度。设置值越大，图像越亮；反之，图像越暗。取值范围为-100～100。

B→对比度：用于调整图像的对比度。设置值越大，对比度越高；反之，则对比度越低。

使用“亮度/对比度”命令处理图像的步骤如下：

01 执行“文件”/“打开”命令，在弹出的对话框中选择图片并打开，如图2-55所示。

02 在“调整”面板中单击“亮度/对比度”按钮，在弹出的“亮度/对比度”面板中拖动“亮度”滑块，以调整亮度值，得到的图像效果如图2-56所示。

03 在“亮度/对比度”面板中拖动“对比度”滑块，以调整对比度值，得到的图像效果如图2-57所示。

图 2-55

图 2-56

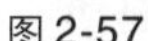

在“亮度/对比度”面板中，调整“亮度”和“对比度”数值，将图像调整到最佳效果，如图2-58所示。

图 2-57

图 2-58

2.3.3 使用“变化”命令将黑白照片转换为彩色照片

使用“变化”命令不但可以调整图像的色调、亮度和饱和度，还可以对图像进行分通道调整，并且在对话框中可以预览到修改后的缩略图。

执行“图像”/“调整”/“变化”命令，如图2-59所示。弹出的对话框如图2-60所示。

暗调/中间色调/高光：用于调整图像的各个色调。

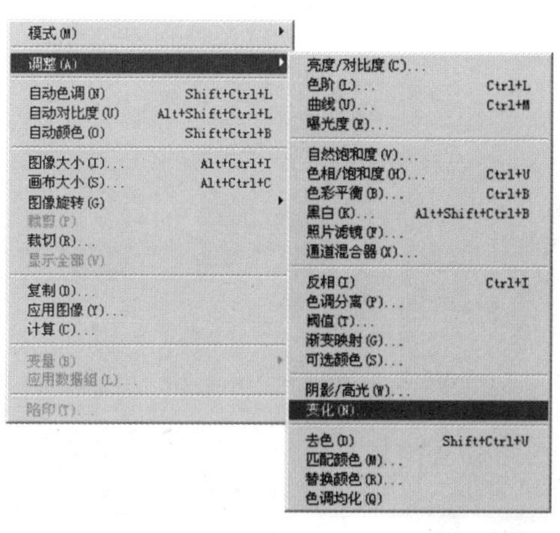

图 2-59

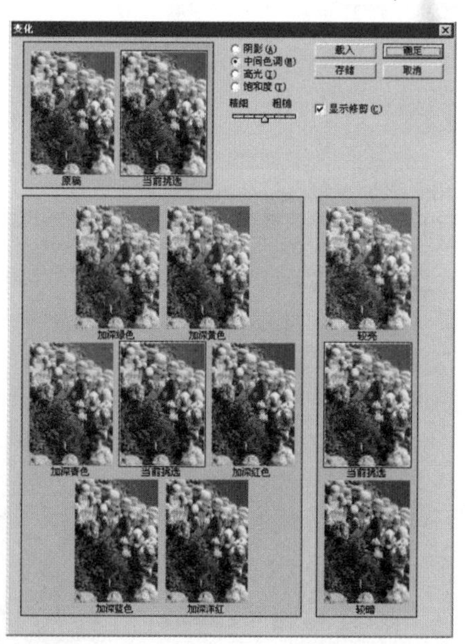

图 2-60

饱和度：用于调整图像的饱和度。当选中此单选按钮后，会自动转换为饱和度对话框，如图2-61所示。单击“减少饱和度”缩略图可以降低图像的饱和度；单击“增加饱和度”缩略图可以增加图像的饱和度。

显示修剪：选中该复选框，将显示图像中超出范围的色域部分。

缩略图：在缩略图中可以直接预览需要变化的图像。

使用“变化”命令处理图像的步骤如下：

图2-61

01 执行“文件”/“打开”命令，在弹出的对话框中选择一幅素材图片，如图2-62所示。

02 执行“图像”/“调整”/“变化”命令，在对话框中选择加深绿色，只需单击“加深绿色”缩略图，调整到合适的颜色即可，得到的图像效果如图2-63所示。

图2-62

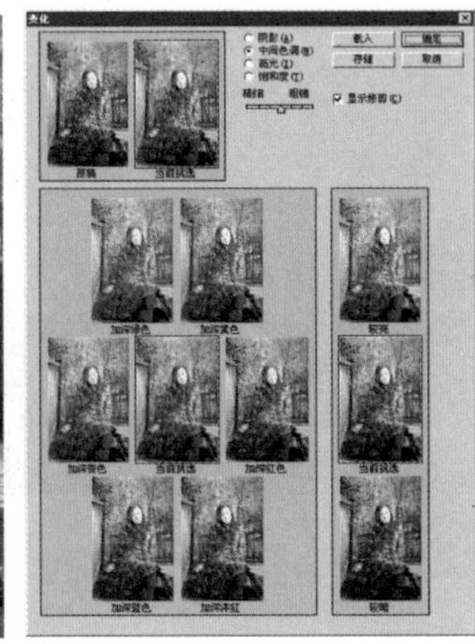

图2-63

03 若要加深黄色，只需单击“加深黄色”缩略图，调整到合适的颜色即可，如图2-64所示。得到的图像效果如图2-65所示。

04 若要加深青色，只需单击“加深青色”缩略图，调整到合适的颜色即可，如图2-66所示。得到的图像效果如图2-67所示。

图2-64

图2-65

图2-66

图2-67

05 若要加深红色，只需单击"加深红色"缩略图，调整到合适的颜色即可，如图2-68所示。得到的图像效果如图2-69所示。

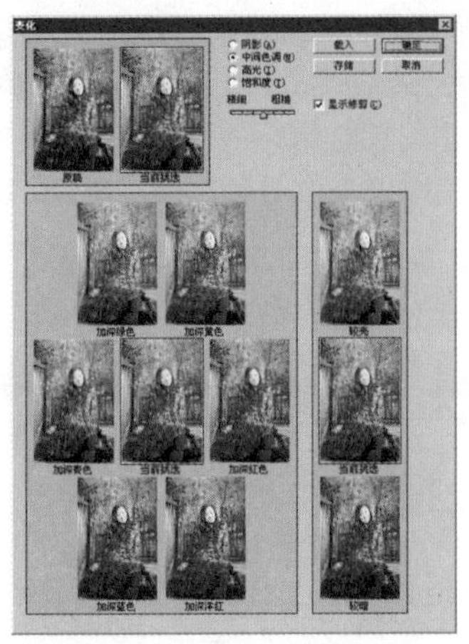

图2-68

图2-69

06 若要加深蓝色，只需单击"加深蓝色"缩略图，调整到合适的颜色即可，得到的图像效果如图2-70所示。

07 若要加深洋红色，只需单击"加深洋红"缩略图，调整到合适的颜色即可，得到的图像效果如图2-71所示。

图2-70

图2-71

08 若要选择较亮效果，只需单击"较亮"缩略图，调整到合适的颜色即可，得到的图像效果如图2-72所示。

09 若要选择较暗效果，只需单击"较暗"缩略图，调整到合适的颜色即可，得到的图像效果如图2-73所示。

图2-72

图2-73

提示 · 技巧

在打开“变化”对话框时，原稿与当前挑选的图像是一样的。只有在对图像进行调整时，当前挑选图像才会有变化。在“变化”对话框中，若想将当前挑选的图像变换为原设置，只需单击“原稿”缩略图即可。

2.4 特殊的色彩调整命令详解

2.4.1 使用“反相”命令将照片反相

“反相”命令是将图像或选区的颜色进行反转，使图像产生底片的效果。

在“调整”面板中单击“反相”按钮，如图2-74所示。执行“图像”/“调整”/“反相”命令，或使用快捷键【Ctrl+I】，都可以将照片反相。

使用“反相”命令处理图像的步骤如下：

01 执行“文件”/“打开”命令，在弹出的对话框中选择一幅素材图片，如图2-75所示。

02 在“调整”面板中单击“反相”按钮，生成的图像效果如图2-76所示。

图2-74

图2-75

图2-76

2.4.2 使用“色调均化”命令调整照片亮度

“色调均化”命令可以重新分配图像像素的亮度值，使它们更均匀地表现所有的亮度级别。

执行“图像”/“调整”/“色调均化”命令，如图2-77所示。

使用“色调均化”命令处理图像的步骤如下：

01 执行“文件”/“打开”命令，在弹出的对话框中选择一幅素材图片，如图2-78所示。

02 执行“图像”/“调整”/“色调均化”命令，生成的图像效果如图2-79所示。

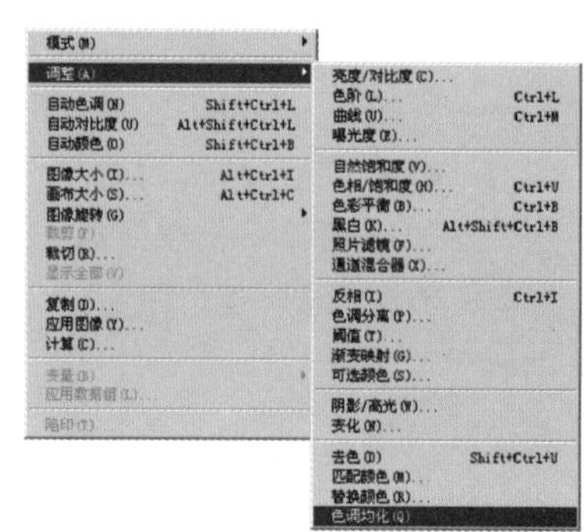

图2-77

图2-78

图2-79

2.4.3 使用“阈值”命令制作版画效果

“阈值”命令可以将彩色图像或灰度图像转换为高对比度的黑白图像。

在“调整”面板中单击“阈值”按钮，如图2-80所示，弹出“阈值”面板，如图2-81所示。也可执行“图像”/“调整”/“阈值”命令进行此调整。

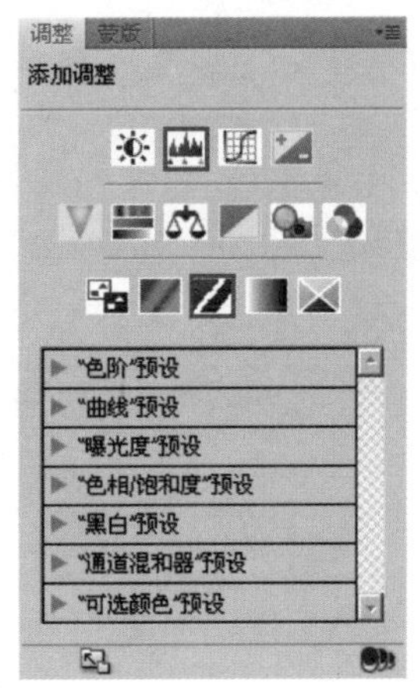

图2-80

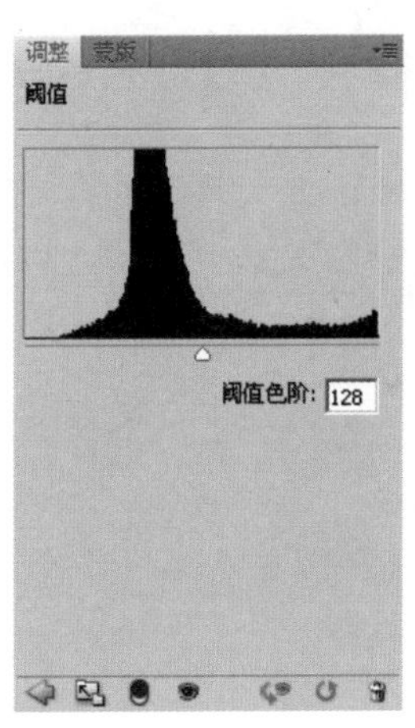

图2-81

阈值色阶：通过拖动滑块或在其文本框内输入数值来调整图像的阈值，其取值范围为1～255。

使用“阈值”命令处理图像的步骤如下：

01 执行“文件”/“打开”命令，在弹出对话框中选择一幅素材图片，如图2-82所示。

02 在“调整”面板中单击“阈值”按钮，并调整参数如图2-83所示。得到的图像效果如图2-84所示。

图 2-82

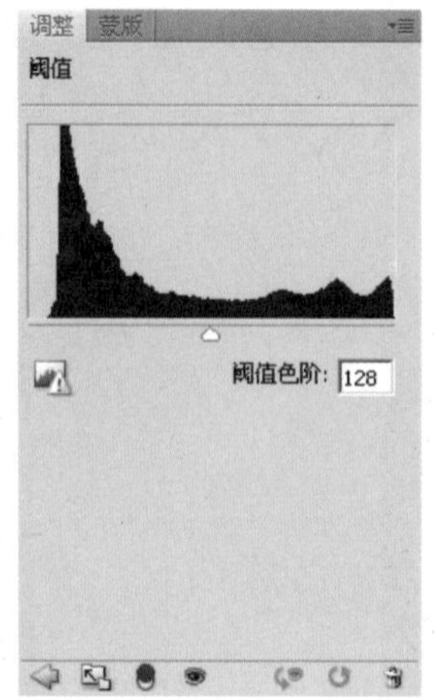

图 2-83

图 2-84

2.4.4 使用“色调分离”命令调整通道亮度

“色调分离”命令是为图像的每个颜色通道分别定制亮度级别进行分离，创建特殊的图像效果。

单击“调整”面板中的“色调分离”按钮，如图 2-85 所示，弹出“色调分离”面板，如图 2-86 所示。也可执行“图像”/“调整”/“色调分离”命令来进行此调整。

色阶：通过拖动滑块或在其文本框内输入数值来调整色调分离效果。设置值越小，色阶分离越明显；值越大，图像的变化越细腻。

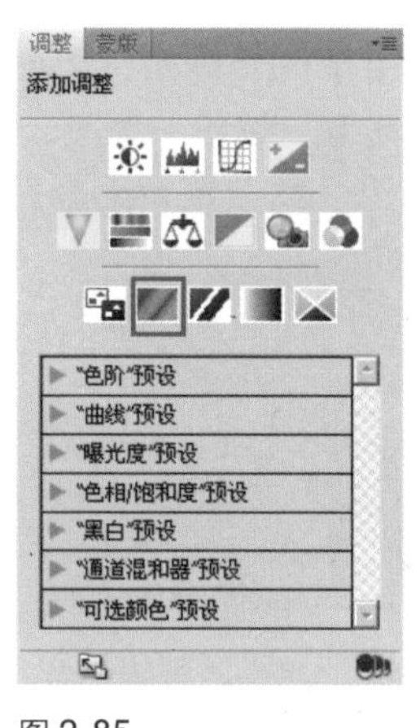

图 2-85

图 2-86

使用”色调分离”命令处理图像的步骤如下：

01 执行“文件”/“打开”命令，在弹出的对话框中选择一幅素材图片，如图 2-87 所示。

02 单击“调整”面板中的“色调分离”按钮，在“色调分离”面板中将“色阶”值调整为 2 时，图像效果如图 2-88 所示。

03 将“色阶”值调整为 6 时，得到的图像效果如图 2-89 所示。

图 2-87

图 2-88

图 2-89

2.4.5 使用“去色”命令去除照片色彩

“去色”命令是去除图像的颜色，即将图像中所有的颜色饱和度变为0，使其变为灰度图像效果，但颜色模式保持不变。

如图2-90所示，执行“图像”/“调整”/“去色”命令，或使用快捷键【Ctrl+Shift+U】，都可以将图像转换为灰度图像。

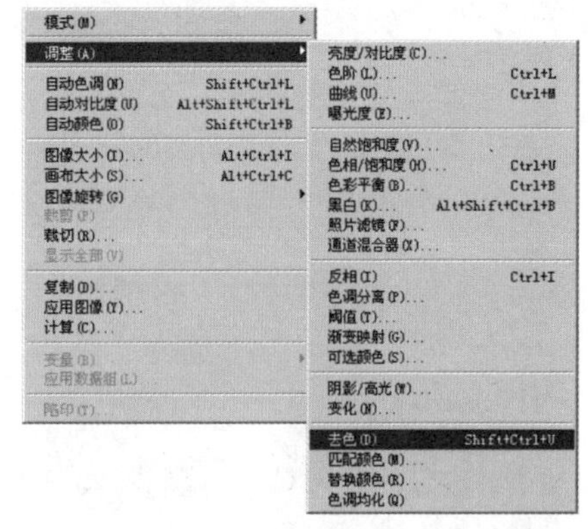

图2-90

使用“去色”命令处理图像的步骤如下：

01 执行“文件”/“打开”命令，在弹出的对话框中选择一幅素材图片，如图2-91所示。

02 执行“图像”/“调整”/“去色”命令，生成的图像效果如图2-92所示。

图2-91

图2-92

2.4.6 使用“阴影/高光”命令调整背光

“阴影/高光”命令用于调整图像由于曝光过度而变得苍白，或由于曝光不足而发暗的问题。执行“图像”/“调整”/“阴影/高光”命令，如图2-93所示。弹出的对话框如图2-94所示。

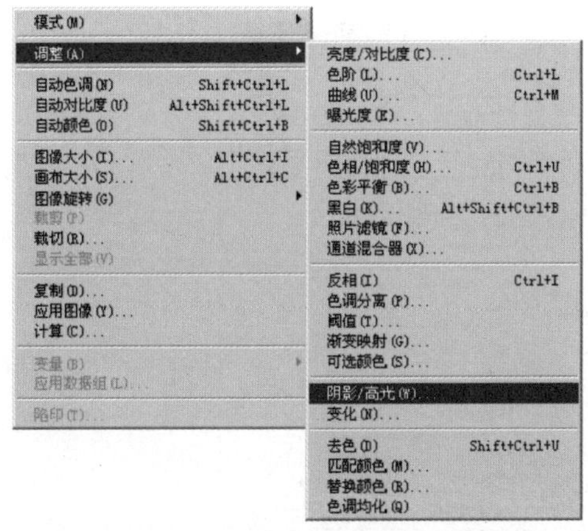

图2-93

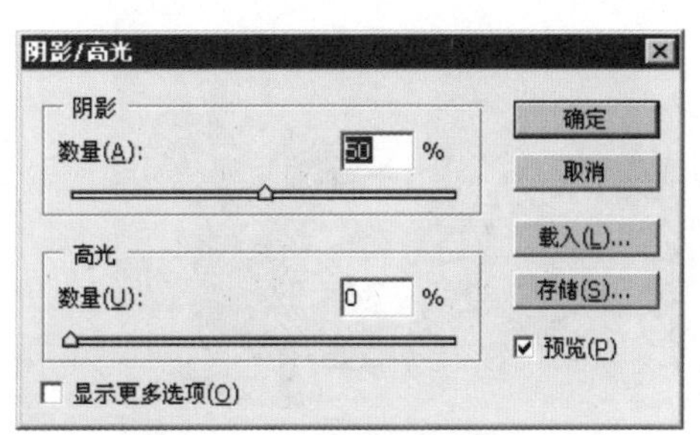

图2-94

使用“阴影/高光”命令处理图像的步骤如下：

01 执行“文件”/“打开”命令，在弹出的对话框中选择图片，如图2-95所示。

02 执行“图像”/“调整”/“阴影/高光”命令，弹出“阴影/高光”对话框，当选中“显示更多选项”复选框后，将弹出更详细的信息，如图2-96所示。

图2-95

图2-96

数量：通过拖动滑块或在文本框中输入百分比值，调整暗调和高光的明暗度。

色调宽度：用于控制阴影和高光的色调范围。向左拖动滑块，色调宽度值将减少，图像变暗；反之，色调宽度值将增加，图像变亮。

半径：用来控制阴影和高光效果的范围。

颜色校正：用于调整图像中已被改变区域的颜色。通过拖动滑块增加数值，可以产生更饱和的颜色；减少该数值，可以产生不饱和的颜色。

中间调对比度：用于调整中间色调的对比度。数值越小，对比度越弱；数值越大，对比度越强。

黑色：用来指定有多少阴影和高光会被剪贴到图像中新的极端阴影颜色中。数值越大，对比度越强，但是阴影的细节将会减少。

白色：用来指定有多少阴影和高光会被剪贴到图像中新的极端高光中。数值越大，对比度越强，但是阴影的细节将会减少。

存储为默认值：单击此按钮，可以将当前设置存储为阴影/高光的默认设置。若想恢复默认值，可按住【Shift】键，将鼠标指针移至“存储为默认值”按钮上，该按钮将变为“恢复默认值”，单击即可恢复。

03 在对话框中输入数值，得到的图像效果如图2-97所示，对话框设置如图2-98所示。

图2-97

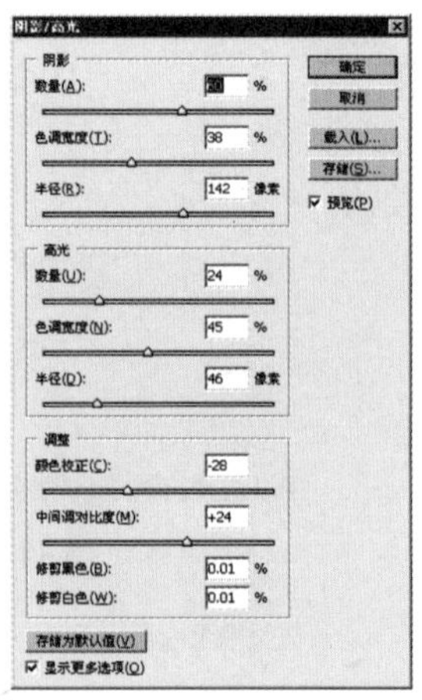

图2-98

2.4.7 使用“渐变映射”命令调整照片色彩

“渐变映射”命令可以将图像映射到指定的渐变色上，使图像生成指定渐变色填充的效果。

单击“调整”面板中的“渐变映射”按钮，如图2-99所示，弹出“渐变映射”面板，如图2-100所示。也可执行“图像”/“调整”/“渐变映射”命令来进行此调整。

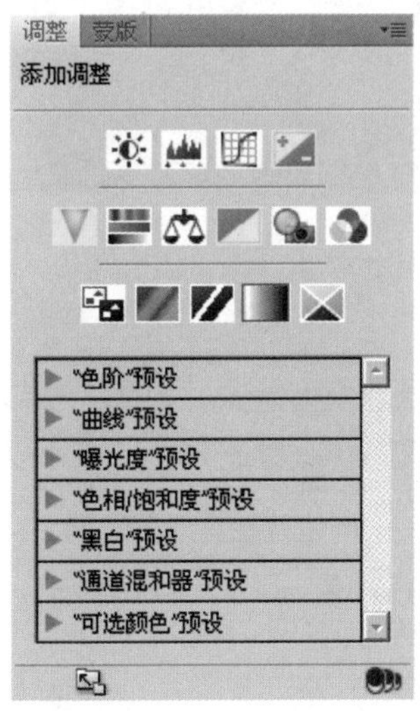

图2-99

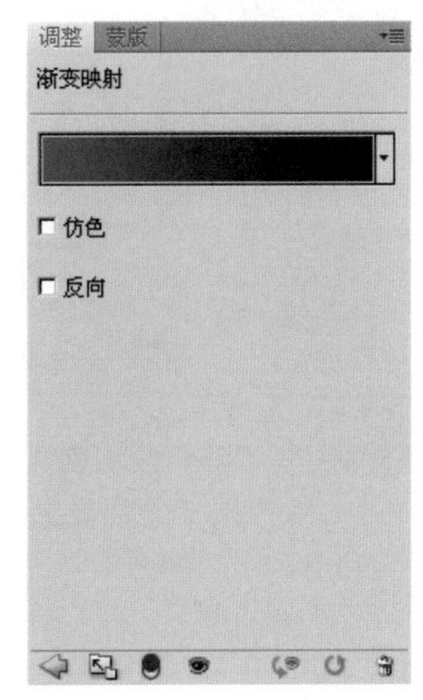

图2-100

仿色：选中此复选框，可以为所选渐变色的图像增加一些小杂点，使图像的过渡更加精细。

反向：选中此复选框，可以将所选渐变色的图像颜色反选，呈现负片的效果，然后再应用到图像中。

使用“渐变映射”命令处理图像的步骤如下：

01 执行“文件”/“打开”命令，在弹出的对话框中选择一幅素材图片，如图2-101所示。

图2-101

02 单击“调整”面板中的“渐变映射”按钮，在弹出的“渐变映射”面板中，单击渐变色图标右侧的下拉按钮，在弹出的渐变色面板中选择由紫色到橙色的渐变色，并选中“仿色”复选框，得到的图像效果如图2-102所示。

03 在“渐变映射”面板中选中“反向”复选框，得到的图像效果呈现负片效果，如图2-103所示。

图 2-102

图 2-103

2.4.8 使用“自然饱和度”命令调整照片饱和度

在 Photoshop CS4 版本中，新增了一个“自然饱和度”色彩调整功能。“自然饱和度”命令在调整图像饱和度时，会根据图像不同区域的饱和度状态，进行不同的调整。当图像颜色的饱和度较大时，在调整时适当地降低饱和度；当图像的饱和度较小时，在调整时会适当地增加饱和度。

单击“调整”面板中的“自然饱和度”按钮，如图 2-104 所示，弹出的“自然饱和度”面板，如图 2-105 所示。也可以执行“图像”/“调整”/“自然饱和度”命令来进行此调整。

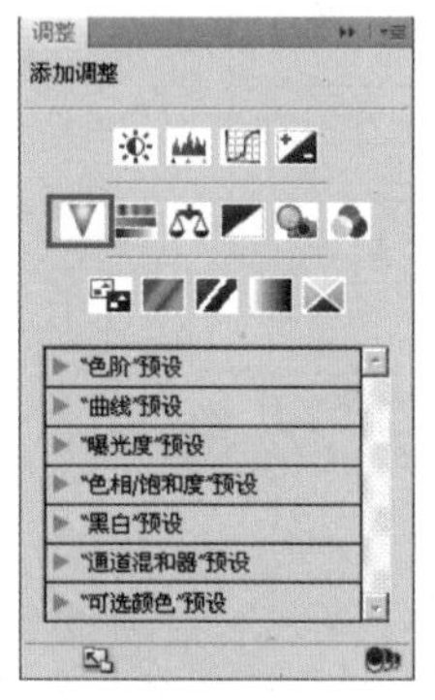

图 2-104

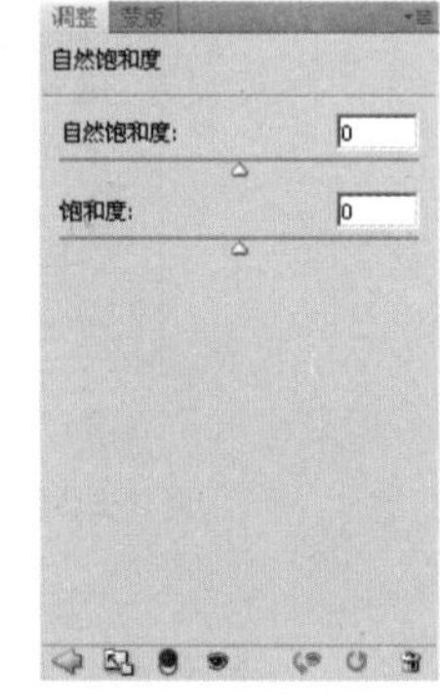

图 2-105

自然饱和度：拖动滑块，可以增加或降低颜色饱和度。当图像颜色过度饱和时，向右拖动滑块并不会再增加颜色饱和度，这样可最大程度的保证图像颜色的饱和度自然柔和。

饱和度：与“色相/饱和度”对话框中的“饱和度”滑块调整效果近似，可将相同的饱和度调整量应用于当前选定区域中所有的颜色（不考虑其当前饱和度）。

使用“自然饱和度”命令处理图像的步骤如下：

01 执行“文件”/“打开”命令，在弹出的对话框中选择一幅素材图片，如图 2-106 所示。

02 单击“调整”面板中的“自然饱和度”按钮，在弹出的“自然饱和度”面板中调整“自然饱和度”参数，如图 2-107 所示。得到的图像效果如图 2-108 所示。

图 2-106

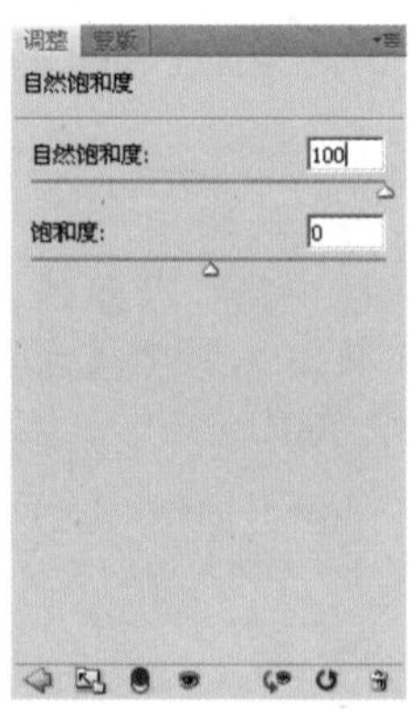

图 2-107

03 在“自然饱和度”面板中，调整“饱和度”参数，图像效果如图2-109所示。

图2-108

图2-109

2.4.9 使用“黑白”命令转换灰度照片

“黑白”命令可以将彩色图像转换为高品质的灰度图像，同时保持对各颜色转换方式的完全控制，可以精确地控制图像的明暗层次，也可以通过对图像应用色调来为灰度上色。

单击“调整”面板中的“黑白”按钮，如图2-110所示，弹出的“黑白”面板，如图2-111所示，也可以执行“图像”/“调整”/“黑白”命令来进行此调整。

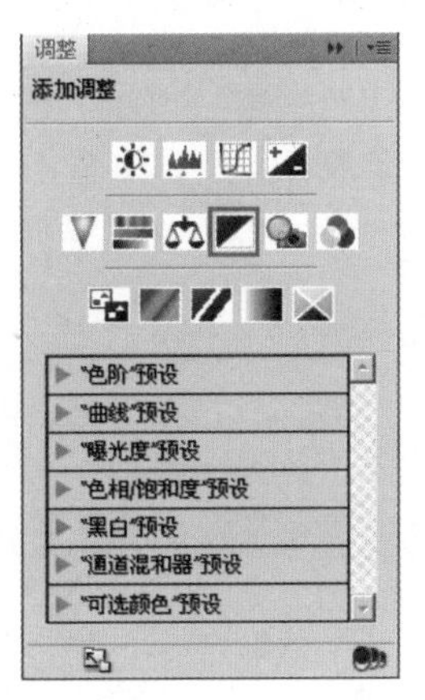

图2-110

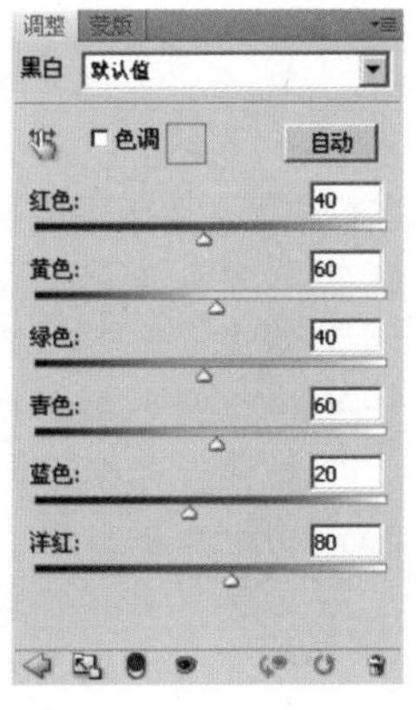

图2-111

“黑白”预设：单击其右侧的下拉按钮，弹出下拉列表，其中包含了“黑白”的预设列表，可以根据需要进行选择。

颜色调整选项：在该选项组中有“红色”、“黄色”、“绿色”、“青色”、“蓝色”、“洋红”6个颜色调整选项，每个颜色选项对应着图像转换前彩色部分的颜色。调整某种颜色的数值，图像中对应部分的亮度会随之改变。

色调：可以为转换的黑白图像添加颜色。单击“色调”复选框右侧的色块，弹出“拾色器”对话框，选择要添加的颜色。

使用“黑白”命令处理图像的步骤如下：

01 执行“文件”/“打开”命令，在弹出的对话框中选择一幅素材图片，如图2-112所示。

02 单击“调整”面板中的“黑白”按钮，在弹出的“黑白”面板中，调整颜色调整选项参数，调整效果如图2-113所示。

03 选中“色调”复选框，可以为灰度图上色，移动各种颜色滑块设置参数，图像效果如图2-114所示。

图2-112

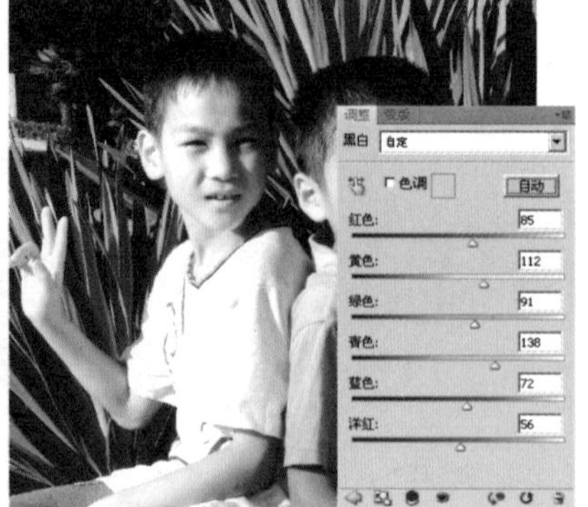
图2-113

图2-114

2.4.10 使用“照片滤镜”命令调整色温

“照片滤镜”命令用于模拟在相机镜头前面加彩色滤镜，以便调整胶片曝光光线的色彩平衡和色温。

单击“调整”面板中的“照片滤镜”按钮，如图2-115所示，弹出的“照片滤镜”面板，如图2-116所示。也可以执行“图像”/“调整”/“照片滤镜”命令来进行此调整。

图2-115

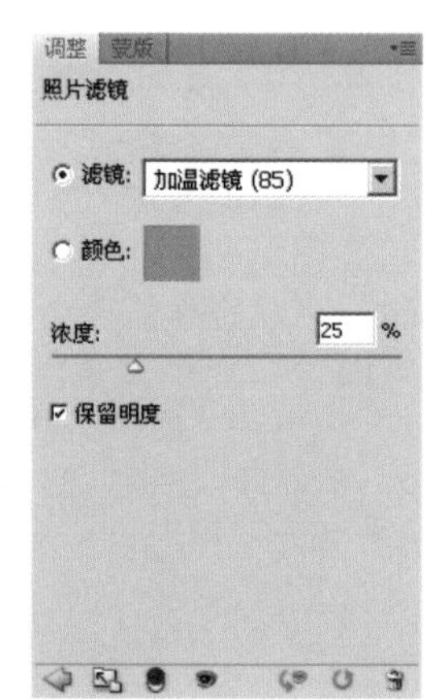

图2-116

滤镜：该下拉列表框中是预设的滤镜类型，可以直接选择需要的类型。

颜色：如果不需要预设的滤镜类型，可以选中单选按钮并单击颜色块，会弹出拾色器对话框，再选择自定义滤镜的颜色。

浓度：用来调整应用到图像中的彩色量，拖动滑块或在文本框中输入数值，数值越高，滤镜色彩越明显。

保留明度：选中此复选框，可以使图像不会因为添加了色彩滤镜而改变明度。

使用“照片滤镜”命令处理图像的步骤如下：

01 执行“文件”/“打开”命令，在弹出的对话框中选择一幅素材图片，如图2-117所示。

02 单击“调整”面板中的“照片滤镜”按钮，在弹出的“照片滤镜”面板中，调整参数并选中“保留明度”复选框，图像效果如图2-118所示。

图2-117

图2-118

03 选中“颜色”单选按钮，单击其右侧的色块，弹出“选择滤镜颜色”对话框，拾取所需要的颜色，图像效果如图2-119所示。

图2-119

2.5 使用模式命令制作单色调效果

2.5.1 制作点阵单色图效果

使用模式命令处理图像的步骤如下：

01 执行“文件”/“打开”命令，在弹出的对话框中选择一幅素材图片，如图2-120所示。

02 将RGB模式的彩色图片转换为“灰度”模式。执行“图像”/“模式”/“灰度”命令，如图2-121所示。弹出“信息”对话框后，单击“扔掉”按钮，得到的图像效果如图2-122所示。

图2-120

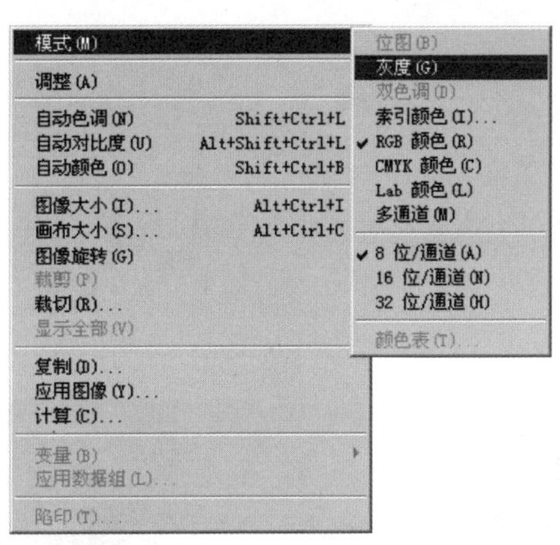

图2-121

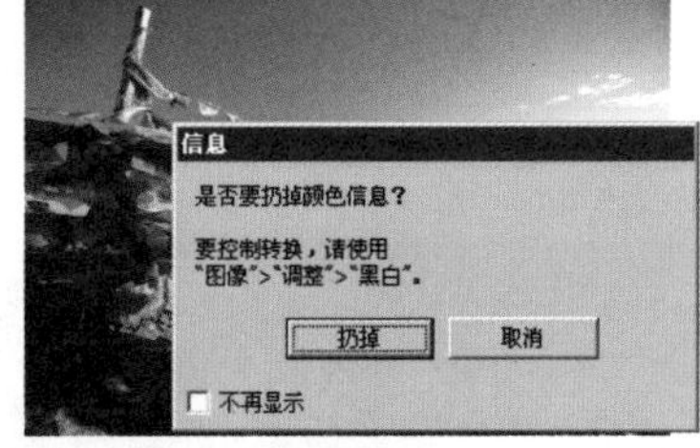

图2-122

03 将“灰度”模式转换为“位图”模式。执行“图像”/“模式”/“位图”命令，弹出“位图”对话框，如图2-123所示。

04 在对话框中的“使用”下拉列表框中选择“半调网屏”选项。单击“确定”按钮后，弹出“半调网屏”对话框，设置好各项参数后单击“确定”按钮，得到的图像效果如图2-24所示。

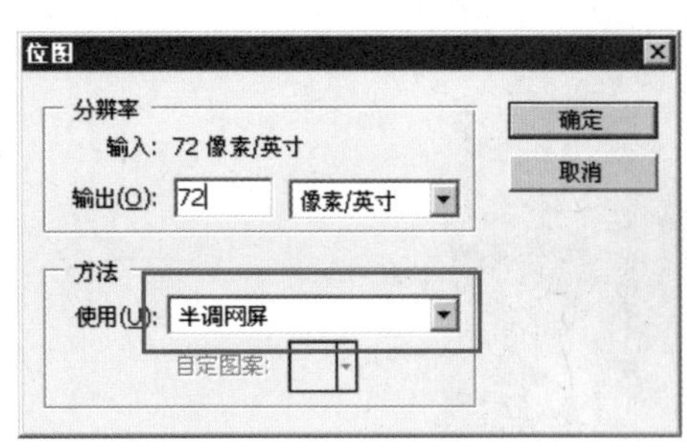

图 2-123

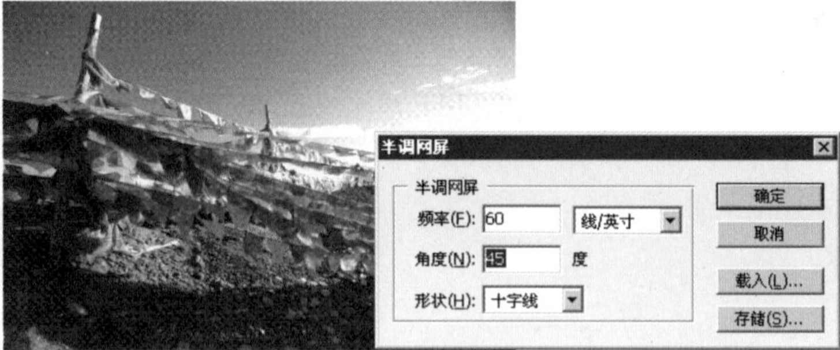

图 2-124

2.5.2 使用“双色调”命令制作棕褐色照片

“双色调”模式是使用两种颜色的油墨制作图像效果，它可以增加灰度图像的色调范围。在 Photoshop CS4 中，双色调是单通道、8 位模式的通道。

执行“图像”/“调整”/“双色调”命令，如图 2-125 所示，弹出的“双色调选项”对话框如图 2-126 所示。

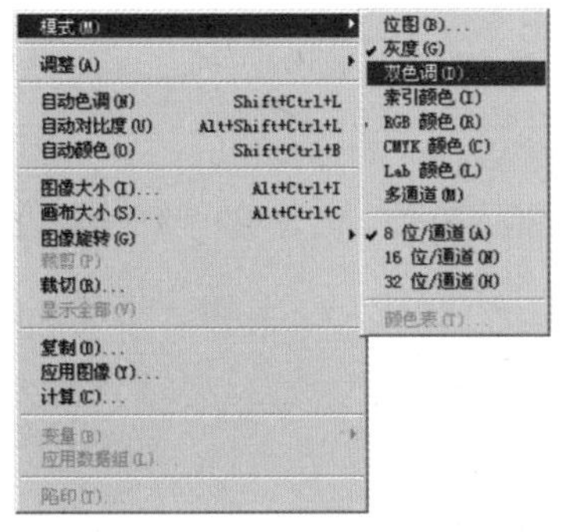

图 2-125

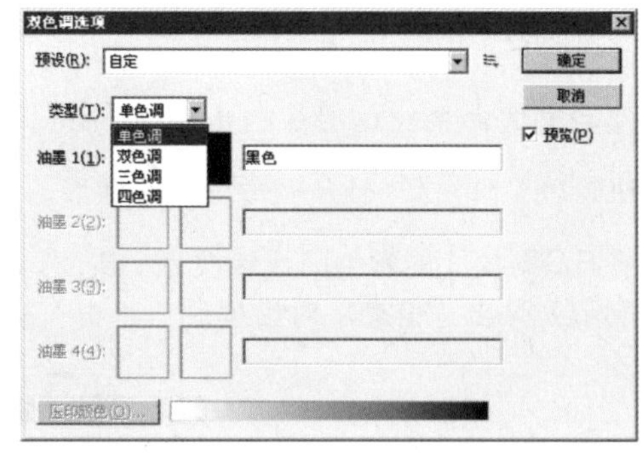

图 2-126

使用“双色调”命令处理图像的步骤如下：

01 执行“文件”/“打开”命令，在弹出的对话框中选择一幅素材图片，如图 2-127 所示。

02 将彩色图片转换为灰度模式。执行“图像”/“模式”/“灰度”命令，在弹出的对话框中单击“扔掉”按钮，图像将转换为灰度模式，如图 2-128 所示。

图 2-127

图 2-128

03 执行“图像”/“模式”/“双色调”命令，如图2-129所示。在弹出的“双色调选项”对话框中，选择类型为“双色调”，如图2-130所示。

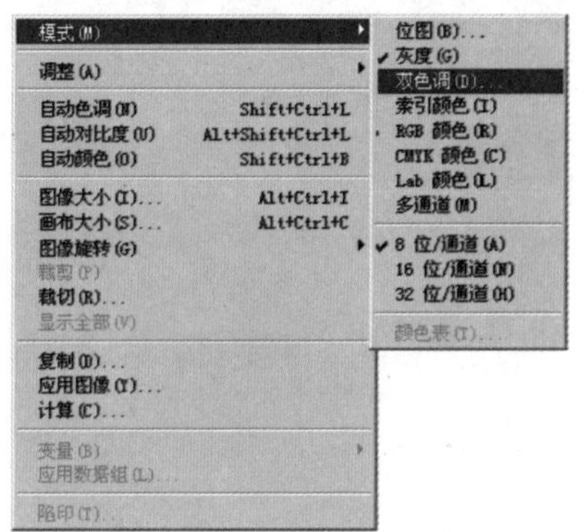

图2-129

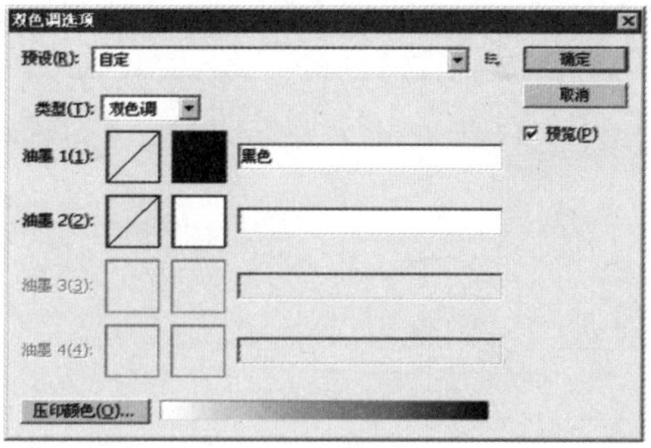

图2-130

04 在“双色调选项”对话框中单击“油墨2”对应的白色框，将弹出“颜色库”对话框，在此对话框中选择“棕褐色”，如图2-131所示。

05 定义好颜色后，单击“确定”按钮，“双色调选项”对话框中“油墨2”的颜色将填充为棕褐色，如图2-132所示。单击“确定”按钮，图像也将变成棕褐色，图像效果如图2-133所示。

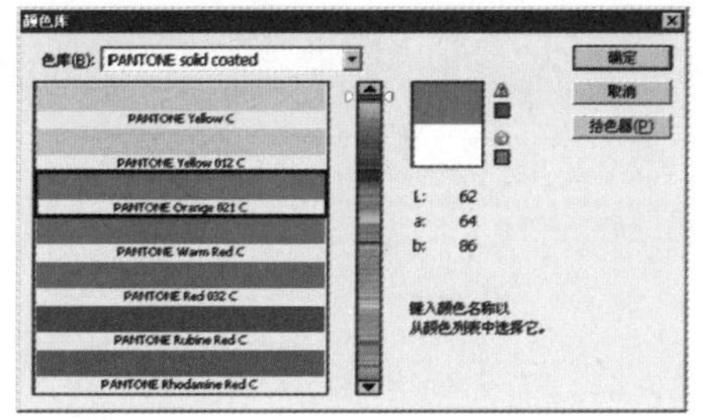

图2-131

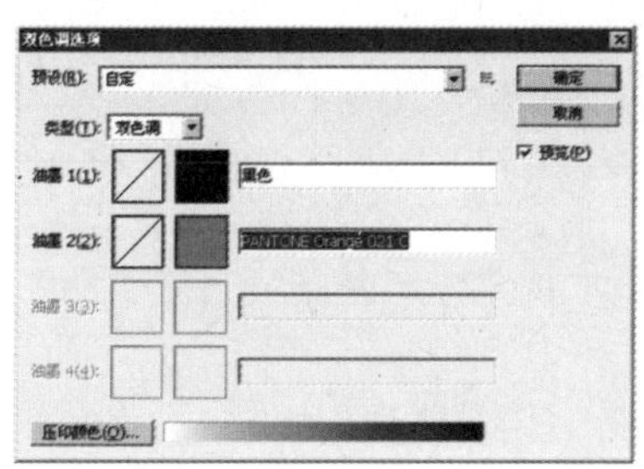

图2-132

图2-133

读书笔记

03

 Chapter

绘图工具的使用

本章主要介绍绘图工具、修图工具、选取工具以及其他工具的使用方法。

3.1 绘图工具功能详解

3.1.1 使用“画笔工具”添加眼影

使用“画笔工具”不但可以准确地对图像进行描绘处理，还可以对图像进行修复和修整操作。“画笔工具”选项栏如图3-1所示。

图3-1

A→单击“画笔”后的下拉按钮，即可在弹出的下拉面板中选择画笔类型和设置画笔大小。

B→模式：可用来控制描绘图像与原图像之间所产生的混合效果。用户可在其弹出的下拉列表中选择画笔的混合模式，在此共包括“正常”、“变暗”、“变亮”、“色相”、“饱和度”、“颜色”和“亮度”7种混合模式。

C→不透明度：用于设置画笔绘制效果的透明度。数值越大，所产生的绘制效果就越明显。

D→流量：用于设置工具所描绘的笔画之间的连贯速度，取值范围为1%～100%。

使用“画笔工具”处理图像的步骤如下：

01 执行“文件”/“打开”命令，打开一张人物脸部的图像，如图3-2所示。单击“图层”面板底部的“创建新图层”按钮，新建图层1，如图3-3所示。

图3-2

图3-3

02 单击工具箱中的“前景色”图标，弹出“拾色器（前景色）”对话框。设置前景色为天蓝色，如图3-4所示，单击“确定”按钮。

03 在工具箱中选择“画笔工具”，将画笔大小设置为35px，不透明度设置为100%，在人物的眼睛边缘进行涂抹，图像效果如图3-5所示。

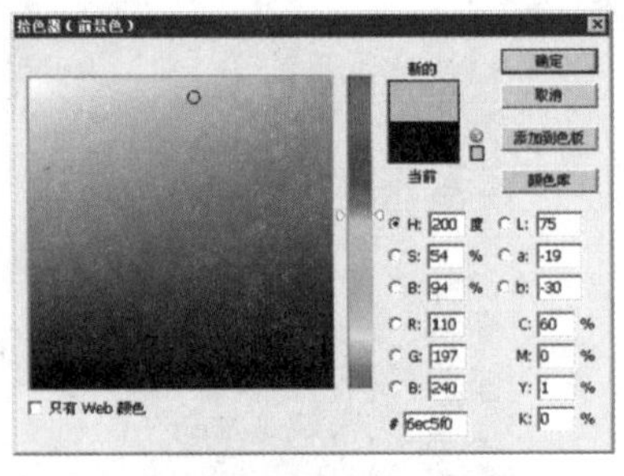

图3-4

图3-5

04 将图层 1 的混合模式设置为“叠加”，如图 3-6 所示。改变图层混合模式后的图像效果如图 3-7 所示。

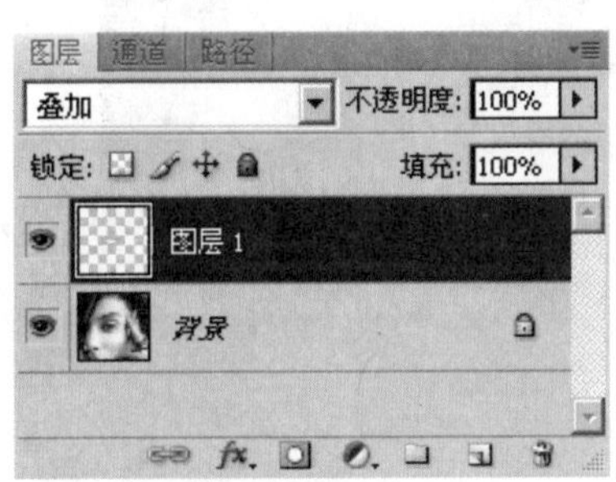

图 3-6

图 3-7

05 单击“图层”面板底部的“创建新图层”按钮，新建图层 2，在工具箱中单击“前景色”图标，弹出“拾色器（前景色）”对话框。如图 3-8 所示，进行参数设置，单击“确定”按钮。

06 选择“画笔工具”，将画笔大小设置为 32px，在图像中绘制人物眼睛的扩展区域，如图 3-9 所示。

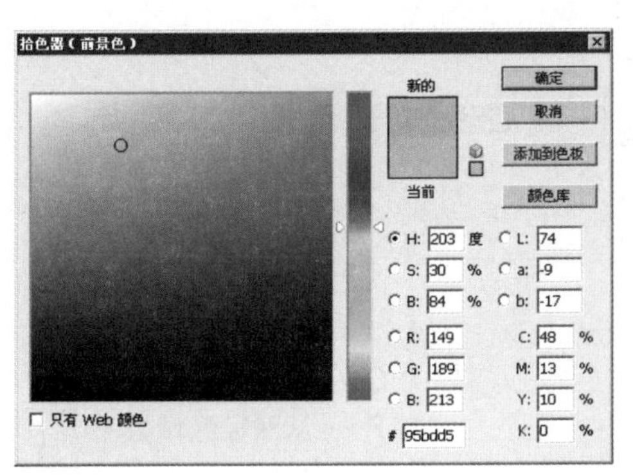

图 3-8

图 3-9

07 将图层 2 的混合模式设置为“柔光”，如图 3-10 所示。此时的图像效果如图 3-11 所示。

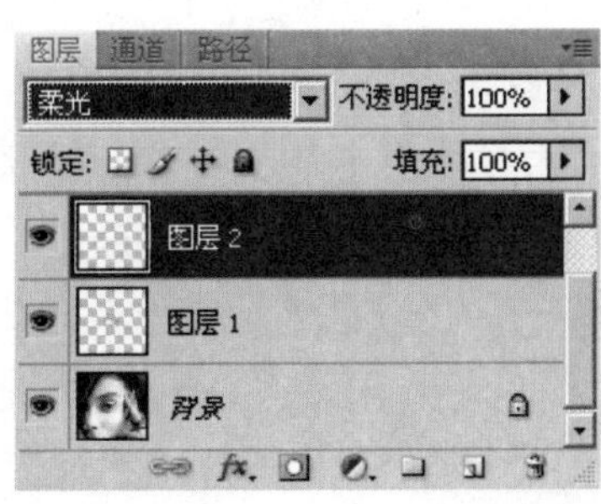

图 3-10

图 3-11

08 单击"图层"面板底部的"创建新图层"按钮，创建图层3。按【D】键恢复前景色和背景色为默认设置，再按【X】键切换前景色和背景色，以将前景色设置为白色。选择"画笔工具"，将画笔大小设置为45px，不透明度设置为50%，在图像中绘制眉骨部分，图像效果如图3-12所示。

图3-12

3.1.2 使用"钢笔工具"去除背景

使用"钢笔工具"创建路径时，可以绘制精确的直线和平滑流畅的曲线。在工具箱中选择"钢笔工具"，其工具选项栏如图3-13所示。

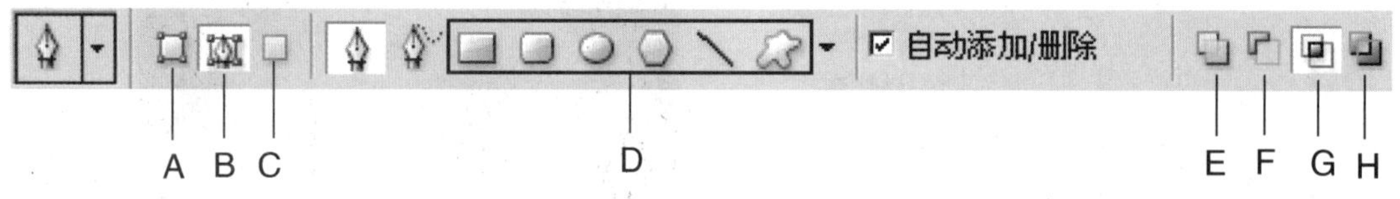

图3-13

A → 形状图层　　B → 路径　　C → 填充像素

D → 工具的切换　　E → 添加到路径区域　　F → 从路径区域减去

G → 交叉路径区域　　H →重叠路径区域除外

使用"钢笔工具"处理图像的步骤如下：

01 打开一张皮包图片，在工具箱中选择钢笔工具，其选项栏的设置如图3-14所示。

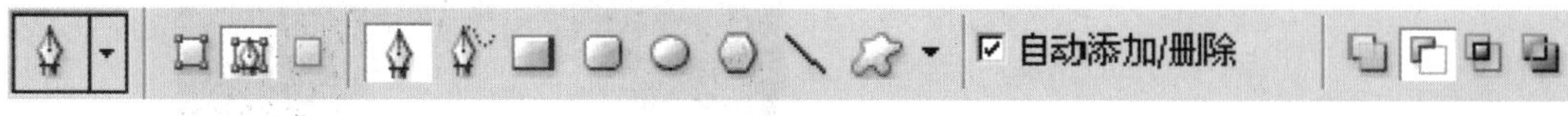

图3-14

02 使用"钢笔工具"单击图像中的某一位置，以定义第一个锚点，如图3-15所示。

03 围绕皮包的边缘绘制路径，并在将要完成路径时，将鼠标指针定位在第一个锚点上，此时钢笔笔尖会出现一个小圆圈，单击即可封闭该路径，再绘制皮包内侧的背景轮廓，如图3-16所示。

图 3-15

图 3-16

04 打开“路径”面板，单击其底部的“将路径作为选区载入”按钮，将路径转换为选区，如图3-17所示。

05 执行“选择”/“反选”命令，或按快捷键【Ctrl+Shift+I】，反选选区。按【Delete】键即可删除皮包以外的部分，即背景，按快捷键【Ctrl+D】取消选区，图像效果如图3-18所示。

图 3-17

图 3-18

06 删除背景后的图像边缘显得生硬、不自然。因此，可以在将路径转换为选区的步骤中设置羽化值。按住【Alt】键单击“将路径作为选区载入”按钮，在弹出的如图3-19所示的“建立选区”对话框中设置“羽化半径”为1像素，单击“确定”按钮。

07 再次执行“选择”/“反选”命令，选中皮包，按快捷键【Ctrl+C】复制剪贴板中的内容，然后按快捷键【Ctrl+V】进行粘贴，此时“图层”面板中将自动创建图层1，如图3-20所示。

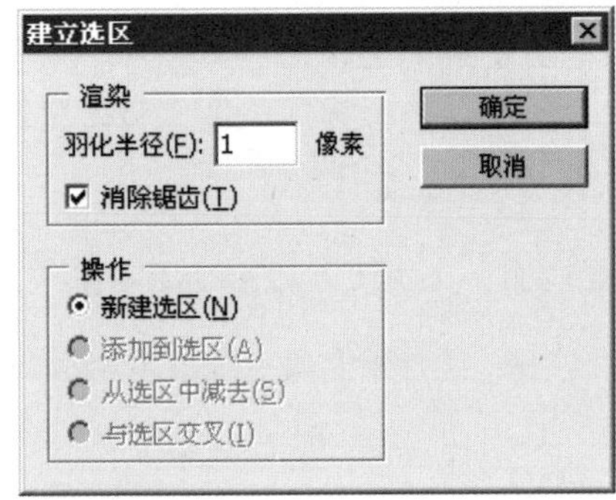

图 3-19

图 3-20

08 单击“图层”面板底部的“创建新图层”按钮，并将新建的图层2移到图层1的下面，如图3-21所示。按快捷键【Alt+Delete】填充前景色（黑色），图像效果如图3-22所示。

图3-21

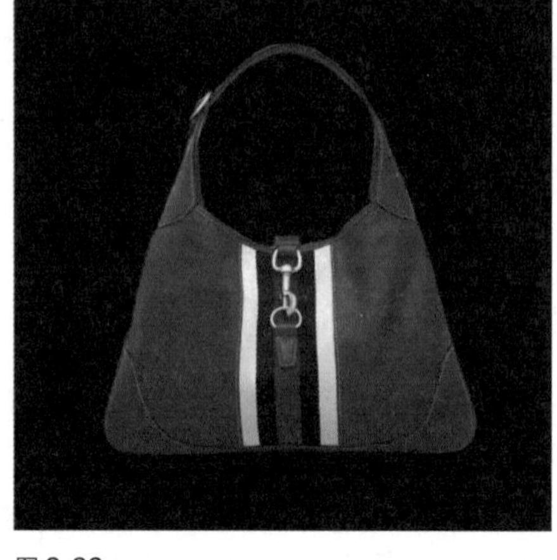

图3-22

3.2 修图工具功能详解

3.2.1 使用“仿制图章工具”修复照片破损处

使用“仿制图章工具”可以复制图像中的局部，也可以将选区中的图像仿制到另一幅图像中。在工具箱中选择“仿制图章工具”，其工具选项栏如图3-23所示。

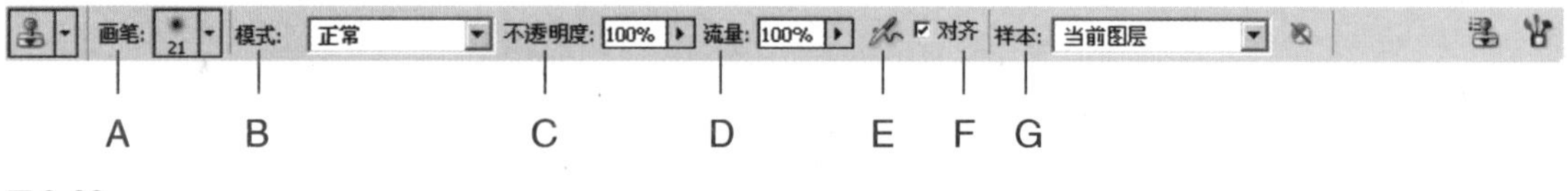

图3-23

A→画笔：单击其后的下拉按钮，即可在弹出的下拉面板中选择画笔样式，设置画笔大小。

B→模式：单击其后的下拉按钮，可以从弹出的下拉列表中选择画笔的混合模式。

C→不透明度：用于设置画笔仿制出的图像的不透明度，在文本框中输入数值或拖动滑块都可以设置不透明度。

D→流量：用于设置工具所描绘的笔画之间的连贯速度。

E→喷枪：单击该按钮，仿制图章工具的画笔将以喷枪的方式进行工作。

F→对齐：若选中该复选框，表示在复制图像的过程中，所复制的图像仍然是一幅完整的图像。

G→样本：包括“当前图层”、“当前和下方图层”和“所有图层”3个选项。

使用“仿制图章工具”处理图像的步骤如下：

01 打开一张素材图片，在工具箱中选择“磁性套索工具”绘制一个选区，如图3-24所示。

02 单击“图层”面板底部的“创建新的填充或调整图层”按钮，在弹出的下拉菜单中执行“色相/饱和度”命令，如图3-25所示。

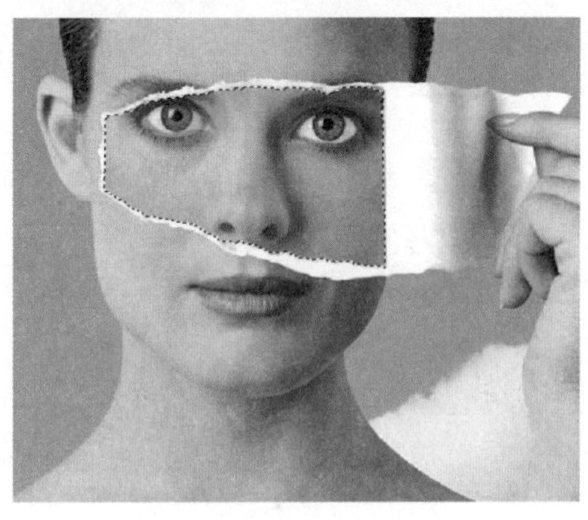

图 3-24

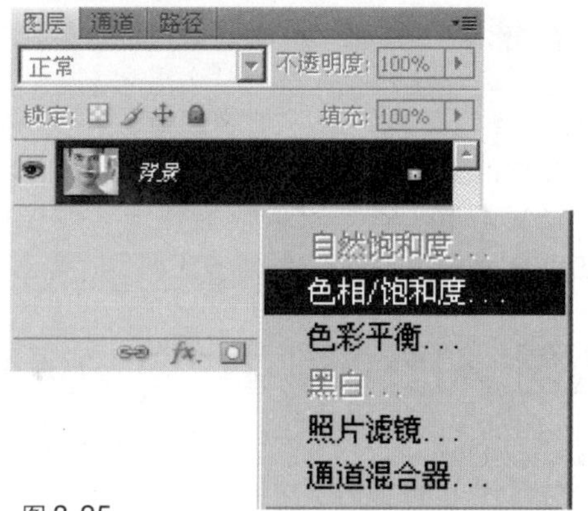

图 3-25

03 在弹出的“色相/饱和度”面板中，选中“着色”复选框，并设置参数如图 3-26 所示。调整选区内图像的色相和饱和度后的效果如图 3-27 所示。

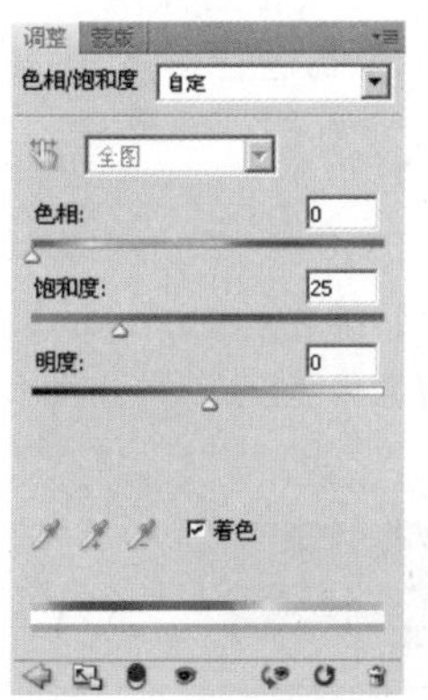

图 3-26

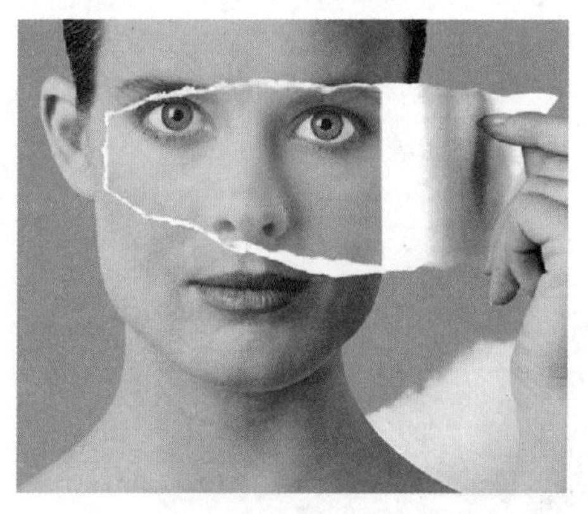

图 3-27

04 选择背景图层，如图 3-28 所示。在工具箱中选择“仿制图章工具”，按住【Alt】键单击图像中需要仿制的位置进行取样，然后在需要仿制的图像区域(白色撕边处)进行涂抹，完成仿制图章的操作，如图 3-29 所示。

图 3-28

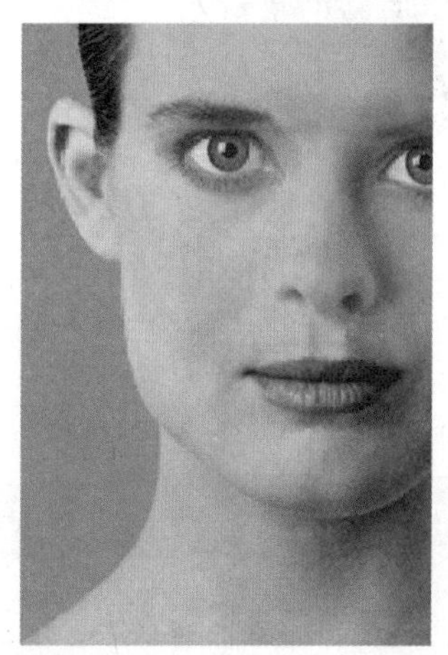

图 3-29

3.2.2 使用“修复画笔工具”去除脸部瑕疵

“修复画笔工具”与“仿制图章工具”的功能相似，使用“修复画笔工具”可以在保持原有图像的颜色和形态的情况下，将所选择的图像自然地融合至修复区域中，并保持其纹理、层次和亮度。因此，使用“修复画笔工具”可以很方便地对图像中的人物进行去斑、除痣和去除皱纹等处理。

在工具箱中选择“修复画笔工具”，其工具选项栏如图 3-30 所示。

图 3-30

A →模式：单击“模式”下拉按钮，从弹出的下拉列表中可以选择 8 种混合模式，依次为“正常”、“替换”、“正片叠底”、“滤色”、“变暗”、“变亮”、“颜色”和“亮度”。

B →源：该选项组用于设置工具复制图像的来源。选中“取样”单选按钮，可以在图像中修复所要复制的图像；若选中“图案”单选按钮，则可以从其后的下拉面板中选择图案样式进行图案填充。

使用“修复画笔工具”处理图像的步骤如下：

01 打开一张人物素材图片，如图 3-31 所示。图片中人物的脸部有几处瑕疵。

02 在工具箱中选择“修复画笔工具”，将画笔大小设置为 19px，首先按住【Alt】键在脸部干净的地方单击进行取样，然后在需要修补的地方进行多次单击，以进行修补。最终将图像修复完成，如图 3-32 所示。

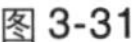
图 3-31

图 3-32

提示 · 技巧

在使用“修复画笔工具”修复图像的过程中，应尽量以脸部瑕疵附近的光滑地方作为取样点，这样，修复后的图像才会与周围的图像保持高度的协调。修复局部细节时，应使用直径较小的画笔进行修复，这样修复后的图像会更加清晰、精确。

3.2.3 使用“修补工具”添加人物

“修补工具”可将选择的图像与所要修补位置的图像进行色彩、纹理和光照的匹配。使用“修补工具”时，既可以使用已复制的选区进行修补，也可以使用由该工具选取的选区进行修补处理。

在工具箱中选择“修补工具”，其工具选项栏如图3-33所示。

图3-33

A→运算方式：该选项组共包括4种运算方法，依次为“新选区”、“添加到选区”、“从选区减去”和“与选区交叉”。

B→修补：该选项组包括两个选项，若选中“源”单选按钮，则图像中的选区将作为源图像区域，通过单击并拖移选区至目标区域即可实现修补的目的；若选中“目标”单选按钮，则以所选取的图像区域作为目标区域，将其移至所要修补的图像区域即可完成修补处理。

C→透明：选中该复选框，可以实现透明修补的目的。

D→使用图案：在图像中绘制选区后，该按钮即被激活，此时，便可以从其后的下拉面板中选择图案填充选区。

使用“修补工具”处理图像的步骤如下：

01 打开一张素材图片，并在工具箱中选择“修补工具”。在图像中需要修补的地方使用“修补工具”圈选起来，如图3-34所示。

02 在工具选项栏中选中“源”单选按钮，按住鼠标左键将选区拖至图像中的人物部分，如图3-35所示。

图3-34

图3-35

03 释放鼠标，原来圈选的部分会被人物所修补。按快捷键【Ctrl+D】取消选区，图像效果如图3-36所示。

图3-36

提示 · 技巧

使用“修补工具”进行范围选取时，同时按住【Shift】键可以增加选取范围，同时按住【Alt】键则可以减少选取范围。

3.2.4 使用“红眼工具”消除红眼

“红眼工具”可用于修复照片中人物的红眼现象，使红眼消失变为正常的眼睛颜色。

在工具箱中选择“红眼工具”，其工具选项栏如图 3-37 所示。

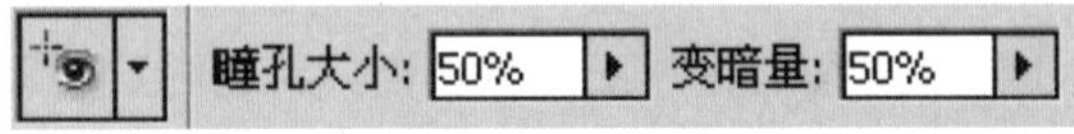

图 3-37

使用“红眼工具”处理图像的步骤如下：

01 打开一张有红眼现象的人物图片，如图 3-38 所示。可以看到，人物的眼睛是红色的。

02 在工具箱中选择“红眼工具”，其工具选项栏的设置如图 3-39 所示。

03 将鼠标放置在人物眼睛的瞳孔部位，单击瞳孔，可以看到人物的红眼消失，变为正常的眼睛颜色，如图 3-40 所示。

图 3-38

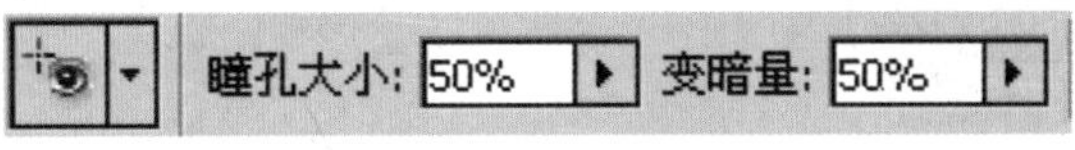

图 3-39

图 3-40

3.2.5 使用“橡皮擦工具”去除背景

使用“橡皮擦工具”可以去除对边缘精确度要求不高的照片的背景。

在工具箱中选择“橡皮擦工具”，其工具选项栏如图 3-41 所示。

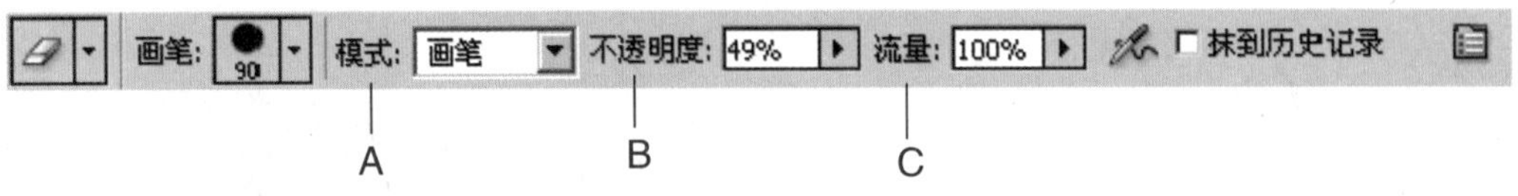

图 3-41

图 3-42

A →模式：用于设置橡皮擦的笔触特性。其下拉列表中包括“画笔”、“铅笔”和“块”3 种方式。

B →不透明度：用于设置不透明度，在文本框中输入数值或拖动滑块，都可以设置不透明度。

C →流量：用于设置工具所描绘的笔画之间的连贯速度。

使用“橡皮擦工具”处理图像的步骤如下：

01 打开一张叶子的素材图片，如图 3-42 所示。

02 在工具箱中选择“橡皮擦工具”，其工具选项栏设置如图 3-43 所示。为了使边缘看起来更加自然，还可以选择柔角画笔。

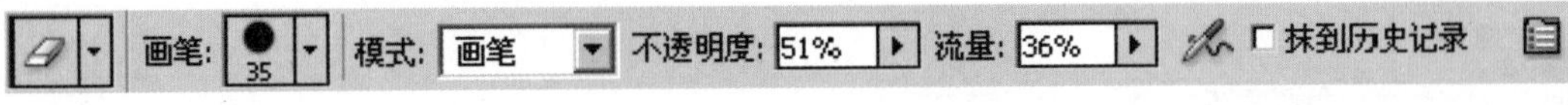

图 3-43

03 使用“橡皮擦工具”在树叶的边缘进行涂抹。如果在擦拭过程中出现失误，可以按快捷键【Ctrl+Z】恢复到上一步操作，还可以在“历史记录”面板中选择其中的某一步进行恢复。去除背景后的图像效果如图 3-44 所示。

04 若改用柔角画笔，在图像的背景区域进行涂抹，擦除的背景区域过渡会更加自然、柔和，图像效果如图 3-45 所示。

05 在工具箱中选择“魔棒工具”，选取背景中的白色区域，按【Delete】键删除选区中的内容。为了完善画面的整体效果，可以将其拖至其他的图像文件中，最后的图像效果如图 3-46 所示。

图 3-44

图 3-45

图 3-46

3.2.6 使用“魔术橡皮擦工具”去除背景

使用“魔术橡皮擦工具”可以很方便地去除背景色彩比较相近的照片背景。

在工具箱中选择“魔术橡皮擦工具”，其工具选项栏如图 3-47 所示。

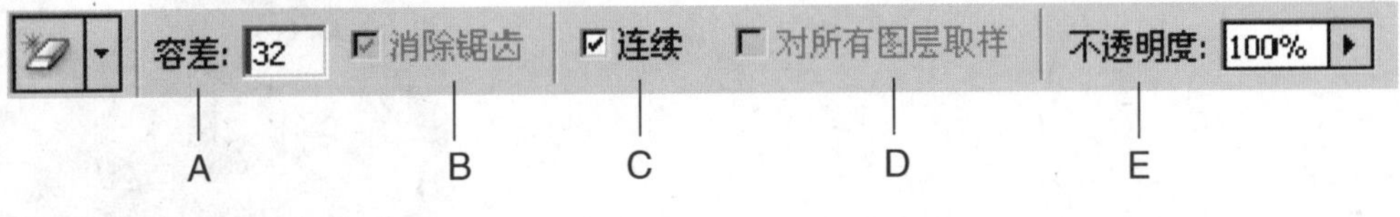

图 3-47

A →容差：可以通过输入数值或拖动滑块进行调节，数值越大，擦除的颜色范围就越大。

B →消除锯齿：选中该复选框，图像在擦除后会保持较平滑的边缘。

C →连续：选中该复选框，仅擦除与点选颜色相邻的，并且在容差范围内的颜色；若取消选择该复选框，则擦除与点选颜色相邻的和不相邻的，并且在容差范围内的颜色。

D →对所有图层取样：擦除所有图层中的图像。

E →不透明度：用于设置橡皮擦擦除的不透明度，在文本框中输入数值或拖动滑块都可以设置不透明度。

使用“魔术橡皮擦工具”处理图像的步骤如下：

01 打开一张素材图片，如图 3-48 所示。

02 在工具箱中选择“魔术橡皮擦工具”，其工具选项栏的设置如图 3-49 所示。

图 3-48

容差: 55 ☑消除锯齿 ☑连续 ☐对所有图层取样 不透明度: 100%

图 3-49

03 使用“魔术橡皮擦工具”在图像的背景区域单击，图像中相似的背景就会被去除。如果去除得不太完全，则可以在剩余的背景上单击几次，直至背景完全去除。最后的图像效果如图 3-50 所示。

04 单击“图层”面板底部的“创建新图层”按钮，新建图层 1，如图 3-51 所示。按快捷键【Ctrl+BackSpace】填充背景色（白色），再将图层 1 拖至图层 0 的下面，图像效果如图 3-52 所示。

图 3-50

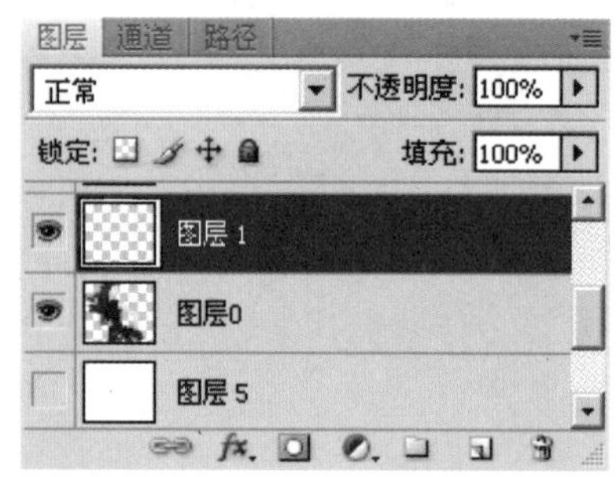

图 3-51

图 3-52

05 为了使图像达到比较好的画面效果，可以置入另外一张图片，为图像添加背景，图像效果如图 3-53 所示。

图 3-53

3.2.7 使用“模糊工具”柔化皮肤

“模糊工具”的作用是通过减小相邻像素间的颜色对比度使图像变得模糊。

在工具箱中选择“模糊工具”，工具选项栏如图 3-54 所示。

图 3-54

图 3-55

A →画笔：单击“画笔”下拉按钮，即可在弹出的下拉面板中选择画笔类型和设置画笔大小。

B →模式：单击“模式”下拉按钮，可在其弹出下拉列表中选择画笔的混合模式，共包括“正常”、“变暗”、“变亮”、“色相”、“饱和度”、“颜色”和“亮度”7 种混合模式。

C →强度：用于控制模糊程度，数值越大，所产生模糊的效果就越明显。

D →对所有图层取样：选中该复选框，将对所有图层的图像执行模糊处理；若不选中该复选框，则只对当前图层的图像进行模糊处理。

使用“模糊工具”处理图像的具体步骤如下：

01 打开一张人物的素材图片，如图 3-55 所示。

02 在工具箱中选择“模糊工具”，其工具选项栏的设置如图 3-56 所示。

03 拖动鼠标，在人物的脸部进行涂抹，涂抹后的效果如图 3-57 所示。可以看到，人物脸部的皮肤变得柔和、细致、平滑。

图 3-56

图 3-57

3.2.8 使用“加深工具”突出轮廓

使用“加深工具”可以调整图像的明暗区域使其变暗，从而改变图像效果。

“加深工具”的工具选项栏如图 3-58 所示。

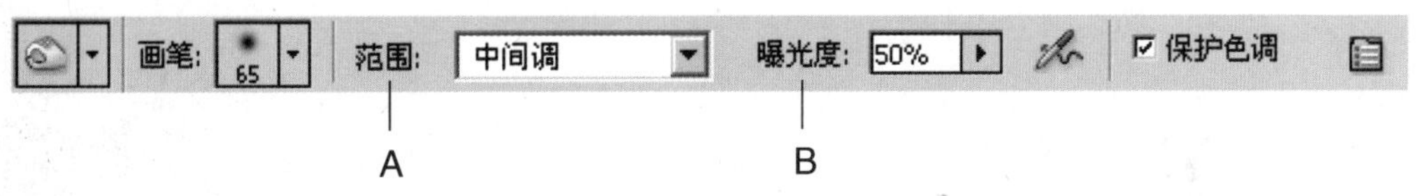

图 3-58

A →范围：用于选择需要处理的特殊色调区域，该下拉列表框中包含 3 个选项，它们分别是“阴影”、“中间调”和“高光”。其中，阴影用于提高暗部及阴影区域的亮度，“中间调”用于提高灰度区域的亮度，“高光”用于提高亮部区域的亮度。

B →曝光度：用于设置曝光强度的百分比。

使用“加深工具”处理图像的步骤如下：

01 打开一张人物的素材图片，如图 3-59 所示。

图 3-59

02 在工具箱中选择“加深工具”，其工具选项栏的设置如图 3-60 所示。

03 使用“加深工具”在人物的脸颊部位进行涂抹，目的是为了添加腮红，增强脸部的立体感。涂抹后的图像效果如图 3-61 所示。

图 3-61

画笔: 65 范围: 中间调 曝光度: 26% 保护色调

图 3-60

3.2.9 使用“减淡工具”亮白牙齿

“减淡工具”与“加深工具”的作用恰好相反，可以使图像的明暗区域变亮，产生减淡的效果。

“减淡工具”选项栏的设置与“加深工具”相似，所以这里不再赘述。

使用“减淡工具”处理图像的步骤如下：

01 打开一张人物素材图片，如图 3-62 所示。

图 3-62

02 在工具箱中选择“减淡工具”，其工具选项栏的设置如图 3-63 所示。

03 使用“减淡工具”在人物的牙齿部位进行涂抹，直到达到满意的程度为止，效果如图 3-64 所示。可以看到，人物的牙齿洁白了许多。

画笔: 5 范围: 中间调 曝光度: 11% 保护色调

图 3-63

图 3-64

3.2.10 使用“锐化工具”调整焦点

使用“锐化工具”可以通过增加相邻像素间的对比度来达到锐化效果，使图像变得对焦清晰。它实际上是一个聚焦工具。

使用“锐化工具”调整图像的步骤如下：

01 打开一张素材图片，在工具箱中选择“磁性套索工具”，在图像中描绘出一个选区，如图 3-65 所示。

02 在工具箱中选择“锐化工具”△，拖动鼠标指针在选区内描绘。按快捷键【Ctrl+D】取消选区，锐化后的图像效果如图 3-66 所示。可以看到，选区内的图像比原图像要清晰。

图 3-65

图 3-66

3.3 选取工具功能详解

3.3.1 使用“磁性套索工具”去除背景

使用“磁性套索工具”在图像中进行物体的选取更加方便、快捷。它可将图像中相似的部分从图像的不同颜色之间选取出来。在选取边缘时，系统将根据指定宽度内的不同像素值的反差来确定选区。

选择“磁性套索工具”，其工具选项栏如图 3-67 所示。

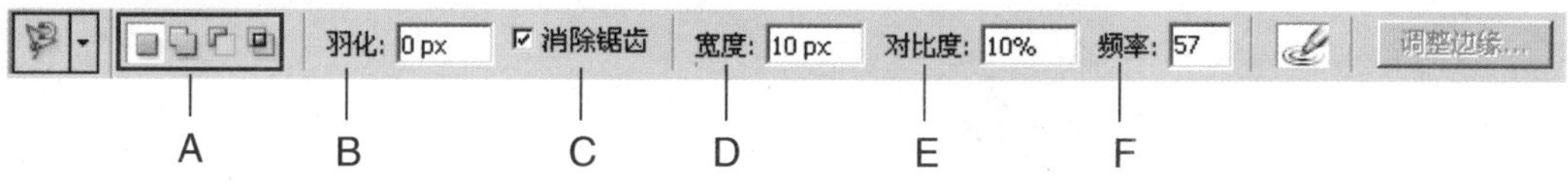

图 3-67

A →选取范围运算：该选项组共包括 4 种运算方法，依次为“新选区”、“添加到选区”、“从选区减去”和“与选区交叉”。

B →羽化：通过设置羽化值，可以将选区羽化。

C →消除锯齿：选中该复选框，图像在修补后会保持较平滑的边缘。

D →宽度：用于设置使用“磁性套索工具”进行选取时，能检测到的边缘宽度。数值范围为 1~256 像素，数值越小，检测的范围越小。检测的边缘宽度越小，选取的范围越精确。

E →对比度：用于设置“磁性套索工具”选取时的敏感程度，范围为 1%~100%。选择的数值越大，反差就越大，选取的范围就越精确。

F →频率：用于设置选取范围时所生成的节点数。使用“磁性套索工具”进行选取时，路径上会出现许多节点，这些节点将构成整个选取范围。每单击一次会生成一个节点。频率的取值范围为 0～100，数值越大，所产生的节点就越多。

使用“磁性套索工具”处理图像的步骤如下：

01 打开一张素材图片，在工具箱中选择“磁性套索工具”，在图像中绘制出一个选区，如图 3-68 所示。

02 为了创建比较柔和的图像边缘，执行“选择”/“修改”/“羽化”命令，弹出“羽化选区”对话框。设置羽化半径为 4 像素，如图 3-69 所示。单击“确定”按钮，然后执行“选择”/“反选”命令，此时的羽化选区如图 3-70 所示。

图 3-68

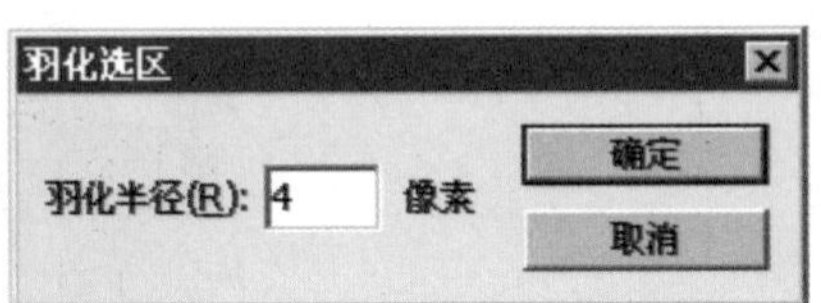

图 3-69

图 3-70

03 按键盘上的【Delete】键删除选区中的内容，并按快捷键【Ctrl+D】取消选区，即可去除背景，如图 3-71 所示。

04 为人物图像换背景。打开一幅风景图片，如图 3-72 所示。按住【Ctrl】键将人物图层拖至风景图像背景中，此时“图层”面板中会自动创建图层 1。按快捷键【Ctrl+T】调整大小和位置，调整好后按【Enter】键，效果如图 3-73 所示。

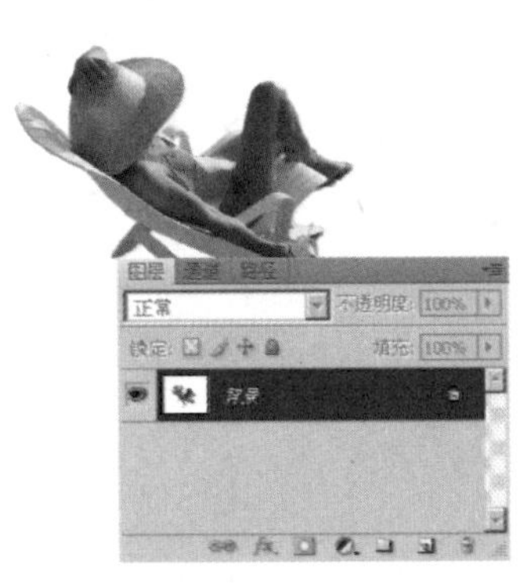

图 3-71

图 3-72

图 3-73

05 将图层 1 拖至“图层”面板底部的“创建新图层”按钮上，创建“图层 1 副本”图层。将其移至图像中的合适位置，锁定该图层的透明像素，如图 3-74 所示。

06 单击工具箱中的“前景色”图标，在如图 3-75 所示的对话框中设置参数。按快捷键【Alt+BackSpace】填充前景色，图像效果如图 3-76 所示。

图 3-74

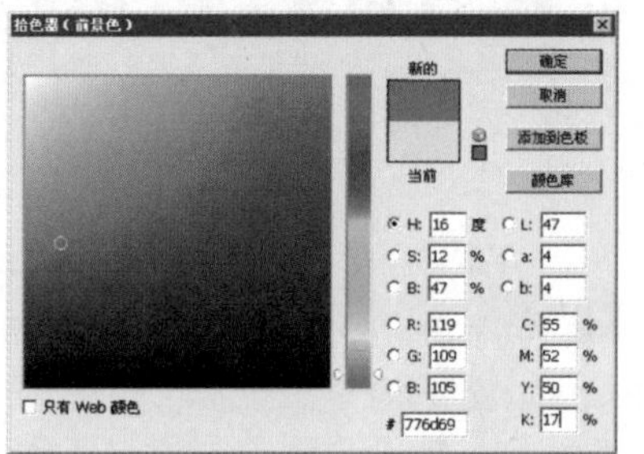

图 3-75

图 3-76

07 将“图层 1 副本”图层的混合模式设置为“颜色加深”，如图 3-77 所示。此时的图像效果如图 3-78 所示。

图 3-77

图 3-78

08 如果觉得投影太清晰，还可以将其减弱。执行“滤镜”/“模糊”/“高斯模糊”命令，弹出“高斯模糊”对话框，设置模糊半径为 3.6 像素，如图 3-79 所示。单击“确定”按钮，图像效果如图 3-80 所示。

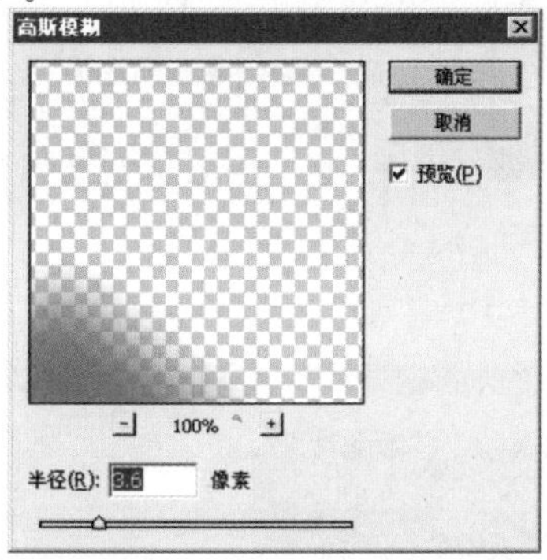

图 3-79

图 3-80

3.3.2 使用“魔棒工具”去除背景

“魔棒工具”的功能主要是对图像进行范围的选取，它是以图像中颜色相近的像素来建立选取范围的。所以使用“魔棒工具”可以选取颜色相近或相同的区域。

在工具箱中选择“魔棒工具”，其工具选项栏如图 3-81 所示。

图 3-81

A →容差：在其后面的文本框内输入数值，可以设置图像像素的容量差值。数值越小，选取的颜色越接近，范围也越小；反之，数值越大，可以选取的范围也越大。

B →消除锯齿：选中该复选框，可以设置在选取过程中去掉选区锯齿。

C →连续：选中该复选框，可以选择位置相邻且颜色相近的区域。若不选中该复选框，则选取图像范围内所有颜色相近的区域。

D →对所有图层取样：选中该复选框，“魔棒工具”将对所有图层起作用。若不选中该复选框，则只对当前作用图层起作用。

使用“魔棒工具”处理图像的步骤如下：

01 打开一张素材图片，在工具箱中选择“魔棒工具”，使用“魔棒工具”在图像的背景部位单击以选取图像的背景，如果选取得不完全，可以按住【Shift】键单击背景的其他地方，以增加选区，如图 3-82 所示。

02 执行“选择”/“修改”/“羽化”命令，弹出“羽化选区”对话框，设置羽化半径为 2 像素，单击“确定”按钮，得到的羽化效果如图 3-83 所示。

图 3-82

图 3-83

03 单击工具箱中的“前景色”图标，弹出“拾色器（前景色）”对话框，按照图 3-84 所示进行参数设置。此时按快捷键【Alt+Delete】将选区填充为设置的颜色，按快捷键【Ctrl+D】取消选区，图像效果如图 3-85 所示。

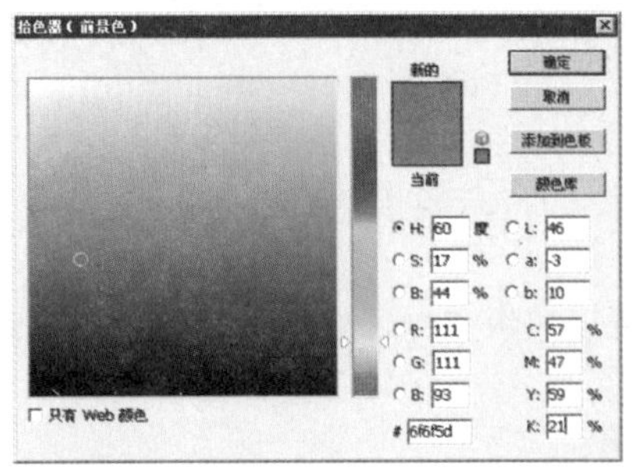

图 3-84

图 3-85

04 还可以将人物放置在其他背景中。打开一幅背景图片，如图3-86所示。将羽化后的选区进行反选，按住【Ctrl】键将人物移至背景图片中，使用快捷键【Ctrl+T】调整大小和位置，按【Enter】键确认，如图3-87所示。

图3-86

图3-87

3.4 其他工具功能详解

3.4.1 使用"历史记录艺术画笔工具"制作油画效果

"历史记录艺术画笔工具"可以根据绘画源的数据信息和工具选项栏的设置来创建各种不同的具有艺术感的图像效果。

在工具箱中选择"历史记录艺术画笔工具"，其工具选项栏如图3-88所示。

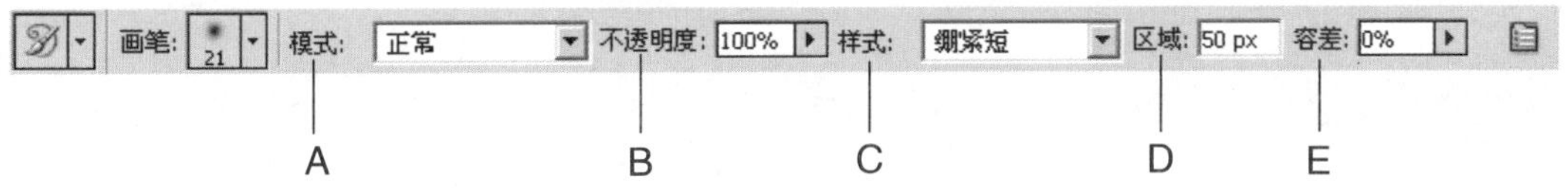

图3-88

A→模式：在其下拉列表中，可以选择画笔的混合模式，包括"正常"、"变暗"、"变亮"、"色相"、"饱和度"、"颜色"和"亮度"7种混合模式。

B→不透明度：用于设置不透明度，在文本框中输入数值或拖动滑块都可以设置不透明度。

C→样式：用于设置画笔的笔触样式，可以在其下拉列表中选择不同的笔触样式。

D→区域：表示笔触所影响的区域范围。数值越大，所影响的范围就越大。

E→容差：用来限制画笔绘制的范围。数值越大，其限制和绘画源颜色的区域的差异就越大。

使用"历史记录艺术画笔工具"处理图像的步骤如下：

01 打开一张素材图片，单击"图层"面板底部的"创建新图层"按钮，新建图层1，如图3-89所示。

02 选择"历史记录艺术画笔工具"，在工具选项栏中设置画笔形状为滴溅画笔，样式为"绷紧短"，并设置笔刷的大小，如图3-90所示。

图3-89

图 3-90

03 为了使笔刷效果更加自然，在“画笔”控制面板中选中“湿边”、“杂色”和“纹理”复选框，如图3-91 所示。

04 选择图层 1，使用历史记录艺术画笔在照片上进行涂抹，大面积涂抹完成后，图像效果如图 3-92 所示。

05 刻画主体部分（人物的脸部和手）。在照片上单击鼠标右键，弹出“画笔”面板，将主直径设置为 15px。单击鼠标左键隐藏“画笔”面板，然后对细节部分进行涂抹，涂抹后的图像效果如图 3-93 所示。

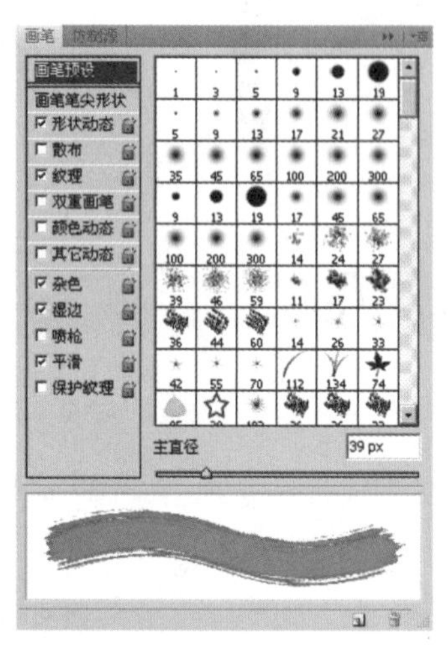
图 3-91

图 3-92

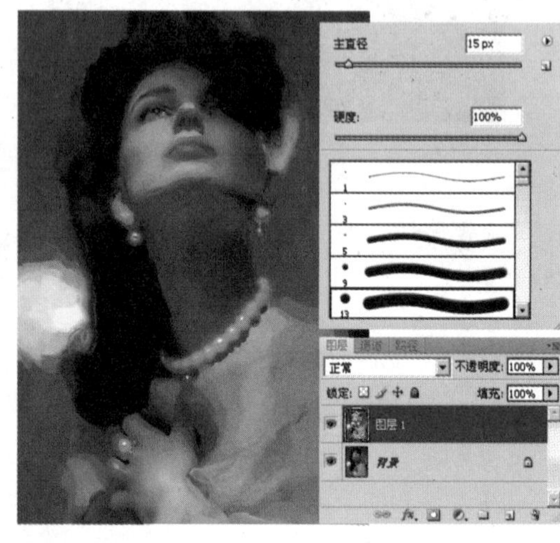
图 3-93

06 打开一张笔触的纹理图片，如图 3-94 所示。通过调整纹理，即可为照片增加油画的质感。

07 将笔触纹理图置入油画图像中，此时“图层”面板将自动创建图层 2。将该图层的混合模式设置为“柔光”，为画面增加笔触效果，如图 3-95 所示。

图 3-94

图 3-95

提示 · 技巧

如果在处理照片之前，对照片进行裁切或改变大小，系统就会提示不能使用“历史记录艺术画笔工具”。此时只要对“历史记录艺术画笔工具”设置“源”就可以重新启用。单击“历史记录”面板左侧的方块，出现“历史记录艺术画笔工具”图标后，即可使用“历史记录艺术画笔工具”来处理图像。

3.4.2 使用”渐变工具”制作彩虹效果

使用“渐变工具”可以创建多种颜色的渐变效果，通过设置图层的混合模式、不透明度等参数可以表现丰富的图像效果。

在工具箱中选择“渐变工具”，其工具选项栏如图3-96所示。

图3-96

A →编辑渐变色：单击该渐变色编辑图标，可以打开“渐变编辑器”窗口。在该窗口中还可以自定义渐变色。

B →渐变模式：提供了5种渐变模式，分别是线性渐变、径向渐变、角度渐变、对称渐变和菱形渐变，对应的渐变效果如图3-97所示。

C →模式：用于设置渐变工具的混合模式。

D →不透明度：用于设置渐变的不透明度。

E →反向：选中该复选框，可以将所应用的渐变效果反转。

F →仿色：选中该复选框，图像在应用渐变时可以产生抖动效果。

G →透明区域：选中该复选框，图像在应用渐变时可以产生透明效果。

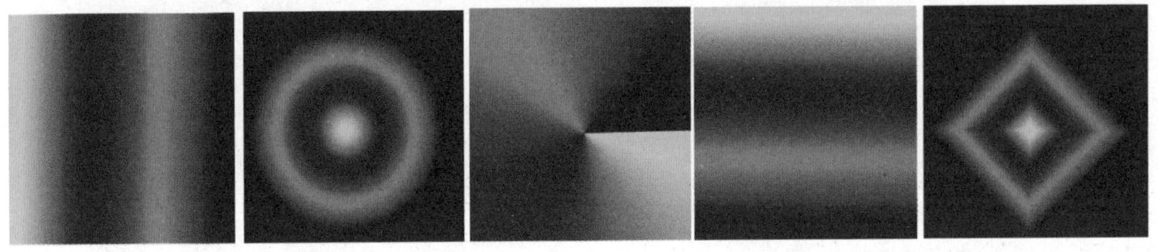

图3-97

使用“渐变工具”处理图像的步骤如下：

01 打开一张素材图片，在工具箱中选择“渐变工具”，单击工具选项栏中的“渐变工具”下拉按钮，在弹出的下拉面板中选择“圆形彩虹”选项，如图3-98所示。

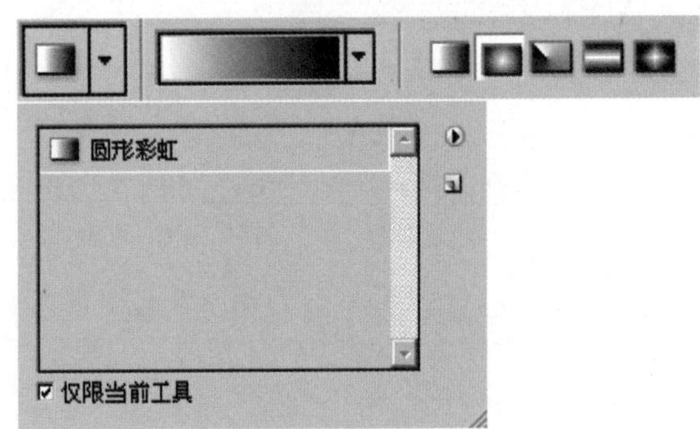

图3-98

02 此时工具选项栏中的编辑渐变色 变为“圆形彩虹”，如图3-99所示。

模式: 滤色 不透明度: 20% 反向 仿色 透明区域

图3-99

03 单击“图层”面板底部的“创建新图层”按钮，新建图层1，如图3-100所示。

04 使用“圆形彩虹”渐变在图像的上方边缘处拖动出一条直线，图像中将出现一个半圆形彩虹，如图3-101所示。

图3-100

图3-101

05 执行“编辑”/“变换”/“垂直翻转”命令，对彩虹进行垂直翻转。然后按快捷键【Ctrl+T】调出自由变换控制框，按住【Shift】键等比例缩放彩虹，将彩虹调整到合适的大小和位置后，按【Enter】键确认，如图3-102所示。

06 在工具箱中选择“多边形套索工具”，在图像中绘制选区，将不需要的彩虹选中，如图3-103所示。

图3-102

图3-103

07 执行“选择”/“修改”/“羽化”命令，弹出“羽化选区”对话框，设置“羽化半径”为2像素，如图3-104所示。单击“确定”按钮，羽化后的选区如图3-105所示。

图3-104

08 按键盘上的【Delete】键删除选区中的内容，然后按快捷键【Ctrl+D】取消选区，图像效果如图3-106所示。

图 3-105

图 3-106

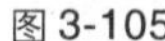

09 按快捷键【Ctrl+C】，复制出另一条彩虹，按快捷键【Ctrl+V】，再按快捷键【Ctrl+T】，将另一条彩虹放置到适当的位置，如图 3-107 所示。

10 使用“橡皮工具”擦除多余的部分，如图 3-108 所示。至此，彩虹的制作全部完成。

图 3-107

图 3-108

3.4.3 使用“缩放工具”调整视图

使用“缩放工具”可以放大或缩小图像显示比例，以方便地操作图像。

在工具箱中选择“缩放工具”，其工具选项栏如图 3-109 所示。

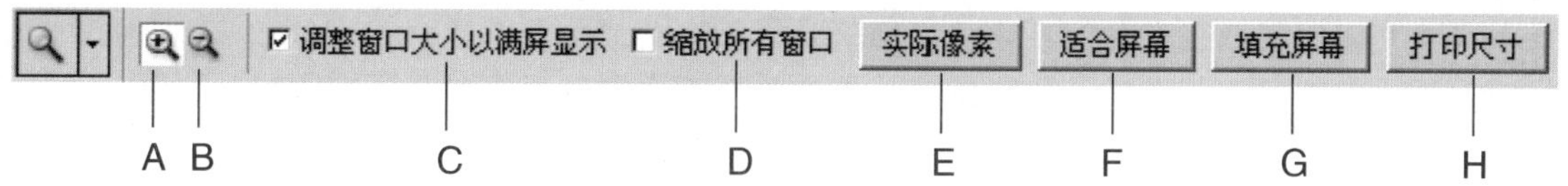

图 3-109

A →放大：单击该按钮可以放大图像，每单击一次，图像会以一系列预先定义的百分比进行放大。

B →缩小：单击该按钮可以缩小图像，每单击一次，图像会以一系列预先定义的百分比进行缩小。

C →调整窗口大小以满屏显示：选中该复选框，可以改变窗口大小使其适应图像。

D →缩放所有窗口：选中该复选框，可以将界面中的所有图像同时进行缩放。

E →实际像素：单击该按钮，系统将以 100% 的比例显示图像的实际大小。

F →适合屏幕：单击该按钮，系统将按照图像的实际大小，自动选择合适的图像显示比例和窗口大小，将图像完整地显示在屏幕上。

G →填充屏幕：单击该按钮，系统将按屏幕的大小，自动选择合适的图像显示比例和窗口大小。

H →打印尺寸：单击该按钮，系统将基于预设的分辨率显示图像的实际打印尺寸。

使用“缩放工具”缩放图像的步骤如下：

01 打开一张素材图片，如图 3-110 所示。

02 在工具箱中选择“缩放工具”，并使用该工具在图像中单击。每单击一次，图像都将以预先定义的百分比值进行放大，直到放大到合适的比例。还可以通过调整图像窗口右侧和底部的滚动条，进行图像显示位置的调整。将右侧的滚动条向左移动，将底部的滚动条向上移动，调整后的图像效果如图3-111所示。

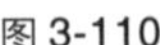

图3-110

图3-111

3.4.4 使用“抓手工具”移动窗口

使用“抓手工具”可以改变图像的视图区域，即通过平移的方式来局部显示图像。

在工具箱中选择“抓手工具”，其工具选项栏如图3-112所示。

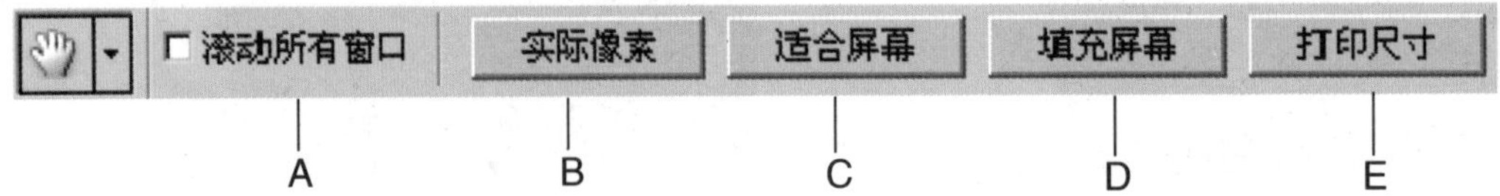

图3-112

A →滚动所有窗口：选中该复选框，可以对界面中的所有图像窗口进行平移。

B →实际像素：单击该按钮，系统将以100%的比例显示图像的实际大小。

C →适合屏幕：单击该按钮，系统将按照图像的实际大小，自动选择合适的图像显示比例和窗口大小，将图像完整地显示在屏幕上。

D →填充屏幕：单击该按钮，系统将按屏幕的大小，自动选择合适的图像显示比例和窗口大小。

E →打印尺寸：单击该按钮，系统将基于预设的分辨率显示图像的实际打印尺寸。

使用“抓手工具”移动图像的步骤如下：

01 打开一张素材图片，如图3-113所示。

02 在工具箱中选择“缩放工具”，在图像中单击，适当地放大图像，如图3-114所示。

03 在工具箱中选择“抓手工具”，在图像中随意拖动，即可改变图像的视图范围，如图3-115所示。

图3-113

图3-114

图3-115

04

Photoshop CS4 数码照片处理从入门到精通 Chapter

通道

本章主要介绍通道的基本功能、"通道"面板、通道的操作以及通道的使用方法。

4.1 通道简介

在 Photoshop CS4 中，通道的主要功能是保存图像的颜色信息。其次，通道还可以用来存放选区和蒙版，以更复杂的方法操作和控制图像的特定部分。

4.1.1 通道的基本功能

打开一幅图像时 Photoshop 即会自动创建颜色信息通道。如果图像中有多个图层，则每个图层都有自身的一套颜色通道。通道的数量取决于图像的模式，与图层的多少无关。

CMYK 颜色模式的图像包含 5 个默认颜色通道，如图 4-1～图 4-6 所示，该图像含有“青色”、“洋红”、“黄色”和“黑色”通道，它们分别包含了青色、洋红、黄色和黑色的全部信息。另外还有一个用于编辑图像的复合通道，改变一个通道的颜色数据，都会立即反映到复合通道中。

图 4-1

图 4-2

图 4-3

图 4-4

图 4-5

图 4-6

4.1.2 “通道”面板

利用“通道”面板可以管理图像中所有的通道以及编辑各类通道。执行“窗口”/“通道”命令即可显示“通道”面板，如图 4-7 所示。在面板底部共有 4 个功能按钮，而且面板中列出了图像中的所有通道。

A →作用通道。

B →显示 / 隐藏通道：单击该图标，可以显示或隐藏通道。

C → Alpha 通道。

D →专色通道。

E →“通道”面板控制菜单按钮。

F →通道快捷键。

G →将通道作为选区载入：单击该按钮，可将当前通道作为选区载入。该功能与“选择”/“载入选区”命令功能相同。

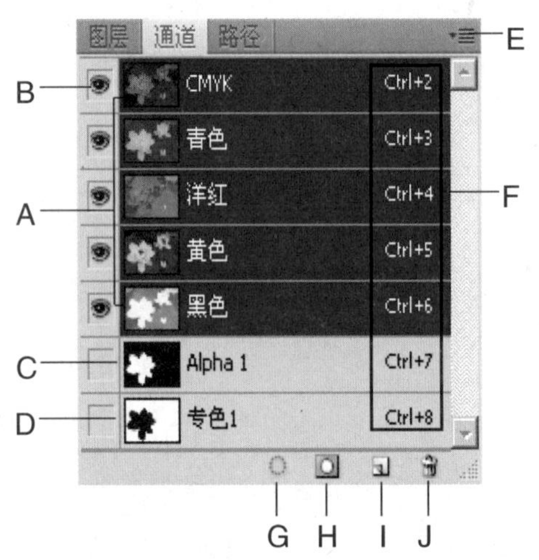

图 4-7

H →将选区存储为通道：单击此按钮，可将图像中的选取范围转换为一个蒙版保存到一个新增的Alpha 通道中。

I →创建新通道：单击此按钮可以建立一个新的 Alpha 通道。将已有通道拖到该按钮上释放，即可复制该通道。

J →删除当前通道：单击此按钮可以删除当前通道。将已有通道拖动到该按钮上释放，也可删除通道。

使用通道处理图像的步骤如下：

01 打开一张素材图片，如图 4-8 所示。

02 在工具箱中选择“魔棒工具”，使用”魔棒工具”在图像中绘制出一个选区，如图 4-9 所示。

图 4-8

图 4-9

03 在“通道”的面板中，单击“将选区存储为通道”按钮，“通道”面板中将出现 Alpha1，如图 4-10 所示。

04 单击“通道”面板右上角的控制菜单按钮，在弹出的下拉菜单中选择“新建专色通道”命令，弹出“新建专色通道”对话框，如图 4-11 所示。单击“确定”按钮确认设置，“通道”面板中将新建通道“专色 1”。如图 4-12 所示则为通道显示后的图像效果。

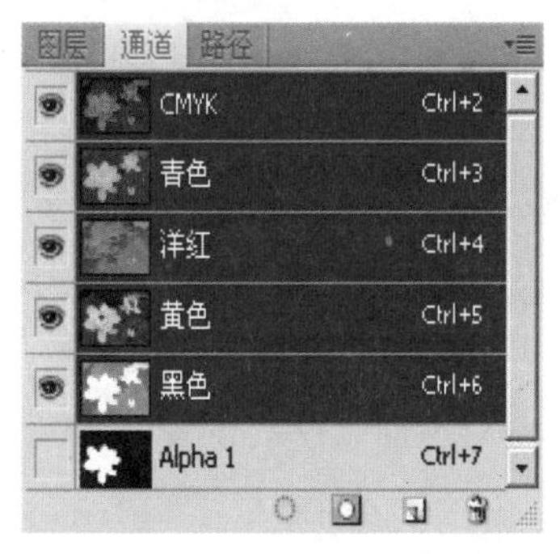

图 4-10

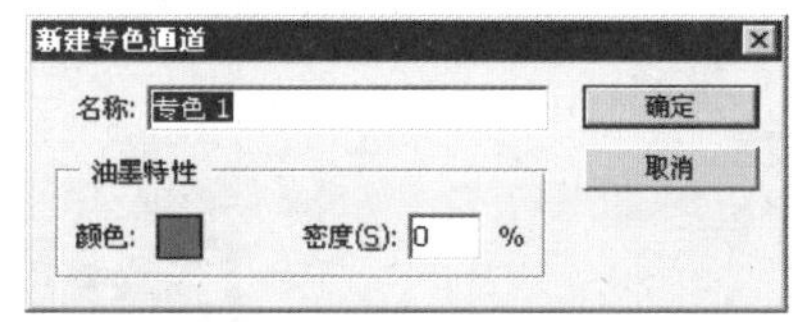

图 4-11

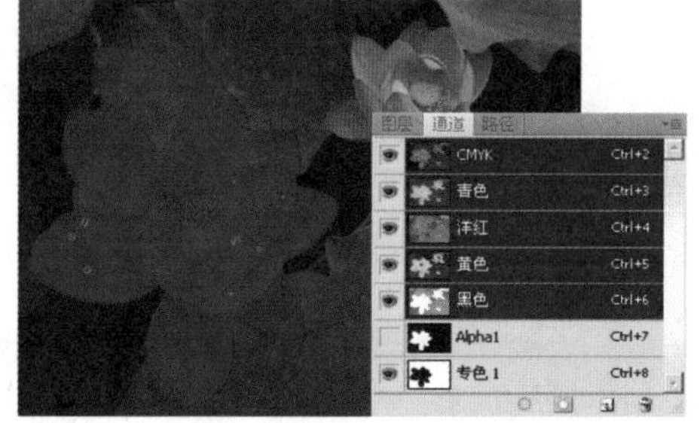

图 4-12

4.1.3 通道的基本操作

使用“通道”面板的控制菜单命令可以对通道进行各种编辑操作，如创建通道，转换通道与选区，复制、删除和保存通道，分离与合并通道等。

1. 新建通道

单击“通道”面板右上角的控制菜单按钮，在弹出的下拉菜单中选择“新建通道”命令，如图

4-13 所示，将弹出“新建通道”对话框，如图 4-14 所示。单击“确定”按钮确认设置，“通道”面板中将新建通道 Alpha1，如图 4-15 所示。

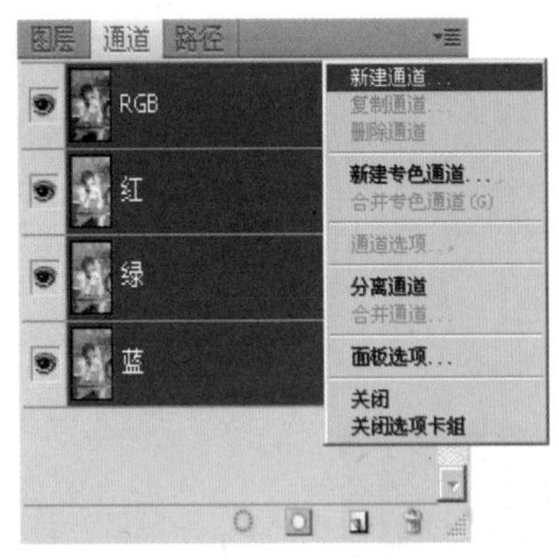

图 4-13

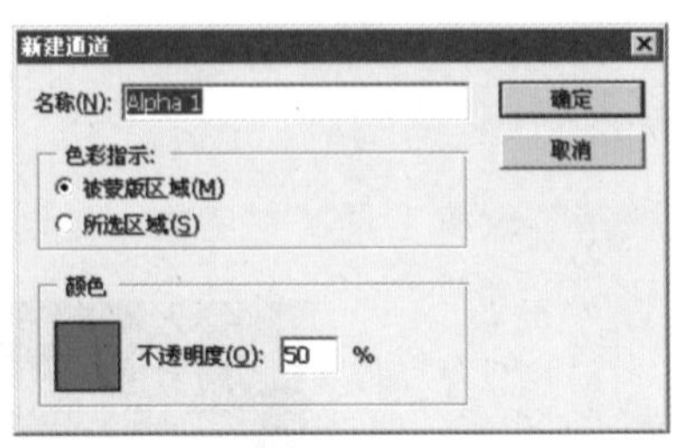

图 4-14

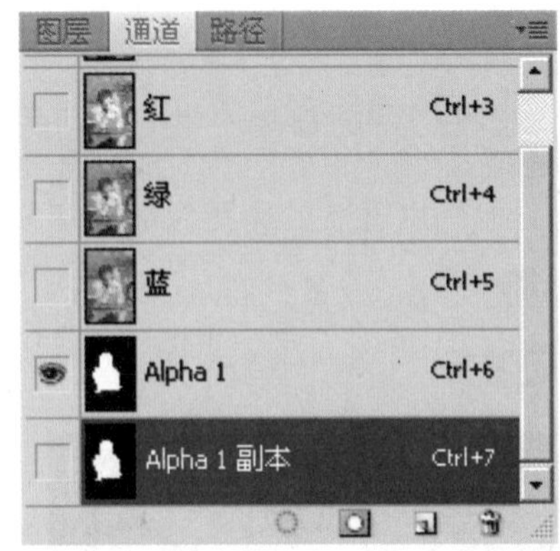

图 4-15

名称：可以为新通道命名，默认通道名称为 Alpha1。

色彩指示：用于指定 Alpha1 通道显示颜色的方式。“被蒙版区域”表示新建通道中的不透明区域代表被遮挡的范围，而透明区域为选取范围；“所选区域”表示新建通道中的透明区域代表被遮挡的范围，而不透明区域为选取范围。

颜色：用于指定颜色的不透明度。单击颜色块可以弹出“选择通道颜色”对话框，设置用于显示蒙版的颜色值。颜色块的右侧有一个“不透明度”文本框，在此可以输入数值来设置蒙版的不透明度值。设置不透明度的目的在于能够较准确地选择区域。默认状态下，颜色为 50% 的红色。

2. 复制和删除通道

在编辑通道之前，可以复制图像的通道来创建一个备份。首先选择要复制的通道，然后选择“通道”面板控制菜单中的“复制通道”命令，此时会打开“复制通道”对话框，如图 4-16 所示。单击“确定”按钮，“通道”面板中将生成 Alpha1 副本通道，如图 4-17 所示。

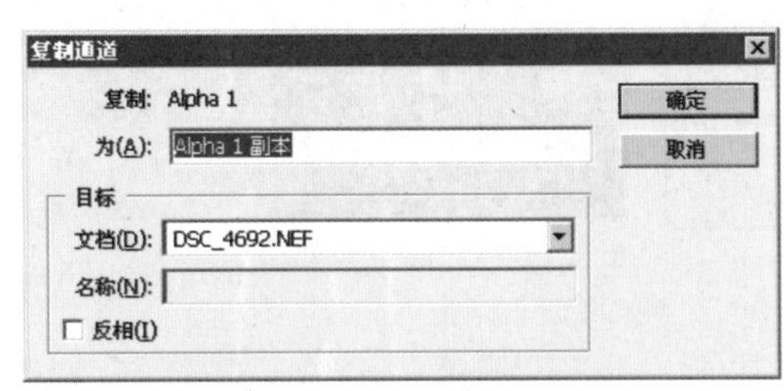

图 4-16

图 4-17

文档：选择要复制的目标图像文件，若选择“新建”选项，表示复制到一个新建立的文件，此时可在“名称”文本框中输入新文件的名称。“文档”下拉列表框中只能显示与当前文件分辨率和尺寸相同的文件。

反相：复制后的通道颜色会以相反色相显示，也可以在完成通道复制后，执行“图像”/“调整”/“反相”命令完成相同的操作。

提示 · 技巧

若要删除通道，可以选择要删除的通道，选择“通道”面板控制菜单中的“删除通道”命令，或者直接将要删除的“通道”拖动到“通道”面板底部的“删除当前通道”按钮上。

在“通道”面板中删除其中任何一个原色通道，图像的色彩模式都会立即变成多通道的色彩模式。原图像如图4-18所示，删除原色通道的图像如图4-19所示。

图4-18

图4-19

3. 将通道分离为单独的图像

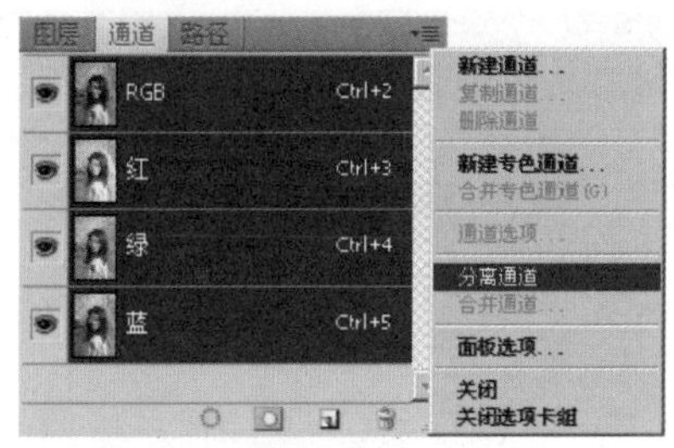

图4-20

使用“通道”面板控制菜单中的“分离通道”命令，可以把一幅图像的每个通道分别拆分为单独的图像，源文件则被关闭。当需要在不能保留通道的文件格式中保留单个的通道信息时，分离通道非常有用。可以对分离出来的文件单独进行操作，然后将它们单独保存或重新合并成一个文件。如果图像含有多个图层，分离前必须合并图层，因为该命令只能分离拼合的图像。

单击“通道”面板控制菜单按钮，从弹出的下拉菜单中选择“分离通道”命令，如图5-20所示。

此时即可分离图像的各个通道，并各自形成单独的图像文件。分离后的图像都将以单独的窗口显示在屏幕上，这些图像都是灰度图。打开一幅素材图像，如图5-21所示。执行“分离通道”命令后的图像效果如图4-22所示。

图4-21

图4-22

“合并通道”命令可以将多个灰度图像合并成一个图像。如果要合并为多通道图像，则执行“图像”/“模式”/“多通道”命令，即可以得到均为Alpha通道的所有通道。其子菜单如图4-23所示。

打开分离通道后的图像，从“通道”面板控制菜单中选择“合并通道”命令，弹出“合并通道”对话框，如图4-24所示。

设置完成后，单击“确定”按钮，屏幕上将弹出“合并多通道”对话框，为各通道选定各自的源文件，如图4-25所示。单击该对话框中的“确定”按钮，即可将指定通道的图像合并起来，形成一幅新图像。单击“取消”按钮，可以取消该任务。若单击“模式”按钮则返回“合并通道”对话框。

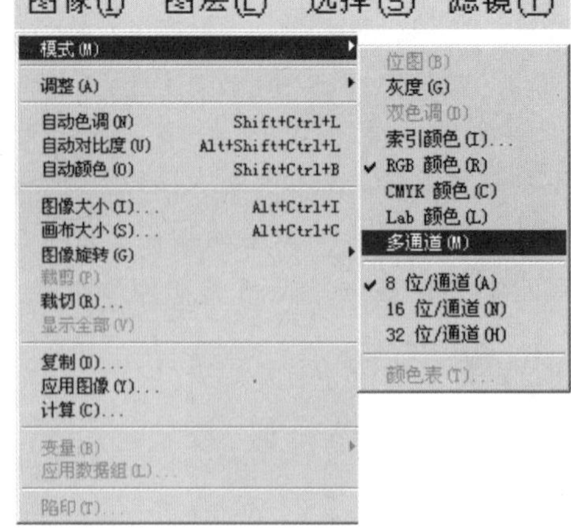

图4-23

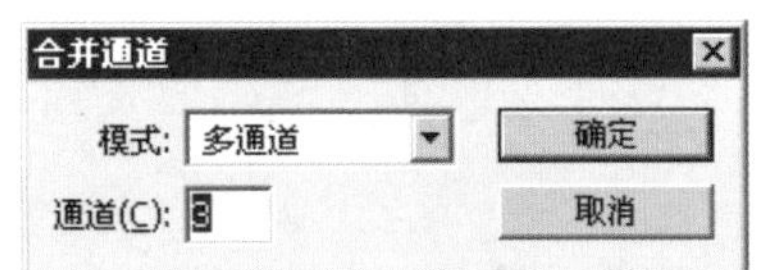

图4-24

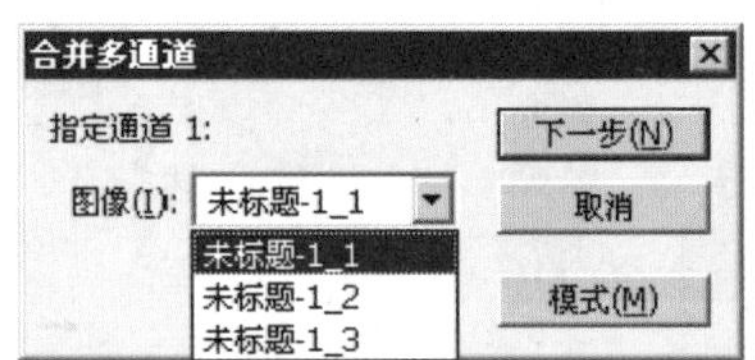

图4-25

4.2 使用通道去除背景

使用通道处理图像背景的步骤如下：

01 打开需要去除背景的照片，如图4-26所示。将图片拖动到将要使用的背景图中，自动生成“图层1”，如图4-27所示。

图4-26

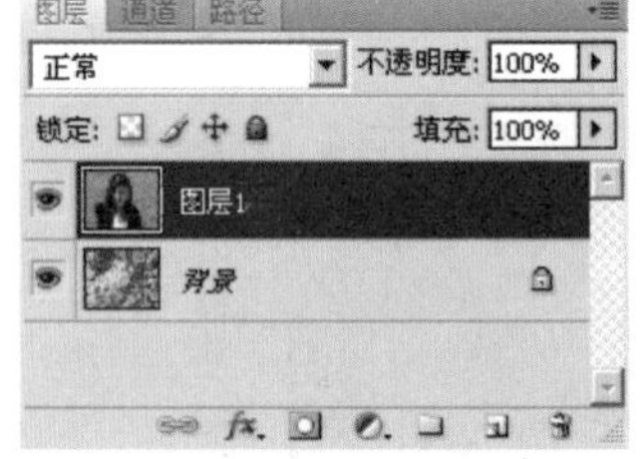

图4-27

02 打开“通道”面板，分别观察“红”、“绿”和“蓝”3个通道中的颜色信息，可以发现“红”通道中头发最明显。因此，在“通道”面板中显示“红”通道，如图4-28所示。

03 选择“红”通道，使用“快速选取工具”选取人物，精细的头发可以先不选，如图4-29所示。单击“将选区储存为通道”按钮，“通道”面板中将出现Alpha1通道，如图4-30所示。

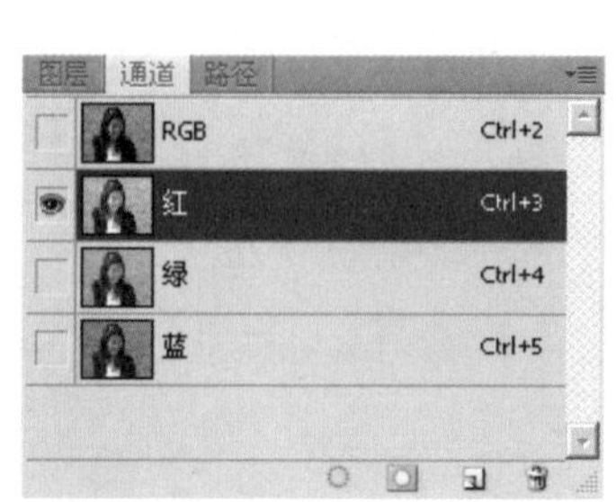

图4-28

图4-29

图4-30

04 显示所有通道，效果如图4-31所示。

05 回到“图层”面板中，选择人物图层，按快捷键【Ctrl+J】，将人物粘贴到新图层，自动生成“图层1副本”，图层效果如图4-32所示。删除“图层1”，关闭Alpha1通道，得到最终的图像效果，如图4-33所示。

图4-31

图4-32

图4-33

读书笔记

05 Chapter

Photoshop CS4 数码照片处理从入门到精通

图层的混合模式

本章主要介绍图层的混合模式，通过改变图层模式来调整图像的效果。

5.1 图层混合模式简介

图层混合模式的设置位于“图层”面板的左上方，如图5-1所示。单击“图层”面板中“设置图层的混合模式”下拉列表框原下拉按钮，即可在弹出下拉列表中选择各种混合模式，如图5-2所示。不同的混合模式产生不同的效果。“正常”为图层混合模式的默认值。

A
B
C
D
E
F
G
H
I
J
K
图层
通道
路径
正常
不透明度: 100%
锁定:
填充: 100%
背景

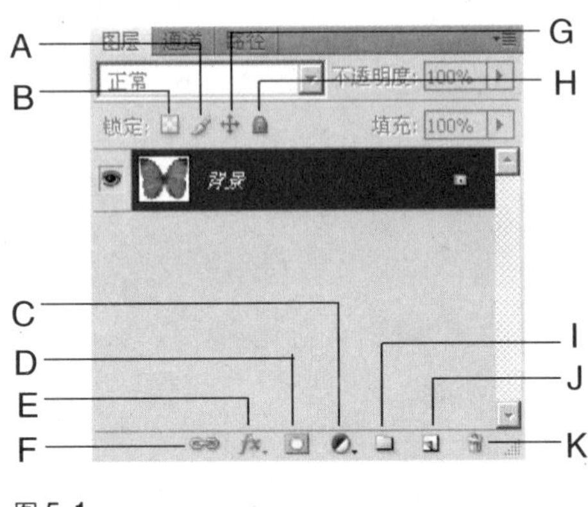

图5-1

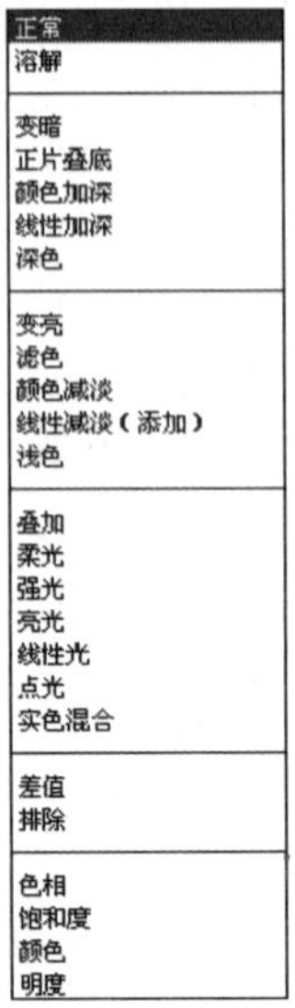

正常
溶解
变暗
正片叠底
颜色加深
线性加深
深色
变亮
滤色
颜色减淡
线性减淡（添加）
浅色
叠加
柔光
强光
亮光
线性光
点光
实色混合
差值
排除
色相
饱和度
颜色
明度

图5-2

A→锁定图像像素　B→锁定透明像素　C→创建新的填充或调整图层　D→添加图层蒙版
E→添加图层样式　F→链接图层　G→锁定位置　H→锁定全部
I→创建新组　J→创建新的图层　K→删除图层

5.2 通过改变图层混合模式调整效果

5.2.1 “正常”模式

“正常”模式是Photoshop的默认模式，在“图层”面板的右上方调节“不透明度”参数值，将以不同层次的清晰度显示图层的内容。

打开一幅人物图像和一幅蝴蝶图像，如图5-3和图5-4所示。将蝴蝶图像拖动到人物图像中，如图5-5所示。系统将自动生成图层1，设置图层1的不透明度为50%，得到的图像效果如图5-6所示。

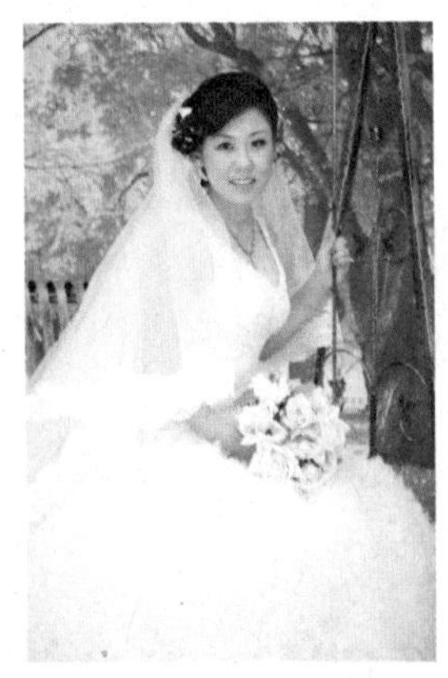

图5-3

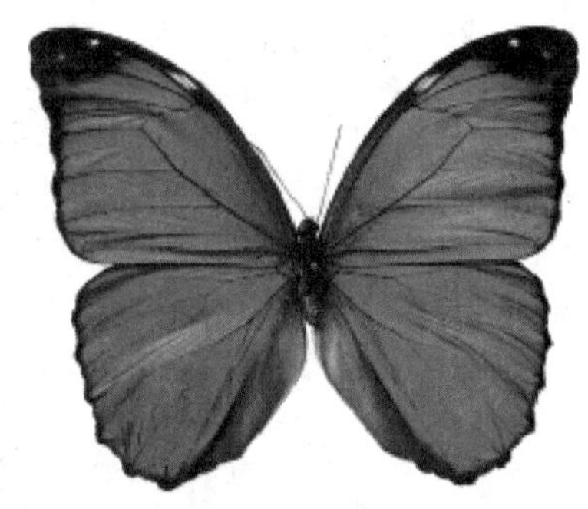

图5-4

图 5-5

图 5-6

5.2.2 “正片叠底”模式

“正片叠底”模式将两个图层像素颜色值相乘后再除以255，其对应的色彩效果通常比原色彩要深。

打开一幅花草图像和一幅蝴蝶图像，如图5-7和图5-8所示。将蝴蝶图像拖动到花草图像中，如图5-9所示。系统将自动生成图层1，将图层1的混合模式设置为“正片叠底”，图像效果如图5-10所示。

图 5-7

图 5-8

图 5-9

图 5-10

5.2.3 “滤色”模式

“滤色”模式与“正片叠底”模式恰好相反，它将两个图层的互补色相乘，然后除以255。该模式的效果很淡。

打开一幅烟花图像和一幅夜景图像，如图5-11和图5-12所示。将图像烟花拖动到夜景图像中，如图5-13所示。系统将自动生成图层1，将其模式设置为“滤色”模式，图像效果如图5-14所示。

图 5-11

图 5-12

图 5-13

图 5-14

5.2.4 “叠加”模式

“叠加”模式是将上一图层与下一图层颜色叠加，保留下方图层的高光和阴影部分，并由下方图层和上方图层混合体现原图的亮部和暗部。

打开一幅黑白美女图像，如图 5-15 所示。在工具箱中选择一种形状工具绘制图形，如图 5-16 所示。再绘制边框，图像效果如图 5-17 所示。将图层混合模式改为“叠加”模式，最终的图像效果如图 5-18 所示。

图 5-15

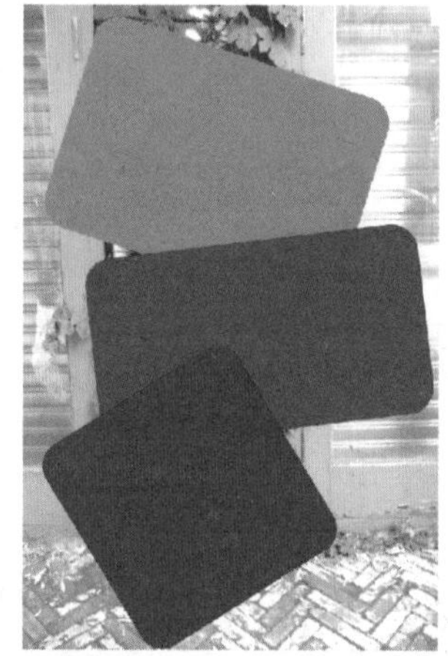
图 5-16

图 5-17

图 5-18

5.2.5 其他混合模式

“溶解”模式：下层暗部的像素被当前图层的亮部像素所取代，达到与底层溶解在一起的效果，不透明度越大，溶解效果越明显。打开一幅图像，如图5-19所示。选择“画笔工具”，新建图层，绘出闪光效果， 如图5-20所示。将图层混合模式改为“溶解”模式，不透明度调至9%，如图5-21所示。图像效果如图5-22所示。

图5-19

图5-20

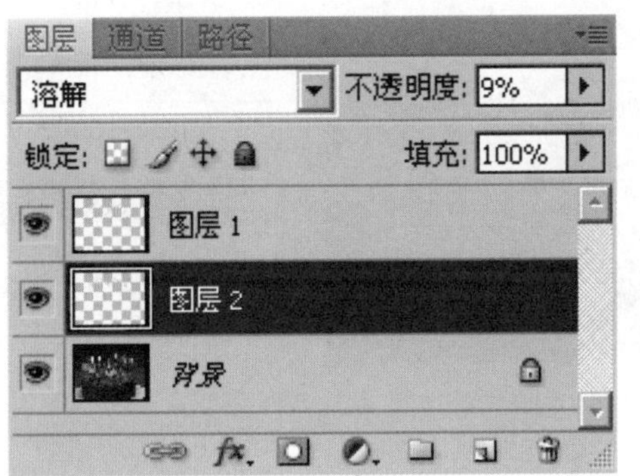

图5-21

图5-22

“变暗”模式：此模式可替换所有亮于下层的颜色，暗于下层的颜色则保持不变，整体效果变暗。打开一幅图像，如图5-23所示。选择“渐变工具”在新建图层上绘制渐变，如图5-24所示。将图层1模式调整为“变暗”模式，不透明度调至60%，如图5-25所示。“变暗”模式效果如图5-26所示。

图5-23

图5-24

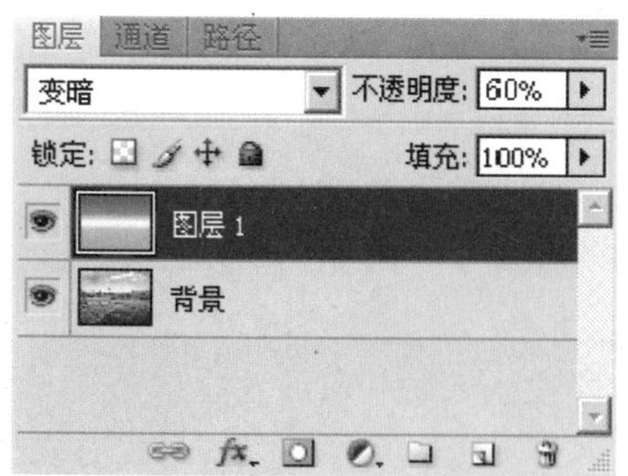

图 5-25

图 5-26

“颜色加深”模式：此模式可以增加颜色的对比度，使底层的颜色变暗，从而反映出上层的颜色。图像效果如图 5-27 所示。

“线性加深”模式：通过降低亮度使下面图层的颜色变暗来反映当前图层颜色。图像效果如图 5-28 所示。

图 5-27

图 5-28

“变亮”模式：混合时取上一图层与下一图层中较亮部的颜色，该模式下的图像效果如图 5-29 所示。

“深色”模式：如果图层像素的颜色比其下方图层像素的颜色深，则最终显示效果为该图层像素的颜色；如果图层像素的颜色比其他图层像素的颜色浅，则会完全保留底色，最终显示效果为下层像素的颜色。该模式下的图像效果如图 5-30 所示。

图 5-29

图 5-30

"强光"模式：根据当前图层颜色的明暗程度决定最终的图像效果是变亮还是变暗。图像效果如图5-31所示。

"点光"模式：根据当前图层颜色替换颜色，若当前图层颜色比50%的灰色暗，则比当前图层颜色暗的像素被替换；若当前图层颜色比50%的灰色亮，则当前颜色图层的像素被替换。该模式下的图像效果如图5-32所示。

图5-31

图5-32

"实色混合"模式：通过查看每个通道中的颜色信息，并将当前图层像素的颜色与其下面图层像素的颜色复合，最终显示的总是较暗的颜色。任何颜色与黑色复合产生黑色，任何颜色与白色复合保持不变。该模式下的图像效果如图5-33所示。

"差值"模式：将当前图层的颜色与其下方图层的颜色的亮度相对比，并将较亮的像素值减去较暗的像素值的差值作为最终效果的像素值，如图5-34所示。

图5-33

图5-34

5.3 蒙版简介

蒙版的功能就像用一块透明的模板遮盖图像中的特定区域，以对图像中的特定区域进行效果处理。它与选取范围的功能相同，两者之间可以相互转换。但它们又有所区别，蒙版与通道一样以一个灰色图像出现在“通道”面板中，可以使用多种绘图工具对它进行编辑，然后转换为选取范围应用到图像中，如图5-35所示。

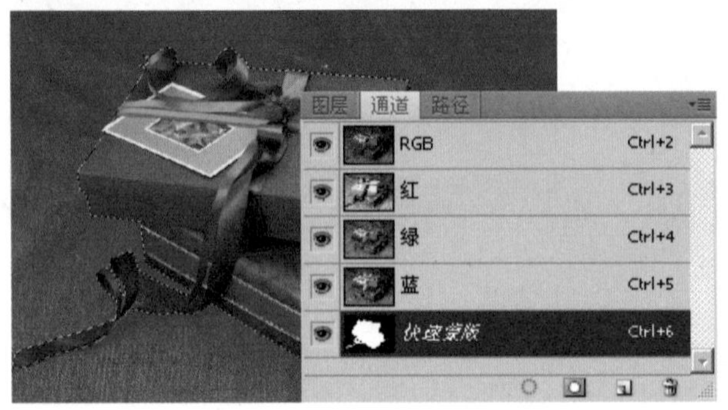

图5-35

5.4 使用蒙版去除背景

5.4.1 使用快速蒙版去除背景

“快速蒙版”可以在不使用通道的情况下，快速地将选区变为蒙版，然后对快速蒙版进行修改或编辑即可。该模式比较适合一些临时性的编辑操作。单击工具箱中的“以快速蒙版模式编辑”按钮，如图5-36所示。完成蒙版编辑后，退出快速蒙版模式，这时蒙版便转换为选区。

使用“磁性套索工具”选取一个范围，在工具箱中单击“以快速蒙版模式编辑”按钮，切换到快速蒙版模式，图像效果如图5-37所示。

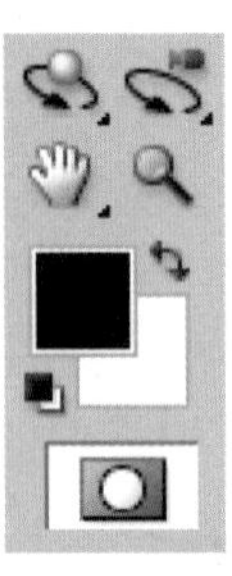

图5-36

图5-37

进入快速蒙版模式后，“通道”面板中将会出现一个快速蒙版，可以用绘图工具针对蒙版范围进行修改。在默认情况下，用黑色绘画可增大蒙版，即缩小选区；用白色绘画可以从蒙版中删除区域，即扩展选区；用灰色或其他颜色绘画可以创建半透明区域，有助于羽化或消除锯齿效果。

编辑完成后，单击工具箱中的“以标准模式编辑”按钮，切换为一般模式，“通道”面板中的快速蒙版就会消失。

使用快速蒙版处理图像的步骤如下：

01 打开一幅素材图片，如图5-38所示。双击背景图层，将其转换为图层0。按【Q】键或单击工具箱中的“以快速蒙版模式编辑”按钮，进入快速蒙版状态。此时，“图层”面板中的图层。以灰色显示，并在“通道”面板中自动创建快速蒙版，如图5-39所示。

02 选择工具箱中的“画笔工具”，适当改变画笔的大小，在图像中涂抹人物，如图5-40所示。对人物边缘部分进行操作时，可先将其局部放大，这样涂抹会更细致，操作起来也更方便。要注意的是，一定要细心地使用小笔刷进行涂抹。修改后的图像效果如图5-41所示。

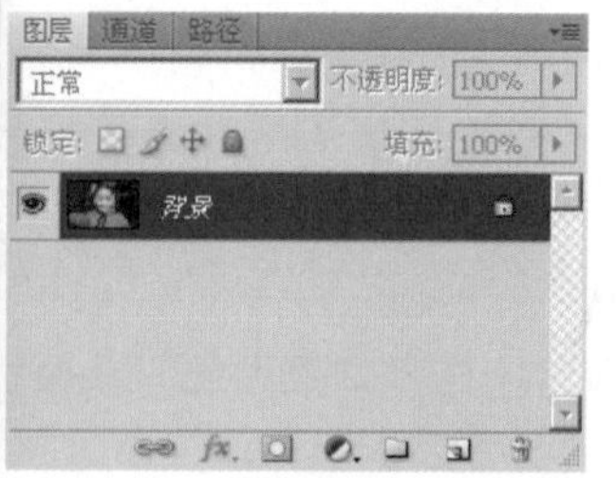

图 5-38

图 5-39

图 5-40

图 5-41

03 涂抹完成后，按【Q】键将蒙版载入选区，图像效果如图 5-42 所示。按【Delete】键删除背景，图像效果如图 5-43 所示。

图 5-42

图 5-43

04 新建图层 1，把该图层拖至图层 0 的下方，按快捷键【Alt+Delete】将该图层填充为红色，然后使用“裁剪工具”对该图层进行裁剪，如图 5-44 所示，最终效果如图 5-45 所示。

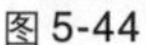

图 5-44

图 5-45

5.4.2 使用图层蒙版去除背景

图层蒙版用来控制图层中部分区域的隐藏或显示。通过更改图层蒙版，可以对图层的显示范围进行编辑，而不影响图层的像素。应用蒙版，即可使所做的更改永久保留。也可以去掉蒙版，放弃所做的更改。

使用图层蒙版处理图像的步骤如下：

01 打开一幅素材图片，如图5-46所示。选择背景图层，按快捷键【Ctrl+J】复制并粘贴背景图层，生成“背景副本”图层。

02 添加图层蒙版。单击“图层”面板底部的“添加图层蒙版”按钮，背景副本图层右边会出现图层蒙版缩览图，如图5-47所示。

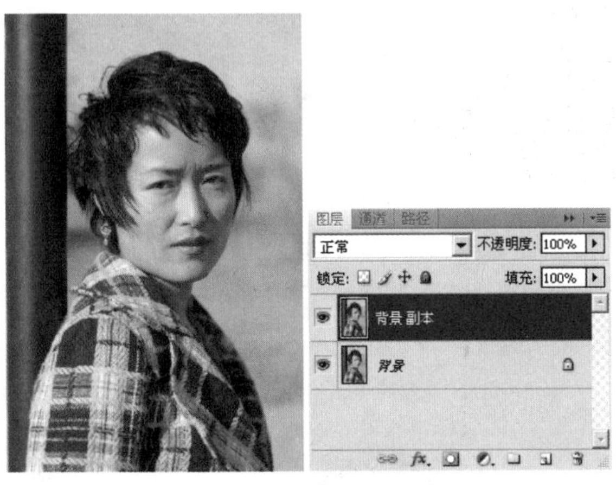

图5-46

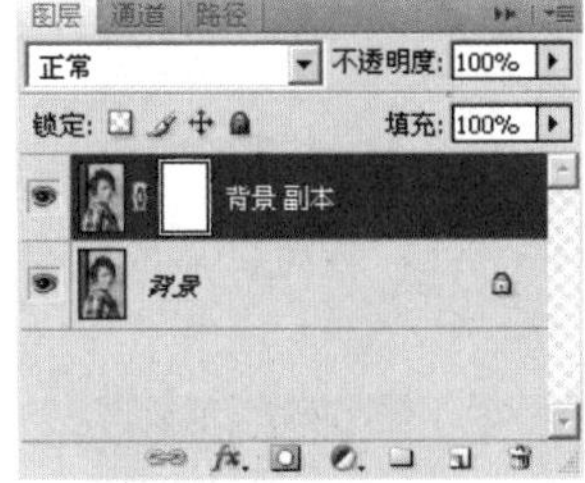

图5-47

03 选择“画笔工具”，设置前景色为黑色，使用大笔刷将背景涂抹掉。新建图层1，并拖动到“背景副本”图层下方，将图层1，填充为土黄色。最终的图像效果如图5-48所示。

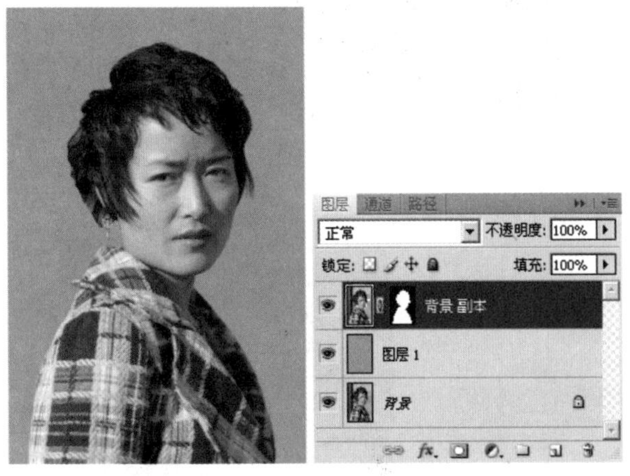

图5-48

06 Chapter

图像的变换与调整

本章主要介绍图像的调整、缩放、旋转、斜切、扭曲、透视、水平与垂直变换以及角度变换等。

6.1 “变换”命令调整简介

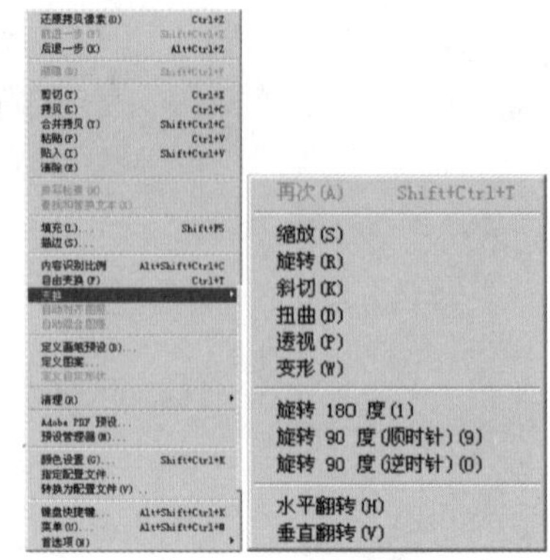

图 6-1

在Photoshop CS4中，使用“变换”命令可以拉伸、挤压、旋转照片。同时，还可以单独对选择区域或图层中的图像进行各种变形操作。这些命令可以在“编辑”/“变换”子菜单中找到，如图6-1所示。如果当前图像中有选区，那么所进行的变形操作将针对当前选区内的图像；如果当前图像中没有选区，那么所进行的变形操作将针对当前图层中的图像。

当选取了任意一个手动变换功能时，工具选项栏都将显示当前变换操作对应的数据，可以选择手动变换一个图层或选择区域的内容，也可以在各文本框中输入数值来进行精确变换。变换工具选项栏如图6-2所示。

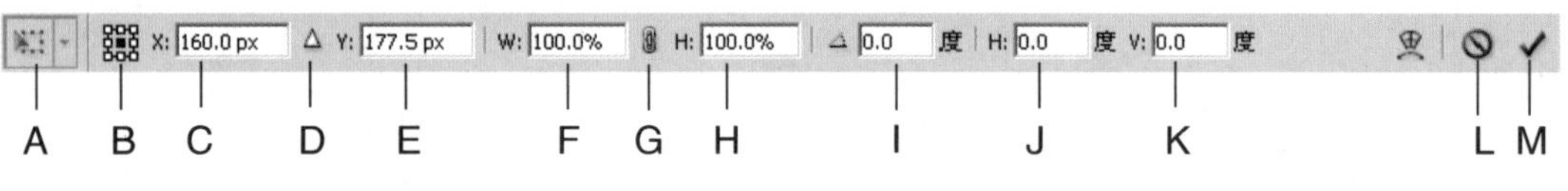

图 6-2

A →变换工具	B →参考点位置
C →设置参考点的水平位置	D →使用参考点相关定位
E →设置参考点的垂直位置	F →设置水平缩放比例
G →保持长宽比	H →设置垂直缩放比例
I →设置旋转	J →设置水平斜切
K →设置垂直斜切	L →取消变换
M →进行变换	

6.2 执行缩放变换

“缩放”命令可以在维持自由变换控制框各边方向不变的情况下，调整图像大小。要想使用缩放功能，执行“编辑”/“变换”/“缩放”命令即可。

使用“缩放”命令处理图像的步骤如下：

01 打开一张素材图片，如图6-3所示。

02 执行“编辑”/“变换”/“缩放”命令，如图6-4所示。

图 6-3

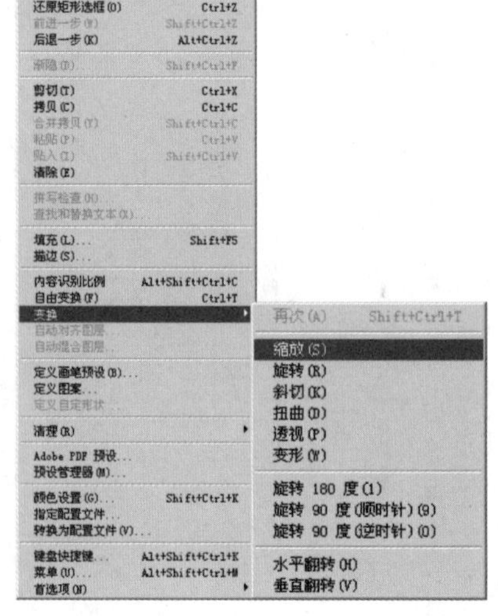

图 6-4

03 在缩放图像时，按住【Shift】键可以成等比例地放大或缩小图像，如图 6-5 所示。

04 按住【Alt】键，将以控制框中心点为中心进行放大或缩小操作，图像效果如图 6-6 所示。

05 如果按住【Alt+Shift】快捷键，则以控制框中心点为中心进行等比例的放大或缩小操作，图像效果如图 6-7 所示。

图 6-5

图 6-6

图 6-7

6.3 执行旋转变换

“旋转”命令可以改变整个图层或选择区域的对角线方向。要想旋转一幅图像，执行“编辑”/“变换”/“旋转”命令即可。在旋转一个选择区域或图层时，原点的位置很重要。原点最初位于控制框的正中心，中心点是定义旋转操作的中心支点，要想移动原点，使用鼠标将其直接拖到一个新位置即可。在设置好原点后，即可随时旋转选择区域。把鼠标移到控制框的紧外侧，鼠标指针将发生变化，变成一个两端均带有箭头的小圆弧。拖动鼠标，控制框将随着鼠标的移动发生旋转。释放鼠标即可完成旋转操作。

使用“旋转”命令处理图像的步骤如下：

01 执行“文件”/“打开”命令，打开一张素材图片，如图 6-8 所示。

02 执行“编辑”/“变换”/“旋转”命令，如图 6-9 所示。

图 6-8

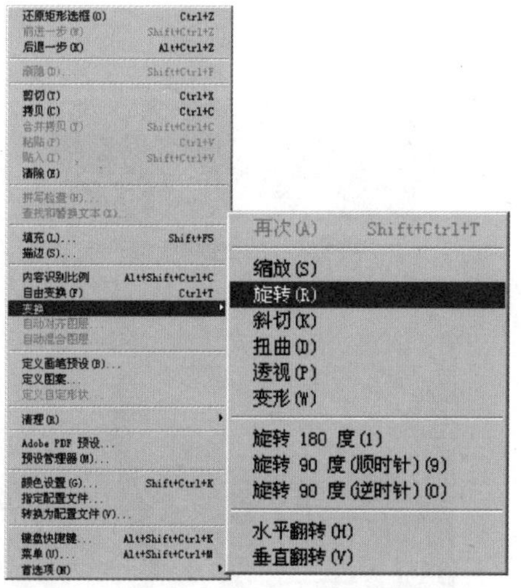

图 6-9

Chapter 06 图像的变换与调整

如果在旋转时按住【Shift】键，即可将旋转约束为15°的递增量。即30°、45°、60°等，如图6-10所示。

图6-10

提示 · 技巧

除了以上介绍的旋转操作步骤外，当执行“旋转”命令后，还可以在变换工具选项栏中直接输入角度值进行精确的旋转操作。使用负号表示逆时针旋转，而使用正号则表示顺时针旋转。

6.4 执行斜切变换

执行“斜切”命令，即可沿单个轴，即水平或垂直轴倾斜选择区域。倾斜的角度将影响图像的倾斜程度。

使用“斜切”命令处理图像的步骤如下：

01 执行“文件”/“打开”命令，打开一张素材图片，如图6-11所示。

02 执行“编辑”/“变换”/“斜切”命令，如图6-12所示。

图6-11

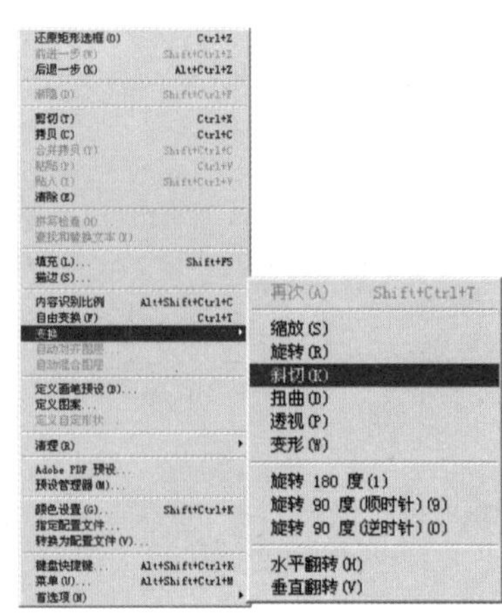

图6-12

03 将鼠标指针移至角控制柄上并拖动，这时鼠标指针呈 ▶ 形状。此时，便可在保持其他 3 个角控制柄不动的情况下对图像进行倾斜变形，如图 6-13 所示。

04 将鼠标指针移至 4 个边控制柄上时，鼠标指针会呈 ▶↔ 或 ▶↕ 形状，此时便可以将控制框沿控制柄所在边的方向进行平行或垂直移动，如图 6-14 所示。

图 6-13

图 6-14

提示 · 技巧

在进行斜切变形操作时，按住【Alt+Shift】快捷键再单击控制柄可以对图像进行透视变形操作。

6.5 执行扭曲变换

扭曲一个选择区域时，可以沿着它的每个轴进行拉伸操作。要想进行该操作，执行“编辑”/“变换”/“扭曲”命令即可。

提示 · 技巧

扭曲变形与斜切变形的区别在于，进行斜切变形操作时，会出现某一时刻只能沿某一邻边方向进行移动的情况，而扭曲变形操作的倾斜不再局限于每次一条边。同样，在进行扭曲变形操作时，也可以按住【Alt+Shift】快捷键拖动控制柄对图像进行透视变形操作。

使用“扭曲”命令处理图像的步骤如下：

01 执行“文件”/“打开”命令，打开一张图片，如图 6-15 所示。

02 执行“编辑”/“变换”/“扭曲”命令，如图 6-16 所示。

03 如果拖动控制框的任何一个角，两条相邻边将沿着该角进行拉伸，如图 6-17 所示。

04 如果拖动一条边中间的控制柄，将沿着这条边拉伸或收缩选择区域，如图 6-18 所示。

05 可以借助移动中间控制柄，来控制拉伸或收缩选择区域的中心，如图 6-19 所示。

图 6-15

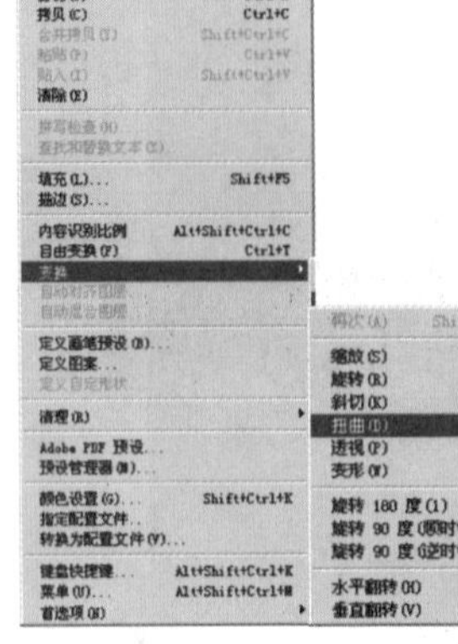

图 6-16

图 6-17

图 6-18

图 6-19

6.6 执行透视变换

该命令可挤压或拉伸一个图层或选择区域的单条边，从而向内或向外倾斜两条相邻边，产生单点透视中使用的收敛边。要想创建透视，执行“编辑”/“变换”/“透视”命令，将一个角仅朝着一个方向，即水平或垂直地拖动即可。在拖动时，将会收缩或展开控制框的两个角。

使用“透视”命令处理图像的步骤如下：

01 执行“文件”/“打开”命令，打开一张素材图片，如图 6-20 所示。

02 执行“编辑”/“变换”/“透视”命令，如图 6-21 所示。

03 拖动角控制柄会形成对称的梯形，这种变形可以制作出特殊的透视效果，如图 6-22 所示。

图 6-20

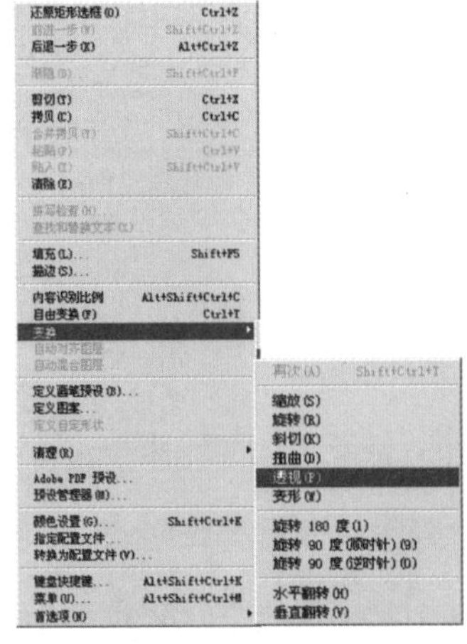

图 6-21

图 6-22

6.7 执行旋转 180° 变换

"旋转 180 度" 命令可用来对当前选区内的图像进行 180° 的旋转操作，即将图像倒置。

使用 "旋转 180 度" 命令处理图像的步骤如下：

01 执行 "文件" / "打开" 命令，打开一张素材图片，如图 6-23 所示。

02 执行 "编辑" / "变换" / "旋转 180 度" 命令，得到的图像如图 6-24 所示。

图 6-23

图 6-24

6.8 执行顺时针旋转 90° 变换

"旋转 90 度（顺时针）"：命令用来对当前选区内的图像进行顺时针 90° 的旋转操作。

使用 "旋转 90 度（顺时针）" 命令处理图像的步骤如下：

01 执行 "文件" / "打开" 命令，打开一张素材图片，如图 6-25 所示。

02 执行 "编辑" / "变换" / "旋转 90 度（顺时针）" 命令，旋转后的图像效果如图 6-26 所示。

图 6-25

图 6-26

6.9 执行逆时针旋转 90° 变换

"旋转 90 度（逆时针）" 命令用来对当前选区内的图像进行逆时针 90° 的旋转操作。

使用 "旋转 90 度（逆时针）" 命令处理图像的步骤如下：

01 执行 "文件" / "打开" 命令，打开一张素材图片，如图 6-27 所示。

02 执行 "编辑" / "变换" / "旋转 90 度（逆时针）" 命令，旋转后的图像效果如图 6-28 所示。

图 6-27

图 6-28

6.10 执行水平翻转变换

“水平翻转”命令用来对当前选区内的图像进行水平翻转操作。

使用“水平翻转”命令处理图像的步骤如下：

01 执行“文件”/“打开”命令，打开一张素材图片，如图6-29所示。

02 执行“编辑”/“变换”/“水平翻转”命令，水平翻转后的图像效果如图6-30所示。

图6-29

图6-30

6.11 执行垂直翻转变换

“垂直翻转”命令用来对当前选区内的图像进行垂直翻转操作。

使用“垂直翻转”命令处理图像的步骤如下：

01 执行“文件”/“打开”命令，打开一张素材图片，如图6-31所示。

02 执行“编辑”/“变换”/“垂直翻转”命令，垂直翻转后的图像效果如图6-32所示。

图6-31

图6-32

6.12 执行变形变换

“变形”命令用来对当前选区内的图像进行变形操作。

使用“变形”命令处理图像的步骤如下：

01 执行“文件”/“打开”命令，打开一张素材图片，如图6-33所示。

02 执行“编辑”/“变换”/“变形”命令，变形后的图像效果如图6-34所示。

图6-33

图6-34

07 Chapter

滤镜

本章内容主要有滤镜的简介、使用方法、使用技巧及调整实例。

7.1 滤镜简介

滤镜主要用于图像特殊效果的处理。在Photoshop CS4的“滤镜”菜单中，有近百种内置滤镜可供选择，如图7-1所示。这些滤镜经过分类后放置在各滤镜子菜单中，如图7-2所示。

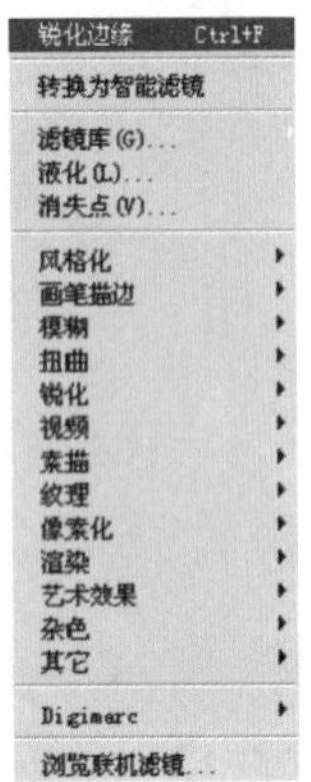

图7-1

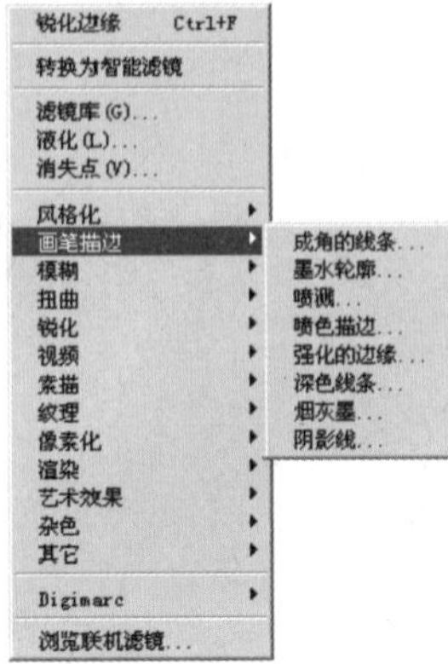

图7-2

7.2 滤镜使用方法

在“滤镜”菜单中，最上面的命令为第一次所执行的滤镜命令，可以使用快捷键【Ctrl+F】再次执行。另外，只有在实践中不断积累经验，才能制作出具有震撼艺术效果的作品。

滤镜的使用方法很简单，直接在“滤镜”菜单中选择相应命令，在弹出的对话框中设置各项参数并应用即可。

使用模糊滤镜处理图像的步骤如下：

01 打开一张图片，如图7-3所示。

02 执行“滤镜”/“模糊”/“高斯模糊”命令，如图7-4所示。执行后弹出“高斯模糊”对话框，如图7-5所示。在对话框中设置好各项参数后单击“确定”按钮，即可应用。

图7-3

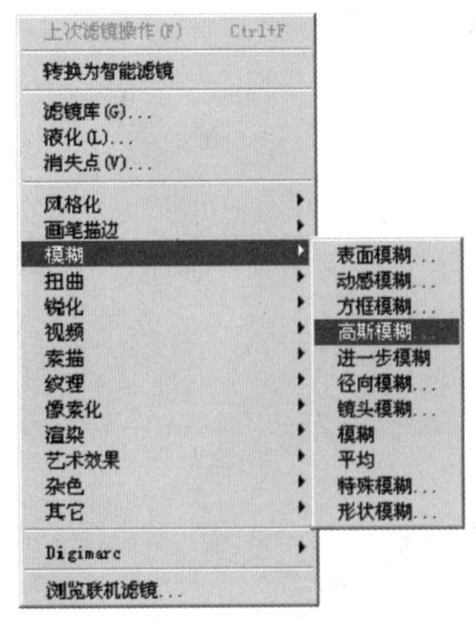

图7-4

图7-5

提示 · 技巧

在“高斯模糊”对话框中调整数值时，随时都可以在预览窗口中预览调整的效果，调整到满意的效果后再单击“确定”按钮。

执行“滤镜”菜单中的某些命令时不会出现对话框，即不用设置参数即可随机生成滤镜效果。例如，像素化滤镜中的“彩块化”和“碎片”等效果。

7.3 滤镜使用技巧

在使用滤镜制作各种特效时，应该掌握一些相关的技巧，这样有助于更快捷地使用滤镜工具。下面就以具体实例来讲解使用滤镜的技巧。

7.3.1 快捷键的使用

【Esc】键：可以取消当前的滤镜设置。

【Ctrl+Z】快捷键：可以将图像恢复应用滤镜前的效果。

【Ctrl+F】快捷键：可以将上次应用的滤镜效果再应用一次。

【Ctrl+Alt+F】快捷键：可以将上一次应用的滤镜效果设置对话框重新打开。

【Ctrl+J】快捷键：将图像复制并粘贴到创建的新图层中。

提示 · 技巧

若对滤镜应用的效果不满意，可在按住【Alt】键的同时单击“图层”面板底部的“删除当前图层”按钮，将图层删除。

7.3.2 使用技术详解

滤镜只能应用于当前图层或某一通道。若想在图层的某一区域应用滤镜，则必须先选取一个选区，再对选区应用滤镜。

所有的滤镜都能应用于RGB模式的图像。要查看图像模式，可执行“图像”/“模式”命令，如图7-6所示；或在图像的标题栏上直接查看提示，如图7-7所示。

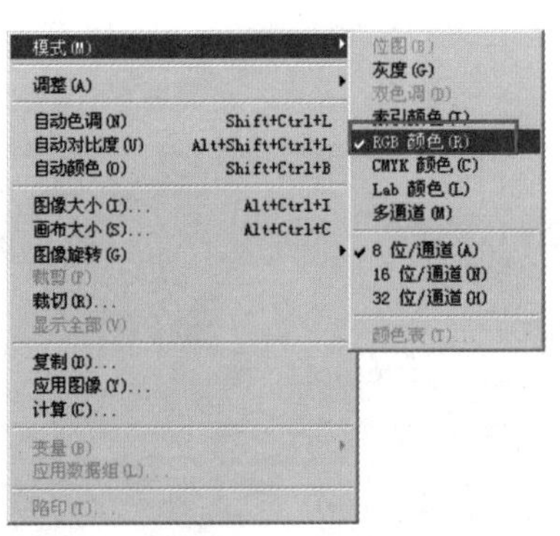

图7-6

图7-7

提示 · 技巧

滤镜不能应用于位图模式、索引颜色或16位通道图像，而且有个别的命令不能应用于CMYK模式的图像。

滤镜库中有些滤镜所产生的图像效果与工具箱中设置的前景色和背景色有关，如图7-8所示。所以在应用某些滤镜之前，必须注意设置好所需的前景色和背景色。在工具箱中单击“前景色”色标，即可弹出设置颜色的“拾色器”，如图7-9所示。背景色设置方法亦同。

A →移动圆圈设置颜色。

B →输入数值设置颜色。

图7-8

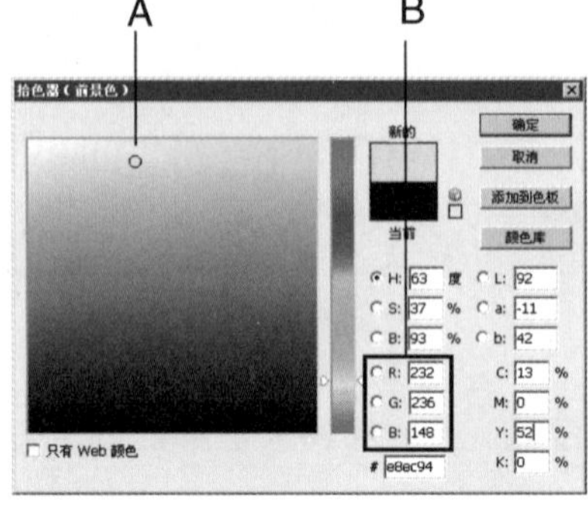

图7-9

提示 · 技巧

若对使用的滤镜效果不是特别熟悉，可在设置数值时先将参数数值设得小些，然后使用【Ctrl+F】快捷键重复应用该滤镜。

7.4 滤镜调整实例

在进行图像处理时，可以运用滤镜创作出千变万化的图像效果，下面就具体实例讲解不同滤镜所产生的不同图像效果。

7.4.1 使用“液化”滤镜制作瘦脸效果

1. “液化”滤镜简介

“液化”对话框像一个小的编辑软件。“液化”滤镜可以对图像进行比较自然的变形，进而产生扭曲、旋转等变形的效果。执行“滤镜”/“液化”命令，弹出如图7-10所示的对话框，改变对话框中的数值设置，并使用左侧工具栏中的工具进行调整，便可以得到不同的液化效果。

图7-10

该对话框中的工具栏如图 7-11 所示。

A →向前变形工具：使用此工具在图像上拖动，可以使图像产生弯曲的效果。

B →重建工具：使用该工具在图像上拖动，可以使被操作区域恢复原状。

C →顺时针旋转扭曲工具：使用该工具在图像上拖动，可以使图像产生顺时针旋转的效果。

D →褶皱工具：使用此工具在图像上拖动，可以使图像产生挤压效果，即图像向操作中心点处收缩。

E →膨胀工具：使用该工具在图像上拖动，可以使图像背离操作中心点从而产生膨胀效果。

F →左推工具：使用此工具在图像上拖动，可以使被操作图像移动。

G →镜像工具：使用该工具在图像上拖动，可以使图像产生镜像效果。

H →湍流工具：此工具能够使被操作的图像在发生变形的同时，产生流动效果。

I →冻结蒙版工具：此工具可以冻结图像。被此工具涂抹过的图像，不能进行编辑操作。

J →解冻蒙版工具：用于解除冻结区域的冻结状态，使其可编辑。

K →抓手工具：此工具可移动图像。

L →缩放工具：该工具用于缩小或放大图像。

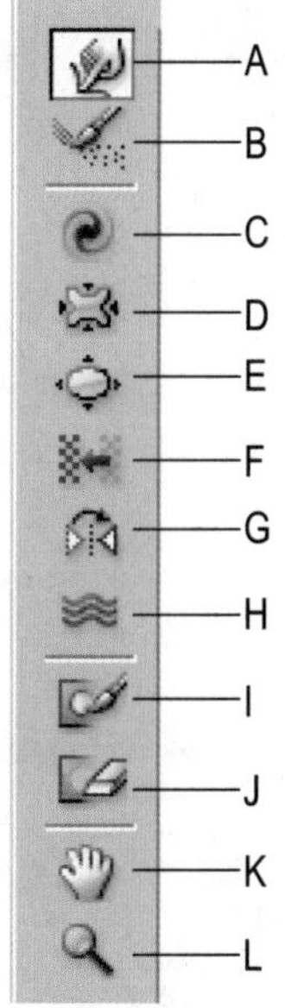

图 7-11

2．“液化”滤镜的参数设置

在“液化”对话框的右侧可以进行参数设置，如图 7-12 所示。下面具体讲解这些选项的设置。

A →载入网格和存储网格：通过这两个按钮可以选择和保存自定义的变形网格，然后将其应用到其他的图像中。

B →工具选项：在该选项组中可以设置画笔大小、画笔密度、画笔压力、画笔速率、湍流抖动和重建模式等参数。

C →重建选项：在选项组中单击“重建”按钮，可以恢复到上一步的状态；单击“恢复全部”按钮，可以将前面操作的步骤全部恢复。还可以在“模式”下拉列表框中指定重建的模式。

D →视图选项：在该选项组中可以设置显示图像、显示蒙版和显示背景等。

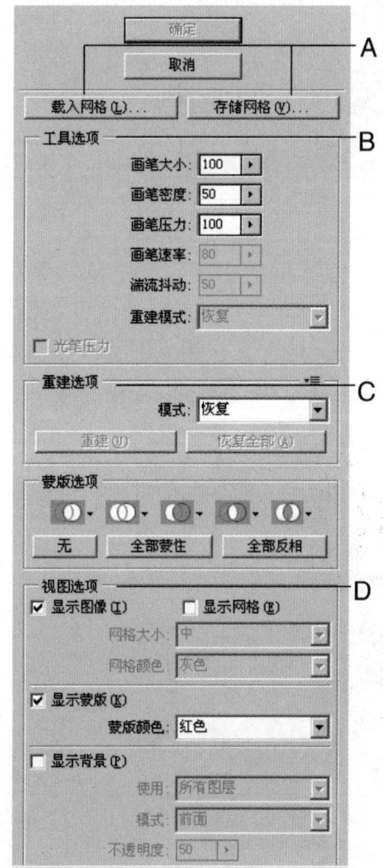

图 7-12

3. 使用“液化”滤镜制作瘦脸

“液化”滤镜的知识前面已做详细的讲解。下面使用“液化”滤镜制作瘦脸效果，具体操作步骤如下：

01 打开一张素材图片，如图7-13所示。

图7-13

02 执行“滤镜”/“液化”命令，在弹出的对话框中选择“缩放工具”，如图7-14所示。将鼠标放在图像窗口中并拖动，将图像放大，效果如图7-15所示。

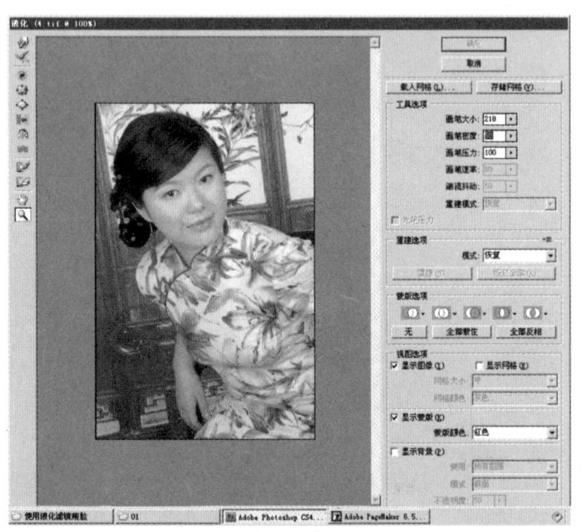

图7-14

图7-15

03 如图7-16所示，在对话框中设置参数，并使用“向前变形工具”在人物的脸颊处拖动。瘦脸制作完毕后单击“确定”按钮，图像效果如图7-17所示。

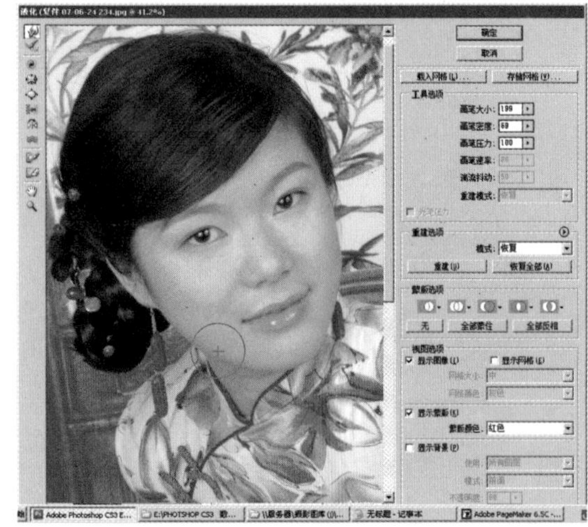

图7-16

图7-17

7.4.2 使用“分层云彩”滤镜制作雾状效果

若想使用“分层云彩”滤镜给图片制作特殊效果，首先必须要对该滤镜有所了解。下面就简单介绍一下“分层云彩”滤镜。

1. “分层云彩”滤镜简介

“分层云彩”滤镜可将图像与云块背景混合起来产生图像泛白效果，它可以借用前景色和背景色间的变化随机值生成云彩效果。多次应用此滤镜，即可创建与大理石花纹相似的横纹和脉纹图案。

2. 使用“分层云彩”滤镜制作雾状效果

使用“分层云彩”滤镜制作雾状效果的操作步骤如下：

01 打开一张素材图片，如图7-18所示。激活“通道”面板，在其底部单击“创建新通道”按钮，如图7-19所示。

图7-18

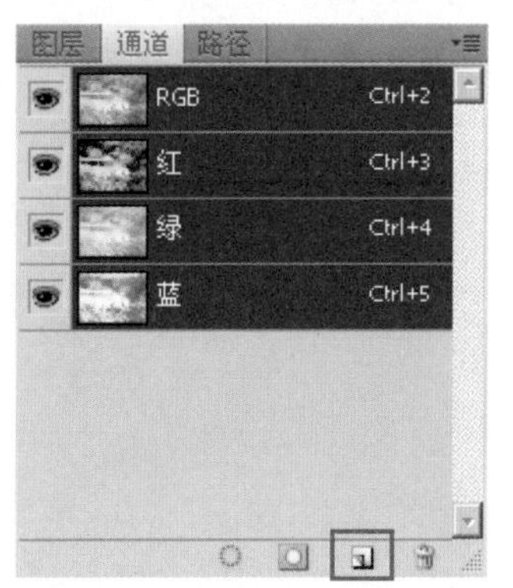

图7-19

02 在键盘上按【D】键，将工具箱中的色标复位。执行“滤镜”/“渲染”/“分层云彩”命令，随机生成如图7-20所示的图像效果。

03 单击“通道”面板底部的“将通道作为选区载入”按钮，图像效果如图7-21所示。

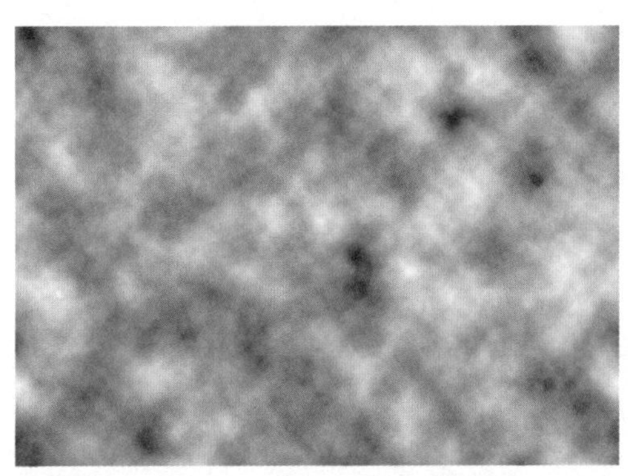

图7-20

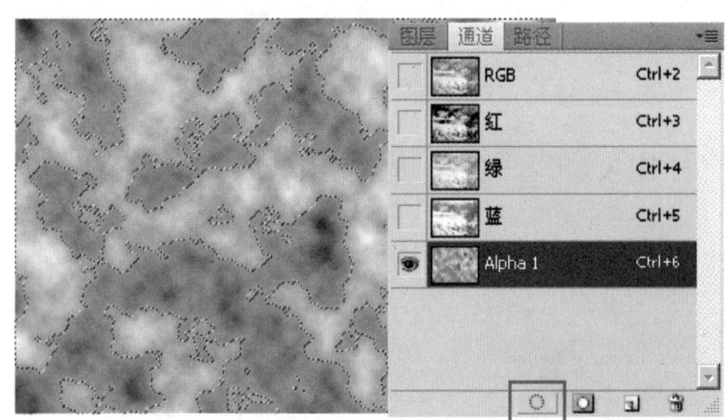

图7-21

04 切换到“图层”面板中，在其底部单击“创建新图层”按钮，新建图层1，“图层”面板和图像效果如图7-22所示。

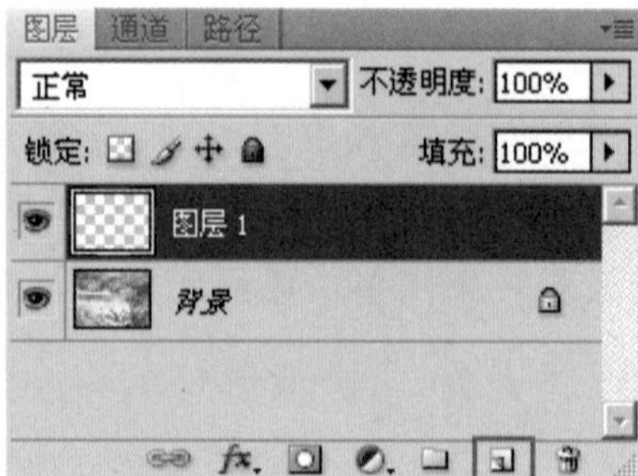

图 7-22

05 按快捷键【Alt+Delete】填充前景色，即白色，填充后的图像效果如图 7-23 所示。

06 按快捷键【Ctrl+D】取消选区，图像效果如图 7-24 所示。

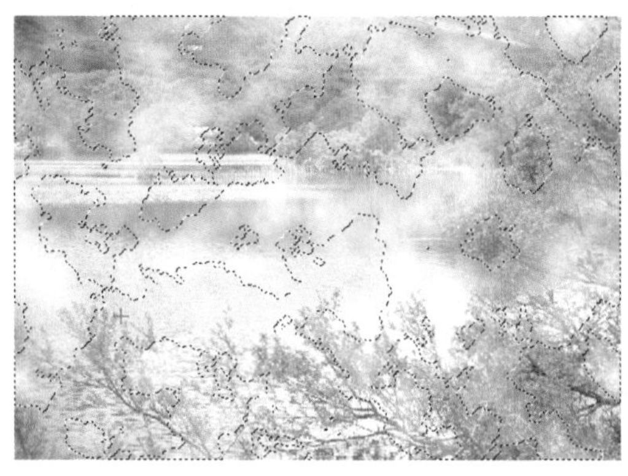

图 7-23

图 7-24

07 执行“编辑”/“自由变换”命令，将控制框拉大，使“云彩”块增大，如图 7-25 所示。然后双击鼠标左键应用变换，图像效果如图 7-26 所示。

图 7-25

图 7-26

08 在“图层”面板的底部单击“添加图层蒙版”按钮，“图层”面板显示如图 7-27 所示。

09 在工具箱中选择“画笔工具”，并在工具选项栏中设置画笔的大小，如图 7-28 所示。在图像需要清楚显示的地方，使用黑色画笔进行涂抹。图像效果如图 7-29 所示。

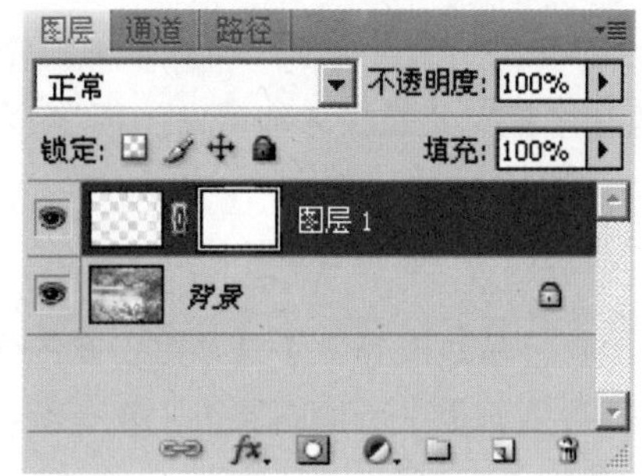

图 7-27

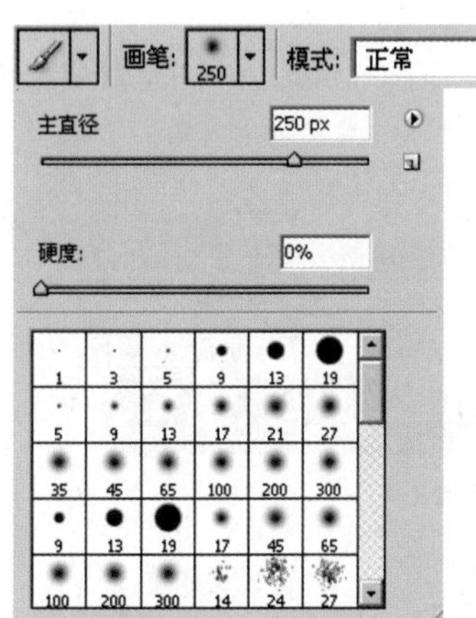

图 7-28

图 7-29

7.4.3 使用“镜头光晕”滤镜制作镜头光晕效果

1. “镜头光晕”滤镜简介

“镜头光晕”滤镜可以模拟亮光线在相机镜头上所产生的折射，通过在图像缩览图内单击或拖动光晕十字线，可以指定光晕的位置。

执行“滤镜”/“渲染”/“镜头光晕”命令，弹出如图 7-30 所示的对话框，在对话框中设置各项参数即可。

亮度：用于设置镜头光晕的发光程度。设置的值越大，光晕就越大。

镜头类型：在该选项组中可以选择镜头的类型，共有 4 种类型的镜头可供选择。选择不同的镜头，所得到的光晕效果也不同。

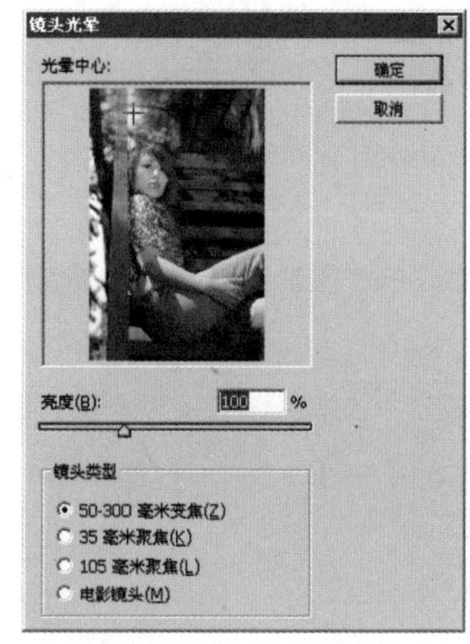

图 7-30

2．使用"镜头光晕"滤镜制作图像特效

前面对"镜头光晕"滤镜相关知识做了简单介绍，下面使用"镜头光晕"滤镜制作图像特效，具体操作步骤如下：

01 打开一张素材图片，如图7-31所示。

02 在工具箱中选择"多边形套索工具"，在图像上勾画选区，按【Ctrl+C】快捷键，复制选区内的内容，在"图层"面板中新建图层1，并在新建的图层中按【Ctrl+V】快捷键，粘贴剪贴板中的内容，"图层"面板显示如图7-32所示。

图7-31

图7-32

03 选择图层1为当前图层。执行"滤镜"/"渲染"/"镜头光晕"命令，在弹出的对话框中设置参数，如图7-33所示。得到的图像效果如图7-34所示。

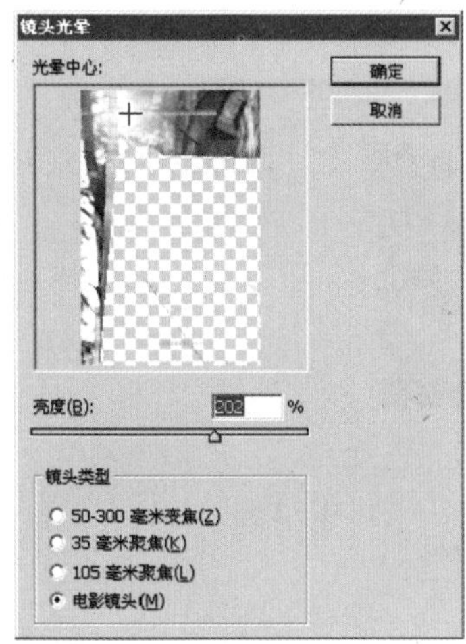

图7-33

图7-34

7.4.4 使用“颗粒”滤镜制作插画效果

1. “颗粒”滤镜简介

“颗粒”滤镜通过模拟不同种类的颗粒来增加纹理，颗粒种类分“常规”、“柔和”、“喷洒”、“结块”、“强反差”、“扩大”、“点刻”、“水平”、“垂直”和“斑点”10种。

执行“滤镜”/“纹理”/“颗粒”命令，弹出如图7-35所示的对话框。

A→强度：在该栏内可以设置强度值的大小。

B→对比度：在该栏内可以设置颗粒的对比度。

C→颗粒类型：其下拉列表如图7-36所示，在其中可以选择不同的颗粒种类。

图7-35

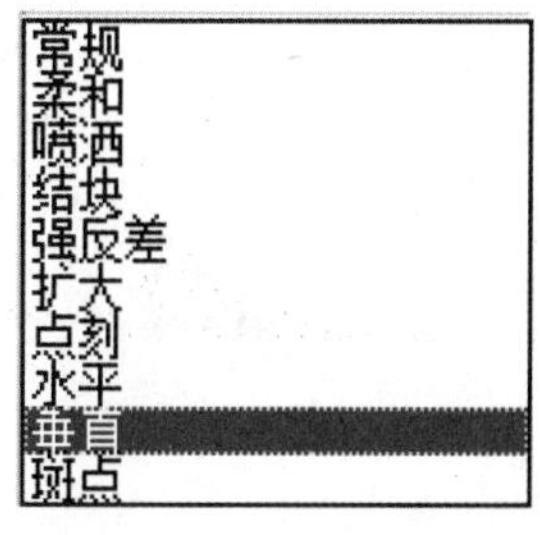

图7-36

2. 使用“颗粒”滤镜制作插画效果

使用“颗粒”滤镜制作插画效果的具体操作步骤如下：

01 打开素材图片，如图7-37所示。在“图层”面板中复制背景图层。

图7-37

02 选择“背景副本”图层为当前图层，执行“滤镜”/“纹理”/“颗粒”命令，在弹出的对话框中设置参数，具体参数设置如图7-38所示。执行后的图像效果如图7-39所示。

图 7-38

图 7-39

03 按快捷键【Ctrl+L】，弹出“色阶”对话框，在此对话框中设置参数，如图 7-40 所示，执行后的图像效果如图 7-41 所示。

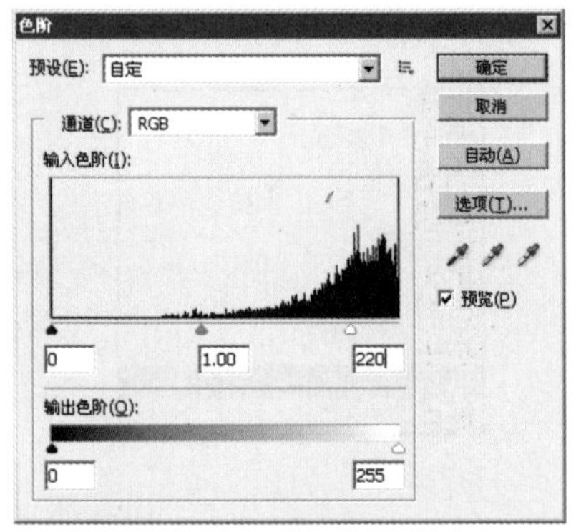

图 7-40

图 7-41

04 按快捷键【Ctrl+U】，弹出“色相/饱和度”对话框，在此对话框中设置参数，如图 7-42 所示。图像最终效果如图 7-43 所示。

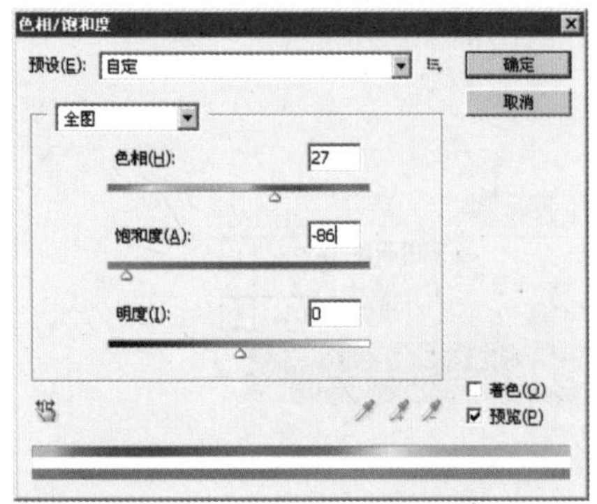

图 7-42

图 7-43

7.4.5 使用“颗粒”滤镜制作怀旧照片

01 打开一张素材照片，如图 7-44 所示。在“图层”面板中复制背景图层，“图层”面板显示如图 7-45 所示。

图 7-44

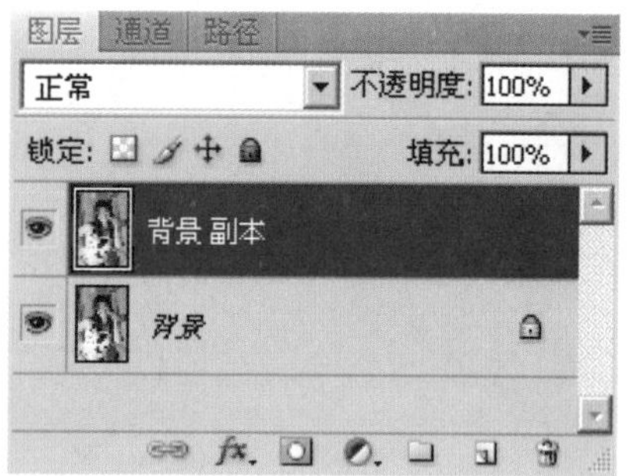

图 7-45

02 选择"背景副本"图层为当前图层，执行"滤镜"/"纹理"/"颗粒"命令，在弹出的对话框中设置参数，如图 7-46 所示。执行后的图像效果如图 7-47 所示。

图 7-46

图 7-47

03 按快捷键【Ctrl+U】，弹出"色相/饱和度"对话框，在对话框中设置参数，如图 7-48 所示。执行后的图像效果如图 7-49 所示。

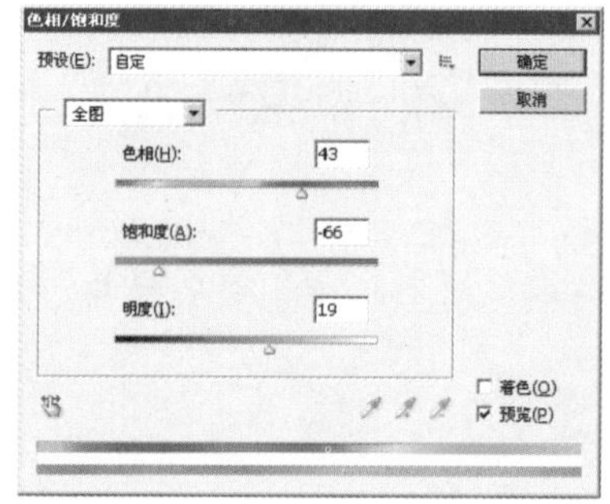

图 7-48

图 7-49

7.4.6 使用模糊滤镜制作镜头模糊效果

1. 模糊滤镜简介

模糊滤镜共包括11种，“滤镜”/“模糊”命令的子菜单如图7-50所示。模糊滤镜可以柔化选区或图像，对修饰图像非常有用。而且它可以平衡图像中已定义线条和遮蔽区域的清晰边缘的像素。

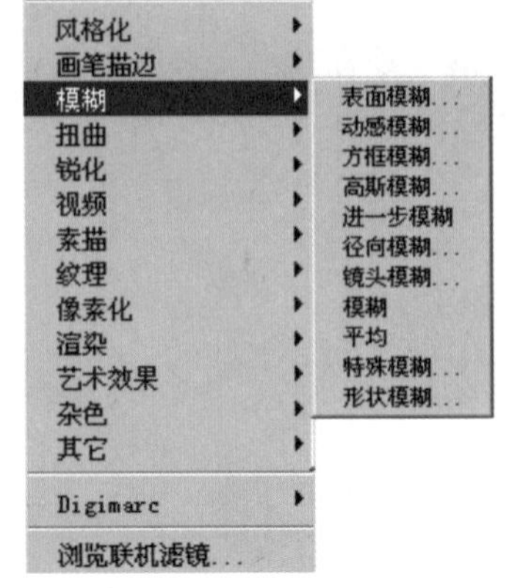

图7-50

2. 使用“镜头模糊”滤镜制作图像模糊效果

“镜头模糊”滤镜可用来为图像添加一种带有较窄景深的模糊效果，这样，图像中的某些物体将仍处于焦距中，而其他区域则变得模糊。此效果比起使用“高斯模糊”滤镜模拟景深的效果要真实得多。

下面使用“镜头模糊”滤镜制作图像模糊效果，操作步骤如下：

01 打开一张素材图片，在“图层”面板中复制背景图层，生成“背景副本”图层，如图7-51所示。

02 选择“背景副本”图层为当前图层，在工具箱中选择“椭圆选框工具”，在图像上绘制选区。按快捷键【Shift+Ctrl+I】将选区反选，如图7-52所示。

图7-51

图7-52

03 执行“滤镜”/“模糊”/“镜头模糊”命令，在弹出的“镜头模糊”对话框中设置各参数，如图7-53所示。执行后的图像效果如图7-54所示。

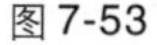

图 7-53

图 7-54

7.4.7 使用“径向模糊”滤镜制作放射效果

1. “径向模糊”滤镜简介

“径向模糊”滤镜可以模拟前后移动相机产生的模糊效果。该滤镜包括旋转模糊和缩放模糊两种形式。旋转模糊是沿同心弧线、指定旋转角度的径向模糊；缩放模糊则是沿半径线模糊。

2. 使用“径向模糊”滤镜制作放射效果

使用“径向模糊”滤镜制作放射效果的操作步骤如下：

01 打开一张图片，在“图层”面板中复制背景图层，生成“背景副本”图层，如图 7-55 所示。

图 7-55

02 在工具箱中选择“磁性套索工具”，在图像中勾画选区，然后按快捷键【Ctrl+Shift+I】将选区反选，如图 7-56 所示。

图 7-56

03 执行“滤镜”/“模糊”/“径向模糊”命令，在弹出的“径向模糊”对话框中设置参数，如图 7-57 所示。图像最终效果如图 7-58 所示。若对此效果不满意，可以按【Ctrl+F】快捷键，多次执行该滤镜命令。

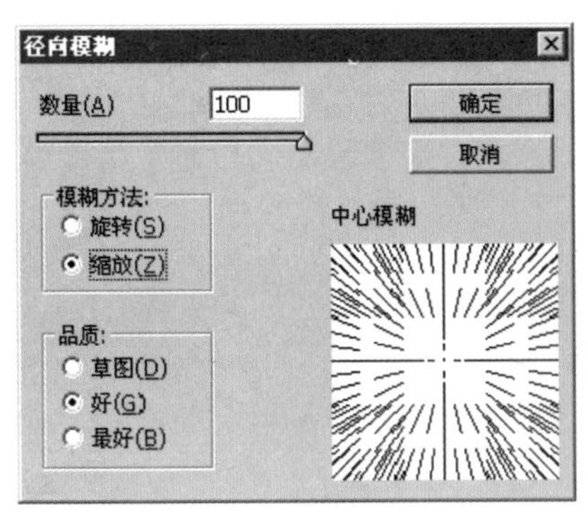

图 7-57

图 7-58

7.4.8 使用“动感模糊”滤镜制作动感效果

1. “动感模糊”滤镜简介

“动感模糊”滤镜以特定方向和特定角度模糊图像，产生的效果类似于用固定的曝光时间给运动着的物体进行拍照的效果。

2. 使用“动感模糊”滤镜制作动感效果

使用“动感模糊”滤镜制作动感特效的具体操作步骤如下：

01 打开一张素材图片，在“图”面板中复制背景图层，生成“背景副本”图层如图 7-59 所示。

02 在工具箱中选择“磁性套索工具”，并在图像上勾画选区，然后按快捷键【Ctrl+Shift+I】，将勾画的选区反选，图像效果如图 7-60 所示。

图 7-59

图 7-60

03 羽化选区。执行“选择”/“修改”/“羽化”命令，在弹出的“羽化选区”对话框中设置数值，如图 7-61 所示。

04 执行“滤镜”/“模糊”/“动感模糊”命令，在弹出的对话框中设置参数，具体设置如图 7-62 所示，得到的图像效果如图 7-63 所示。若对图像效果不太满意，可以按快捷键【Ctrl+F】，多次应用该滤镜。

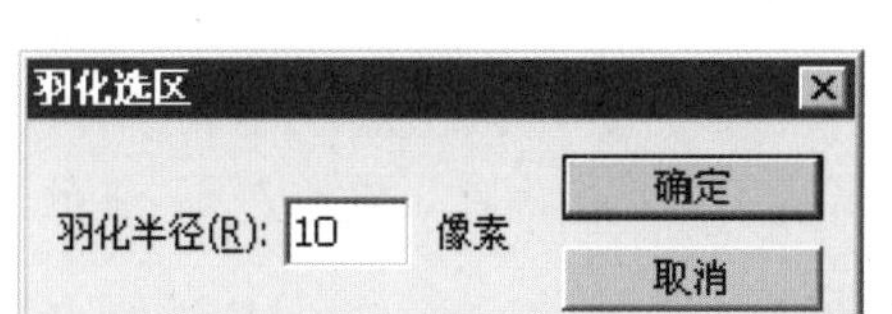

图 7-61

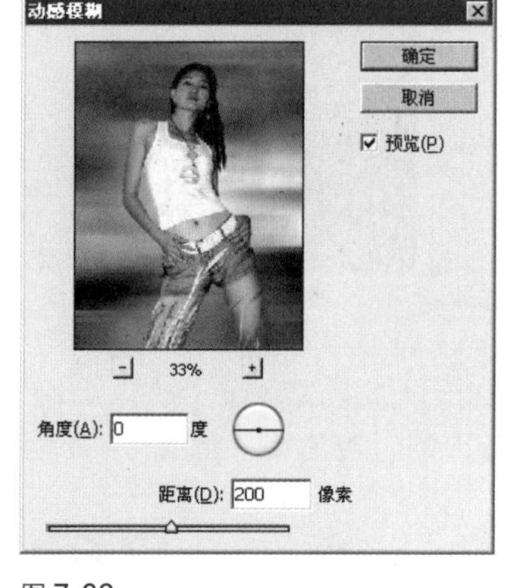

图 7-62

图 7-63

7.4.9 使用“高斯模糊”滤镜制作景深效果

1.“高斯模糊”滤镜简介

“高斯模糊”滤镜可按设置的数量快速地模糊图像选区。此滤镜可添加低频率的细节并产生朦胧效果，在进行字体特殊效果创作时，经常会在通道中用到此滤镜。此滤镜利用钟形高斯曲线，对图像进行有选择性地快速模糊，特点是中间高，两边很低，呈尖峰状。用户可以通过调整对话框中的参数调节模糊程度。

2.使用“高斯模糊”滤镜制作景深效果

使用“高斯模糊”滤镜制作景深效果的具体操作步骤如下：

01 打开一张素材图片，在“图层”面板中复制背景图层，生成“背景副本”图层，如图 7-64 所示。

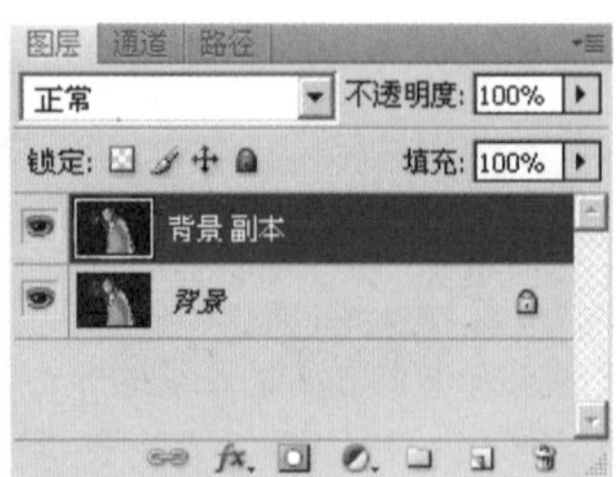

图 7-64

02 执行“滤镜”/“模糊”/“高斯模糊”命令，在弹出的“高斯模糊”对话框中设置参数，具体参数设置及执行后的图像效果如图 7-65 所示。

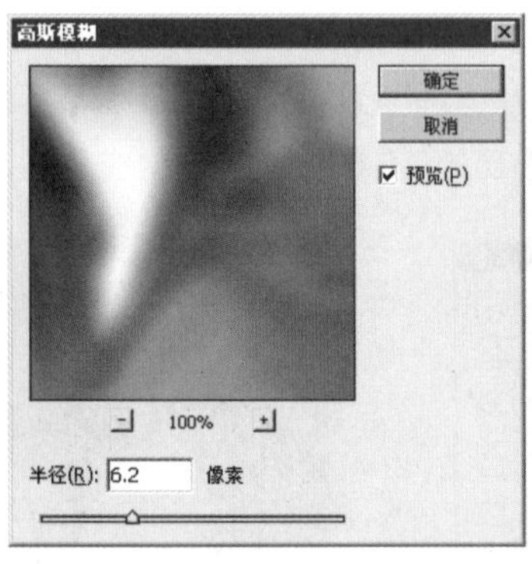

图 7-65

03 在“图层”面板的底部单击“添加图层蒙版”按钮，“图层”面板显示如图 7-66 所示。单击工具箱中的“前景色”图标，在弹出的“拾色器（前景色）”对话框中设置前景色为黑色，如图 7-67 所示。

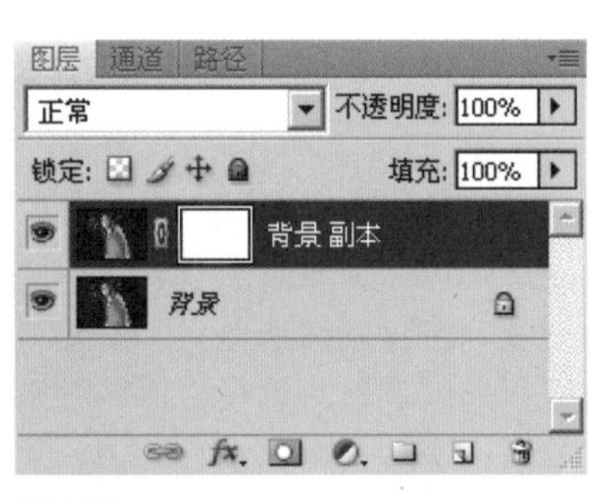

图 7-66

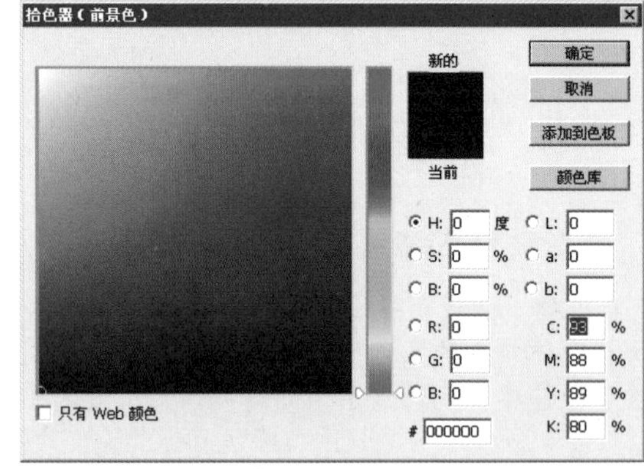

图 7-67

04 在工具箱中选择“画笔工具”，在该工具选项栏中设置画笔的大小和不透明度，如图 7-68 所示。

图 7-68

05 在图像中使用“画笔工具”涂抹需要变清晰的地方，如图 7-69 所示。调整画笔的大小，并将不透明度调小些，再对图像进行调整，直到背景和人物自然地融为一体，图像最终效果如图 7-70 所示。

图 7-69

图 7-70

7.4.10 使用“动感模糊”滤镜制作雨丝飘落的效果

“动感模糊”滤镜可制作下雨的效果，其具体操作步骤如下：

01 打开一张素材图片，如图 7-71 所示。激活“图层”面板，单击其底部的“创建新图层”按钮，新建图层 1，并填充黑色，原图像及图层面板显示如图 7-72 所示。

图 7-71

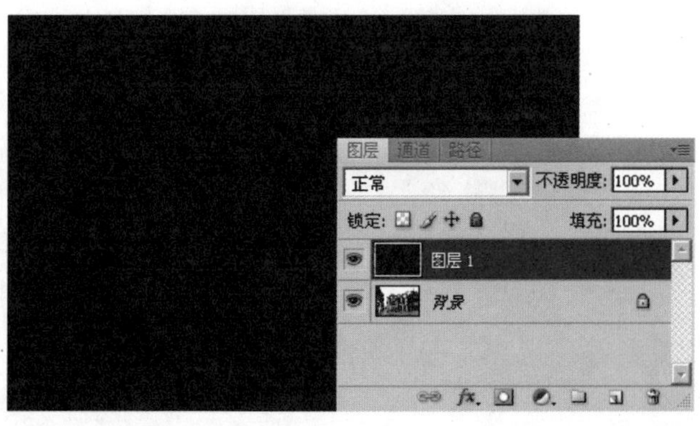

图 7-72

02 选择图层 1，执行“滤镜”/“杂色”/“添加杂色”命令，在弹出的对话框中设置参数，如图 7-73 所示。执行后的图像效果如图 7-74 所示。

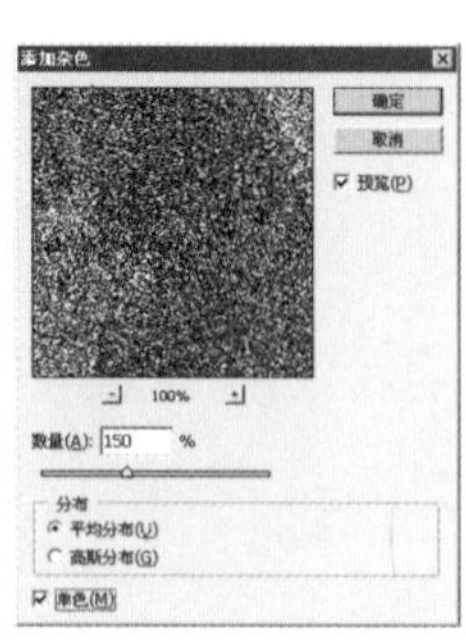

图 7-73

图 7-74

03 执行“滤镜”/“模糊”/“动感模糊”命令，在弹出的对话框中设置参数，如图 7-75 所示，执行后的图像效果如图 7-76 所示。

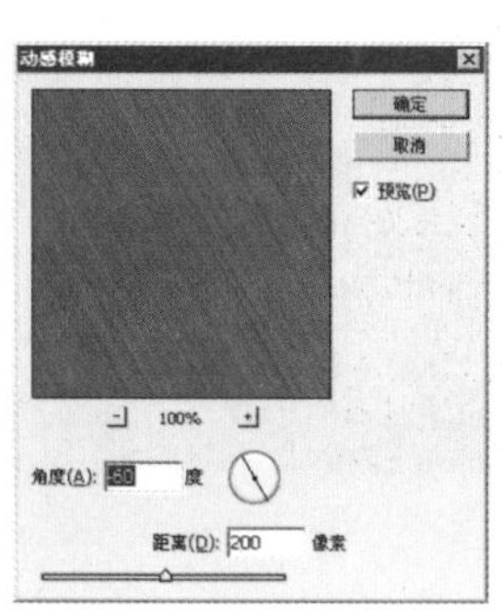

图 7-75

图 7-76

04 在“图层”面板中将图层 1 的混合模式改为“滤色”，“图层”面板显示如图 7-77 所示。执行后的图像效果如图 7-78 所示。

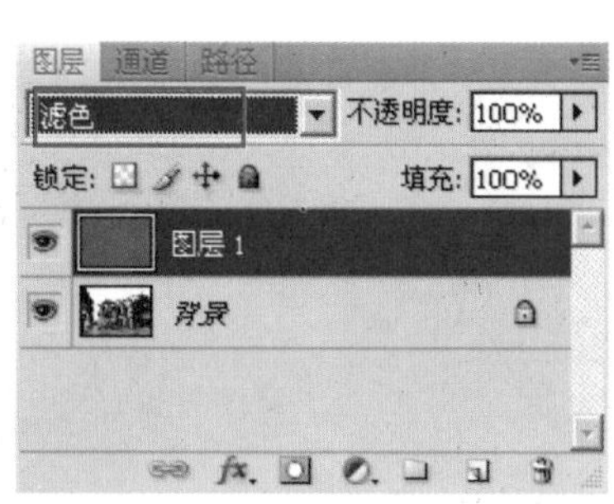

图 7-77

图 7-78

05 按快捷键【Ctrl+L】，弹出“色阶”对话框并调整参数，如图 7-79 所示。执行后的图像效果如图 7-80 所示。

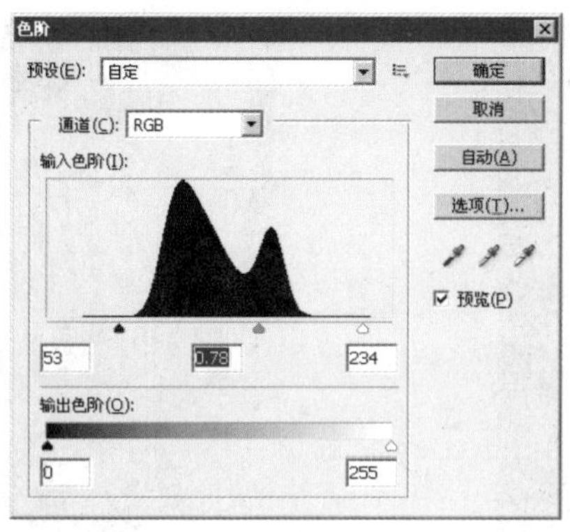

图 7-79

图 7-80

7.4.11 使用锐化滤镜处理模糊照片

1. 锐化滤镜简介

"锐化"滤镜通过增加相邻像素的对比度来聚焦模糊的图像，使图像变得清晰。此命令在处理扫描的图像时尤其有用。"锐化"滤镜共有 5 种锐化效果，如图 7-81 所示。

USM 锐化...
进一步锐化
锐化
锐化边缘
智能锐化...

图 7-81

2. 使用"USM 锐化"滤镜处理模糊照片

使用"USM 锐化"滤镜处理模糊照片的操作步骤如下：

01 打开一张素材照片，如图 7-82 所示。在图层面板中复制背景图层，生成"背景副本"图层，"图层"面板显示如图 7-83 所示。

图 7-82

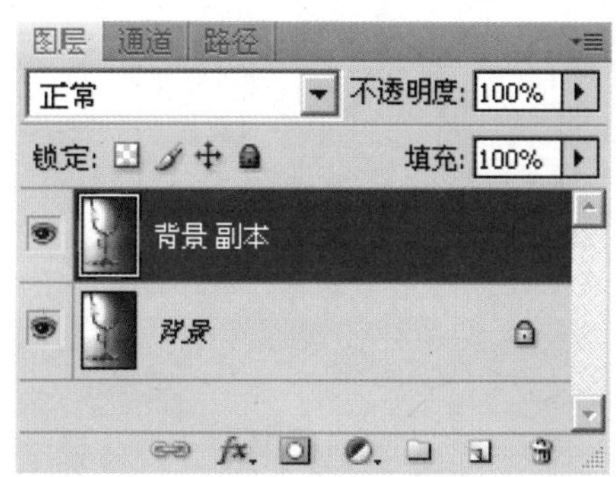

图 7-83

02 执行"滤镜"/"锐化"/"USM 锐化"命令，在弹出的对话框中进行参数设置，如图 7-84 所示。原图像与执行 USM 锐化后的图像效果分别如图 7-85 和图 7-86 所示。若对图像效果不太满意，可以按快捷键【Ctrl+F】反复应用该滤镜。

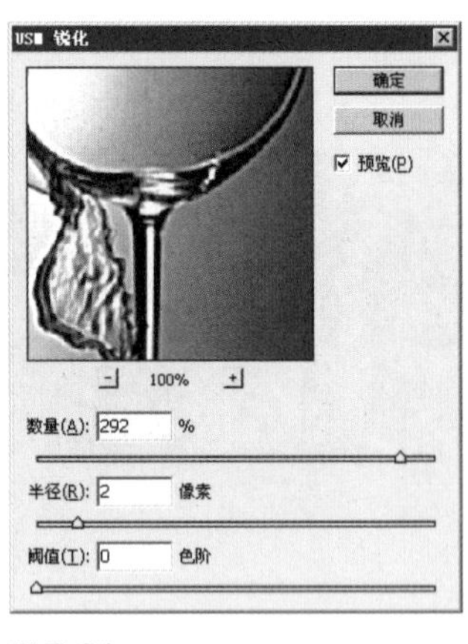

图 7-84

图 7-85

图 7-86

7.4.12 使用“水彩”滤镜制作水彩画效果

1. “水彩”滤镜简介

“水彩”滤镜可以水彩的风格绘制图像，简化图像。其效果类似于使用蘸了水和颜色的中等画笔绘制，当边缘有显著的色调变化时，此滤镜会为该颜色加色。

2. 使用“水彩”滤镜制作水彩画效果

制作水彩画的具体操作步骤如下：

01 打开一张素材图片，如图 7-87 所示。在“图层”面板中复制背景图层，生成“背景副本”图层，“图层”面板显示如图 7-88 所示。

图 7-87

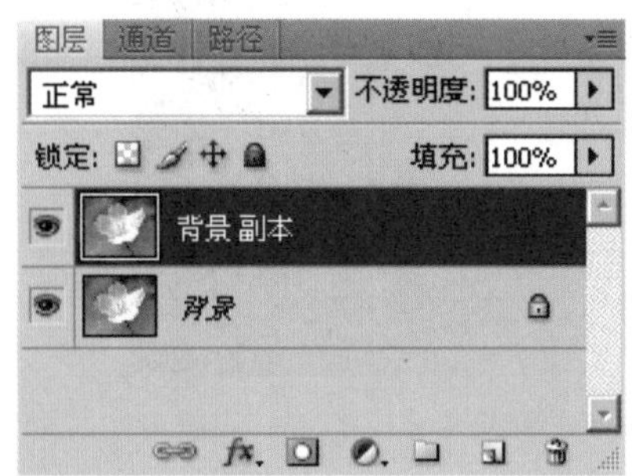

图 7-88

02 执行“滤镜”/“模糊”/“特殊模糊”命令，在弹出的对话框中设置参数，如图 7-89 所示。执行后的图像效果如图 7-90 所示。

图 7-89

图 7-90

03 执行"滤镜"/"艺术效果"/"水彩"命令，在弹出的"水彩"对话框中设置参数，如图 7-91 所示。执行后的图像效果如图 7-92 所示。

图 7-91

图 7-92

04 执行"编辑"/"渐隐水彩"命令，也可按快捷键【Ctrl+Shift+F】。在弹出的对话框中设置参数，具体设置如图 7-93 所示，执行后的图像效果如图 7-94 所示。

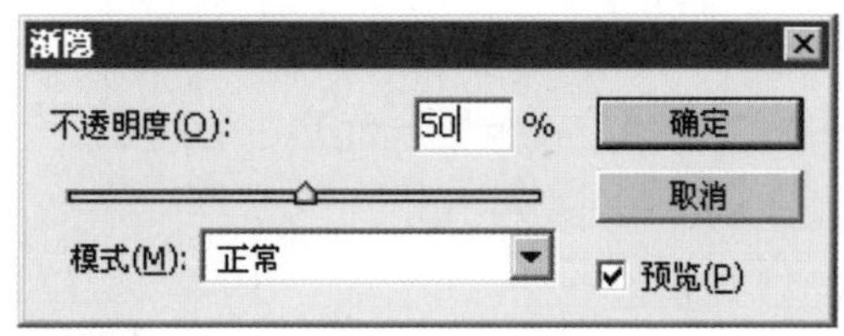

图 7-93

图 7-94

05 按【Ctrl+U】快捷键，在弹出的“色相/饱和度”对话框中调整数值，如图7-95所示。图像最终效果如图7-96所示。

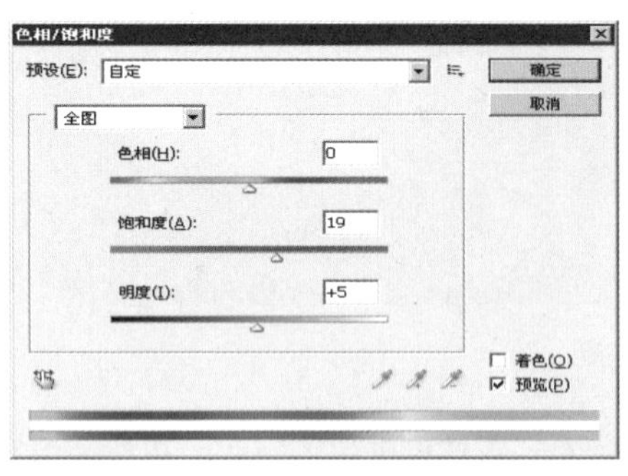

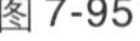
图7-95

图7-96

7.4.13 使用“消失点”滤镜制作墙纸

1. “消失点”滤镜简介

“消失点”滤镜可以在含有透视平面的图像中进行透视图调节编辑。透视平面包括建筑物或任何矩形物体的侧面。使用该滤镜，可以对图像中的透视平面进行空间上的处理。

执行“滤镜”/“消失点”命令，弹出的对话框如图7-97所示，在对话框中进行编辑即可。

图7-97

编辑平面工具：如果对创建的网格平面不满意，可以选择此工具进行位置和角度等修改。

创建平面工具：可以按照物体透视角度创建网格平面。

选框工具：用于绘制正方形或长方形的选区。

图章工具：该工具的使用方法与工具栏中的“仿制图章工具”类似。

画笔工具：用所选的颜色绘制图像。

吸管工具：在单击预览图像时，可以提取一种颜色用于绘画。

2. 使用“消失点”滤镜制作墙纸

使用“消失点”滤镜制作墙纸的具体操作步骤如下：

01 打开一张素材照片，如图7-98所示。再打开一张墙纸图像，如图7-99所示。

02 在“图层”面板中复制背景图层，生成“背景副本”图层，“图层”面板显示如图7-100所示。选择墙纸图像，按快捷键【Ctrl+A】全选，按快捷键【Ctrl+C】复制图像。

03 执行“滤镜”/“消失点”命令，弹出的对话框如图7-101所示。

图 7-98

图 7-99

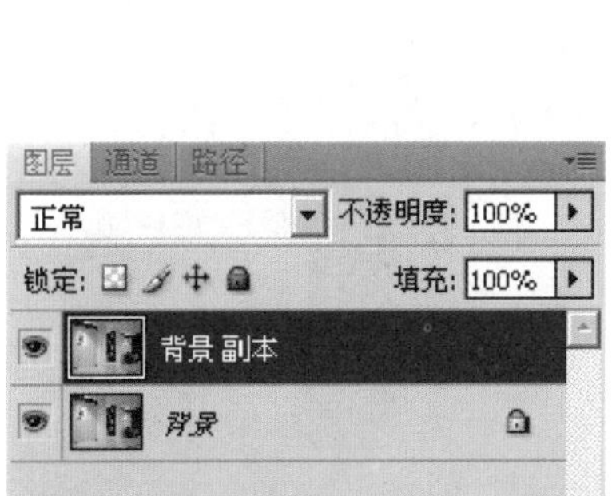

图 7-100

图 7-101

04 选择“创建平面工具”，在左侧的墙上单击，确定墙面的一个点，如图 7-102 所示。然后按照墙面的透视角度依次单击创建一个网格平面，如图 7-103 所示。

图 7-102

图 7-103

05 如果对创建的网格平面不满意，可以选择“编辑平面工具”进行修改，修改完成后，如图 7-104 所示。再创建另外一个墙面的网格平面，如图 7-105 所示。

06 按快捷键【Ctrl+V】将前面复制的墙纸图像粘贴到“消失点”对话框中，如图 7-106 所示。拖动墙纸图像到网格平面中，将网格平面填满，如图 7-107 所示。

图 7-104

图 7-105

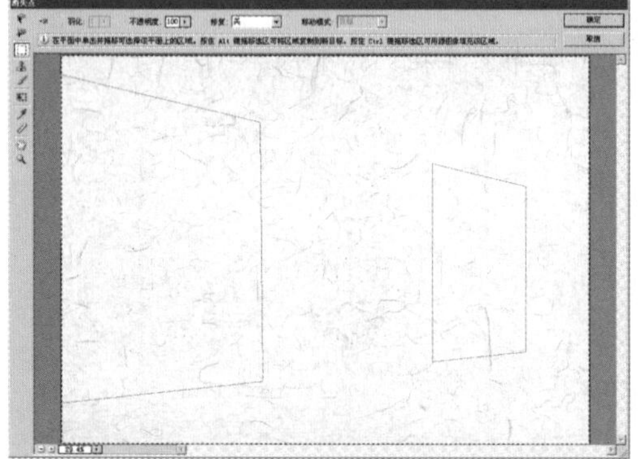

图 7-106

图 7-107

07 再次粘贴墙纸图像，将另外一个网格平面也填满，单击“确定”按钮，效果如图 7-108 所示。

08 在工具箱中选择“快速选取工具”选择刚刚贴上的墙纸，按快捷键【Ctrl+J】复制图像并创建新图层，如图 7-109 所示。

图 7-108

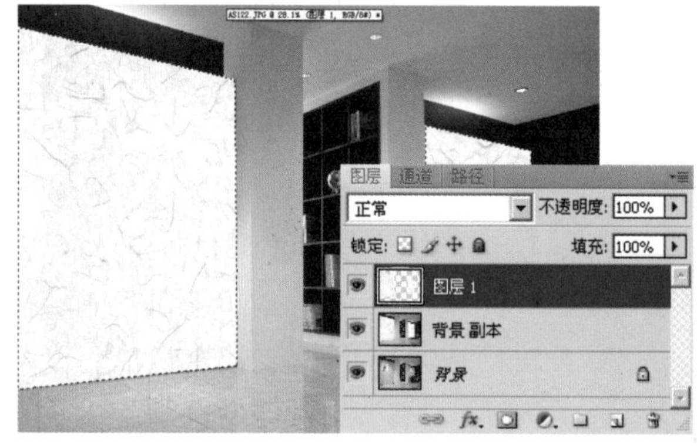

图 7-109

09 关闭显示图层 1 和“背景副本”图层，在工具箱中选择“多边形套索工具”，选取墙壁上的画框和黑色沙发，如图 7-110 所示。

10 显示并选中图层 1，按快捷键【Delete】删除选区内的图像，效果如图 7-111 所示。

图 7-110

图 7-111

11 将图层 1 的混合模式设置为“正片叠底”，墙纸的花纹就在墙上产生了，效果如图 7-112 所示。

图 7-112

提示 · 技巧

定界框和透视栅格通过颜色的变换来指示平面目前的状况 。定界框为蓝色时，表示平面有效；定界框为黄色或红色时，表示平面无效。如果平面是无效的，要移动网格平面的锚点，直到定界框和透视栅格都变成蓝色。

7.4.14 使用素描滤镜制作绘画效果

1. 素描滤镜简介

素描滤镜中包括 14 个滤镜，这里介绍几个绘画效果比较强烈的滤镜。

粉笔和炭笔：该滤镜使图像产生粉笔和炭笔涂抹的效果。粉笔使用背景色绘制的纯中间调，炭笔使用前景色绘制暗调区域，两者结合可产生丰富的画面效果。

炭笔：该滤镜可以将图像处理成炭笔画的效果。边缘部分用粗线绘画，中间调用对角线条素描。进行重绘时，“炭笔”选项使用的是前景色，“纸张”选项使用的是背景色。

绘图笔：该滤镜使用精细的直线油墨线条来捕捉原图像中的细节，使图像产生一种手绘素描的效果。

水彩画纸：该滤镜可以模拟潮湿的纤维纸上的渗色涂抹，使颜色溢出和混合的视觉效果。

图章：该滤镜用于简化图像，使图像看上去好像是用橡皮或木制图章盖章的效果。

2. 使用“素描”滤镜制作绘画效果

使用“粉笔和炭笔”滤镜制作粉笔和炭笔画效果的具体操作步骤如下：

01 打开一张素材照片，如图7-113所示。

02 执行“滤镜”/“素描”/“粉笔和炭笔”命令，弹出的对话框如图7-114所示。

图7-113

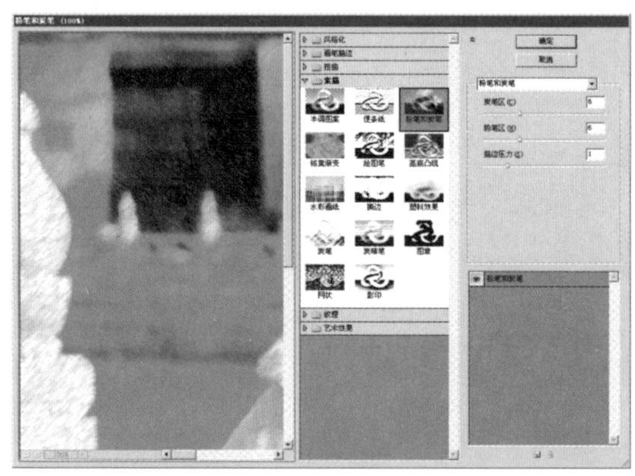

图7-114

03 拖动滑块进行参数设置，如图7-115所示。设置完毕，单击“确定”按钮，得到的图像效果如图7-116所示。

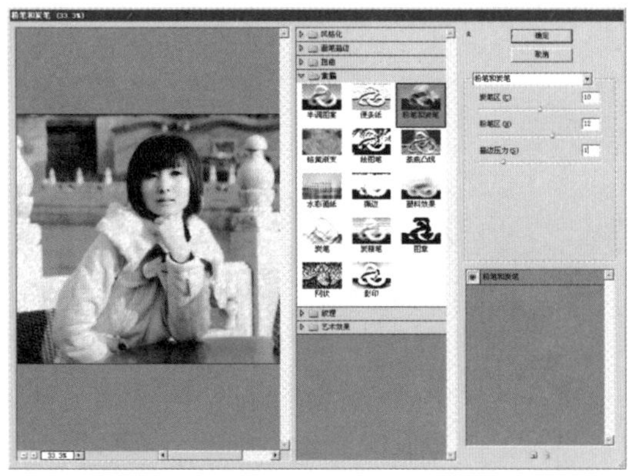

图7-115

图7-116

使用“炭笔”滤镜制作炭笔画效果的具体操作步骤如下：

01 按快捷键【Ctrl+Z】将上一步的滤镜操作撤销，效果如图7-117所示。

02 执行“滤镜”/“素描”/“炭笔”命令，弹出的对话框如图7-118所示。

图 7-117

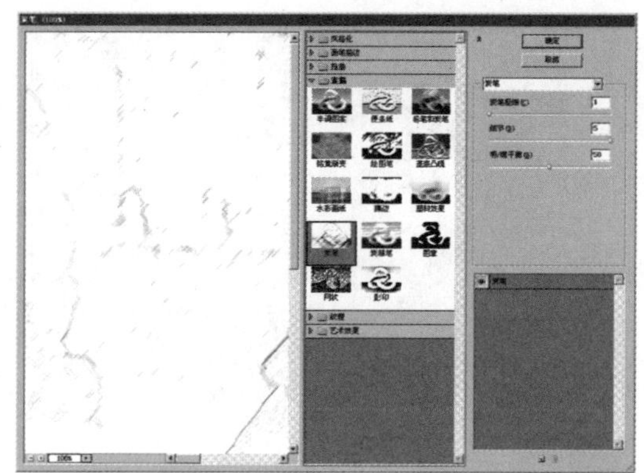

图 7-118

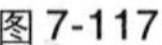

03 拖动滑块进行参数设置，如图 7-119 所示。设置完毕，单击“确定”按钮，得到的图像效果如图 7-120 所示。

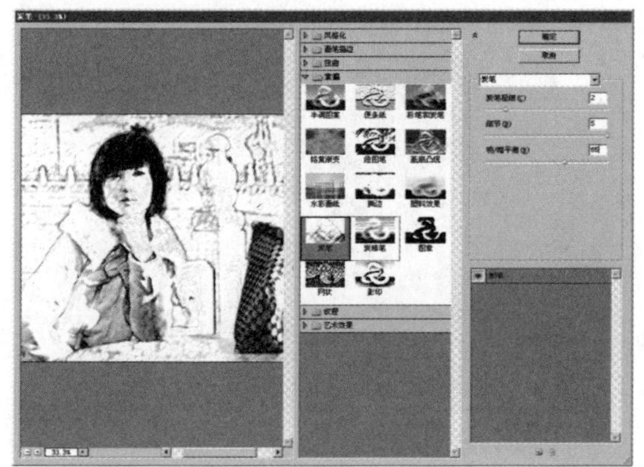

图 7-119

图 7-120

使用“绘图笔”滤镜制作铅笔素描画效果的具体操作步骤如下：

01 按快捷键【Ctrl+Z】将上一步的滤镜操作撤销，效果如图 7-121 所示。

02 执行“滤镜”/“素描”/“绘图笔”命令，弹出的对话框如图 7-122 所示。

图 7-121

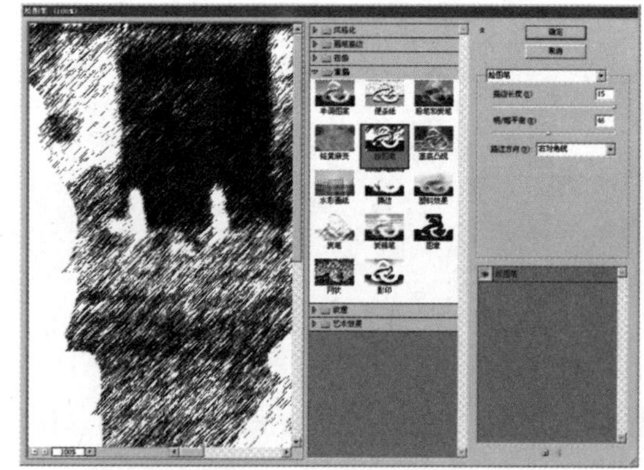

图 7-122

03 拖动滑块进行参数设置，如图 7-123 所示。设置完毕，单击“确定”按钮，得到的图像效果如图 7-124 所示。

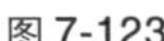

图 7-123

图 7-124

使用“水彩画纸”滤镜制作水彩画效果的具体操作步骤如下：

01 按快捷键【Ctrl+Z】将上一步的滤镜操作撤销，效果如图 7-125 所示。

02 执行“滤镜”/“素描”/“水彩画纸”命令，弹出的对话框如图 7-126 所示。

图 7-125

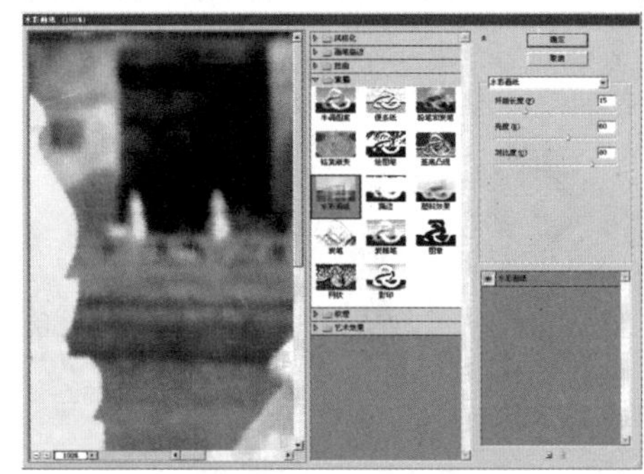

图 7-126

03 拖动滑块进行参数设置，如图 7-127 所示。设置完毕，单击“确定”按钮，得到的图像效果如图 7-128 所示。

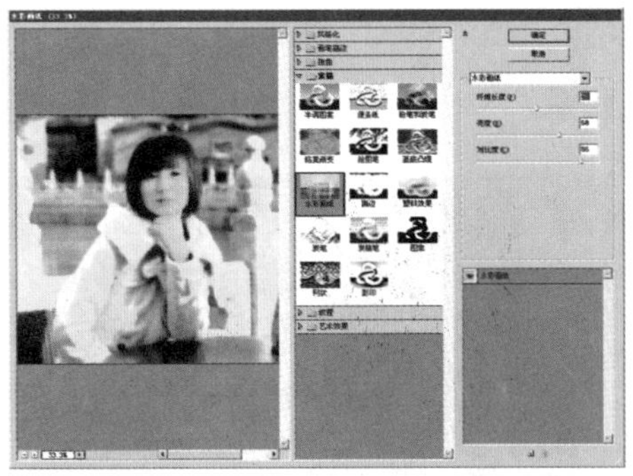

图 7-127

图 7-128

使用“图章”滤镜制作版画效果的具体操作步骤如下：

01 按快捷键【Ctrl+Z】将上一步的滤镜操作撤销，效果如图 7-129 所示。

02 执行“滤镜”/“素描”/“水彩画纸”命令，弹出的对话框如图 7-130 所示。

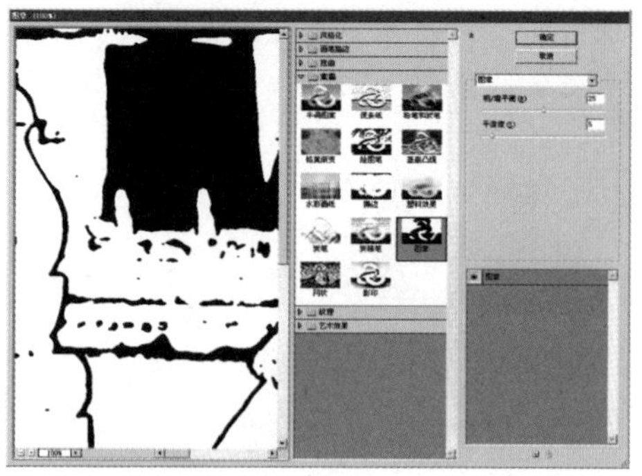

图 7-129

图 7-130

03 拖动滑块进行参数设置，如图 7-131 所示。设置完毕，单击“确定”按钮，得到的图像效果如图 7-132 所示。

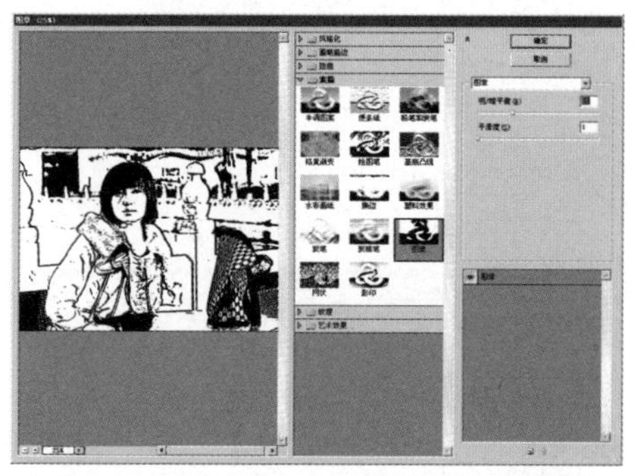

图 7-131

图 7-132

7.4.15 使用“玻璃”滤镜制作透视玻璃效果

1. “玻璃”滤镜简介

“玻璃”滤镜产生的效果类似于透过不同类型的玻璃来观看照片的效果。

2. 使用“玻璃”滤镜制作透视玻璃效果

使用“玻璃”滤镜制作透视玻璃效果的具体操作步骤如下：

01 打开一张素材照片，如图 7-133 所示。

02 执行“滤镜”/“扭曲”/“玻璃”命令，弹出的对话框如图 7-134 所示。

图 7-133

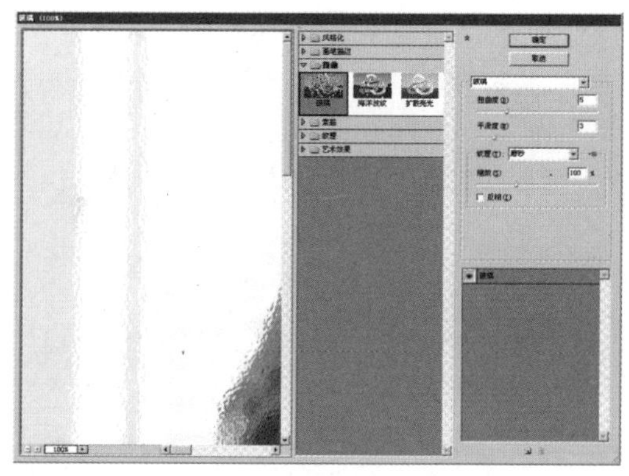

图 7-134

03 在“纹理”下拉列表框中选择“小镜头”选项，拖动滑块进行参数设置，具体参数如图7-135所示。设置完毕，单击“确定”按钮，得到的图像效果如图7-136所示。

图7-135

图7-136

04 在“纹理”下拉列表框中选择“块状”选项时，效果如图7-137所示。在“纹理”下拉列表框中选择“磨砂”选项时，效果如图7-138所示。在“纹理”下拉列表框中选择“画布”选项时，效果如图7-139所示。

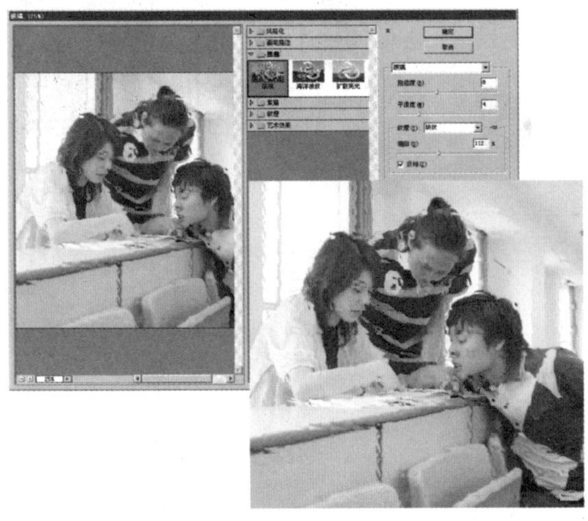
图7-137

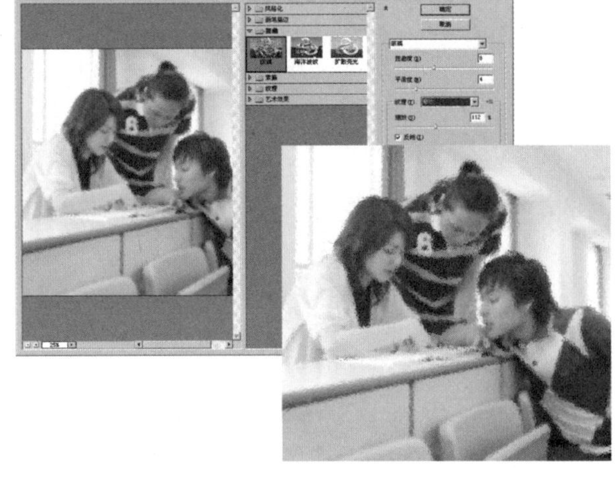
图7-138

图7-139

08

Chapter

数码照片的输出

本章主要介绍数码照片的冲印与打印的相关操作。

8.1 数码照片冲印

8.1.1 数码冲印的概念

数码冲印是使用数码冲印机通过受控光源在彩色相纸上曝光，从而获得照片的一种方法。它使用的"底片"就是拍摄的数码照片文件，这些文件存储在CF卡或光盘、软盘中。除此之外，传统底片、反转片、成品照片通过扫描系统转换成数字图像后也可以进行冲印。数码冲印和传统冲印的最大不同就是相纸的曝光方式不同。前者按数码照片的文件信息控制光源在相纸上打印曝光，后者则用底片曝光。

提示 · 技巧

数码冲印比传统冲印速度更快，总体成本更低，而且在冲印过程中还可以通过图像处理软件对数码照片进行精细的加工和编辑。另外，数码冲印还可以为个人家庭等提供比传统冲印更广泛的服务。

8.1.2 网络冲印

网络冲印是一种操作方便的冲印方式。其前提是必须拥有方便的上网条件，用户只需通过客户端程序或Web页面将数码照片上传至数码冲印网站指定的空间，选择好冲印规格、数量，并确定收货方式与其他相关信息即可完成。

8.2 数码打印

8.2.1 数码打印的概念

数码打印是指用打印机将数码照片打印出来。如今有多种数字打印技术标准，其中最著名的是日本电子情报产业技术协会制定的EXIF标准和EPSON公司制定的PIM标准。这两种技术标准的原理都是在数码相机拍摄的照片文件中加入打印指令和拍摄资料，使打印机对数码照片的色彩掌握得更准确，从而获得更理想的打印效果。

8.2.2 数码打印的特点

数码打印存在其独特的优点与缺点。使用数码打印，可以自由地选择不同的打印质地，包括艺术相纸、卡通粘纸等，给用户更多的个性创作空间。

8.2.3 正确打印数码照片

打印数码照片时，无须连接电脑，只要将数码相机连接到打印机或将数码相机中的存储卡直接插到打印机上的读卡器内即可进行打印。

正确打印数码照片的操作步骤如下：

01 将打印机正确地连接到电脑上，并将相应的驱动程序安装好。然后在Photoshop中打开需要打印的照片，执行"图像"/"模式"/"CMYK颜色"命令，将照片转换为CMYK模式。

02 执行"文件"/"页面设置"命令，弹出如图8-1所示的"页面设置"对话框，在其中可以根据需要设置纸张大小和照片的方向。

03 单击“打印机”按钮，弹出“页面设置”对话框，如图8-2所示，在其中选择要使用的打印机型号。单击“属性”按钮，弹出该打印机的属性对话框，在“页面”选项卡的“页面大小”选项组中选择纸张的大小，如图8-3所示。单击“高级”标签，则可以进行更精细的设置。单击“高级”标签后打开的选项卡如图8-4所示。

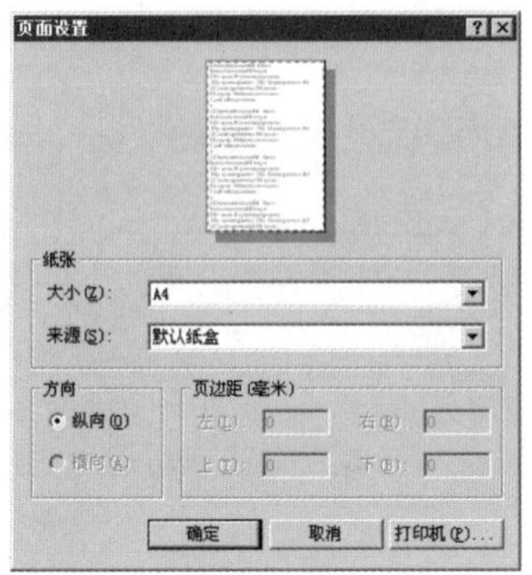

图8-1

图8-2

图8-3

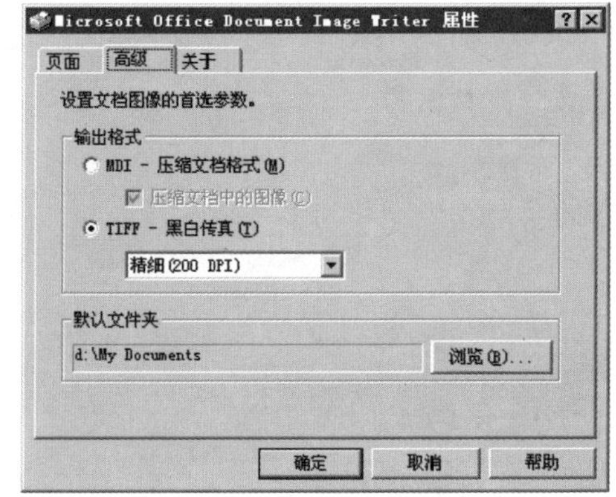

图8-4

04 设置完成后，连续单击“确定”按钮，关闭“页面设置”对话框。

05 执行“文件”/“打印”命令，如图8-5所示。此时弹出“打印”对话框，如图8-6所示。

图8-5

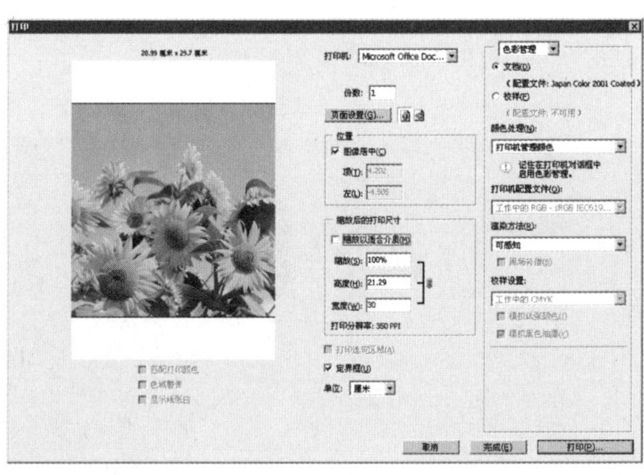

图8-6

06 在“缩放后的打印尺寸”选项组中，使照片自动适应纸张大小，一般选中“缩放以适合介质”复选框，如图 8-7 所示。除选中“缩放以适合介质”复选框外，还可以手动设置“缩放”百分比来设置照片与纸张的大小，如图 8-8 所示。

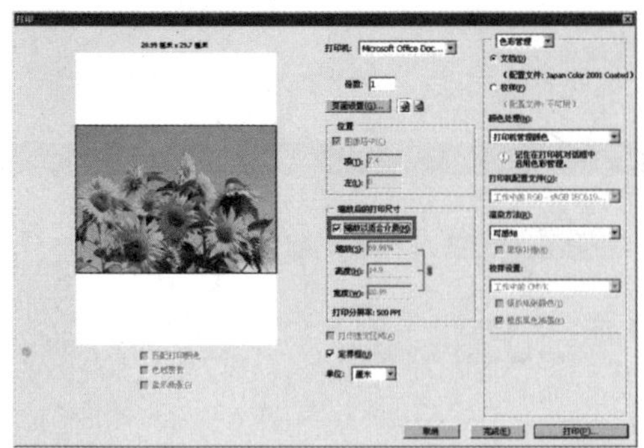

图 8-7

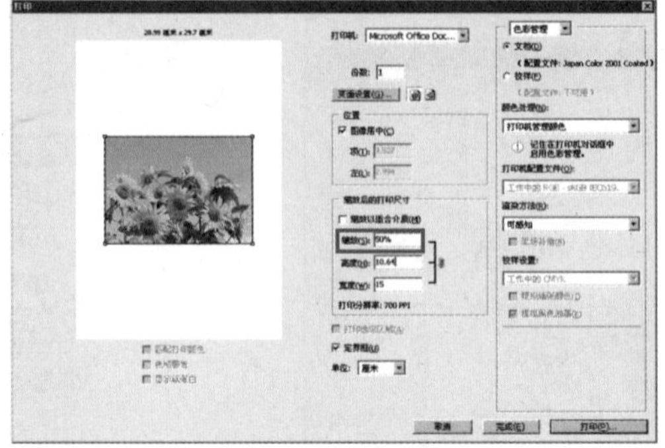

图 8-8

09

➔ 数码照片处理从入门到精通 Chapter

数码照片修饰技巧

本章主要介绍数码照片的修饰技巧，主要针对因各种原因导致的画面缺陷，如拍摄光线不足，景色不好需变换背景等。

实例9.1　矫正倾斜的照片

在拍摄数码照片的时候，经常因为相机拿得不稳造成照片的倾斜，而影响照片的构图。这样的照片可以在Photoshop CS4中进行旋转修饰来达到理想的效果。

原照片

矫正后的效果

操作步骤

01 在Photoshop CS4软件中执行“文件”/“打开”命令，打开如图9-1所示的照片，照片中的荷花给人一种倾斜的感觉。

02 在工具箱中选择“标尺工具”，并在照片中沿荷花倾斜的角度画出一条标尺线，如图9-2所示。

图9-1

图9-2

提示 · 技巧

在使用“度量工具”画出参考线后，若觉得并不理想，还可以单击工具选项栏中的“清除”按钮，即可重新拉出参考线。

03 按标尺线旋转画布。执行“图像”/“图像旋转”/“任意角度”命令，弹出“旋转画布”对话框，其中已经依据“标尺工具”测量好的数据自动设置好了所需的角度，如图9-3所示，单击“确定”按钮。

图9-3

04 经过执行以上操作，照片已经矫正过来了，如图 9-4 所示。选择工具箱中的“裁剪工具”，进行适当的构图，裁剪掉多余的部分。最终效果如图 9-5 所示。

图 9-4

图 9-5

实例 9.2　裁剪照片

在拍摄数码照片的时候，往往会因为各种原因而导致画面出现缺陷，这种情况下不妨使用“裁剪工具”对照片进行艺术裁剪处理。下面就来学习怎样使用“裁剪工具”处理照片。

原照片

裁剪后的效果

操作步骤

01 在 Photoshop CS4 软件中执行“文件”/“打开”命令，打开如图 9-6 所示的照片。

图 9-6

提示 · 技巧

可以看到照片右边空缺过大，这是由于拍摄者在拍摄过程中没有把握好拍摄范围，使用“裁剪工具”即可修整。

02 在工具箱中选择“裁剪工具”，将鼠标指针移到照片上，然后按住鼠标左键在照片上由左上方向右下方拖动，释放鼠标后照片上会出现带有 8 个控制点的调整框，如图 9-7 所示。用鼠标调整控制框至最佳状态。若此时将鼠标指针定位在调整框内并拖动，可以移动整个调整框，如图 9-8 所示。

图 9-7

图 9-8

提示 · 技巧

此时若想等比例缩放调整框，可以按住【Shift】键的同时拖动调整框 4 个角上的控制点。若按住空格键，还能轻松移动选择范围，不妨试试。

03 调整好后，在 Photoshop CS4 工作界面上面工具选项栏左端单击“提交当前裁剪操作”按钮，若单击该按钮前面的按钮，则表示不执行裁剪，如图 9-9 所示。

04 此时图像就会变成如图 9-10 所示的状态。在调整框内部双击也可以达到该目的。这就是使用“裁剪工具”裁剪的最终效果。

图 9-9

图 9-10

实例 9.3　制作双胞胎照片

在拍摄数码照片时，时常会因一个人拍照觉得很单调，显得画面很空，现在不用担心了，下面就来具体介绍如何将单调的照片制作成双胞胎照片效果。

原照片

旋转后的效果

操作步骤

01 在 Photoshop CS4 软件中执行“文件”/“打开”命令，打开如图 9-11 所示的照片。

图 9-11

提示 · 技巧

在照片中，根据水平线水平的自然属性，可以断定在拍摄时相机稍有倾斜，此时便可以在 Photoshop CS4 中将通过“旋转”功能将倾斜的照片矫正。下面就以该照片为例来具体讲解操作步骤。

02 执行“图像”/“图像旋转”/“水平翻转画布”命令，得到图像效果如图 9-12 所示。

03 复制背景图层得到“背景副本”图层。双击背景图层，将转换为普通图层“图层 0”，如图 9-13 所示。

图 9-12

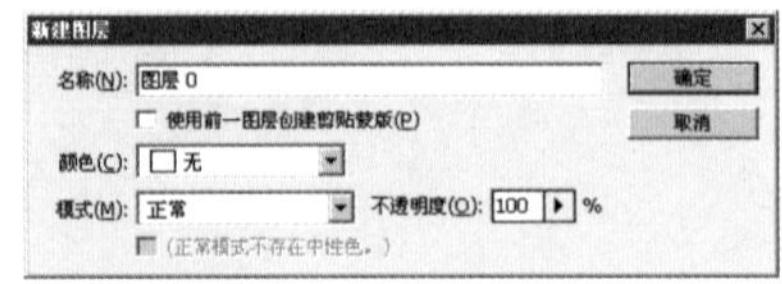

图 9-13

04 执行“图像”/“画布大小”命令，弹出“画布大小”对话框，设置其宽度，并进行定位，如图 9-14 所示。

05 隐藏图层 0，对“背景副本”图层执行“编辑”/“变换”/“水平翻转”命令，效果如图 9-15 所示。显示图层 0，将其拖动到画面的右方，得到的最终效果如图 9-16 所示。

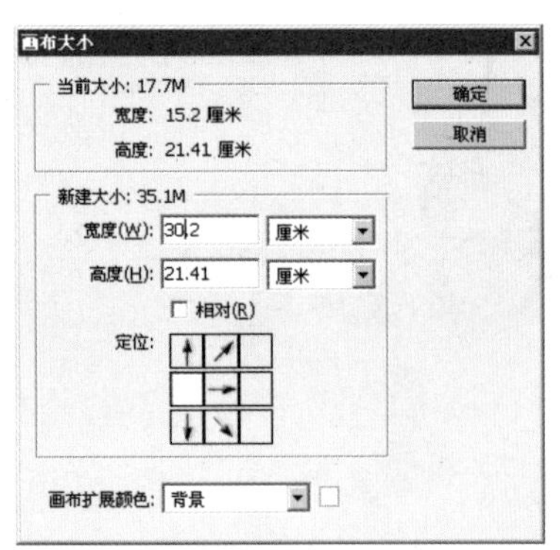

图 9-14

图 9-15

图 9-16

实例 9.4 矫正变形的照片

在使用广角镜头拍摄照片时，拍摄出的照片都会变形，在拍摄建筑物时尤其明显。用 Photoshop CS4 软件进行适当修改，即可解决这个问题。

原照片

矫正后的效果

操作步骤

01 在 Photoshop CS4 软件中执行"文件"/"打开"命令，打开如图 9-17 所示的照片。

图 9-17

提示 · 技巧

一般在用广角镜拍摄照片时，建筑物的变形比较明显，容易产生建筑物要倒塌的感觉。

02 按快捷键【Ctrl+J】复制背景图层，得到图层 1，选择图层 1，按快捷键【Ctrl+M】弹出"曲线"对话框，设置弧线弯曲程度，如图 9-18 所示。单击"确定"按钮，得到图像效果如图 9-19 所示。

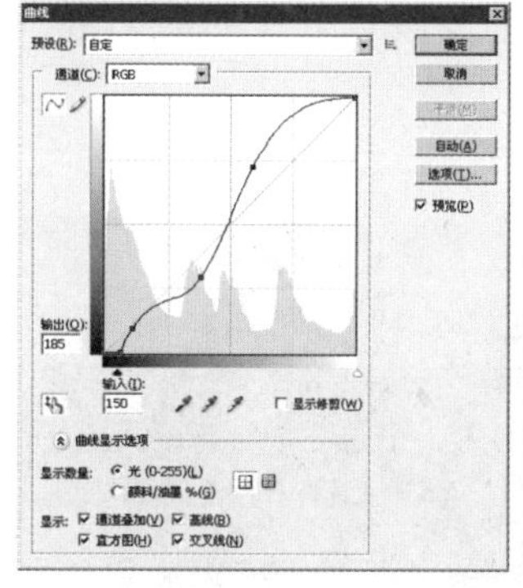

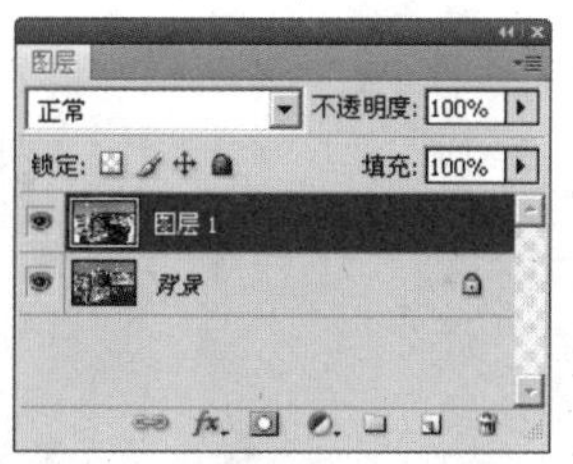

图 9-18

图 9-19

03 矫正变形。执行"编辑"/"自由变换"命令，在自由变换控制框内单击鼠标右键，分别选择"透视"、"变形"命令，对图像进行透视变换和变形调整，如图 9-20 所示。

04 按【Enter】键确认，隐藏背景图层，变形后得到的图像效果如图 9-21 所示。

图 9-20

图 9-21

05 双击背景图层，将其转换为普通图层，选择“移动工具”，将图层 0 移动到合适的位置，如图 9-22 所示。

06 选择图层 1，按快捷键【Ctrl+E】合并可见图层，并选择工具箱中的“修补工具”对画面进行修正，得到最终效果，如图 9-23 所示。

图 9-22

图 9-23

实例 9.5　处理曝光不足的照片

在拍摄数码照片的时候，经常会出现照片发暗的现象，这一般是由于曝光不足所引起的。怎样才能让照片层次更分明，色彩更亮丽呢？下面就来介绍在 Photoshop CS4 软件中如何轻松解决这一问题。

原照片

修复后的效果

操作步骤

01 在 Photoshop CS4 软件中执行“文件”/“打开”命令，在弹出的“打开”对话框中选择曝光不足的照片并打开，如图 9-24 所示。

02 执行“图像”/“调整”/“色阶”命令，弹出“色阶”对话框，向左拖动右边的白色滑块，以提高图像的亮度，直到照片效果满意为止。单击“确定”按钮，就可以看到调整之后的图像亮度提高了，如图 9-25 所示。

图 9-24

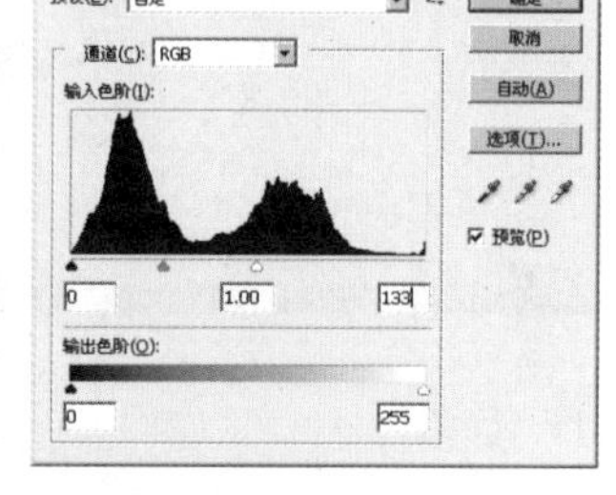

图 9-25

03 在“图层”面板的底部单击“创建新图层”按钮，在背景图层之上新建图层 1。在工具箱中选择“油漆桶工具”，将新建图层填充为白色，再将图层混合模式设置为“柔光”，如图 9-26 所示。这样的设置能使曝光不足的照片效果更佳。

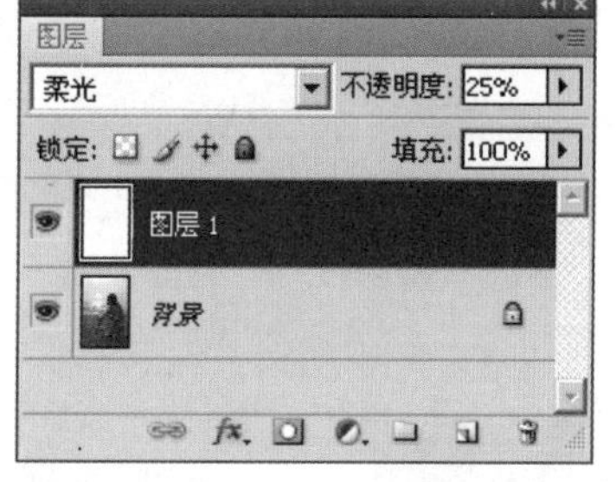

图 9-26

提示 · 技巧

通过以上的操作，可以清楚地看到图 9-27 与图 9-28 之间的不同，经过调整后的图 9-28 层次更分明，色彩也更亮丽，这也是大家经常要做的照片处理工作。

图 9-27

图 9-28

实例 9.6 处理曝光过度的照片

在拍摄数码照片时，有时也会出现照片曝光过度的情况，这样会导致整个画面的色彩变淡，只需在 Photoshop CS4 中进行简单修改，照片色彩即会立刻鲜艳起来。

原照片

修复后的效果

操作步骤

01 在 Photoshop CS4 软件中执行“文件”/“打开”命令，打开曝光过度的照片，如图 9-29 所示。

02 执行“图像”/“调整”/“色阶”命令，弹出“色阶”对话框，向右拖动左边的黑色滑块，将图像调整到满意的效果后单击“确定”按钮即可，如图 9-30 所示。

图 9-29

图 9-30

03 比较图 9-31 所示的原照片与图 9-32，不难发现修改过的照片欣赏效果更佳。

图 9-31

图 9-32

实例 9.7　互换服装

Photoshop CS4 软件还可以用来做一些特殊的处理，例如为照片中的人物互换服装。

原照片

修复后的效果

操作步骤

01 在 Photoshop CS4 软件中执行“文件”/“打开”命令，在弹出的“打开”对话框中选择需要处理的照片，单击“打开”按钮，打开如图 9-33 所示的图像。

02 按快捷键【Ctrl+M】打开“曲线”对话框，设置其参数，单击“确定”按钮，得到的效果如图 9-34 所示。

图 9-33

图 9-34

03 放大局部图像后，在工具箱中选择“多边形套索工具”，沿着裤子和腿的边缘单击以建立选区，如图 9-35 所示。

04 将背景图层拖动到“创建新图层”按钮上，以复制背景图层，生成“背景副本”图层。按快捷键【Ctrl+J】，把选区中的裤子图像复制并粘贴到新图层中，生成图层 1，如图 9-36 所示。

图 9-35

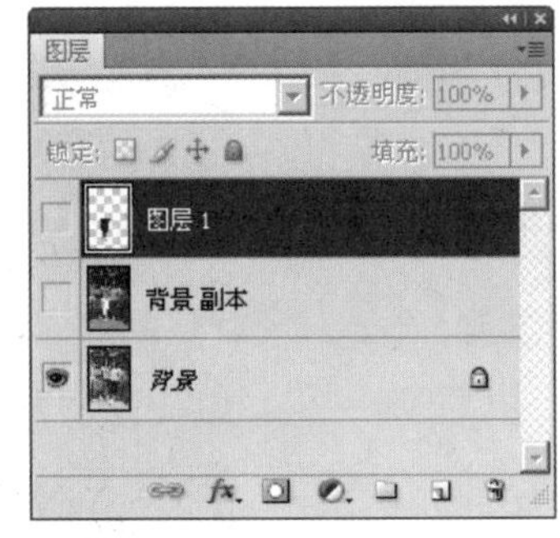

图 9-36

05 按住【Ctrl】键单击图层 1 缩览图，生成该图层的选取范围。执行“选择” / “存储选区”命令，在弹出的“存储选区”对话框中定义选区名称，单击“确定”按钮，如图 9-37 所示。

06 选择工具箱中的“缩放工具”，放大图像中左边人物的裙子部分，如图 9-38 所示。

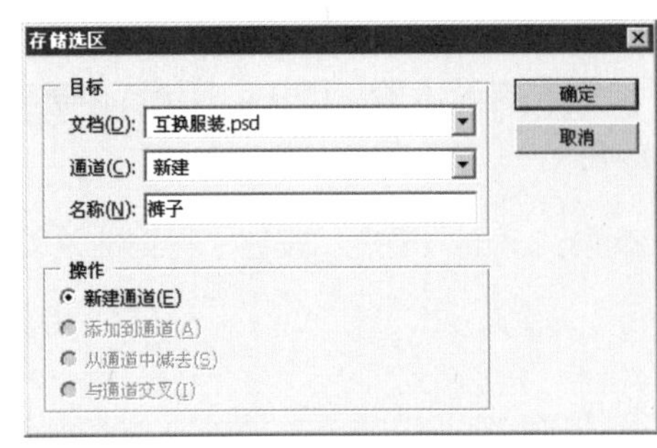

图 9-37

图 9-38

07 在工具箱中选择“多边形套索工具”，沿着裙子的边缘单击以建立选区，如图9-39所示。

08 按快捷键【Ctrl+J】，把选区中的裙子复制并粘贴到新图层中，生成图层2，如图9-40所示。

图9-39

图9-40

09 按住【Ctrl】键单击图层2缩览图，生成该图层的选区。执行“选择”/“存储选区”命令，在弹出的“存储选区”对话框中定义选区名称，单击“确定”按钮，如图9-41所示。

10 选择工具箱中的“缩放工具”，放大右边人物图像的上半部分，如图9-42所示。

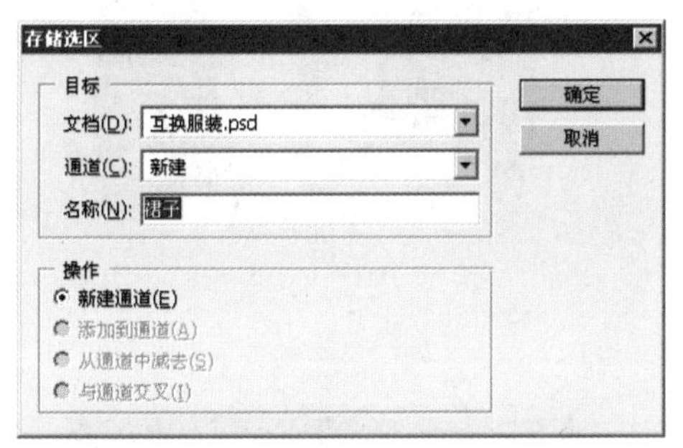

图9-41

图9-42

11 在工具箱中选择“套索工具”，沿着右边人物图像的上部分边缘建立选区，按快捷键【Ctrl+J】，把选区中的上半身人物图像复制并粘贴到新图层中，生成图层3，如图9-43所示。单击“图层”面板中的“锁定位置”按钮，锁定选区的位置。

12 在工具箱中选择“套索工具”，沿着左边人物图像的上部分边缘建立选区。按快捷键【Ctrl+J】，把选区中的上半身人物图像复制并粘贴到新图层中，生成图层4，如图9-44所示。单击“图层”面板中的“锁定位置”按钮，锁定选区的位置。需要注意的是，图层3与图层4要放在图层1与图层2之上。

图 9-43

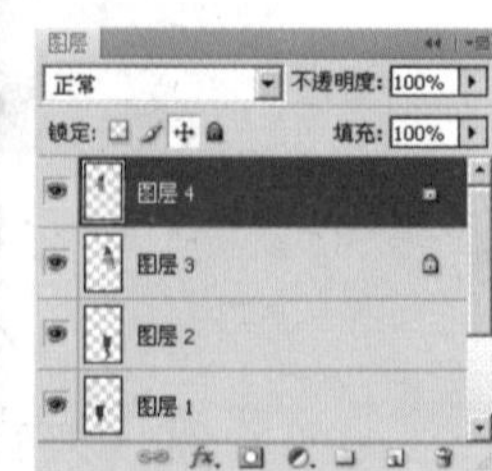

图 9-44

13 按住【Ctrl】键单击图层 1 缩览图生成该图层的选区，在“图层”面板中选中背景图层，按【Delete】键删除选区内的部分，如图 9-45 所示。用同样方法将图层 2 在背景图层中清除，隐藏图层 1 和图层 2，即可看到如图 9-46 所示的效果。

图 9-45

图 9-46

14 选择工具箱中的“移动工具”，将图层 1 和图层 2 中的图像互相交换位置，如图 9-47 所示。

图 9-47

15 这时不难发现交换位置后，所移动部位的图像不是很符合透视关系，因此可以选中图层1，执行“编辑”/“自由变换”命令，待出现自由变换控制框时按住【Ctrl】键调整8个控制点，如图9-48所示。满意后按【Enter】键确认。同样，对图层2进行调整，得到如图9-49所示的效果。

图9-48

图9-49

16 在“图层”面板中单击图层1与图层2前方的“指示图层可见性”图标隐藏图层，然后单击背景图层，在工具箱中选择“仿制图章工具”，将鼠标指针放在背景上，按住【Alt】键单击以选取样本，然后对背景图层进行涂抹，如图9-50所示。

17 在“图层”面板中单击图层1与图层2前方的“指示图层可见性”图标显示图层，如图9-51所示。

图9-50

图9-51

18 这时图像看上去有一点飘的感觉，因此不妨在人物脚的下方添加一些阴影来弥补。选择工具箱中的“套索工具”，在人物图像脚的下方绘制选区，如图9-52所示。再选择工具箱中的“油漆桶工具”，填充选区为深灰色。按快捷键【Ctrl+D】取消选区，如图9-53所示。

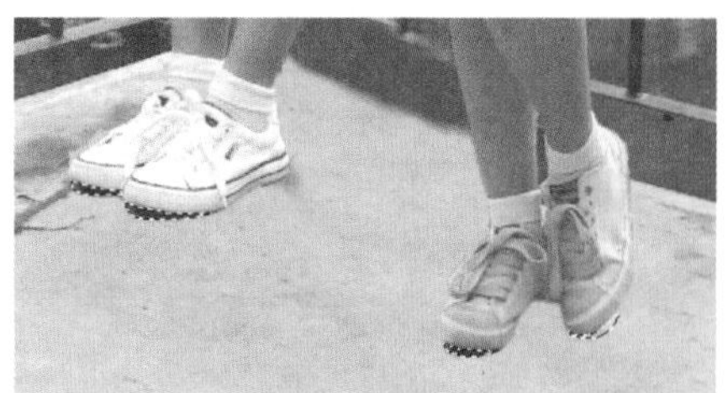

图 9-52

图 9-53

19 在工具箱中选择"模糊工具"，在阴影上涂抹以对阴影部分进行模糊处理，如图 9-54 所示。最终效果如图 9-55 所示。

图 9-54

图 9-55

实例 9.8　去除衣服上的阴影

在拍照的过程中稍不留意，照片上就可能因为光线及拍摄角度的原因而出现大面积的阴影，有损照片的整体效果。这一不足在 Photoshop CS4 软件中可以轻而易举地弥补。

原照片

修复后的效果

➡ 操作步骤

01 打开一张已准备好的素材照片。执行“文件”/“打开”命令，弹出“打开”对话框，选中素材后，单击“打开”按钮，即可打开照片，如图 9-56 所示。

02 在“图层”面板上用鼠标将背景图层拖动到底部的“创建新图层”按钮上，复制一个“背景副本”图层，如图 9-57 所示。

图 9-56

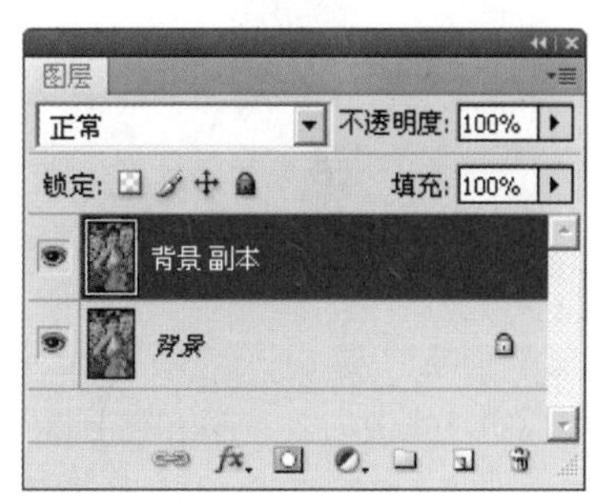

图 9-57

03 执行“图像”/“计算”命令，打开“计算”对话框，设置“源 1”的图层为“合并图层”，通道为“灰色”通道；设置“源 2”的图层为“背景副本”，通道为“灰色”通道，并选中“反相”复选框；设置“混合”为“正片叠底”，效果如图 9-58 所示。

04 打开“通道”面板，可以看到面板中自动生成了一个 Alpha 1 通道，如图 9-59 所示。接下来要在 Alpha 1 通道中进行修饰，选择工具箱中的“画笔工具”，设置前景色为黑色，设置笔刷直径为 240 像素。

图 9-58

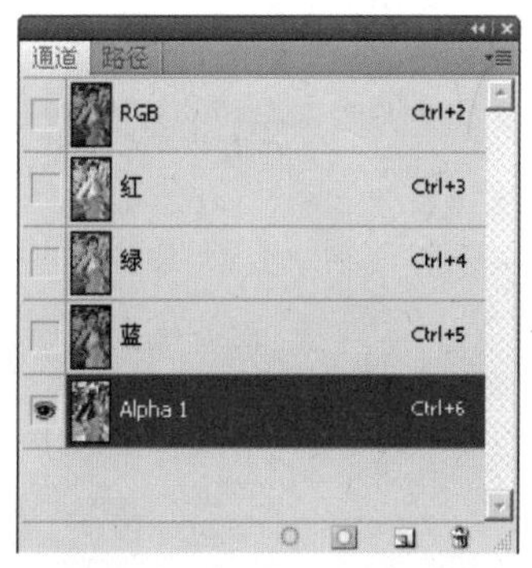

图 9-59

05 将 Alpha 1 通道中大面积的阴影以外的区域全部涂抹成黑色，留下的区域就是所要的选区，如图 9-60 所示。按住【Ctrl】键单击 Alpha 1 通道，将自动生成选区，如图 9-61 所示。如果所选区域与实际需要的选区有所差距，可按住快捷键【Ctrl+Shift】，再继续单击 Alpha 1 通道添加选区，直到所选区域与阴影部分的范围大致相同，如图 9-62 所示。

图 9-60

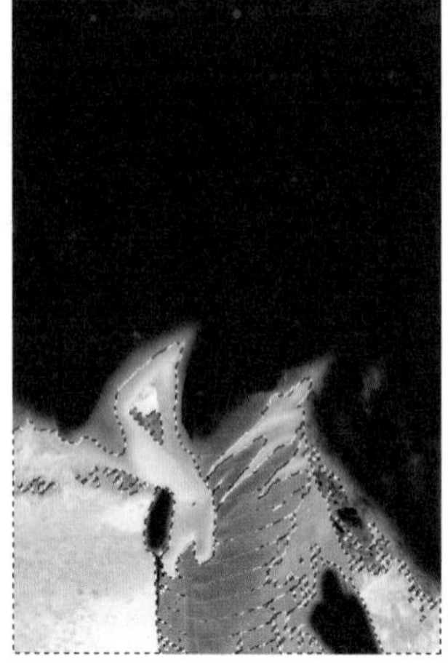
图 9-61

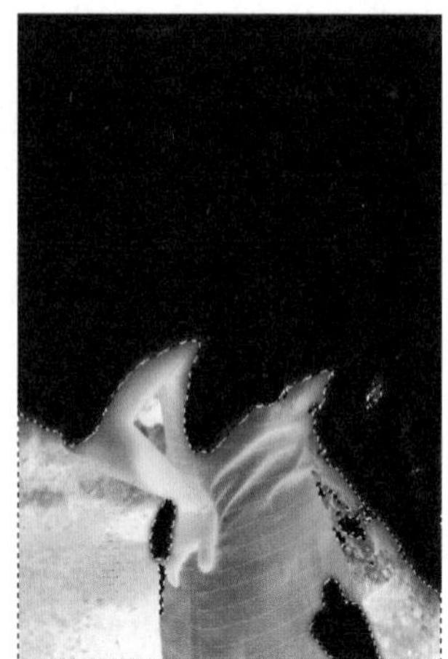
图 9-62

06 回到“图层”面板，选中“背景副本”图层，执行“选择”/“修改”/“羽化”命令，弹出“羽化选区”对话框，“羽化半径”设置为 30 像素，如图 9-63 所示。

图 9-63

07 执行“图像”/“调整”/“曲线”命令，弹出“曲线”对话框，用鼠标将曲线向上凸起，使照片中阴影部分的色调与亮处色调反差缩小，如图 9-64 所示。

08 打开“通道”面板，再次将 Alpha 1 通道中阴影以外的区域全部涂抹成黑色，留下的区域就是所要的选区，所选区域与阴影部分的范围大致相同即可，如图 9-65 所示。

图 9-64

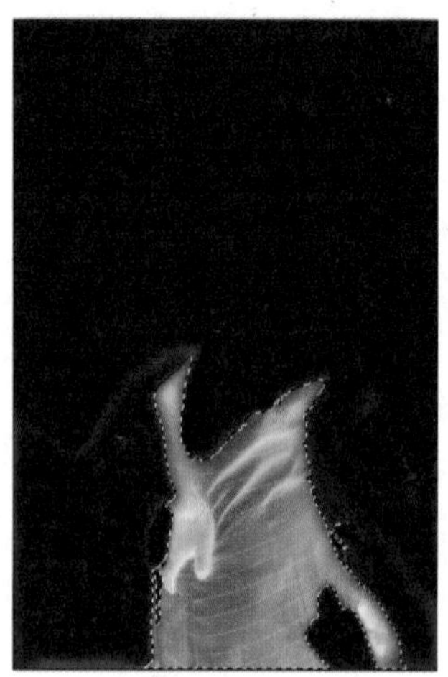
图 9-65

09 若感觉修复的边缘效果还不够好，还可以继续修饰，此时阴影部分还存在选区，在“图层”面板中单击“添加图层蒙版”按钮，为图层 1 添加蒙版，如图 9-66 所示。

10 将“图层”面板中的混合模式改为“滤色”，不透明度设为 55%，最后的修饰效果如图 9-67 所示。

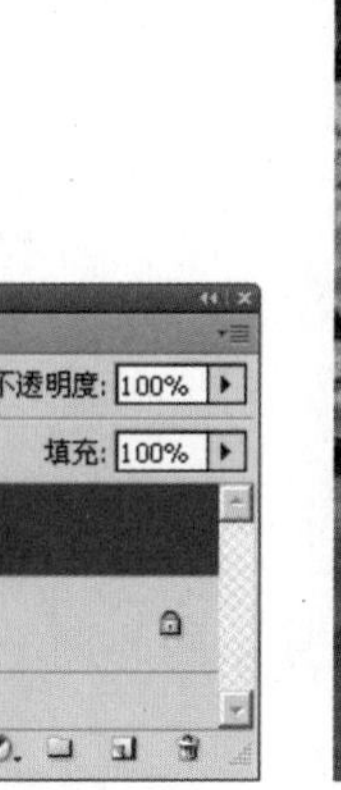

图 9-66

图 9-67

实例 9.9　更换照片背景

在更换背景时，首先要考虑新背景是否与原照片协调、搭配，这一点在修饰照片的过程中会经常涉及。下面介绍几种更换背景的方法。

原照片

修复后的效果

方法一：“魔术橡皮擦工具”去背景

操作步骤

01 在 Photoshop CS4 软件中执行“文件”/“打开”命令，打开如图 9-68 所示的照片。

02 单击“图层”面板底部的“创建新的填充或调整图层”按钮，选择“曲线”命令，弹出“曲线”面板，设置其参数，如图 9-69 所示。

图 9-68

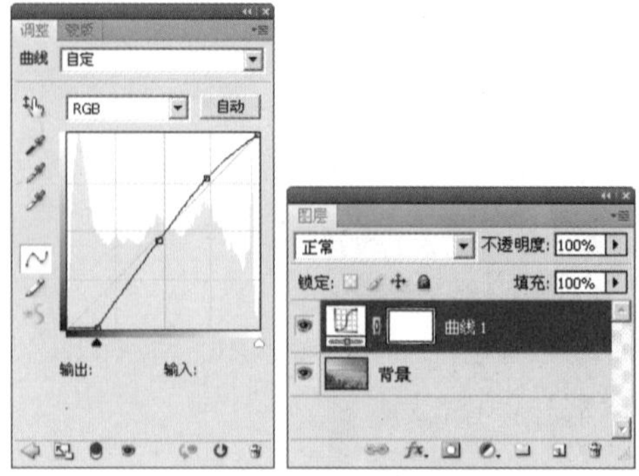

图 9-69

03 参数设置完后，得到的图像效果如图 9-70 所示。

04 执行“文件”/“打开”命令，打开如图 9-71 所示的照片。

图 9-70

图 9-71

05 在工具箱中选择“移动工具”，把人物照片拖动到风景照片中，如图 9-72 所示。

06 选择人物图层，在工具箱中选择“磁性套索工具”，沿着人物边缘建立选区，完成后效果如图 9-73 所示。

图 9-72

图 9-73

07 按【Shift+Ctrl+I】快捷键执行“反选”命令，按【Delete】键删除人物背景，得到的图像效果如图9-74所示。

08 复制图层1得到“图层1副本”图层，设置其混合模式为“滤色”，图层不透明度为65%，填充不透明度为55%，效果如图9-75所示。

图9-74

图9-75

09 按住【Shift】键同时选中图层1及“图层1副本”图层，按【Ctrl+E】快捷键合并为图层2，并执行“滤镜”/“锐化”/“USM锐化”命令，其参数设置如图9-76所示。

10 选择图层2，单击“图层”面板底部的“创建新的填充或调整图层”按钮，选择“色阶”命令，弹出“色阶”面板，选择不同的通道设置其参数，如图9-77所示。

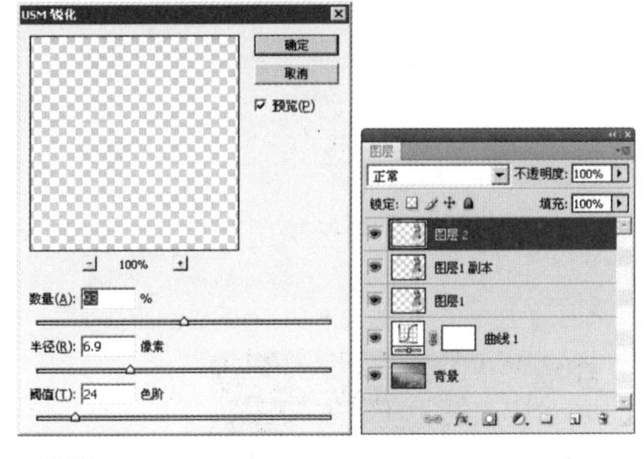

图9-76

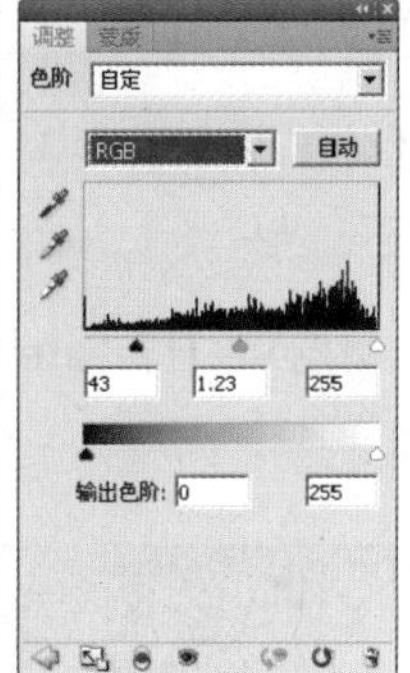

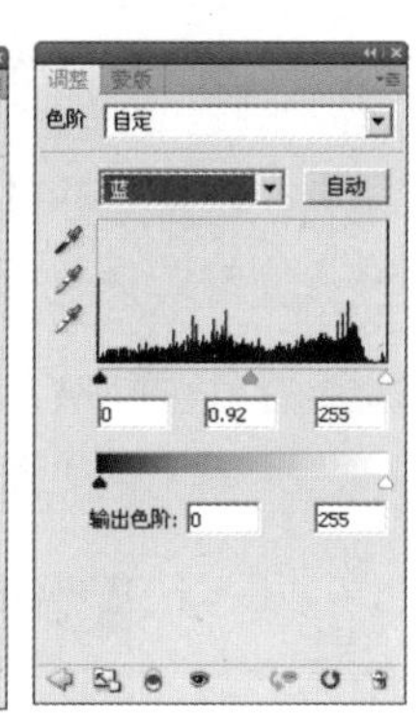

图9-77

11 参数设置完毕后，单击“确定”按钮，得到图像的最终效果，如图9-78所示。

图9-78

方法二："魔棒工具"去背景

操作步骤

01 打开一张需要去背景的人物照片，再选一张风景照放在人物图层的下面，如图 9-79 所示。

02 设置当前图层为人物图层，在工具箱中选择"魔棒工具"，并在选项栏中单击"添加到选区"按钮。将容差设置为 20，这样可以把一些临近的色彩也包括在内。用鼠标在图像人物背景上单击，大部分背景将被选中，按【Delete】键删除，如图 9-80 所示。

图 9-79

图 9-80

03 在未被删除的背景上单击一下，选区就会被自动添加，如图 9-81 所示。如果不小心选择到人物部分的图像，还可以单击"从选区减去"按钮来修改。

04 背景全部被选中后按【Delete】键删除，再按快捷键【Ctrl+D】取消选择区域，去背景工作就全部完成了，如图 9-82 所示。

图 9-81

图 9-82

方法三：“磁性套索工具”去背景

操作步骤

01 在 Photoshop CS4 软件中执行“文件”/“打开”命令，打开如图 9-83 所示的照片。

02 在工具箱中选择“磁性套索工具”沿着人物边缘建立选区，只要在起始点单击就可以直接沿着边缘描绘，如图 9-84 所示。回到起始的位置时，磁性套索工具将变成形状，单击就可以封闭选区，如图 9-85 所示。

图 9-83

图 9-84

图 9-85

03 按快捷键【Ctrl+Shift+I】执行“反选”命令，按【Delete】键删除背景，效果如图 9-86 所示。

04 单击“图层”面板底部的“创建新的填充或调整图层”按钮，选择“自然饱和度”命令，弹出“自然饱和度”面板，设置其参数。执行“选择”/“修改”/“收缩”命令，在弹出的“收缩选区”对话框中进行参数设置，如图 9-87 所示。得到的最终效果如图 9-88 所示。

图 9-86

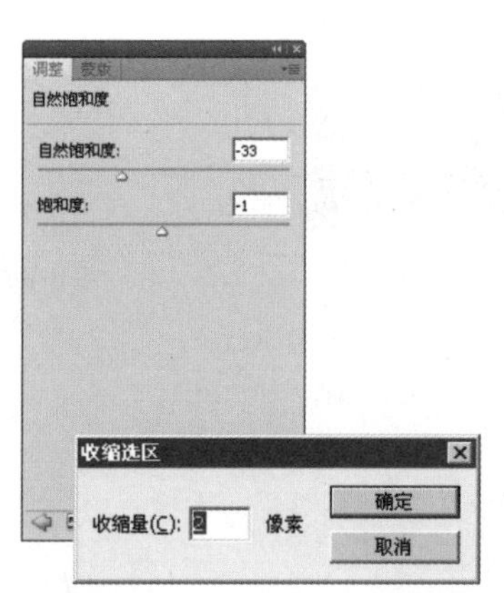

图 9-87

图 9-88

方法四："钢笔工具"去背景

操作步骤

01 打开一张花卉照片，在工具箱中选择"钢笔工具"，在花朵边缘处单击，生成第一个锚点，接着围绕花朵图像的边缘描绘路径，如图 9-89 所示。在封闭路径时，要将笔尖和第一个锚点重合，笔尖旁即会出现一个小圆圈，单击即可封闭，如图 9-90 所示。

02 切换到"路径"面板，单击底部的"将路径作为选区载入"按钮，将路径转换为选区，如图 9-91 所示。

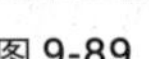

图 9-89

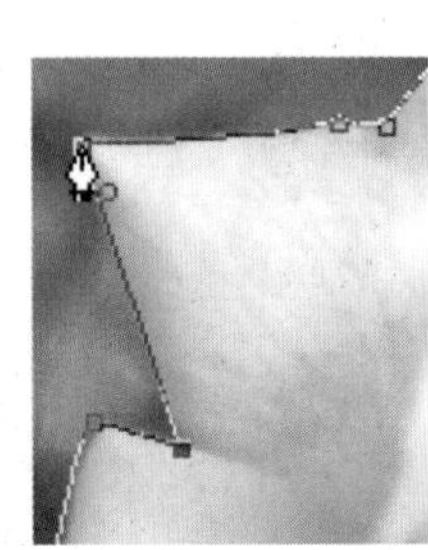

图 9-90

图 9-91

03 按快捷键【Shift+Ctrl+I】反选选区，选择花卉照片的背景部分，如图 9-92 所示。按【Delete】键删除选择的区域，按快捷键【Ctrl+D】取消选区，效果如图 9-93 所示。

图 9-92

图 9-93

实例9.10 拼接照片

在Photoshop CS4软件中可以对两张照片进行拼接，并融合在一起，最终形成一张照片，即将两张照片组合成一张照片。

原照片

拼接后的效果

操作步骤

01 执行“文件”/“打开”命令，打开如图9-94和图9-95所示的两张照片。

图9-94

图9-95

02 单击第一张照片使该照片处于操作状态。执行“图像”/“画布大小”命令，在弹出的“画布大小”对话框中进行设置，如图9-96所示。执行后的图像效果如图9-97所示。

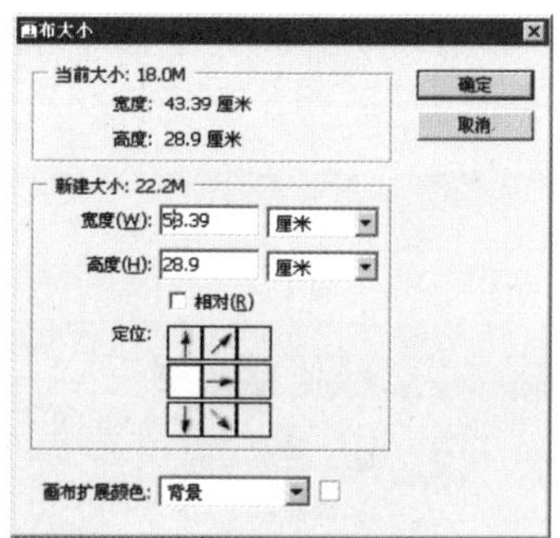

图9-96

图9-97

03 在工具箱中选择“移动工具”，在第二张照片中单击，使其处于操作状态，使用“移动工具”将其拖动到第一张照片中，“图层”面板中会自动增加新图层“图层1”，如图9-98所示。

图 9-98

04 执行“编辑”/“自由变换”命令，图像边缘会出现8个控制点，按住【Shift】键的同时用鼠标拖动调整框的4个角控制点，等比例缩放图像，如图9-99和图9-100所示。

图 9-99

图 9-100

05 将图层1设置为当前图层，按住【Ctrl】键单击图层1的缩览图，生成该图层的选区，如图9-101所示。执行“选择”/“修改”/“羽化”命令，在弹出的“羽化选区”的对话框中设置“羽化半径”为30像素，如图9-102所示。单击“确定”按钮。

图 9-101

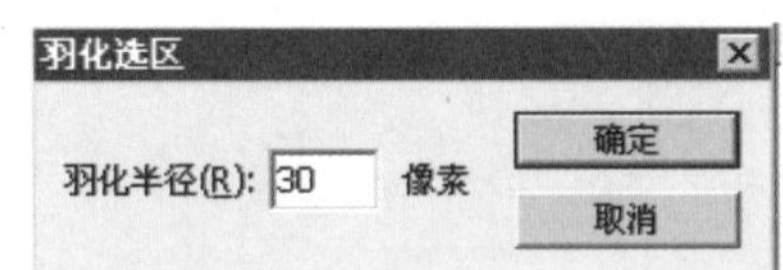

图 9-102

06 按快捷键【Shift+Ctrl+I】反选选区，按【Delete】键删除选区中的图像，可以多次按【Delete】键删除，直到满意为止，此时图层1图像周围的像素将变得透明。使用“移动工具”将图层1中的图像拖到合适的位置，将两个图层中的图像拼接好，如图9-103所示。

图 9-103

07 在工具箱中选择“裁剪工具”，在图像上拖动出裁剪调整框，松开鼠标后图像效果如图 9-104 所示。在裁剪框内双击，得到的图像效果如图 9-105 所示。

图 9-104

图 9-105

实例 9.11 去除照片中的电线

大厦墙上杂乱的电线常常会影响整个建筑物的拍摄效果，下面就来讲述如何清除这些多余的电线。实际操作非常简单，只需要复制其他无电线的楼层，再将其覆盖并适当地进行一些调整就可以清除了。

原照片

修复后的效果

01 在 Photoshop CS4 软件中执行“文件”/“打开”命令，打开如图 9-106 所示的照片。

02 在工具箱中选择“磁性套索工具”，圈选大厦右侧墙壁上多余的电线，如图 9-107 所示。

图 9-106

图 9-107

03 在工具箱中选择“修补工具”，在工具选项栏中选中“源”单选按钮。拖动选区到空白的墙上，此时大厦右边墙上的电线即被清除，如图 9-108 所示。

04 去除大厦楼层上的电线。在工具箱中选择“套索工具”，在照片中圈选任意无电线的楼层，按快捷键【Ctrl+J】，选区内容将被单独生成一个新图层，默认生成图层 1，如图 9-109 所示。

图 9-108

图 9-109

05 按快捷键【Ctrl+T】，弹出自由变换控制框，调整图层 1 的楼层（一定要覆盖住下面有电线的楼层），如图 9-110 所示。完成修复工作后的最终效果如图 9-111 所示。

图 9-110

图 9-111

实例 9.12　室外照变室内照

在修饰照片时，若遇到在室外拍摄的照片背景过于凌乱的情况，还可以用 Photoshop CS4 软件将室外照变为室内照。

原照片

修复后的效果

操作步骤

01 在 Photoshop CS4 软件中执行“文件”/“打开”命令，在弹出的“打开”对话框中找到要修饰的照片，单击“打开”按钮将其打开，如图 9-112 所示。

02 新建图层 1，选择工具箱中的“渐变工具”，单击选项栏中的渐变色编辑图标，在弹出的“渐变编辑器”窗口中设置其属性，然后填充渐变，效果如图 9-113 所示。

图 9-112

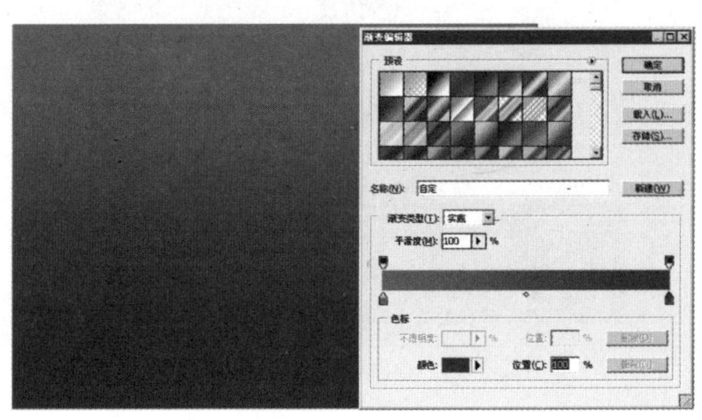
图 9-113

03 设置图层 1 的混合模式为“正片叠底”，不透明度值为 82%，填充不透明度为 88%，并单击“图层”面板底部“添加图层蒙版”按钮，并选择画笔工具，设置前景色为黑色，背景色为白色，选择适当柔软的画笔在蒙版中涂抹，得到的图像效果如图 9-114 所示。

04 单击“图层”面板底部的“创建新的填充或调整图层”按钮，选择“色阶”命令，弹出“色阶”面板，设置其参数，如图 9-115 所示。此时的“图层”面板如图 9-116 所示。

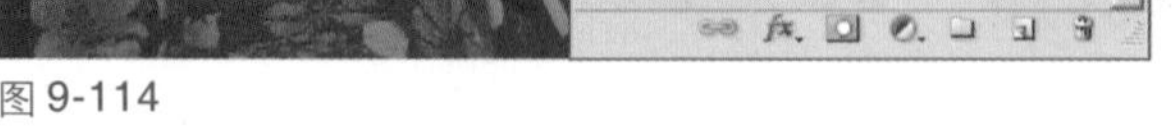
图 9-114

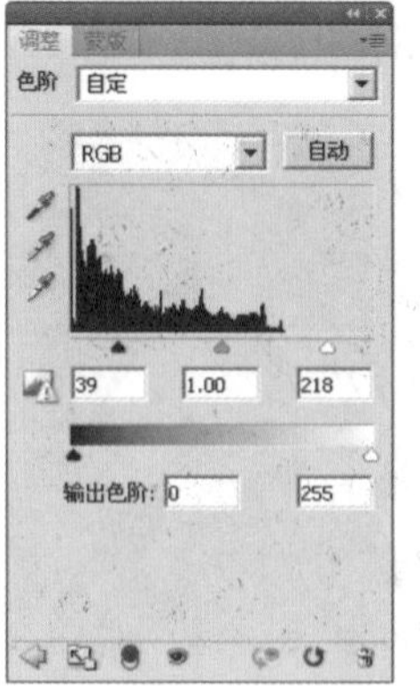

图 9-115

图 9-116

05 选择"画笔工具"，默认前景色为黑色，背景色为白色，选择适当的柔软画笔在色阶蒙版中进行涂抹，得到的图像效果如图 9-117 所示。

06 单击"图层"面板底部的"创建新的填充或调整图层"按钮，选择"色彩平衡"命令，弹出"色彩平衡"面板，设置其参数，如图 9-118 所示。

图 9-117

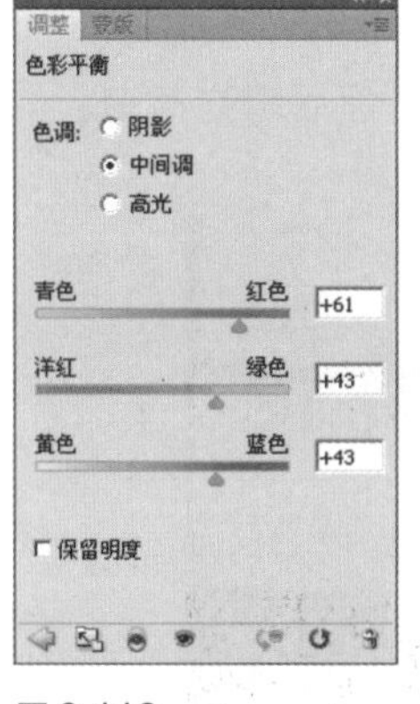
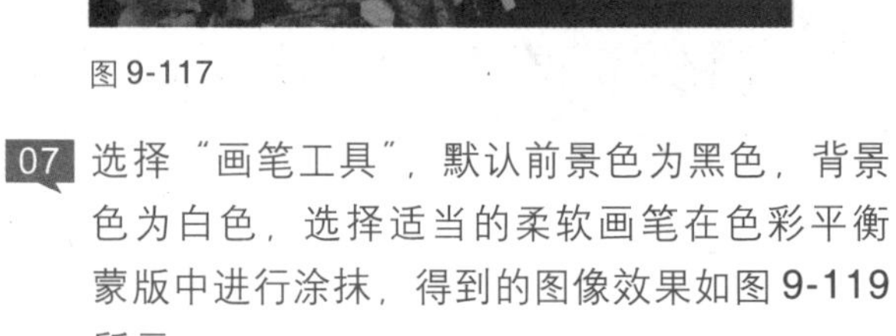
图 9-118

07 选择"画笔工具"，默认前景色为黑色，背景色为白色，选择适当的柔软画笔在色彩平衡蒙版中进行涂抹，得到的图像效果如图 9-119 所示。

图 9-119

08 单击"图层"面板底部的"创建新的填充或调整图层"按钮，选择"色阶"命令，弹出"色阶"面板选择不同的通道设置其参数，如图 9-120 所示。

09 选择“画笔工具”，默认前景色为黑色，背景色为白色，选择适当的柔软画笔在色阶蒙版中进行涂抹，得到的图像效果如图 9-121 所示。

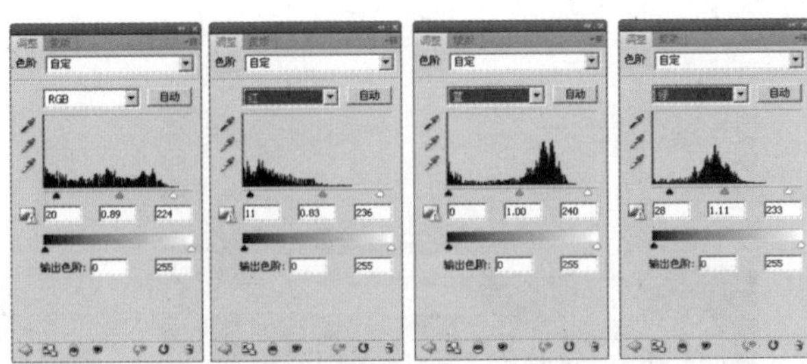
图 9-120

图 9-121

实例 9.13 水纹效果

在一些湖边的风景照中，平静的湖水往往会给人一种死气沉沉的感觉，若使用 Photoshop CS4 软件在照片中制作出水波涟漪的效果，就会给人以趣味和活跃的感觉。

原照片

修复后的效果

操作步骤

01 执行“文件”/“打开”命令，打开如图 9-122 所示的照片。

02 复制背景图层得到“背景副本”图层，并设置“背景副本”图层的混合模式为“叠加”，效果如图 9-123 所示。

图 9-122

图 9-123

03 复制“背景副本”图层，得到“背景副本 2”图层，并设置其填充不透明度为 36%，效果如图 9-124 所示。

04 选择工具箱中的“套索工具”，建立选区，并按快捷建【Shift+F6】打开“羽化选区”对话框，设置其参数，如图 9-125 所示。

图 9-124

图 9-125

05 执行“滤镜”/“转化为智能滤镜”命令，再执行“滤镜”/“扭曲”/“波浪”命令，打开“波浪”对话框，设置其参数，如图 9-126 所示。

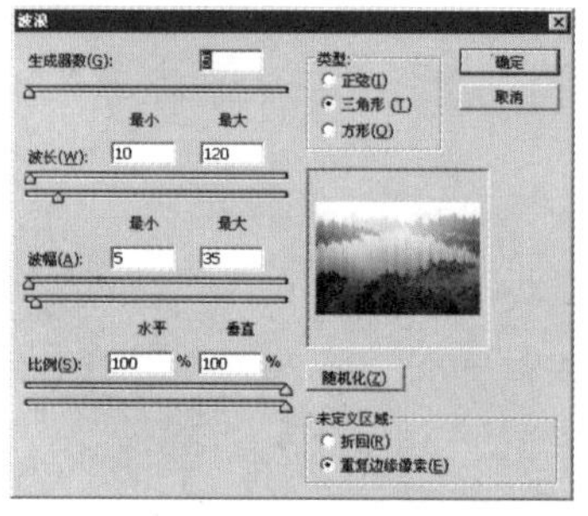

图 9-126

06 参数设置完毕后，单击“确定”按钮，得到的图像效果如图 9-127 所示。单击“图层”面板底部的“创建新的填充或调整图层”按钮，选择“色彩平衡”命令，弹出“色彩平衡”面板，选择不同的通道设置其参数，如图 9-128 所示。

图 9-127

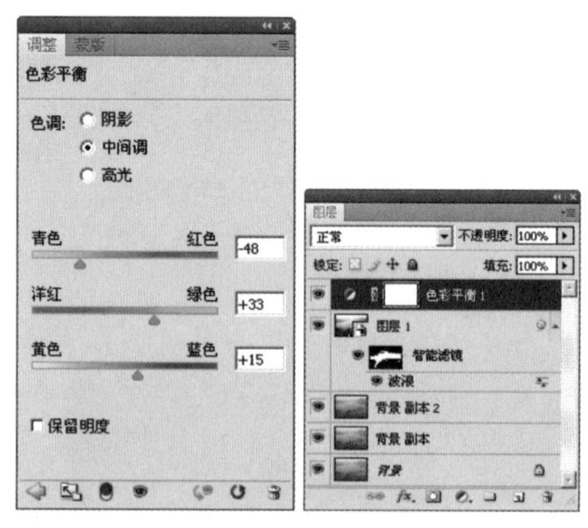

图 9-128

07 参数设置完毕后，得到的图像效果如图 9-129 所示。单击“图层”面板底部的“创建新的填充或调整图层”按钮，选择“色阶”命令，弹出“色阶”面板，选择不同的通道设置其参数，如图 9-130 所示。

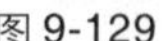

图 9-129

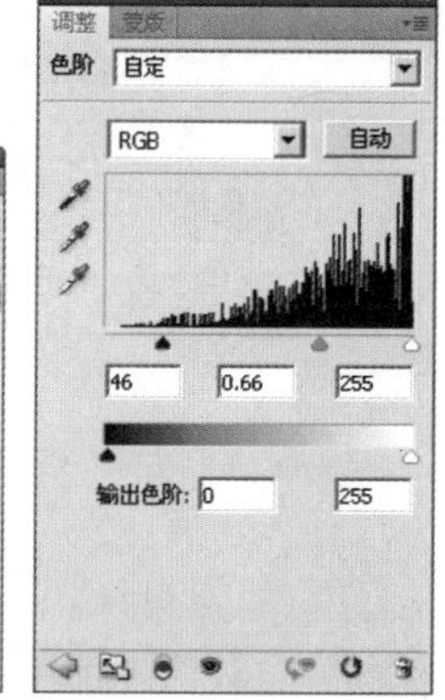

图 9-130

08 参数设置完毕后，得到的图像效果如图 9-131 所示。

09 选择“画笔工具”，默认前景色为黑色，背景色为白色，选择适当的柔软画笔在色阶蒙版中进行涂抹，得到的图像效果如图 9-132 所示。

图 9-131

图 9-132

实例 9.14　修复有折痕的照片

在相册中，常常会出现一些照片因为未能正确摆放而产生折痕的情况。要想恢复其原有的外观，可借助 Photoshop CS4 软件中的“仿制图章工具”。

原照片

修复后的效果

操作步骤

01 执行“文件”/“打开”命令，打开如图 9-133 所示的照片。

02 在工具箱中选择“仿制图章工具”，在该工具选项栏中将画笔大小设置为 30px，将硬度设置为 100%。

03 在修复照片背景上的折痕时，可按住【Alt】键单击照片折痕附近的色彩区域吸取其色彩，然后释放【Alt】键，对准折痕的位置单击，修饰效果如图 9-134～图 9-136 所示。

图 9-133

图 9-134

图 9-135

图 9-136

04 在工具箱中选择“修复画笔工具”，设置好画笔大小后，按住【Alt】键，单击完好的部分，然后对准需要修补的部分单击或拖动，如图 9-137～图 9-139 所示。修复后的效果如图 9-140 所示。

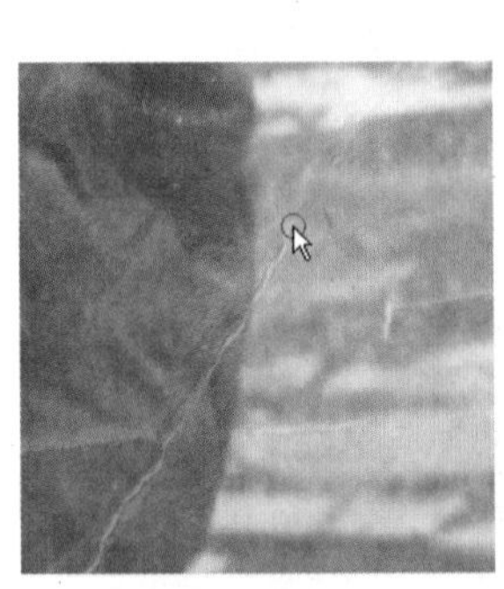

图 9-137

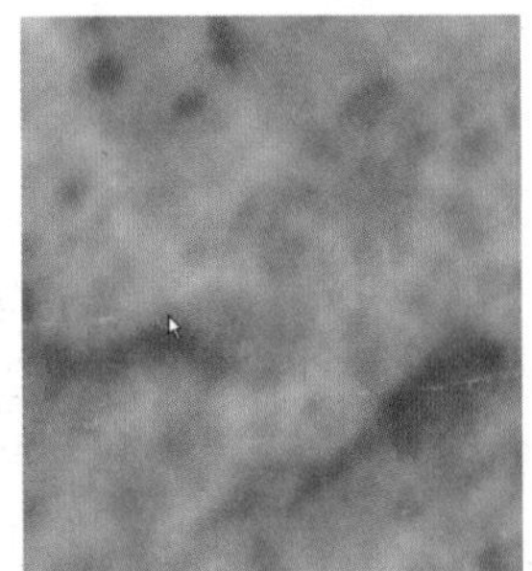

图 9-138

图 9-139

图 9-140

实例 9.15　在照片中添加蓝天白云

由于空气污染，有时很难看到蓝天，在拍摄照片时，并不是每次都能赶上晴空万里的好天气，不过再坏的天气也能通过 Photoshop CS4 软件进行修饰。

原照片

修复后的效果

操作步骤

01 执行"文件"/"打开"命令，打开如图 9-141 所示的照片。

02 打开一幅有蓝天白云的素材照片，在工具箱中选择"矩形选框工具" 框选天空部分，如图 9-139 所示，按快捷键【Ctrl+C】复制蓝天白云照片。

03 在需要修饰的照片中按快捷键【Ctrl+V】，将复制的蓝天白云照片粘贴过来，如果照片大小不合适，可以按快捷键【Ctrl+T】进行调整，如图 9-143 所示。

图 9-141

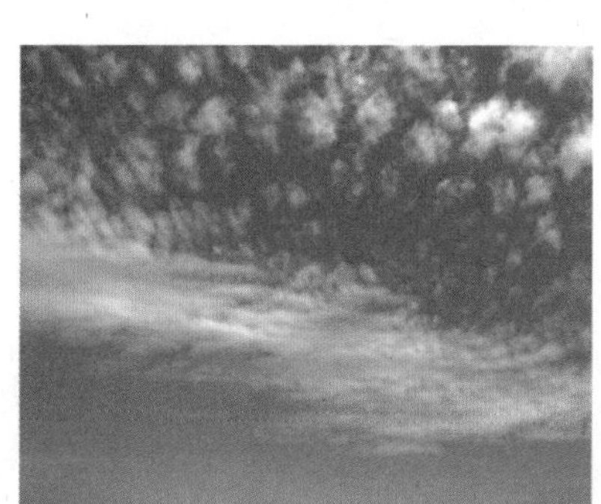
图 9-142

图 9-143

04 在"图层"面板中将蓝天白云图层的混合模式设置为"正片叠底"，效果如图 9-144 所示。

05 调整蓝天白云照片的色调，使之与原照片的色调相一致。按快捷键【Ctrl+L】，弹出"色阶"对话框，拖动右边的滑块向左移动，直到满意为止，如图 9-145 所示。

图 9-144

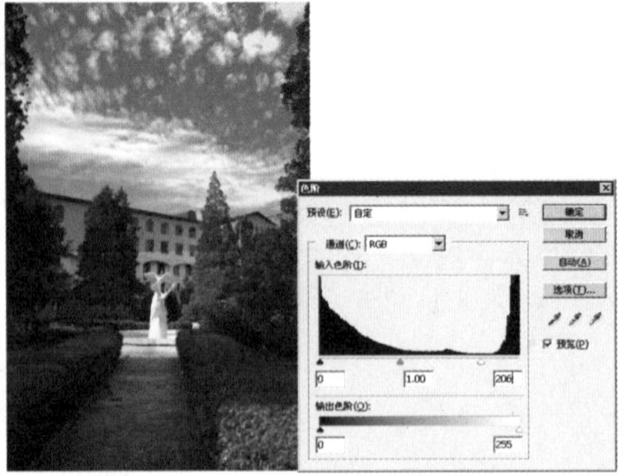

图 9-145

06 选中蓝天白云图层，单击“图层”面板底部的“添加图层蒙版”按钮，按【D】键设置前景色为黑色，并选择工具箱中的“画笔工具”在蒙版上进行涂抹，把云层遮盖住的楼房显示出来，如图 9-146 所示。修改完成的效果如图 9-147 所示。

图 9-146

图 9-147

实例 9.16 制作动感背景

在动感照片上添加动感背景，可使照片整体感觉更加形象。

原照片

修复后的效果

操作步骤

01 执行"文件"/"打开"命令，打开如图9-148所示的照片。

02 在工具箱中选择"缩放工具"，在照片上拖动鼠标以放大照片，放大后的照片效果如图9-149所示。

图9-148

图9-149

03 在工具箱中选择"磁性套索工具"，在照片上沿着人物边缘勾画选区，如图9-150所示。

图9-150

04 按快捷键【Shift+Ctrl+I】将选区反选，然后执行"滤镜"/"模糊"/"动感模糊"命令，在弹出的"动感模糊"对话框中设置参数，如图9-151所示。照片的最终效果如图9-152所示。

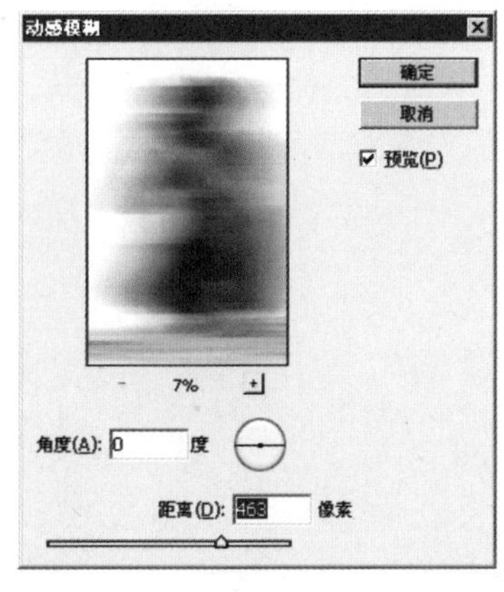

图9-151

图9-152

» 读书笔记

10 Chapter

Photoshop CS4 数码照片处理从入门到精通

数码照片人物处理技巧

拍摄的照片中会清楚地显示出人物脸部的缺陷，这样就对照片中人物的美观造成很大影响。本章主要针对这些问题，运用Photoshop CS4软件来修饰照片，让照片中的人物拥有一张完美无瑕的脸。

实例 10.1 去除痘痘

如果想去除照片中人物脸上的小痘痘，该怎么办呢？使用 Photoshop CS4 软件即可轻易地去除痘痘，让你拥有一张完美无瑕的脸。

原照片

修复后的效果

操作步骤

01 在 Photoshop CS4 软件中执行“文件”/“打开”命令，打开如图 10-1 所示的照片。

02 在工具箱中选择“缩放工具”，将放大镜放在要放大的位置并单击，将有痘痘的部位放大，如图 10-2 所示。

图 10-1

图 10-2

03 在工具箱中选择“修复画笔工具”，按住【Alt】键把鼠标指针定位在痘痘旁边的正常皮肤上并单击，然后将鼠标指针移动到要修复的痘痘上，连续单击，痘痘就渐渐消失了，如图 10-3 所示。

04 在修复的过程中，可以根据脸部痘痘的大小改变画笔的大小和模式，以获得更加准确的修复效果，修复后的照片已经变得非常干净、漂亮，如图 10-4 所示。

图 10-3

图 10-4

实例 10.2　去除雀斑

有时，拍摄的照片中会清楚地显示出脸上的雀斑，这样就非常影响照片中人物的美观。怎样才能让脸蛋完美无瑕呢？Photoshop CS4 软件就提供了多种去除雀斑的方法。

原照片

修复后的效果

方法一：使用“修补工具”修改

操作步骤

01 在 Photoshop 软件中执行“文件”/“打开”命令，打开如图 10-5 所示的照片。

02 为了方便对图片的修改，首先在工具箱中选择“缩放工具”，放大要修改的部位，如图 10-6 所示。

图 10-5

图 10-6

03 选择工具箱中的“修补工具”，对准有雀斑的部位按住鼠标左键拖动，以指定修改的范围，如图 10-7 所示。

04 按住鼠标左键将选定区域向干净部位拖动，被拖动部分就会变得和干净部位一样，这样就把雀斑去除了，如图 10-8 所示。

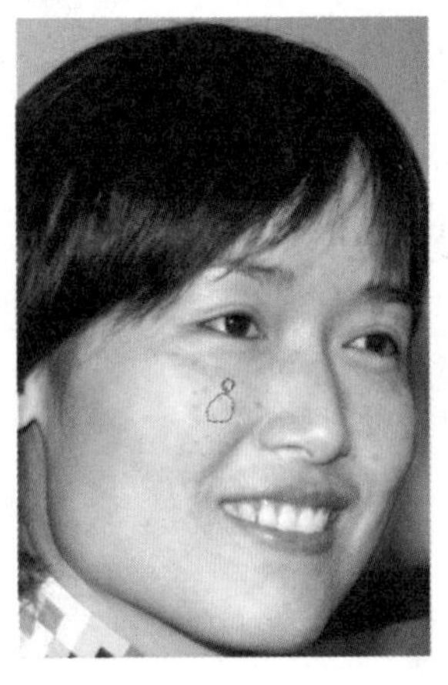

图 10-7

图 10-8

提示 · 技巧

使用与上面相同的方法，重复选定要去除的雀斑，将其拖动到干净部位，这样脸上的雀斑就可以去除得很干净。

方法二：使用滤镜特效去除雀斑

01 在 Photoshop CS4 软件中执行“文件”/“打开”命令，打开需要修改的照片，然后选择工具箱中的“缩放工具”，将需要修改的照片放大，如图 10-9 所示。

02 执行“滤镜”/“杂色”/“中间值”命令，弹出“中间值”对话框。按住鼠标左键拖动对话框下方的滑块，将“半径”值调整为可以去除雀斑的像素数，单击“确定”按钮即可去除雀斑，如图 10-10 所示。

图 10-9

图 10-10

03 去除雀斑前后的对比如图 10-11 与图 10-12 所示。

图 10-11

图 10-12

实例 10.3　去除红眼

拍照过程中经常会出现“红眼”现象，也就是照片中人物眼睛发红的现象。虽然如今的数码相机都有防红眼功能，但是拍出来的照片颜色不正，仍会影响照片的效果。使用 Photoshop CS4 软件可以轻松地解决这一问题。

原照片

修复后的效果

操作步骤

01 在 Photoshop CS4 软件中执行“文件”/“打开”命令，打开如图 10-13 所示的照片。

02 在工具箱中选择“红眼工具”，框选红眼部位，即可去除红眼，如图 10-14 所示。根据实际情况，可反复框选，以达到较理想的效果。

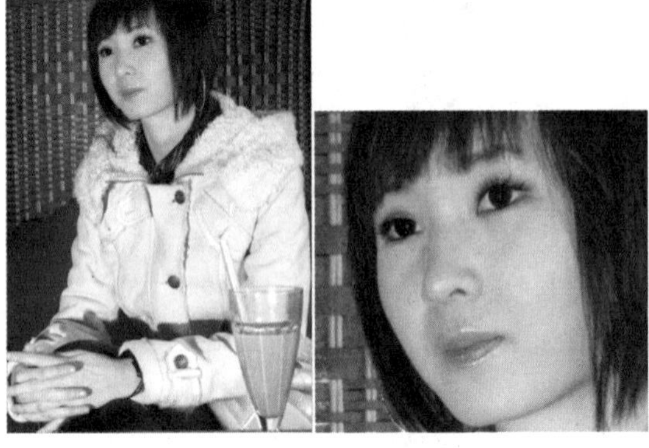

图 10-13

图 10-14

03 执行“图像”/“调整”/“曲线”命令，弹出“曲线”对话框，设置其参数，如图 10-15 所示。拖动节点后，效果如图 10-16 所示。

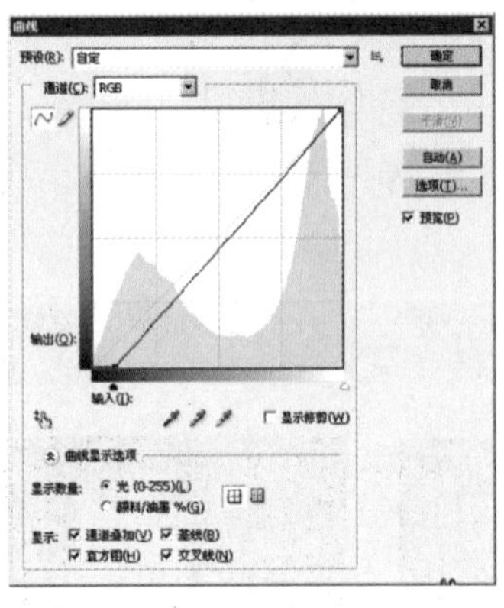

图 10-15

图 10-16

04 执行“图像”/“调整”/“色彩平衡”命令，在弹出的“色彩平衡”对话框中分别选中“阴影”、“中间调”单选按钮并拖动滑块，适当地调整色彩平衡，如图 10-17 所示。调整完毕后，得到的最终效果如图 10-18 所示。

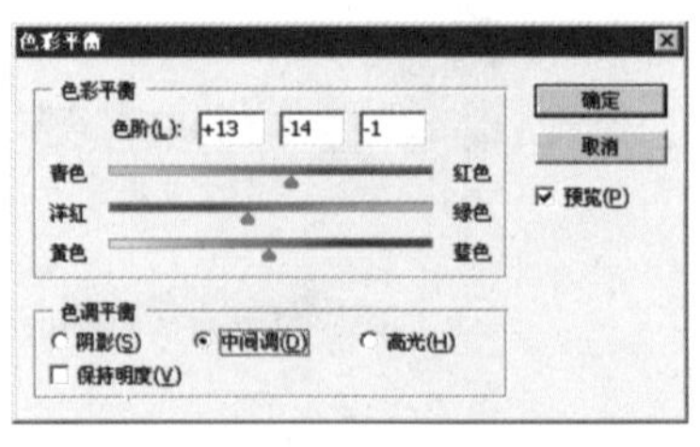

图 10-17

图 10-18

实例10.4　美白牙齿

有时在拍摄照片时不敢开心地笑，是因为黄黄的牙齿不好意思示人。怎样才能让你的笑容灿烂动人呢？下面就来学习如何在Photoshop CS4软件中美白牙齿，这样在拍摄照片时我们就可以放心地笑了。

原照片

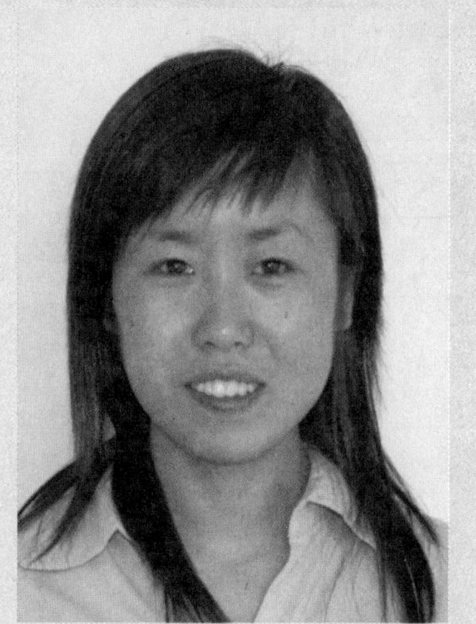
修复后的效果

操作步骤

01 在Photoshop CS4软件中执行“文件”/“打开”命令，打开牙齿发黄的照片，如图10-19所示。

02 选择工具箱中的“缩放工具”，将放大镜放在人物的牙齿部位并单击，将人物的牙齿部位放大，以便对发黄的牙齿进行选择，如图10-20所示。

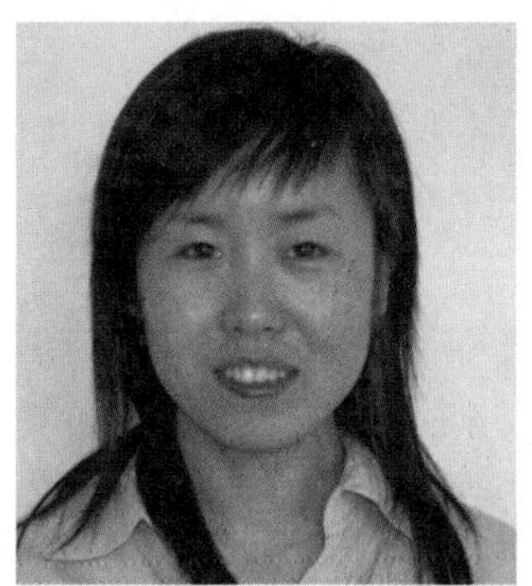
图10-19

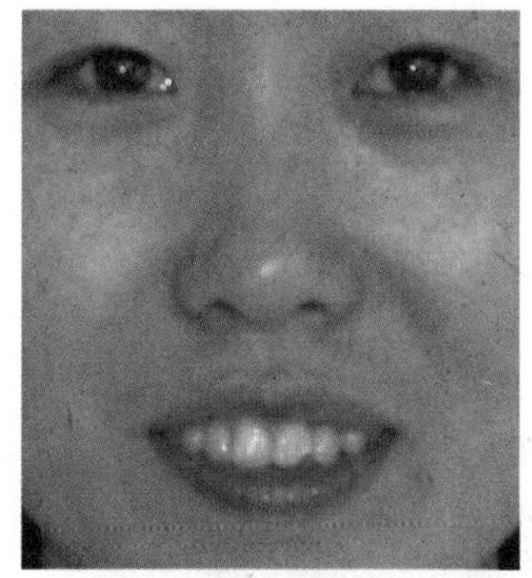
图10-20

03 选择工具箱中的“魔棒工具”，在工具选项栏中单击“添加到选区”按钮，将“容差”设置为50。在牙齿部位连续单击进行选取，如图10-21所示。

04 为了让选区更加柔和，可执行“选择”/“修改”/“羽化”命令，在弹出的“羽化选区”对话框中，将“羽化半径”设置为5像素，单击“确定”按钮，效果如图10-22所示。

容差: 50

图 10-21

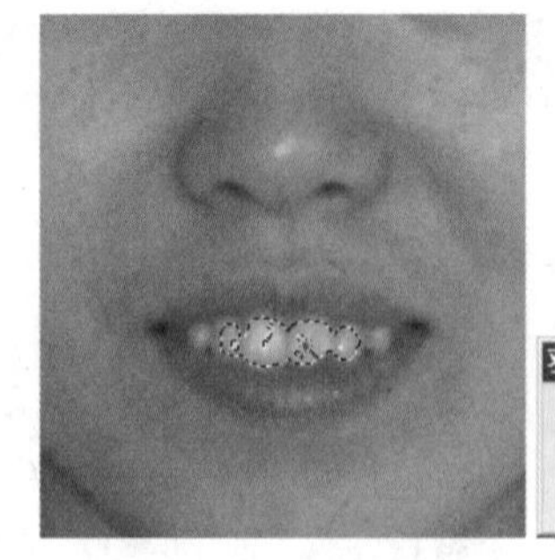

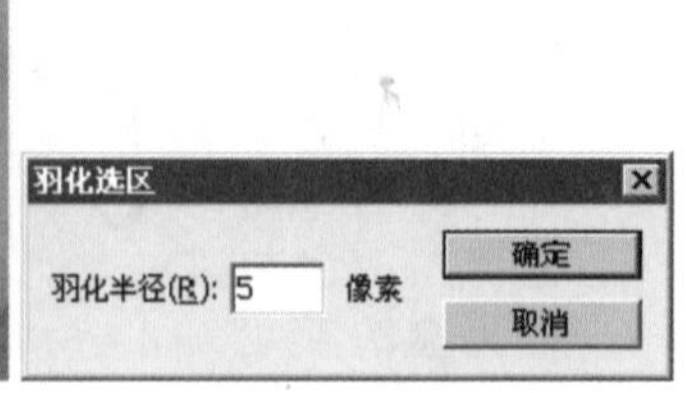

图 10-22

05 此时牙齿已被选为选区，下面将对其进行调整。执行“图像”/“调整”/“色相/饱和度”命令，在弹出的“色相/饱和度”对话框中，拖动“色相”、“饱和度”和“明度”滑块进行调整，调整后的效果如图 10-23 所示。

06 为了让效果更自然，可执行“图像”/“调整”/“曲线”命令，弹出“曲线”对话框，拖动曲线进行调整，调整后的效果如图 10-24 所示。

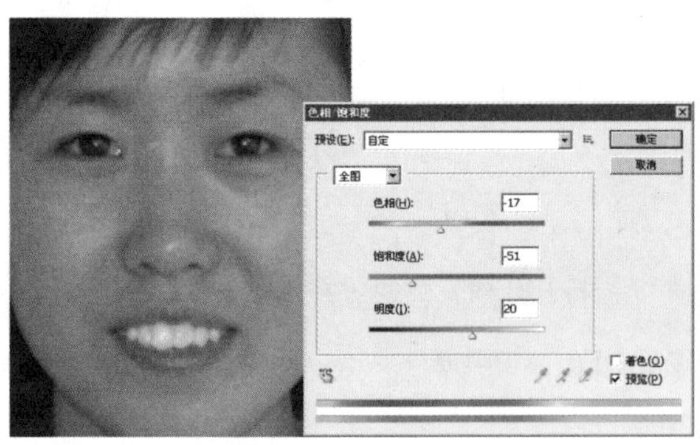

图 10-23

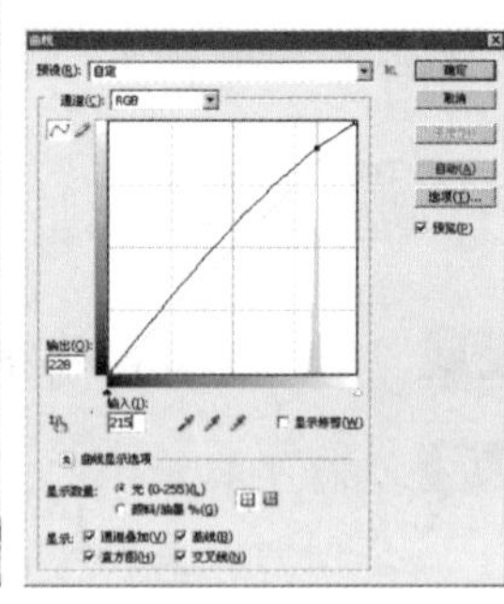

图 10-24

07 调整后的照片牙齿变得美白，我们再也不会因为牙齿发黄而不敢开怀大笑了。用 Photoshop CS4 软件调整后的照片更加漂亮，通过图 10-25 和图 10-26 的比较就可以清楚地看出。

图 10-25

图 10-26

实例 10.5　使眼睛更明亮

每个人都想拥有一双水汪汪的迷人大眼睛，可是在拍摄照片时却常出现把眼睛拍摄得黯淡无光的情况，让整个人显得无精打采、毫无神韵可言，即便是这样的照片用 Photoshop CS4 软件也可以调整出明亮的效果，让整个人神采飞扬。

原照片

修复后的效果

操作步骤

01 打开 Photoshop CS4 软件，执行"文件"/"打开"命令，打开如图 10-27 所示的照片。

02 在工具箱中选择"缩放工具"，将眼睛部位放大，如图 10-28 所示。

03 双击工具箱底部的"以快速蒙版模式编辑"按钮，在弹出的"快速蒙版选项"对话框中选中"所选区域"单选按钮，如图 10-29 所示。

图 10-27

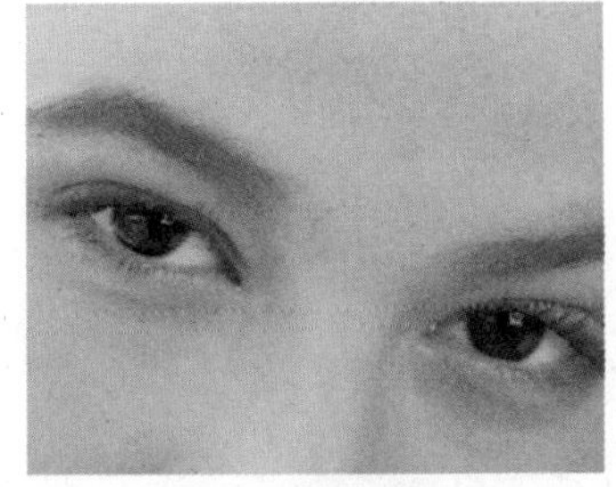

图 10-28

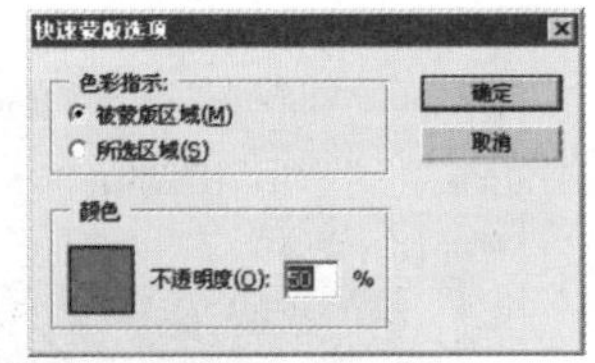

图 10-29

04 此时已进入快速蒙版编辑状态，先将前景色设置为黑色，将背景色设置为白色，然后选择工具箱中的"画笔工具"，在该工具选项栏中设置适当的画笔大小，并将不透明度设置为 100%，之后按住鼠标左键描绘女孩的眼睛，如图 10-30 所示。

05 单击工具箱底部的“以标准模式编辑”按钮，回到普通编辑状态，眼球部位将自动生成选区，如图 10-31 所示。

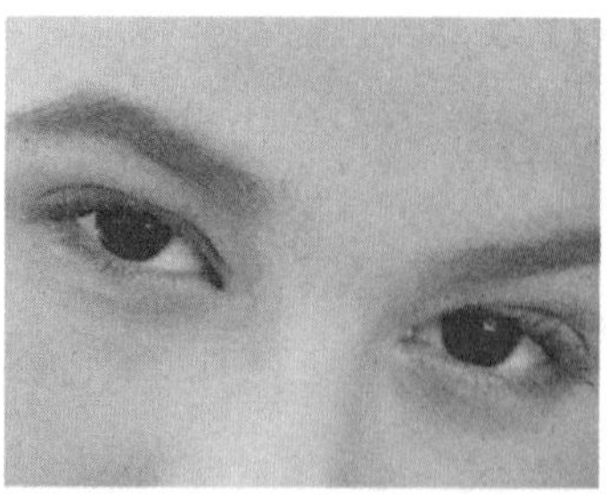
图 10-30

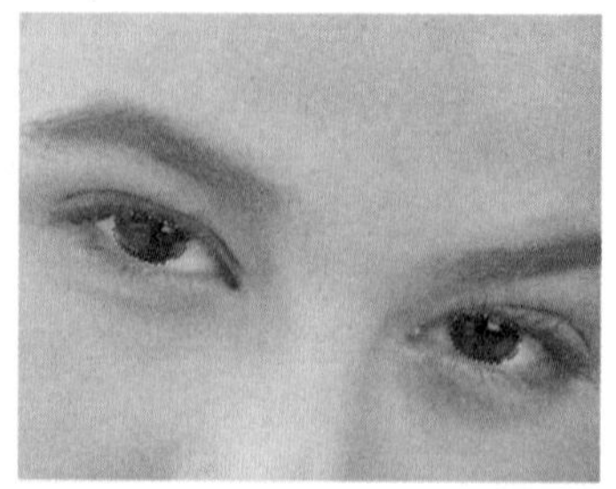
图 10-31

06 执行“图像”/“调整”/“色阶”命令，在弹出的“色阶”对话框中，将右边的白色滑块向左边拖动，使眼睛更明亮，如图 10-32 所示。

07 执行“图像”/“调整”/“色彩平衡”命令，在弹出的“色彩平衡”对话框中选中“高光”单选按钮，并拖动滑块，适当地增加青色和蓝色，调整色彩平衡，如图 10-33 所示。

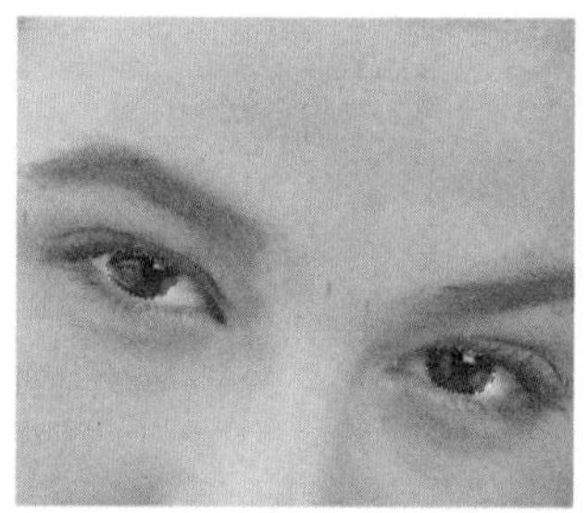
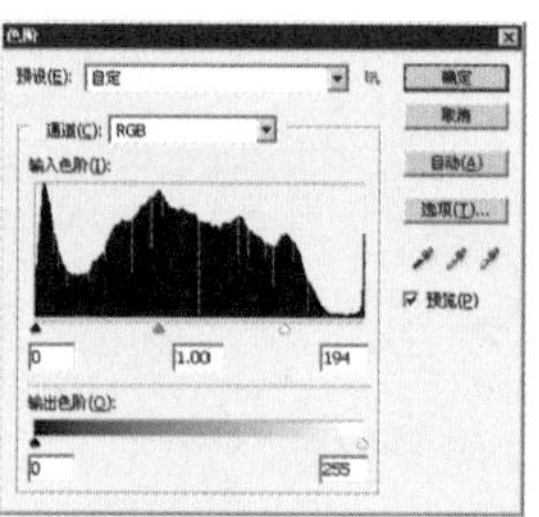

图 10-32

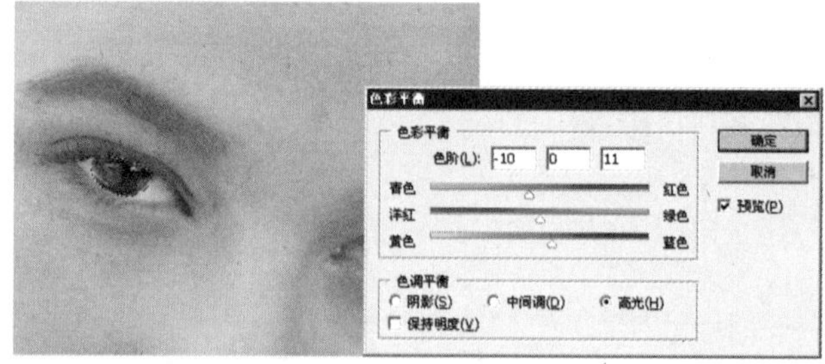

图 10-33

08 眼睛高光的修饰。选择工具箱中的“画笔工具”，在该工具选项栏中设置适当的画笔大小，并将不透明度设置为 100%。在“图层”面板中单击“创建新图层”按钮，创建图层 1，如图 10-34 所示。

09 将前景色设置为白色，并在眼睛高光处绘制。此时在眼睛高光处加一些蓝色会更自然，此时不妨选择工具箱中的“吸管工具”，在眼睛部位单击吸取原有的蓝色，如图 10-35 所示。

10 在“图层”面板中单击“锁定透明区域”按钮。再选择工具箱中的“画笔工具”，在眼睛高光的边缘描绘轻微的蓝色，如图 10-36 所示。

图 10-34

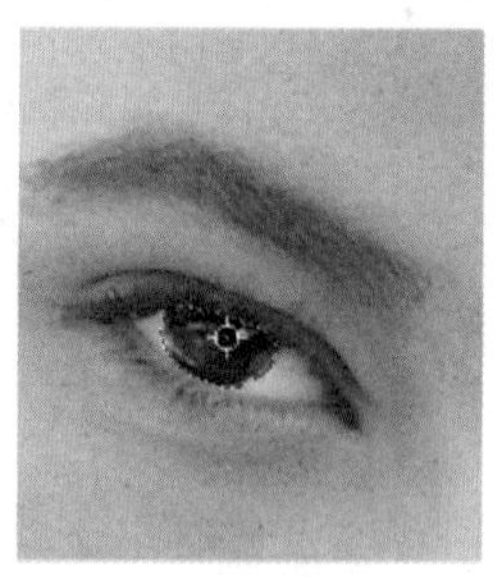
图 10-35

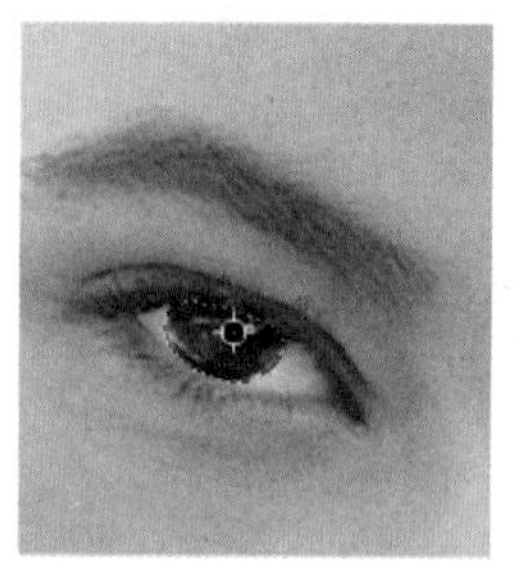
图 10-36

11 按快捷键【Ctrl+D】取消选区。经过以上修改，不难发现眼睛变得更明亮了。比较一下即可明显地看出修改前后效果的区别，如图10-37和图10-38所示。

图10-37

图10-38

实例10.6 人物纹身

使用Photoshop CS4软件在照片人物的身体上制作纹身效果，不但可以满足那些追求时髦和爱美人士的心理需求，还可以让他们不必承受纹身带来的痛楚，就能将整体形象个性化。

原照片

处理后的效果

操作步骤

01 打开Photoshop CS4软件，执行“文件”/“打开”命令，打开如图10-39所示的照片。

02 单击“图层”面板底部的“创建新的填充或调整图层”按钮，在弹出的下拉菜单中选择“曲线”命令，调整弧线的角度，得到的图像效果如图10-40所示。

图 10-39

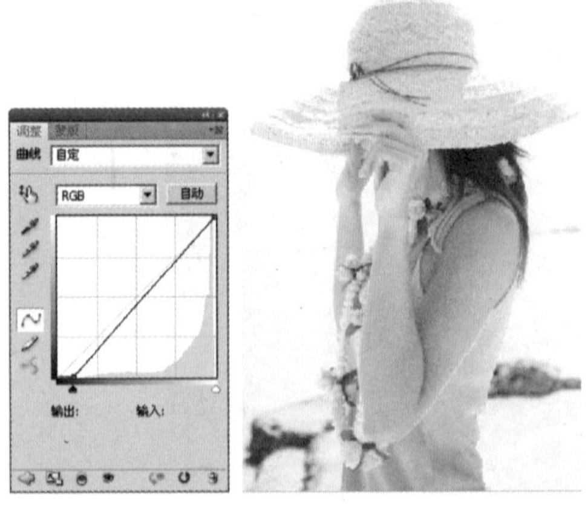

图 10-40

03 执行“文件”/“打开”命令，打开如图 10-41 所示的照片。

04 选择工具箱中“魔棒工具”，单击白色背景部分，再执行“选择”/“反选”命令反选选区，按快捷键【Ctrl+J】将蝴蝶图形复制并创建到新图层，如图 10-42 所示。

图 10-41

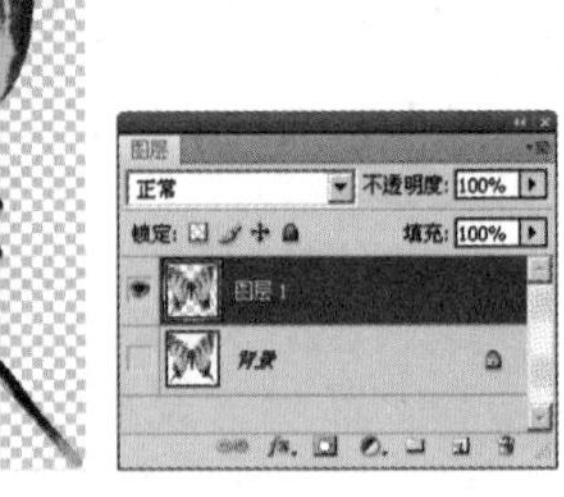

图 10-42

05 将蝴蝶所在的图层 1 拖动到人物图像中，并按快捷键【Ctrl+T】改变其大小，如图 10-43 所示。对蝴蝶图像进行旋转操作，并调整至合适的大小，设置图层的混合模式为“正片叠底”，得到的图像效果如图 10-44 所示。

图 10-43

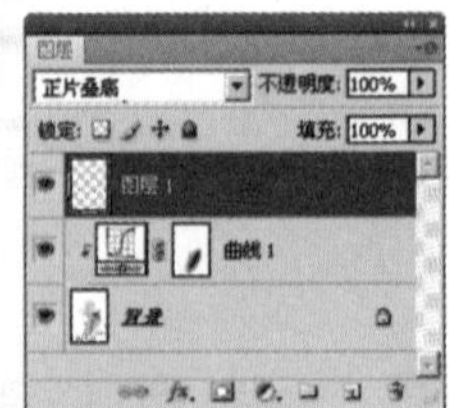

图 10-44

06 单击“图层”面板底部的“创建新的填充或调整图层”按钮，在弹出的下拉菜单中选择“色阶”命令，弹出“色阶”面板，选择不同的通道对滑块进行调整，如图 10-45 所示。调整后的图像效果如图 10-46 所示。

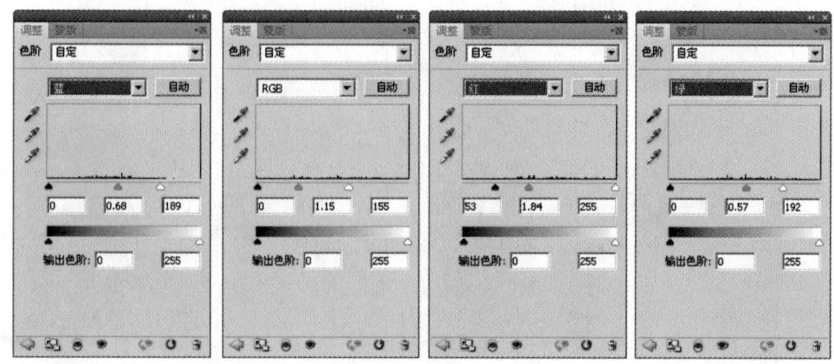
图 10-45

图 10-46

07 单击“图层”面板底部的“添加图层样式”按钮，在弹出的下拉菜单中选择“内投影”命令，弹出“图层样式”对话框，其参数设置如图 10-47 所示。调整后的效果如图 10-48 所示。

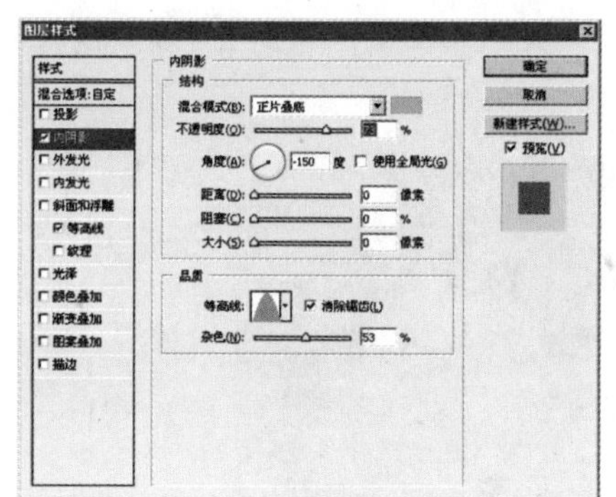
图 10-47

图 10-48

实例 10.7 挑染头发

运用 Photoshop CS4 软件中的蒙版工具和色彩平衡功能即可将乌黑飘逸的头发挑染成更具个性化的时尚发型，展示你的另一番风韵。

原照片

处理后的效果

操作步骤

01 执行“文件”/“打开”命令，打开如图 10-49 所示的照片。

02 由于需要对人物的头发进行挑色，因此为了突出主体，可以使用工具箱中的“裁剪工具”，裁剪出如图 10-50 所示的图像效果。

图 10-49

图 10-50

03 对头发进行挑染。单击“图层”面板底部的“创建新的填充或调整图层”按钮，在弹出的下拉菜单中选择“色彩平衡”命令，弹出“色彩平衡”面板（见图 10-51），进行色彩调整，这时的图像将被紫红色覆盖，图像效果如图 10-52 所示。

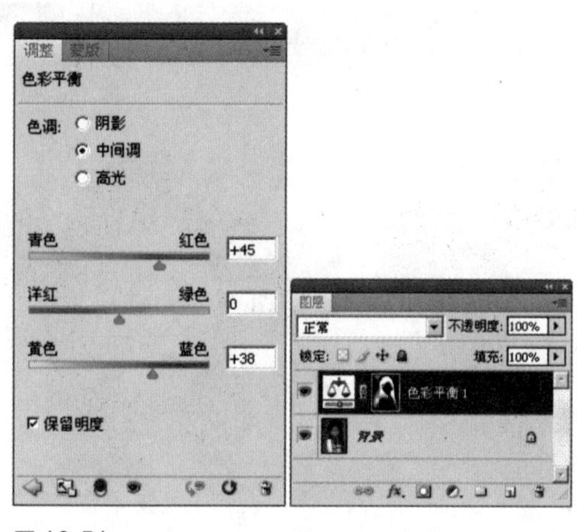

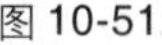

图 10-51

图 10-52

04 此时照片中增加了大量的紫红色像素，不仅头发变成了紫红色，连脸部、脖子和衣服都被紫红色覆盖。下面进行修复。在工具箱中选择“画笔工具”，并在该工具选项栏中设置合适的笔刷，如图 10-53 所示。

05 确认当前图层为“色彩平衡”图层，使用画笔对背景以及人物的脸部、衣服和脖子进行涂抹，重现各个部位的原始颜色。此时的涂抹要领是：对于密集的部分使用较大笔刷，对于疏松的部分使用小笔刷，如图 10-54 所示。涂抹完成后，画面中将只显示人物挑染的头发为紫红色，最终的图像效果如图 10-55 所示。

图 10-53

图 10-54

图 10-55

实例 10.8　上彩妆

使用 Photoshop CS4 软件强大的图像处理功能，可为素面朝天的人像照片添加妩媚的彩妆效果，让人眼前一亮。

原照片　　处理后的效果

操作步骤

01 执行“文件”/“打开”命令，打开如图 10-56 所示的照片。

02 在工具箱中选择“缩放工具”，将照片中的人物放大，如图 10-57 所示。

图 10-56

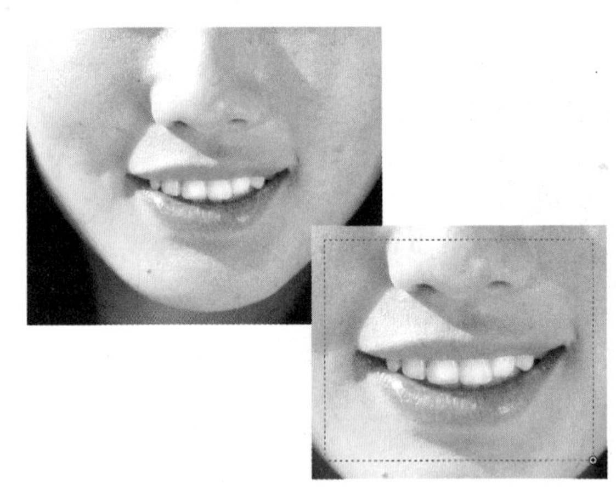

图 10-57

03 在工具箱中选择“多边形套索工具”，选中人物的嘴唇部分，如图 10-58 所示。

04 在“图层”面板底部单击“创建新图层”按钮，“图层”面板中会自动新增图层 1，如图 10-59 所示。

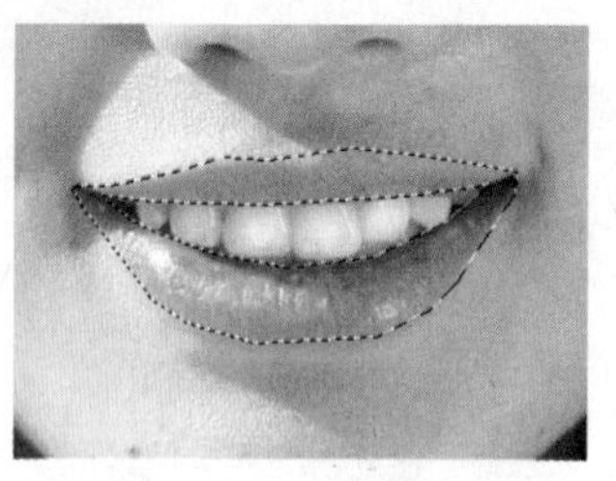

图 10-58

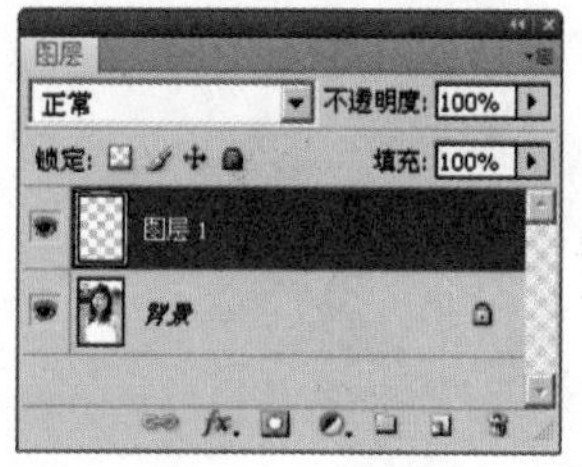

图 10-59

05 在工具箱中设置颜色。单击工具箱中的“前景色”图标，在弹出的“拾色器（前景色）”对话框中设置唇膏的颜色，如图 10-60 所示。

06 使图层 1 为当前工作图层，按快捷键【Alt+Delete】填充前景色，即可用前景色填充选区，填充效果如图 10-59 所示。

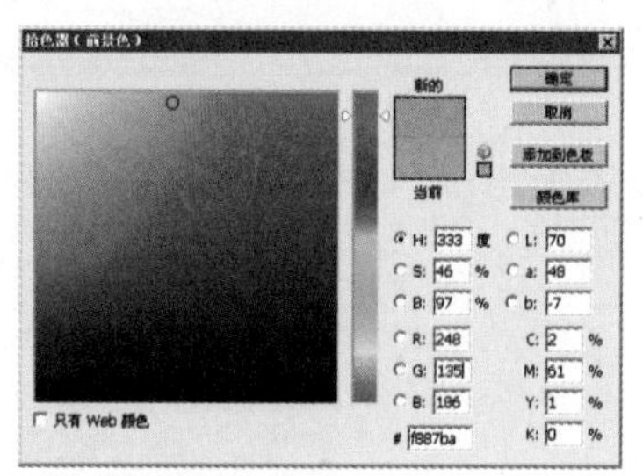

图 10-60

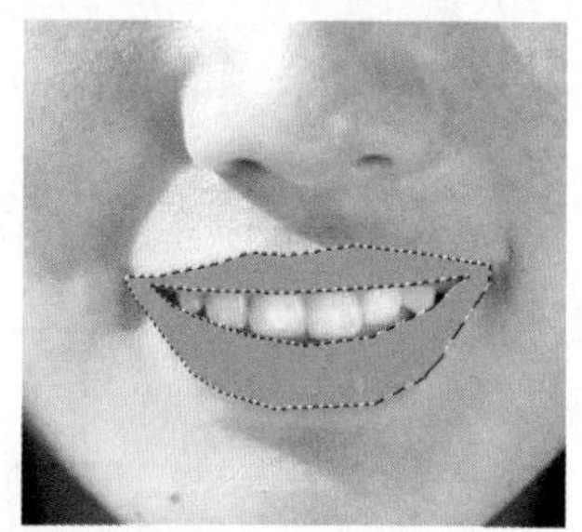

图 10-61

07 在“图层”面板中将不透明度设置为 35%，并将混合模式设置为“强光”，将选区取消。“图层”面板显示如图 10-62 所示，操作前后的照片对比效果如图 10-63 所示。

图 10-62

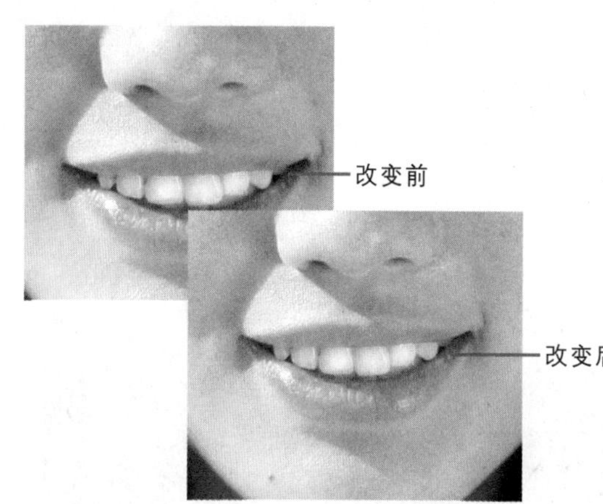

图 10-63

08 修改前后的照片对比效果如图 10-64 和图 10-65 所示。

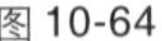

图 10-64

图 10-65

提示 · 技巧

注意该效果的制作都是基于背景图层进行的处理。

09 在工具箱中选择“缩放工具”，在照片的眉毛部位单击，以放大图像，效果如图 10-66 所示。

10 首先修整眉毛末端不够整齐的地方。在工具箱中选择“修补工具”，并在工具选项栏中设置修补选项，具体设置如图 10-67 所示。

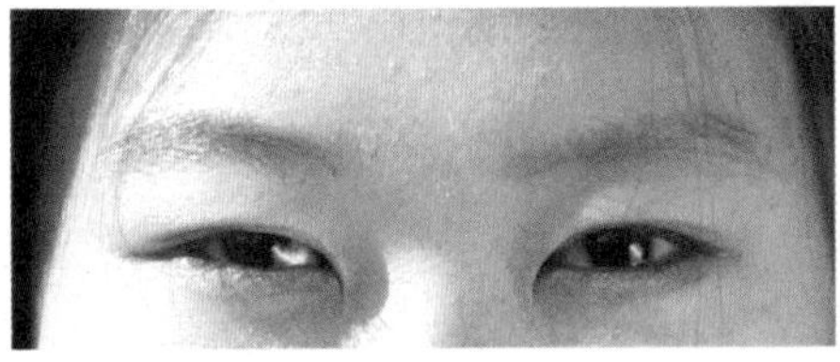

图 10-66

修补: ⊙ 源 ○ 目标 □ 透明

图 10-67

11 在照片中需要添加眉毛的地方勾画选区，然后将鼠标指针定位在选区内，拖动到有眉毛的部位释放鼠标，图像效果如图 10-68 所示。

12 在照片中所有想要添加眉毛的地方都用此种方法进行制作，图像效果如图 10-69 所示。

13 双击工具箱中的“抓手工具”，图像会满画布显示，图像整体效果如图 10-70 所示。

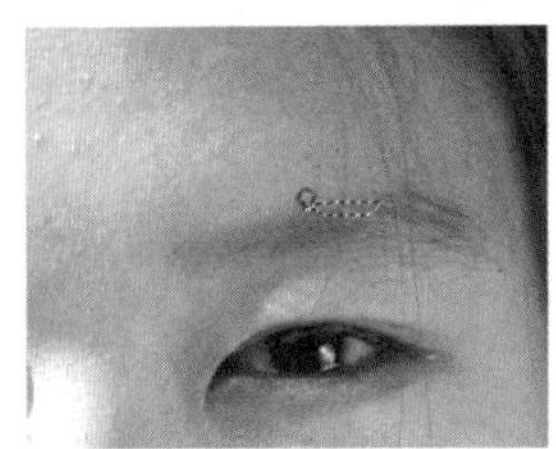

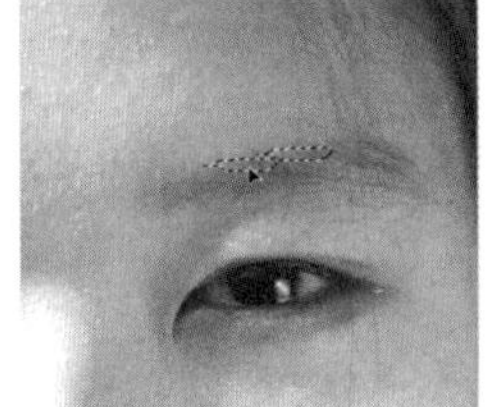

图 10-68

图 10-69

图 10-70

14 使用“缩放工具”将照片放大，将眼睛部位完全显示，如图10-71所示。

15 新建图层。在“图层”面板的底部单击“创建新图层”按钮，图层面板中会自动新增“图层2”，如图10-72所示。

图10-71

图10-72

16 在工具箱中选择“套索工具”，勾画出一只眼睛的选区，如图10-73所示。在工具选项栏中单击“添加到选区”按钮，将另外一只眼睛的选区勾画出来，如图10-74所示。

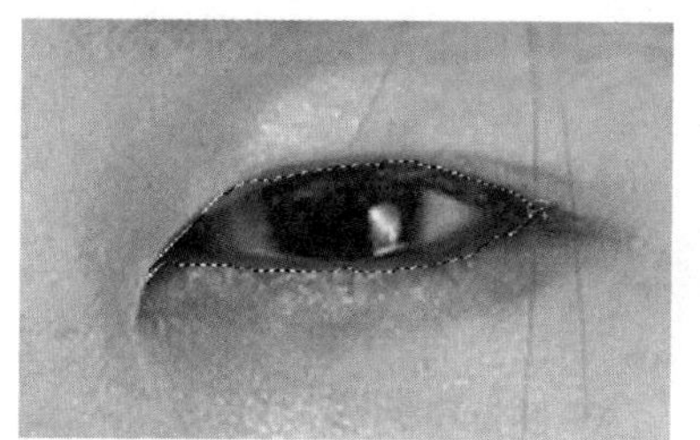
图10-73

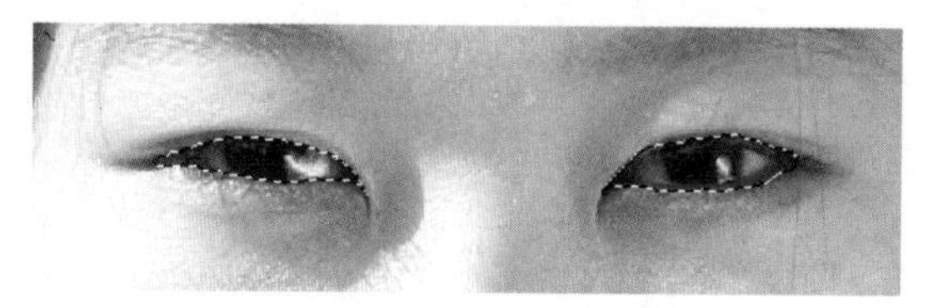
图10-74

17 执行“选择”/“存储选区”命令，在弹出的“存储选区”对话框中输入选区的名称，如图10-75所示。

18 在工具箱中单击“前景色”图标，在弹出的“拾色器（前景色）”对话框中设置颜色，如图10-76所示。

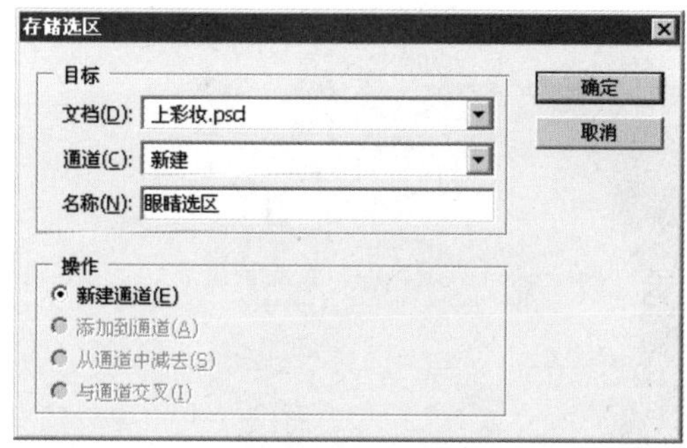

图10-75

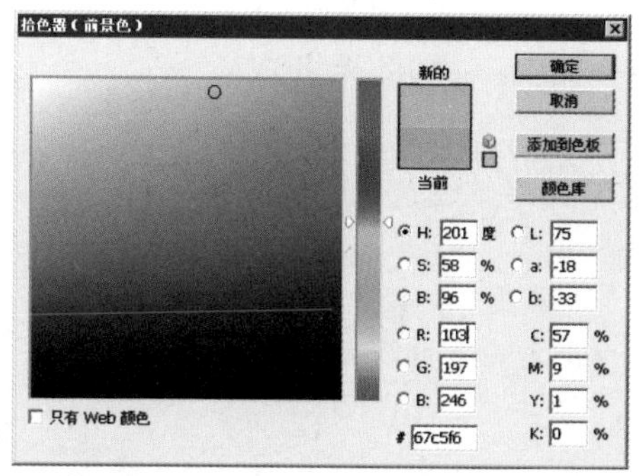

图10-76

19 执行“选择”/“修改”/“羽化”命令，在弹出“羽化选区”对话框中设置“羽化半径”为6像素，单击“确定”按钮。使图层2成为当前图层，按快捷键【Alt+Delete】将刚设置好的前景色填充到选区，如图10-77所示。按快捷键【Ctrl+D】取消选区。

20 切换到“通道”面板中（单击“通道”标签即可），如图10-78所示。按住【Ctrl】键单击“眼睛选区”通道，将选区载入后按快捷键【Shift+Ctrl+I】，将选区反选。

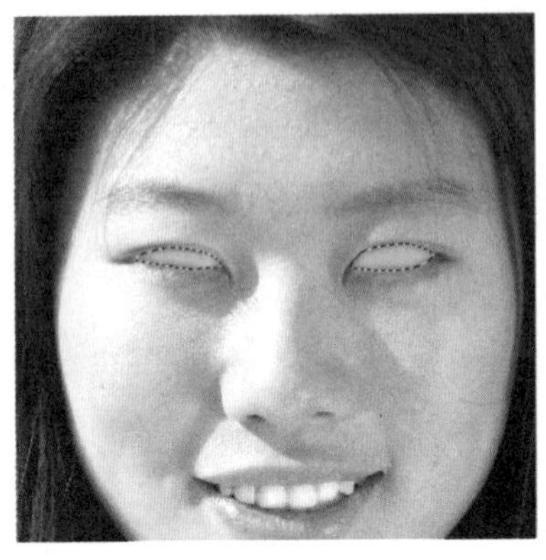

图10-77

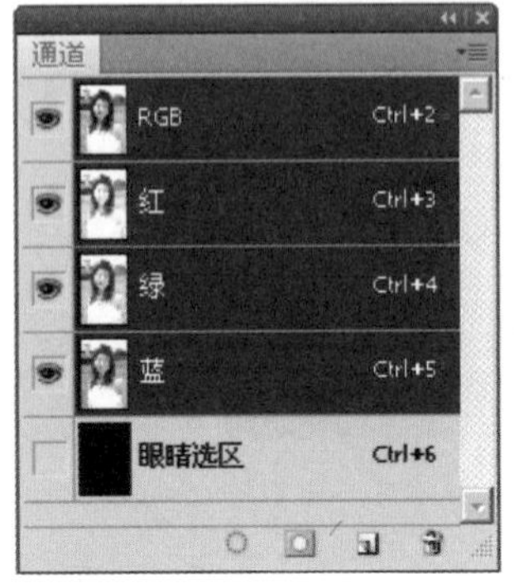

图10-78

21 切换到“图层”面板中，在其底部单击“添加图层蒙版”按钮，为该图层上会自动添加图层蒙版，图像效果如图10-79所示。在“图层”面板中将不透明度改为50%，图像效果如图10-80所示。

图10-79

图10-80

22 在工具箱中选择“减淡工具”，将下眼影的颜色轻微减淡，图像效果如图10-81所示。

图10-81

23 在工具箱中选择“缩放工具”，在鼻梁部位进行框选以放大图像，效果如图10-82所示。

24 单击工具箱中的“矩形选框工具”按钮，在弹出的工具菜单中选择“椭圆选框工具”，在图像上圈出选区，如图10-83所示。

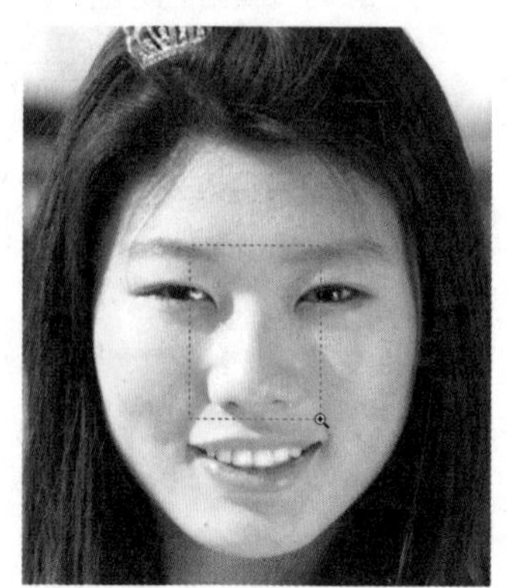

图10-82

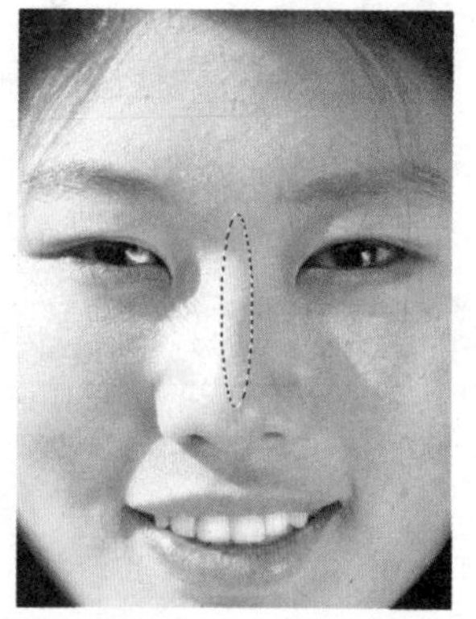

图10-83

25 在工具箱中将前景色设置为白色，在“图层”面板的底部单击“创建新图层”按钮，“图层”面板中会自动新增图层3，如图10-84所示。

26 按快捷键【Alt+Delete】填充前景色，效果如图10-85所示。为了让鼻梁更加自然，按快捷键【Ctrl+T】，弹出自由变换控制框进行倾斜调整，如图10-86所示。调整后在自由变换控制框内双击鼠标左键即可应用。

图10-84

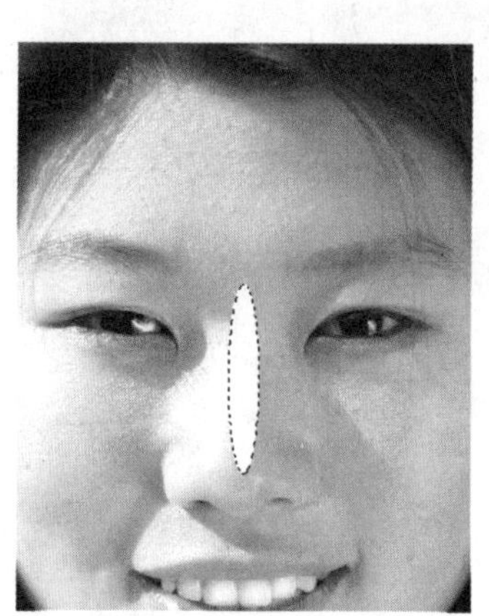

图10-85

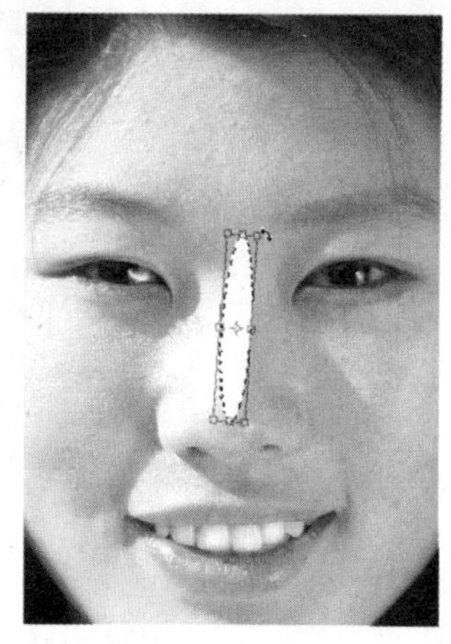

图10-86

27 执行“选择”/“修改”/“羽化”命令，在弹出的“羽化选区”对话框中设置“羽化半径”为10像素。按快捷键【Shift+Ctrl+I】将选区反选，连续按几次【Delete】键进行删除，即可得到如图10-87所示的效果。

28 在“图层”面板中适当改变该图层的不透明度，图像最终效果如图10-88所示。

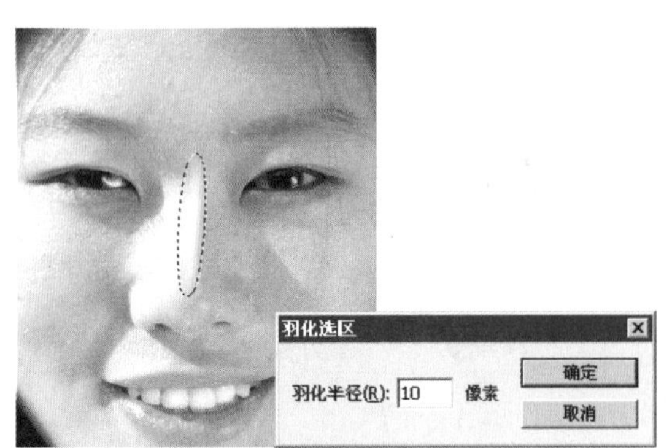

图 10-87

图 10-88

实例 10.9　改变衣服颜色

一张好的照片有时候会因为衣服的颜色而影响整个照片的效果，但出门旅游在外无法带上厚重的行李以备拍摄时的色调搭配之需，这确实让人头痛不已，不过有了 Photoshop CS4 软件，这一问题即迎刃而解。

原照片

处理后的效果

操作步骤

01 在 Photoshop CS4 软件中执行“文件”/“打开”命令，打开如图 10-89 所示的照片。

02 选择工具箱中的“缩放工具”，在照片中的人物部位单击，将衣服放大以突出边缘，如图 10-90 所示。

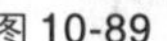

图 10-89

图 10-90

03 选择工具箱中的“多边形套索工具”，用鼠标勾画衣服的边缘，当鼠标指针回到起始点时，其右下角会出现圆圈，且自动形成一个封闭的选区，如图 10-91 所示。

04 继续使用“多边形套索工具”，按住【Shift】键加选剩下的衣服轮廓就可以将衣服的选区补充完整，如图 10-92 所示。

图 10-91

图 10-92

05 单击“图层”面板底部的“创建新的填充或调整图层”按钮，在弹出的下拉 菜单中选择“通道混合器”命令，如图 10-93 所示。

06 在弹出的“通道混合器”面板中设置“输出通道”为“红”，并且调整“常数”参数和源通道中的“红色”、“绿色”、“蓝色”3 个通道对应的参数，如图 10-94 所示。

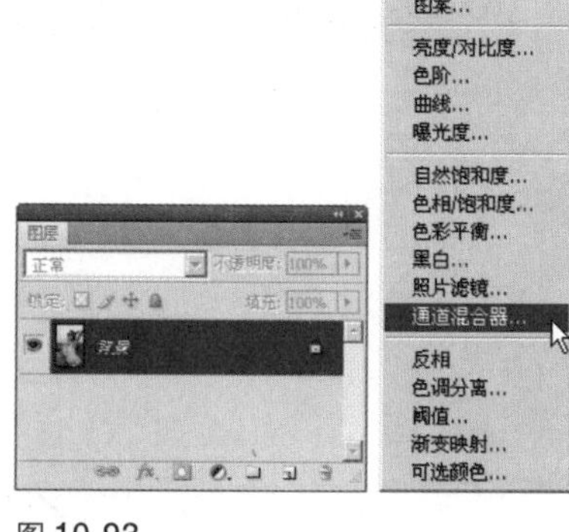

图 10-93

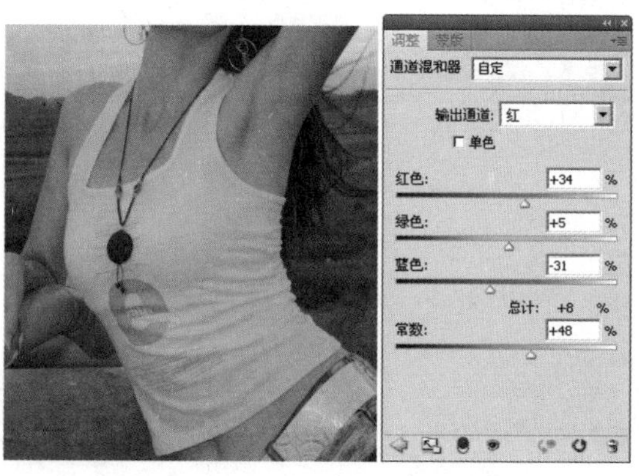

图 10-94

07 调整颜色后，衣服的边缘会有颜色溢出，这时可选择“通道混合器 1”图层，单击其后面的图层蒙版，如图 10-95 所示。

08 选择工具箱中的“画笔工具”，设置前景色为白色，按【F5】键弹出“画笔”面板，在其中选择一种柔角笔刷，并且降低笔刷的不透明度。设置好画笔后，即可在图像边缘进行修饰，修饰后的效果如图 10-96 所示。

图 10-95

图 10-96

09 如果感觉这种颜色有些刺眼，可以在“图层”面板中设置图层混合模式为“颜色加深”，然后降低该图层的不透明度，如图 10-97 所示。此时衣服颜色变得自然了，最终效果如图 10-98 所示。

图 10-97

图 10-98

实例 10.10 去除面部皱纹

为了使照片中的人物变得更加完美，使人物看上去更加年轻，还可以使用Photoshop CS4软件对照片进行去除面部皱纹的处理，下面具体讲解操作步骤。

原照片

修复后的效果

操作步骤

01 在 Photoshop CS4 软件中执行“文件”/“打开”命令，打开照片，如图10-99 所示。

02 选择“缩放工具”，在眼睛部位有皱纹的区域绘制选框，以放大该区域，如图 10-100 所示。使用“仿制图章工具”，在眼角无鱼尾纹的地方按住【Alt】键单击进行取样，然后释放【Alt】键，单击有鱼尾纹的地方进行修复，如图 10-101 和图 10-102 所示。

图 10-99

图 10-100

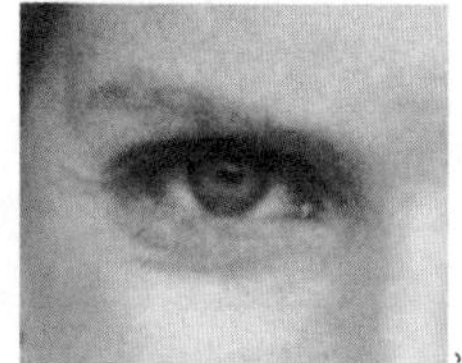

图 10-101

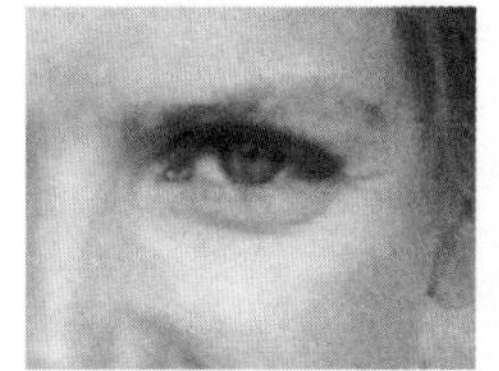

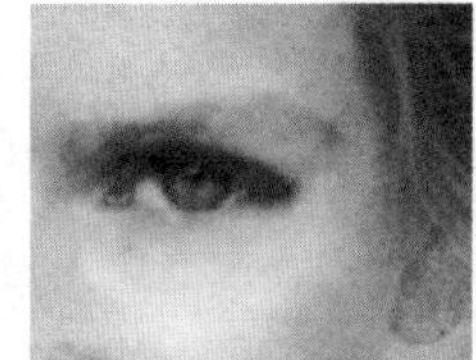

图 10-102

03 处理下巴上的肌肉走向。使用“缩放工具”将脸的下巴部放大，如图10-103所示。采用与上一步相同的方式，使用“仿制图章工具”对下巴进行处理，处理后的效果如图10-104所示。照片的最终效果如图10-105所示。

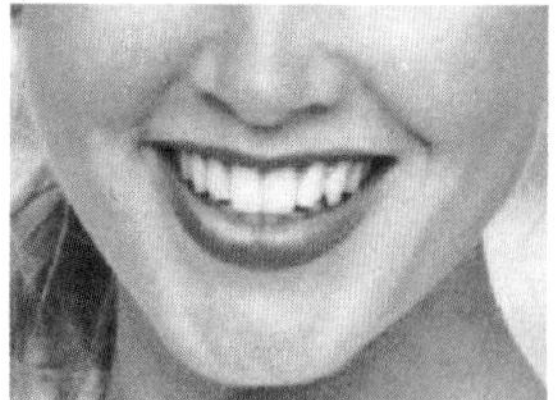
图10-103

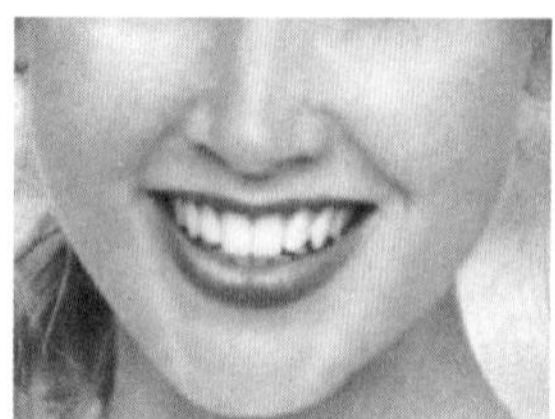
图10-104

图10-105

实例10.11 提高人物暗部的亮度

在拍摄照片时常会因为光线问题，导致照片的一半比较亮而另一半比较暗，这样会大大影响照片的效果。不过好在这种情况还可以用Photoshop CS4软件中的蒙版与曲线命令进行修正。

原照片

修复后的效果

操作步骤

01 在Photoshop CS4软件中执行“文件”/“打开”命令，打开如图10-106所示的照片。

02 复制背景图层，得到“背景副本”图层，并设置“背景副本”图层的混合模式为“滤色”，不透明度值为76%，得到的图像效果如图10-107所示。

图 10-106

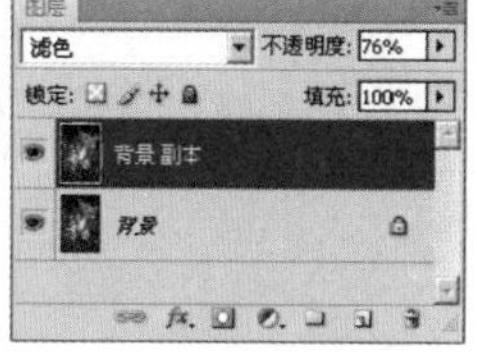

图 10-107

03 单击“图层”面板底部的“创建新的填充或调整图层”按钮，在弹出的下拉菜单中选择“曲线”命令，调整弧线的角度。选择工具箱中的“画笔工具”，设置前景色为黑色，选择较为柔软的画笔并设置一定的不透明度值以及流量，在画面的亮部进行涂抹，如图 10-108 所示。得到的图像效果如图 10-109 所示。

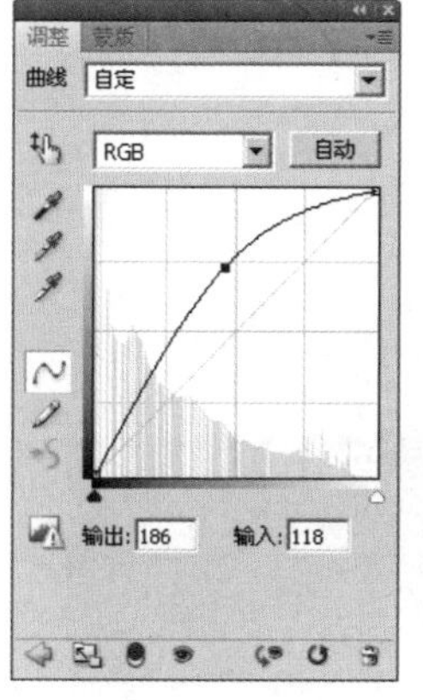

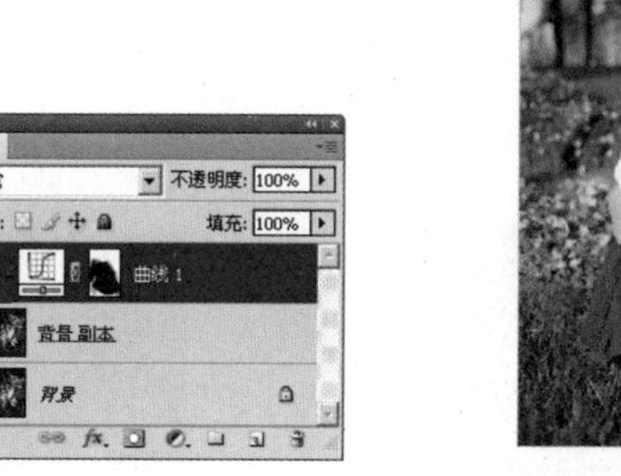

图 10-108

图 10-109

04 新建图层 1，按快捷键【Ctrl+Shift+Alt+E】向下合并图层并复制到图层 1，执行“图像”/“应用图像”命令，打开“应用图像”对话框，设置其参数，如图 10-110 所示。

05 参数设置完毕后，单击“确定”按钮，得到的图像效果如图 10-111 所示。

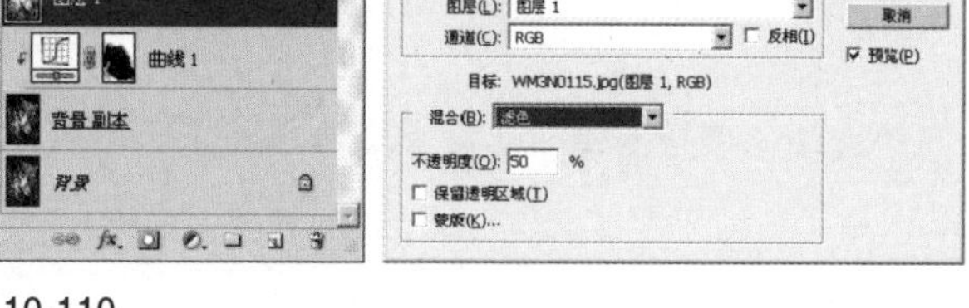

图 10-110

图 10-111

实例 10.12　消除黑眼圈

有时因为睡眠不好，眼睛周围会出现黑眼圈，在拍摄照片时则会留下很明显的“熊猫眼”，谁都不希望这样。在Photoshop CS4软件的帮助下，这些不快就全部一扫而光了，可以轻松去掉“熊猫眼”，让照片更漂亮。

原照片

修复后的效果

操作步骤

01 在 Photoshop CS4 软件中执行“文件”/“打开”命令，打开如图 10-112 所示的照片。

02 选择工具箱中“修补工具”，去除人物面部污点，得到的图像效果如图 10-113 所示。

图 10-112

图 10-113

03 选择工具箱中“修复画笔工具”，按住【Alt】键，将鼠标指针定位在颜色正常的皮肤上，单击以进行取样，释放【Alt】键，将鼠标指针放在黑眼圈处并拖动，经过多次拖动，就可以发现人物的黑眼圈消失了，如图 10-114 所示。

04 这样就轻易地将黑眼圈消除了，以同样的方法去除另外一个黑眼圈，得到的图像整体效果如图 10-115 所示。

05 按快捷键【Ctrl+L】，弹出“色阶”对话框，拖动滑块，调整图像明暗度直到满意为止，如图 10-116 所示。图像最终效果如图 10-117 所示。

图 10-114

图 10-115

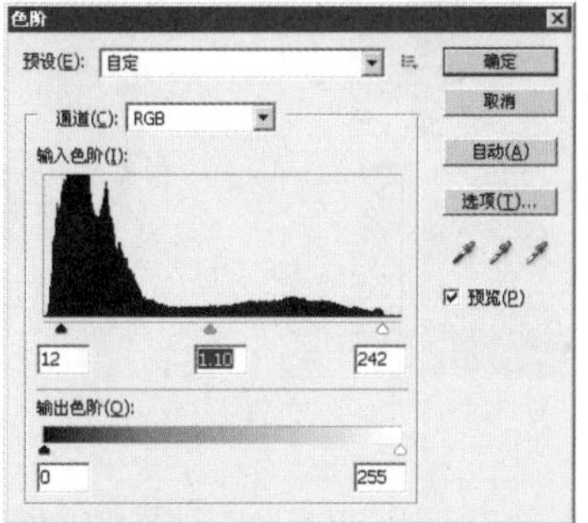

图 10-116

图 10-117

实例 10.13　修改人物闭眼的照片

Photoshop CS4 软件还有一些让人意想不到的功能，它甚至可以修复人物闭眼的照片。

原照片

修复后的效果

操作步骤

01 在 Photoshop CS4 软件中执行“文件”/“打开”命令，弹出“打开”对话框，选择需要修改的照片，单击“打开”按钮即可打开所需的照片，如图 10-118 所示。

02 再打开一张表情较好的照片，然后在工具箱中选择“矩形选框工具”，选择人物头部，按快捷键【Ctrl+C】复制所选区域，如图 10-119 所示。

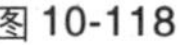

图 10-118

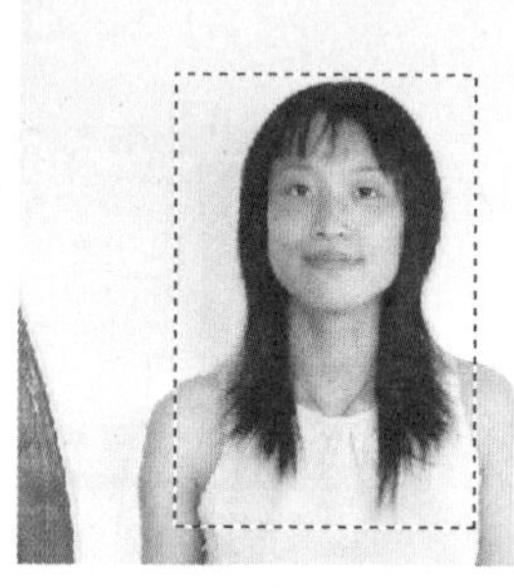

图 10-119

03 在需要修饰的照片中按快捷键【Ctrl+V】，将复制的图像粘贴到原照片中，自动生成图层 1，如图 10-120 所示。

04 根据原照片的颜色来调节局部头像的颜色。按快捷键【Ctrl+L】，弹出“色阶”对话框，拖动右边的白色三角滑块向左移，如图 10-121 所示。

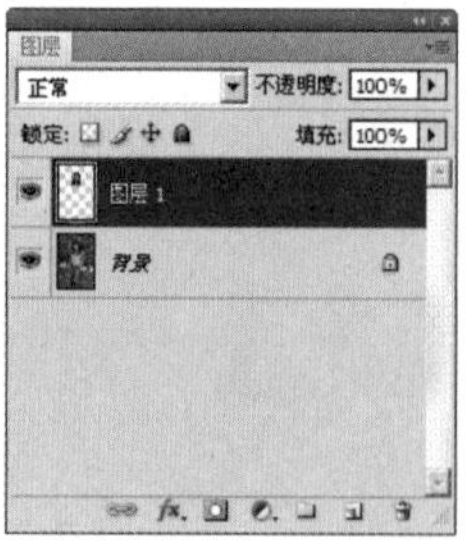

图 10-120

图 10-121

05 在工具箱中选择“移动工具”将两张照片的头部重合，并在“图层”面板中降低图层 1 的不透明度，然后按快捷键【Ctrl+T】，调整头像大小与原照片一致，如图 10-122 与图 10-123 所示。

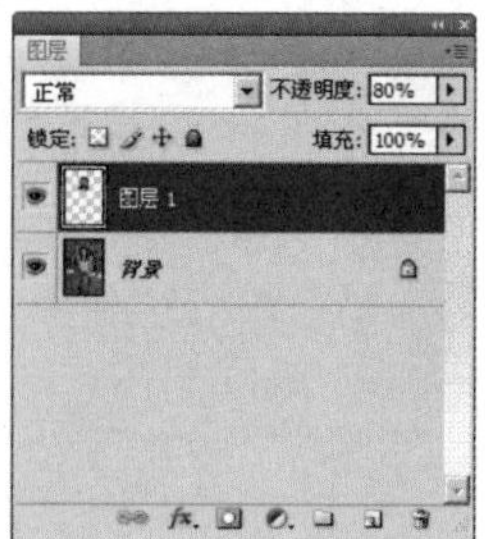

图 10-122

图 10-123

06 在“图层”面板的底部单击“添加图层蒙版”按钮，为图层 1 添加图层蒙版，设置前景色为黑色，在工具箱中选择“画笔工具”，在图层蒙版上将头像周围的白边等多余的部分擦掉。需要注意的，是在涂抹边缘部分时用小笔刷效果会更好，如图 10-124 所示。

07 最终效果如图 10-125 所示。

图 10-124

图 10-125

实例 10.14　修饰身材

天使般的面孔需要配合魔鬼般的身材，但是曲线玲珑、凹凸有致的完美身材并不是所有人都具备的。要想让照片效果变得更完美，可以利用Photoshop CS4 软件中的变形工具来塑造身材。

原照片

修复后的效果

操作步骤

01 在 Photoshop CS4 软件中执行“文件”/“打开”命令，弹出“打开”对话框，在其中选择需要修改的照片，单击“打开”按钮即可打开，如图 10-126 所示。

02 在工具箱中选择“椭圆选框工具”○，圈选胸部，执行“选择”/“修改”/“羽化”命令，弹出“羽化选区”对话框，在“羽化半径”文本框中输入 30，如图 10-127 所示。

图 10-126

图 10-127

03 执行“滤镜”/“扭曲”/“球面化”命令，弹出“球面化”对话框，缩小预览比例，调整到可以观看胸部效果变化的程度，在“数量”文本框中调整数值，并在预览窗口中观看变化，修饰后的效果如图 10-128 所示。

04 执行“选择”/“取消选择”命令，取消选区。选择“椭圆选框工具”○，在照片中腰的部位圈选选区，如图 10-129 所示。

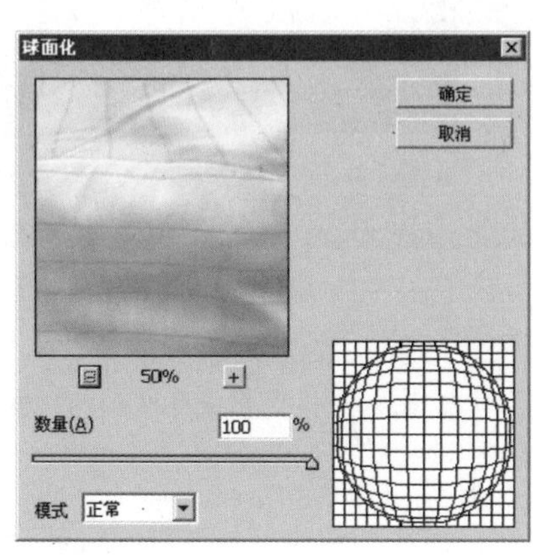

图 10-128

图 10-129

05 执行“滤镜”/“扭曲”/“挤压”命令，弹出“挤压”对话框，同样缩小预览比例，调整到可以观看腰部效果变化的程度，在“数量”文本框中调整数值，并在预览窗口中观看变化，修饰后的效果如图 10-130 所示。修改前后效果对比如图 10-131 和图 10-132 所示。

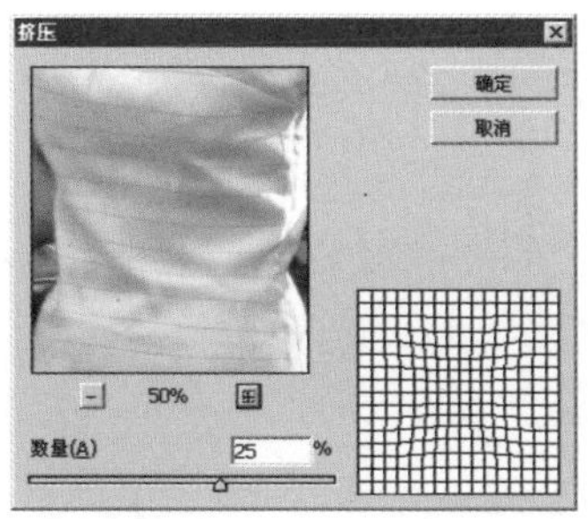

图 10-130

图 10-131

图 10-132

实例 10.15　去除面部油光

本实例通过“修补工具”、“修复画笔工具”以及图层蒙版的结合应用，来去除人物面部的油光。

原照片

矫正后的效果

操作步骤

01 执行“文件”/“打开”命令，在弹出的“打开”对话框中选择所要处理的素材照片，单击“打开”按钮将其打开，如图 10-133 所示。

02 按快捷键【Ctrl+J】复制背景图层得到“背景副本”图层，执行“图像”/“自动色调”命令，效果如图 10-134 所示。

图 10-133

图 10-134

03 选择工具箱中的“修补工具”，设置工具选项栏，去除面部明显的油光，效果如图 10-135 所示。

04 选择工具箱中的“修复画笔工具”，设置工具选项栏，去除眼部细小的油光，效果如图 10-136 所示。

图 10-135

图 10-136

05 单击“图层”面板底部的“创建新的填充或调整图层”按钮，在弹出的下拉菜单中选择“曲线”命令，在弹出的“曲线”面板中进行设置，如图 10-137 所示。设置完成后，得到的图像效果如图 10-138 所示。

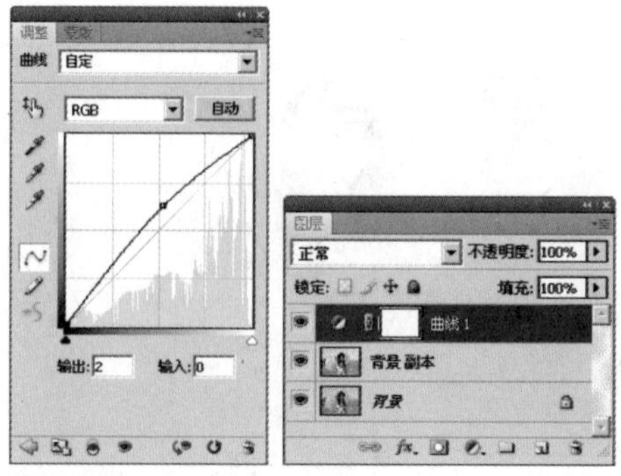

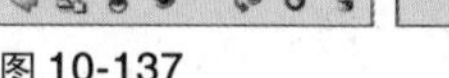
图 10-137

图 10-138

06 单击“图层”面板底部的“添加图层蒙版”按钮，选择工具箱中“画笔工具”，设置前景色为黑色，选择较为柔软的笔刷，设置一定的不透明度以及流量，在画面中进行涂抹，效果如图 10-139 所示。新建图层 1，按快捷键【Ctrl+Alt+Shift+E】向下合并图层并复制到图层 1，“图层”面板如图 10-140 所示。

图 10-139

图 10-140

07 单击“图层”面板底部的“创建新的填充或调整图层”按钮，在弹出的下拉菜单中选择“自然饱和度”命令，在弹出的“自然饱和度”面板中进行设置，如图 10-141 所示。设置完成后，得到的图像效果如图 10-142 所示。

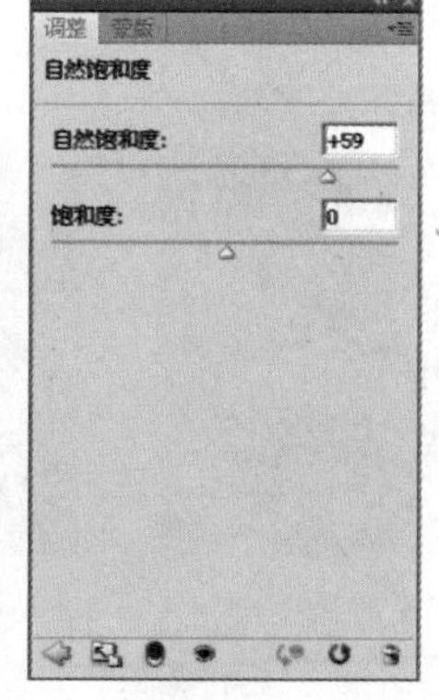

图 10-141

图 10-142

08 切换到“通道”面板，选择“红”通道，按住【Ctrl】键单击“红”通道，载入高光选区，如图 10-143 所示。切换到“图层”面板，新建图层 2，设置前景色为白色，按快捷键【Alt+Delete】填充前景色，按快捷键【Ctrl+D】取消选区，效果如图 10-144 所示。

图 10-143

图 10-144

09 单击“图层”面板底部的“添加图层蒙版”按钮，选择工具箱中的“画笔工具”按钮，将笔触设置为柔角，将前景色设置为黑色，涂抹人物以外的部分，调整图层的不透明度为 29%，填充不透明度为 47%，“图层”面板如图 10-145 所示，最终图像效果如图 10-146 所示。

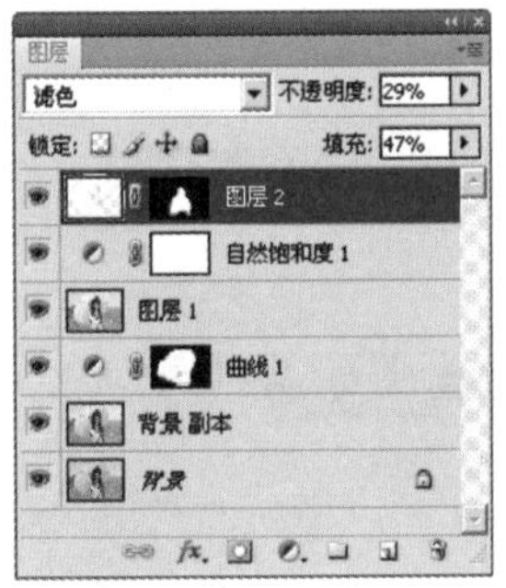

图 10-145

图 10-146

实例 10.16　打造双眼皮美女

本实例通过“钢笔工具”、“画笔工具”及图层蒙版的结合应用，打选双眼皮美女。

原照片

修饰后的效果

操作步骤

01 执行“文件”/“打开”命令，在弹出的“打开”对话框中选择所要处理的素材照片，单击“打开”按钮将其打开，如图 10-147 所示。

02 选择工具箱中的“钢笔工具”按钮，在人物的眼部绘制路径，效果如图 10-148 所示。

图 10-147

图 10-148

03 选择工具箱中的“画笔工具”，在工具选项栏中设置参数，设置前景色为（R:118，G:94，B:70），新建图层 1，切换到“路径”面板，单击“路径”面板底部的“用画笔描边路径”按钮，然后隐藏路径，如图 10-149 所示。效果如图 10-150 所示。

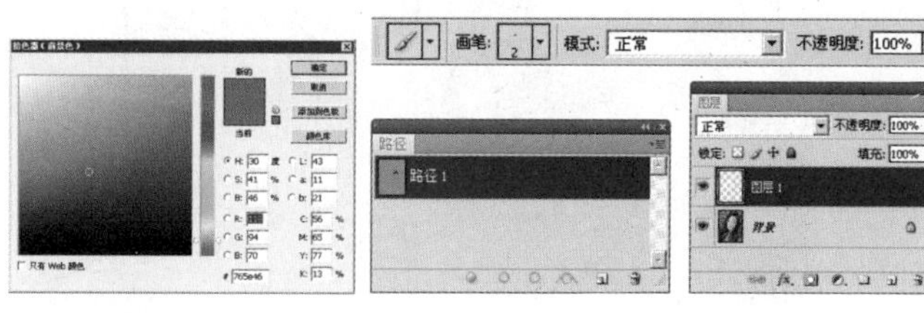

图 10-149

图 10-150

04 选择工具箱中的“钢笔工具”，在人物的右眼部绘制路径，效果如图 10-151 所示。选择工具箱中的“画笔工具”，前景色不变，新建图层 2，切换到“路径”面板，单击“路径”面板底部的“用画笔描边路径”按钮，并隐藏路径，效果如图 10-152 所示。

图 10-151

图 10-152

05 单击“图层”面板底部的“添加图层蒙版”按钮，选择工具箱中的“画笔工具”，设置前景色为黑色，选择较为柔软的画笔，设置一定的不透明度以及流量，在画面中进行涂抹，效果如图 10-153 所示。

06 复制图层 2，得到“图层 2 副本”图层，并设置此图层的不透明度为 80%，按小键盘上面的向下箭头键稍微移动线的位置，效果如图 10-154 所示。

图 10-153

图 10-154

07 新建图层 2，按快捷键【Ctrl+Alt+Shift+E】向下合并图层并复制到图层 3，“图层”面板如图 10-155 所示。选择工具箱中的“修补工具”，设置工具选项栏，去除人物面部污点，效果如图 10-156 所示。

图 10-155

图 10-156

08 切换到“通道”面板，选择“红”通道，按住【Ctrl】键单击“红”通道，载入高光选区，如图 10-157 所示。切换到“图层”面板，新建图层 4，设置前景色为白色，按快捷键【Alt+Delete】填充前景色，按快捷键【Ctrl+D】取消选区，效果如图 10-158 所示。

图 10-157

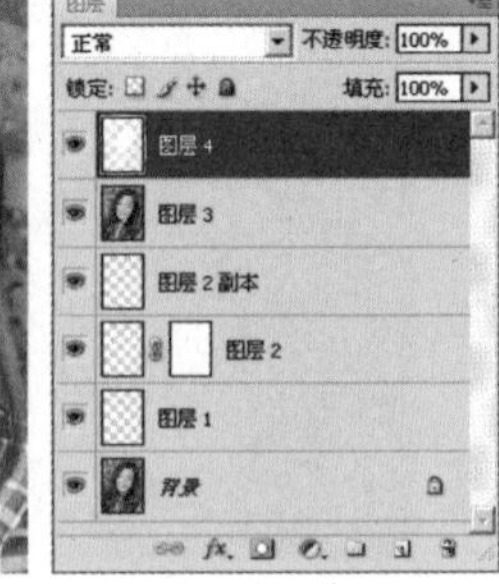

图 10-158

09 先将图层 4 转换为智能对象图层，然后执行“滤镜”/“模糊”/“特殊模糊”命令，在“特殊模糊”对话框中进行设置，设置完成后单击“确定”按钮，效果如图 10-159 所示。

10 单击“图层”面板底部的“添加图层蒙版”按钮，选择工具箱中的“画笔工具”，笔触设置为柔角，前景色设置为黑色，涂抹除人物以外的部分，并设置图层的混合模式为“叠加”，调整图层的不透明度为 33%，填充不透明度为 62%，“图层”面板和图像最终效果如图 10-160 所示。

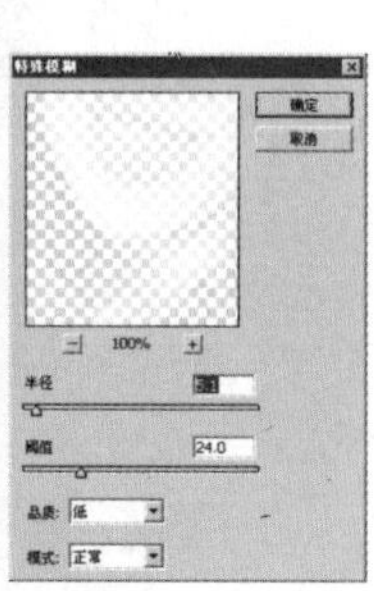

图 10-159

图 10-160

实例 10.17　修饰人物脸型

本例原照片中的人物身材苗条，比例适中，只是脸部下额较宽，影响美感，使用“液化”滤镜调整后，人物显得更精神、更有气质。

原照片

修饰后的效果

操作步骤

01 执行“文件”/“打开”命令，在弹出的“打开”对话框中选择所要处理的素材照片，单击“打开”按钮将其打开，如图 10-161 所示。

02 按快捷键【Ctrl+J】，复制并粘贴背景图层，执行“滤镜”/“液化”命令，选择“向前变形工具”，设置其属性，在脸部进行拖动，如图 10-162 所示，效果如图 10-163 所示。

图 10-161

图 10-162

图 10-163

03 单击“图层”面板底部的“创建新的填充或调整图层”按钮，在弹出的下拉菜单中选择“色阶”命令，弹出“色阶”面板，选择不同的通道并拖动滑块，调整各个颜色的明暗程度，如图 10-164 所示。图像调整后的效果如图 10-165 所示。

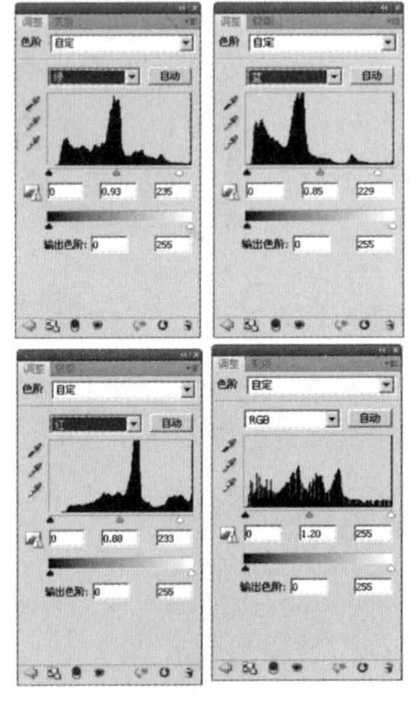

图 10-164

图 10-165

04 新建图层 1，按快捷键【Ctrl+Alt+Shift+E】向下合并图层并复制到图层 1，“图层”面板如图 10-166 所示。选择工具箱中的套索工具，在画面中建立如图 10-167 所示的选区。

图 10-166

图 10-167

05 单击“图层”面板底部的“创建新的填充或调整图层”按钮，在弹出的下拉菜单中选择“曲线”命令，弹出“曲线”面板，调整曲线的弧度，参数设置完毕，得到的图像效果如图 10-168 所示。

06 单击“图层”面板底部的“创建新的填充或调整图层”按钮，在弹出的下拉菜单中选择“色彩平衡”命令，弹出“色彩平衡”面板，进行色彩调试，得到的图像效果如图 10-169 所示。

图 10-168

图 10-169

实例 10.18　素描效果

本实例通过“去色”命令以及“高斯模糊”、“添加杂色”、“成角线条”等滤镜的简单应用制作出人意料的素描效果。

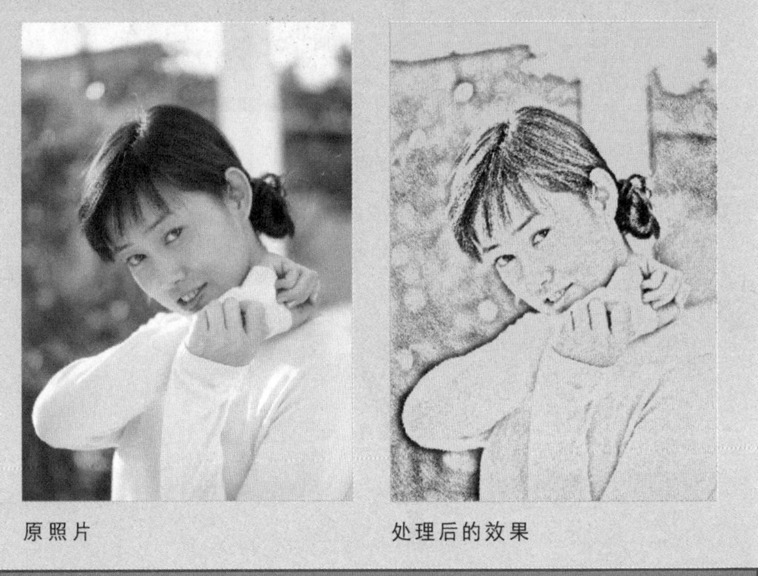

原照片　　处理后的效果

操作步骤

01 执行“文件”/“打开”命令，在弹出的“打开”对话框中选择所要处理的素材照片，单击“打开”按钮将其打开，如图 10-170 所示。

02 按快捷键【Ctrl+J】，复制得到“背景副本”图层，执行“图像”/“调整”/“去色”命令，效果如图 10-171 所示。

图 10-170

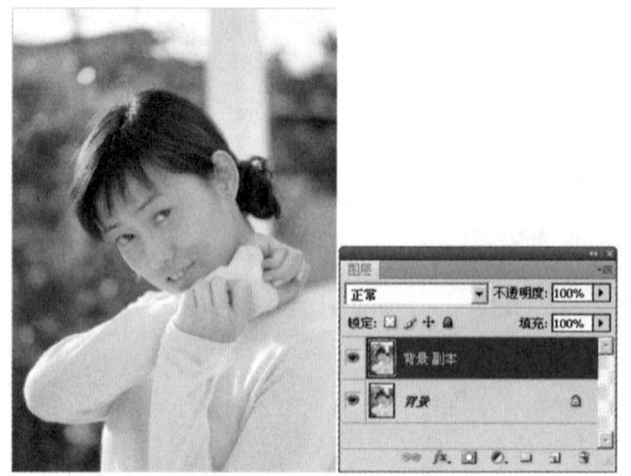

图 10-171

03 复制“背景副本”图层得到“背景副本 2”图层，执行“图像”/“调整”/“反相”命令，效果如图 10-172 所示。

04 设置图层的混合模式为“颜色减淡”，执行“图层”/“智能对象”/“转换为智能对象”命令，将其转换为智能对象图层。执行“滤镜”/“模糊”/“高斯模糊”命令，弹出“高斯模糊”对话框，设置其参数，效果如图 10-173 所示。

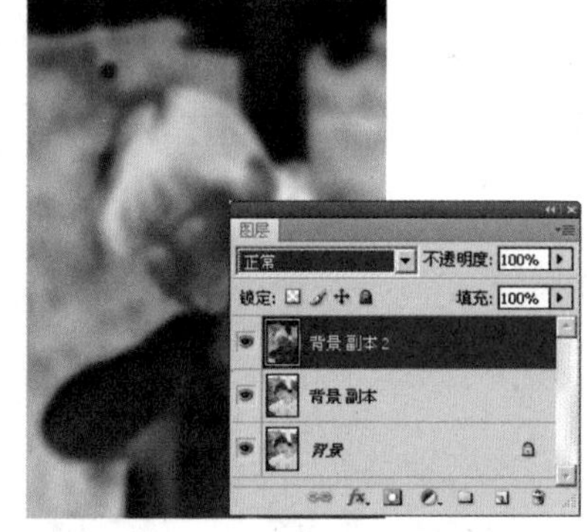

图 10-172

图 10-173

05 执行“滤镜”/“杂色”/“添加杂色”命令，弹出“添加杂色”对话框，设置其参数，效果如图 10-174 所示。

06 执行“滤镜”/“画笔描边”/“成角的线条”命令，弹出“成角的线条”对话框，设置其参数，效果如图 10-175 所示。

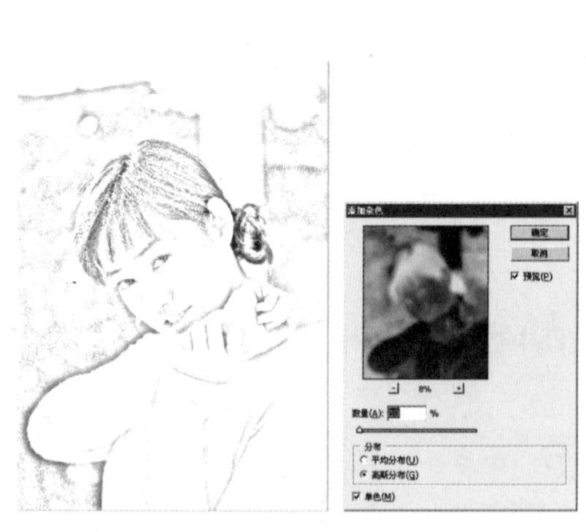

图 10-174

图 10-175

07 单击“图层”面板底部的“创建新的填充或调整图层”按钮，在弹出的下拉菜单中选择“曲线”命令，弹出“曲线”面板，调整曲线的弧度，如图10-176所示。参数设置完毕，得到的图像效果如图10-177所示。

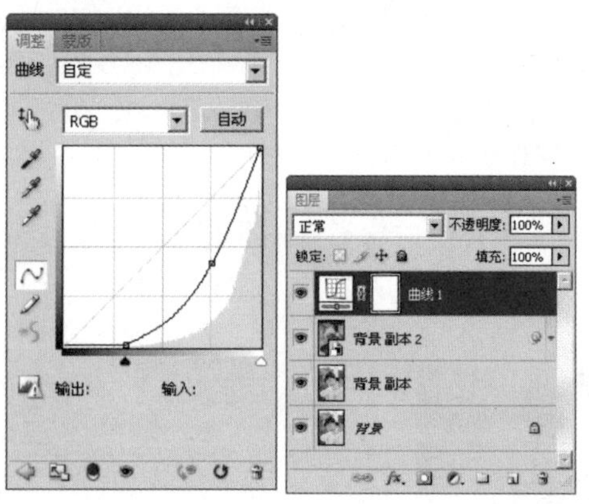
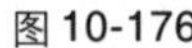

图10-176

图10-177

08 新建一个图层，为其填充颜色（R:208，G:198，B:167），效果如图10-178所示。设置该图层的混合模式为“正片叠底”，不透明度值为66%，效果如图10-179所示。

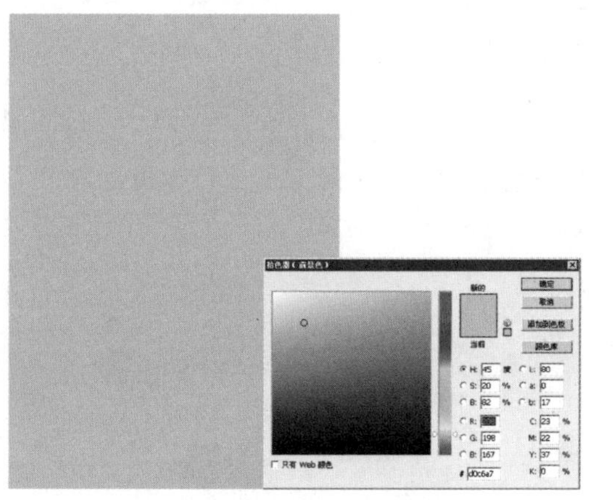

图10-178

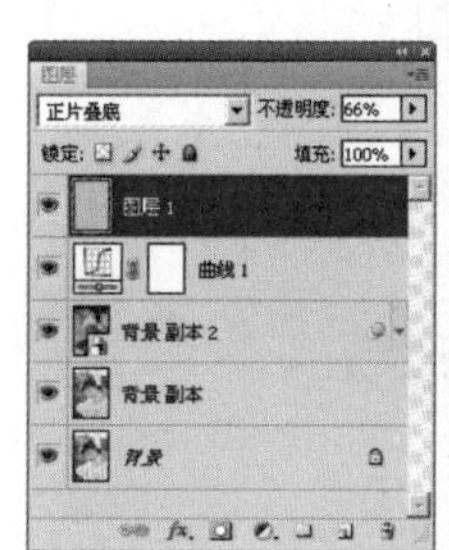

图10-179

实例10.19　美白皮肤

本例原照片曝光不足，致使人物皮肤偏黑，调亮后人物脸上的痘痘也影响美感，经过多步调整后使人物皮肤美白。

原照片

修复后的效果

操作步骤

01 执行“文件”/“打开”命令，在弹出的“打开”对话框中选择所要修复的素材照片，单击“打开”按钮将其打开，如图 10-180 所示。

02 单击“图层”面板底部的“创建新的填充或调整图层”按钮，在弹出的下拉菜单中选择“曲线”命令，弹出“曲线”面板，调整曲线的弧度，效果如图 10-181 所示。

图 10-180

图 10-181

03 新建图层 2，按快捷键【Shift+Ctrl+Alt+E】，向下合并图层至图层 1。单击“图层”面板底部的“添加图层蒙版”按钮，选择工具箱中的“画笔工具”，笔触设置为柔角，前景色设置为黑色，涂抹除人物以外的部分，并设置图层的混合模式为“滤色”，“图层”面板如图 10-182 所示，得到的图像效果如图 10-183 所示。

图 10-182

图 10-183

04 选择工具箱中的“污点修复画笔工具”去除人物脸部斑点，效果如图 10-184 所示。

05 按快捷键【Shift+Ctrl+Alt+E】，得到图层 2，将其转换为智能对象，然后执行“滤镜”/“模糊”/“特殊模糊”命令，在“特殊模糊”对话框中进行设置，如图 10-185 所示。

06 参数设置完毕后，单击“确定”按钮，效果如图 10-186 所示。选择工具箱中的“画笔工具”，将笔触设置为柔角，将前景色设置为黑色，在智能滤镜的蒙版中进行涂抹，效果如图 10-187 所示。

图 10-184

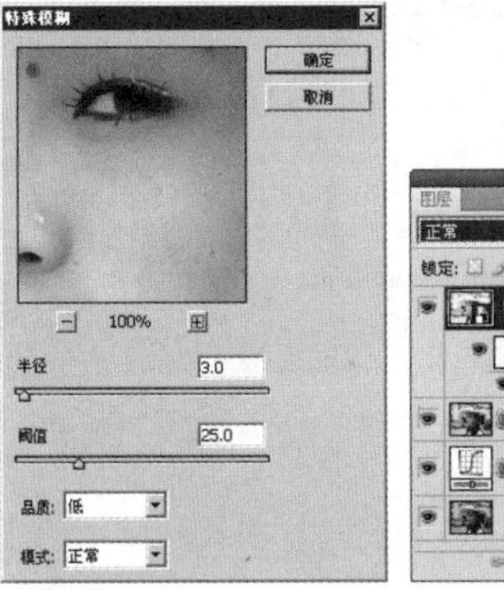

图 10-185

图 10-186

图 10-187

07 新建图层 2，按快捷键【Ctrl+Alt+Shift+E】向下合并图层至图层 3，执行“图像”/“应用图像”命令，弹出“应用图像”对话框，如图 10-188 所示。

08 参数设置完毕，单击“确定”按钮，并设置图层 3 的混合模式为“滤色”、不透明度为 58%，效果如图 10-189 所示。

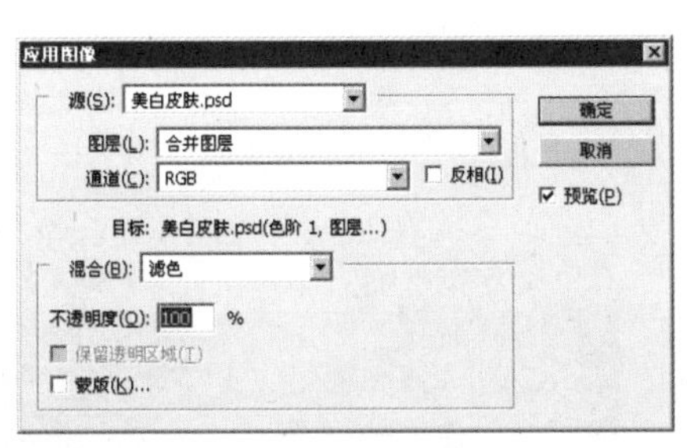

图 10-188

图 10-189

09 单击“图层”面板底部的“创建新的填充或调整图层”按钮，在弹出的下拉菜单中选择“色阶”命令，弹出“色阶”面板，拖动滑块，如图 10-190 所示。参数设置完毕后，得到的图像效果如图 10-191 所示。

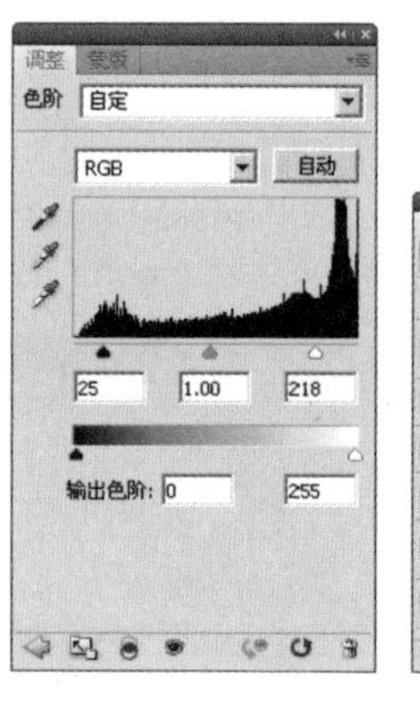

图 10-190

图 10-191

10 单击"图层"面板底部的"创建新的填充或调整图层"按钮，在弹出的下拉菜单中选择"曲线"命令，弹出"曲线"面板，调整曲线的弧度，效果如图 10-192 所示。

11 选择工具箱中的"画笔工具"，笔触设置为柔角，前景色设置为黑色，涂抹除人物以外的部分，并设置图层的混合模式为"滤色"，调整"图层"面板如图 10-193 所示。

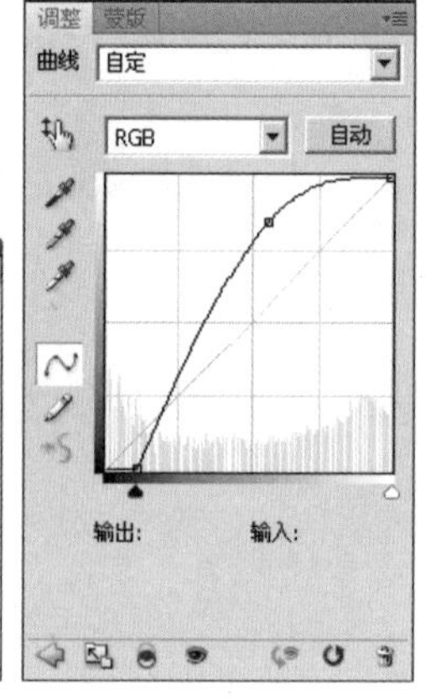

图 10-192

图 10-193

实例 10.20 修改逆光人物照片

本例原照片为逆光，致使人物皮肤偏黑，经过多步调整后可修复逆光人物照片。

原照片

修复后的效果

操作步骤

01 执行“文件”/“打开”命令，在弹出的“打开”对话框中选择所要处理的素材照片，单击“打开”按钮将其打开，如图 10-194 所示。

02 复制背景图层，得到“背景副本”图层，并设置该图层的混合模式为“滤色”，效果如图 10-195 所示。

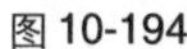

图 10-194

图 10-195

03 选择工具箱中的“套索工具”建立选区，按快捷键【Shift+F6】，打开“羽化选区”对话框，设置其参数，如图 10-196 所示。单击“图层”面板底部的“创建新的填充或调整图层”按钮，在弹出的下拉菜单中选择“色阶”选项，弹出“色阶”面板，设置其参数，如图 10-197 所示。

图 10-196

图 10-197

04 参数设置完成后，图像效果如图 10-198 所示。选择工具箱中的“套索工具”建立选区，按快捷键【Shift+F6】，打开“羽化选区”对话框，设置其参数，如图 10-199 所示。

图 10-198

图 10-199

05 单击“图层”面板底部的“创建新的填充或调整图层”按钮，在弹出的下拉菜单中选择“曲线”命令，弹出“曲线”面板，设置其参数，如图 10-200 所示。参数设置完成后，图像效果如图 10-201 所示。

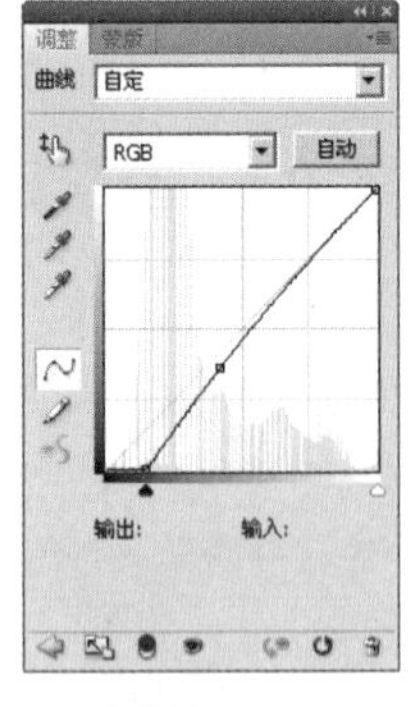

图 10-200

图 10-201

06 按快捷键【Shift+Ctrl+Alt+E】，得到图层 1，并设置其混合模式为“柔光”、不透明度值为 50%、填充不透明度为 66%，“图层”面板如图 10-202 所示，图像效果如图 10-203 所示。

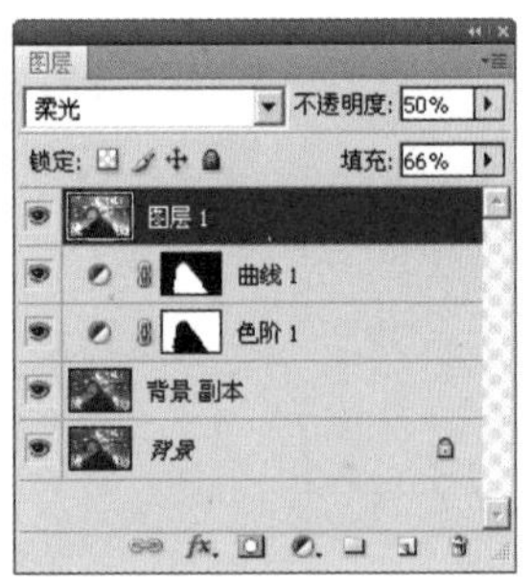

图 10-202

图 10-203

07 按快捷键【Shift+Ctrl+Alt+E】，得到图层 2，切换到“通道”面板，选择“红”通道，并按【Ctrl】键单击该通道以建立选区，“通道”面板如图 10-204 所示，图像效果如图 10-205 所示。

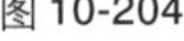
图 10-204

图 10-205

08 按快捷键【F7】，打开“图层”面板新建图层 3，填充选区为白色，效果如图 10-206 所示。设置图层 3 的混合模式为“叠加”，并设置其不透明度值为 43%、填充不透明度为 51%，得到的图像效果如图 10-207 所示。

图 10-206

图 10-207

09 选择工具箱中的"套索工具"建立选区，按快捷键【Shift+F6】，打开"羽化选区"对话框，设置其参数，如图 10-208 所示。单击"图层"面板底部的"创建新的填充或调整图层"按钮，在弹出的下拉菜单中选择"色阶"命令，在弹出的"色阶"面板中选择不同的通道进行设置，如图 10-209 所示。

图 10-208

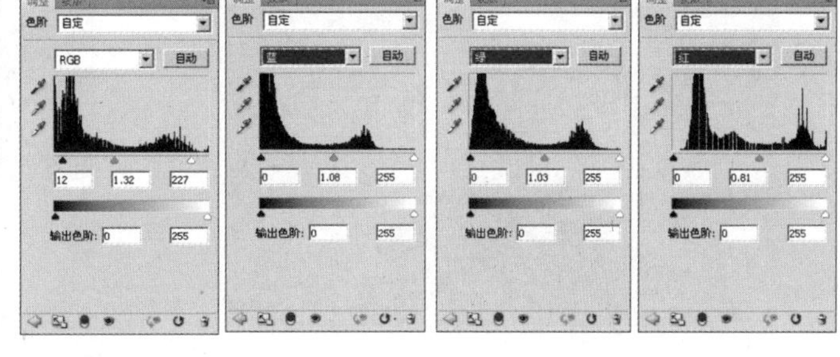

图 10-209

10 参数设置完毕后，图像效果如图 10-210 所示。单击"图层"面板底部的"创建新的填充或调整图层"按钮，在弹出的下拉菜单中选择"色彩平衡"命令，弹出"色彩平衡"面板，拖动滑块设置其参数，如图 10-211 所示。

图 10-210

图 10-211

11 参数设置完毕后，图像效果如图 10-212 所示。新建图层 4，设置前景色为（R:245，G:213，B:103），选择工具箱中的"画笔工具"，设置选项栏，如图 10-213 所示。

12 属性设置完毕后在画面中进行涂抹，并设置图层 4 的混合模式为"正片叠底"，得到的图像效果如图 10-214 所示。

13 按快捷键【Shift+Ctrl+Alt+E】得到图层5，选择工具箱中的“红眼工具”，在眼睛上拖动进行框选，使眼睛更加黑亮，然后选择“加深工具”和“减淡工具”对人物面部进行调整，调整后得到的图像效果如图10-215所示。

图10-212

图10-213

图10-214

图10-215

实例10.21 制作宝宝的眼泪

本例利用滤镜、快速蒙版以及“图层”面板的一些功能，来制作宝宝的眼泪。

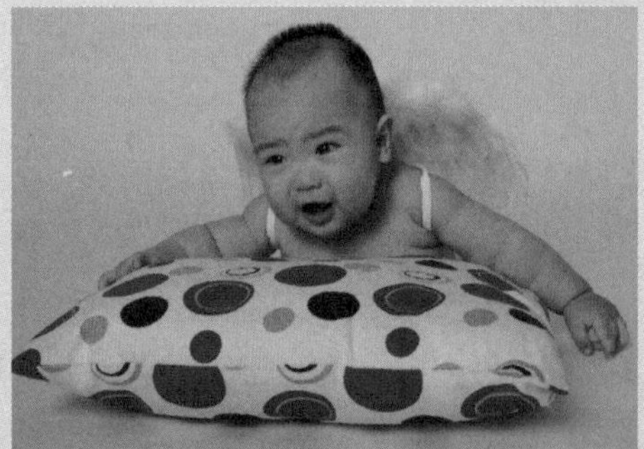
原照片

修复后的效果

操作步骤

01 执行“文件”/“打开”命令，打开一张素材照片，如图10-216所示。

02 在工具箱中选择“钢笔工具”，在宝宝的右眼球和下眼皮的交界处绘制路径，如图10-217所示。

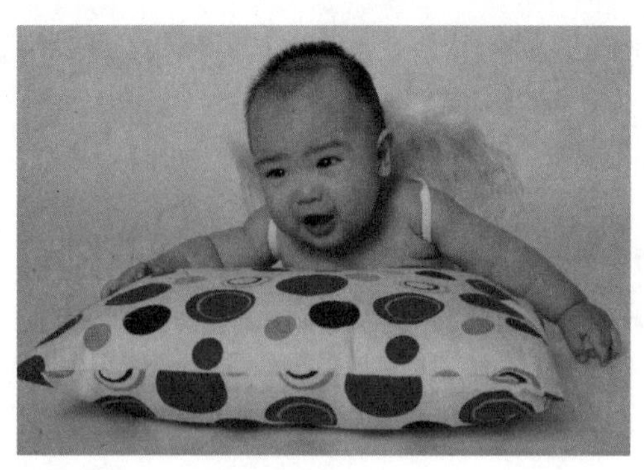

图 10-216

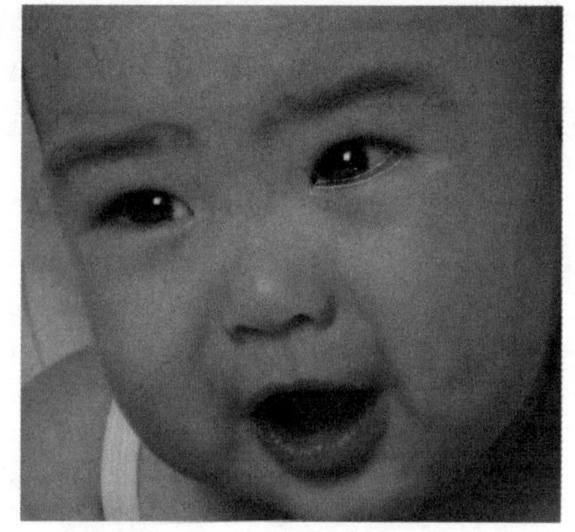

图 10-217

03 按快捷键【Ctrl+Enter】，将路径转换为选区，再按快捷键【Ctrl+J】，复制选区内容并创建到新图层中，图层名称为“图层 1”，如图 10-218 所示。

04 执行“滤镜”/“扭曲”/“球面化”命令，弹出“球面化”对话框，设置参数如图 10-219 所示。

图 10-218

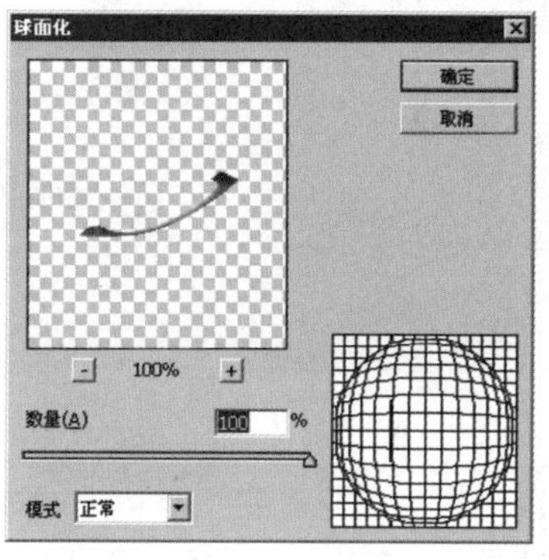

图 10-219

05 参数设置完毕，单击“确定”按钮，效果如图 10-220 所示。

06 单击“图层”面板底部的“添加图层样式”按钮，在弹出的下拉菜单中选择“投影”命令，弹出“图层样式”对话框，设置投影参数，然后选中“内阴影”复选框，参数设置与“投影”样式相同，如图 10-221 所示。

07 图层样式参数设置完毕，单击“确定”按钮，效果如图 10-222 所示。

08 单击“图层”面板底部的“创建新图层”按钮，新建图层 2，执行“图层”/“创建剪贴蒙版”命令，或者按快捷键【Ctrl+Shift+G】，创建剪贴蒙版，效果如图 10-23 所示。

图 10-220

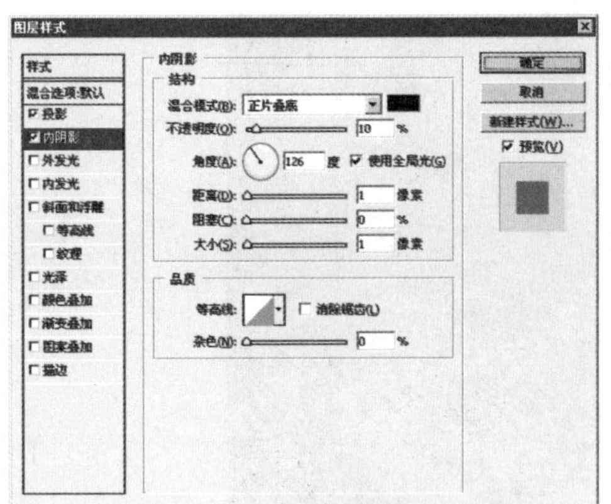

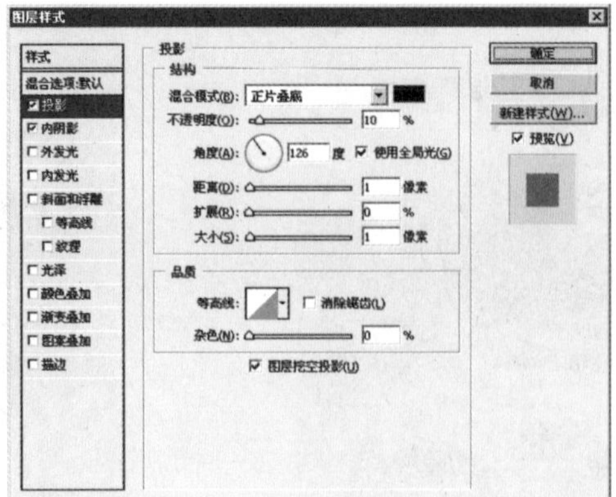

图 10-221

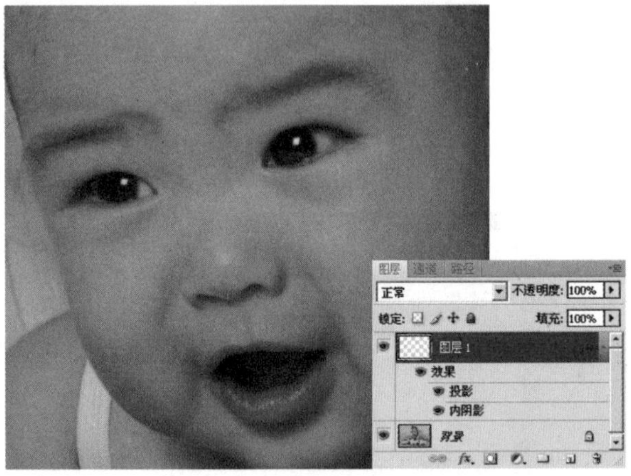

图 10-222

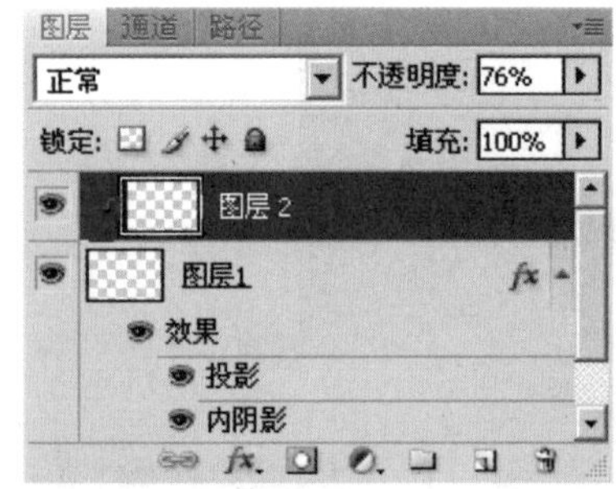

图 10-223

09 将前景色设置为白色，在工具箱中选择“画笔工具”，设置为柔角画笔，选择适当的大小和不透明度，在高光处绘制高光，如图 10-224 所示。

10 执行“滤镜”/“模糊”/“高斯模糊”命令，设置参数，单击“确定”按钮，得到的效果如图 10-225 所示。

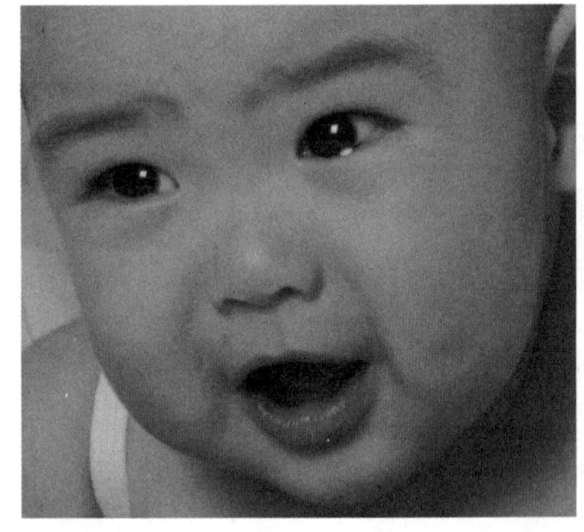

图 10-224

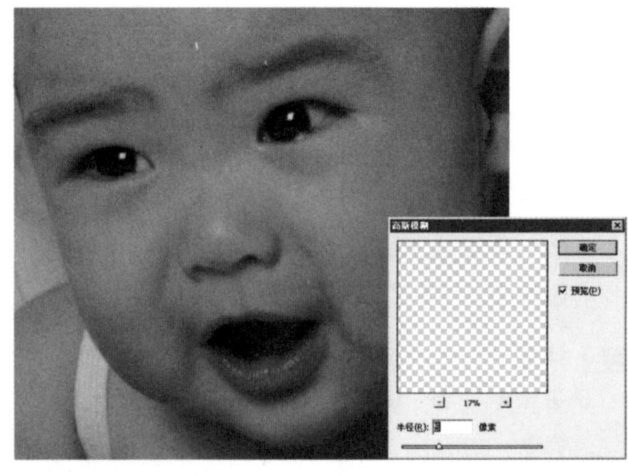

图 10-225

11 选择工具箱中“画笔工具”或者“橡皮擦工具”进行反复修改，得到效果如图10-226所示。

12 在工具箱中选择“钢笔工具”，在脸上绘制泪痕的路径，如图10-227所示。

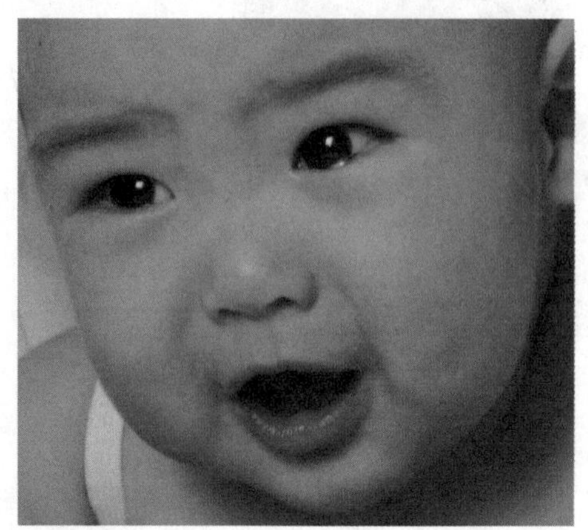

图10-226

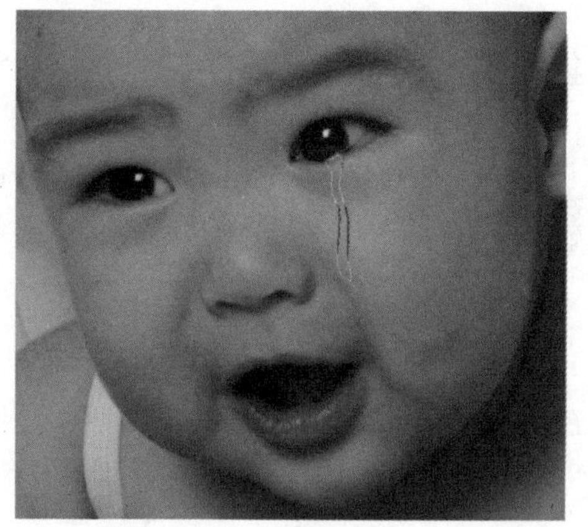

图10-227

13 按快捷键【Ctrl+Enter】将路径转换为选区，再按快捷键【Ctrl+J】复制选区内容并创建到新图层，图层名称为“图层3”，如图10-228所示。

14 同制作眼中的泪水一样，单击“图层”面板底部的“添加图层样式”按钮，在弹出的下拉菜单中选择“投影”命令，弹出“图层样式”对话框，设置投影参数，然后选中“内阴影”复选框，参数设置与前面的步骤相同，单击“确定”按钮，效果如图10-229所示。

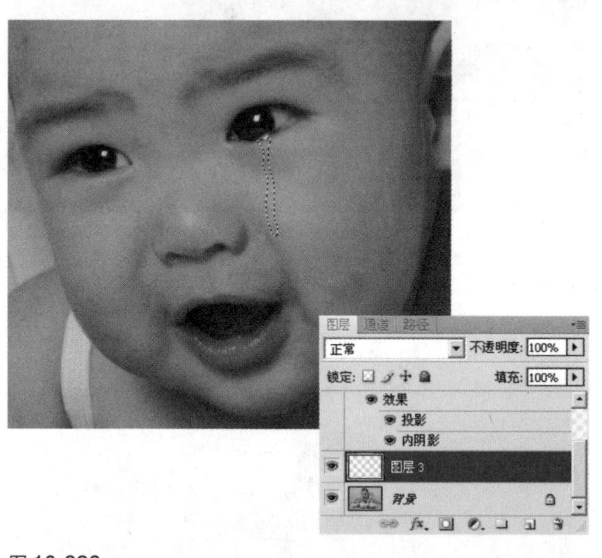

图10-228

图10-229

15 执行“图层”/“图层样式”/“创建图层”命令，“图层”面板如图10-230所示。

16 单击“图层”面板底部的”添加图层蒙版，为“‘图层 3’的内阴影”和‘图层 3’的投影图层添加图层蒙版，前景色设置为黑色，在工具箱中选择“画笔工具”，擦除不需要的图层样式，效果如图10-231所示。

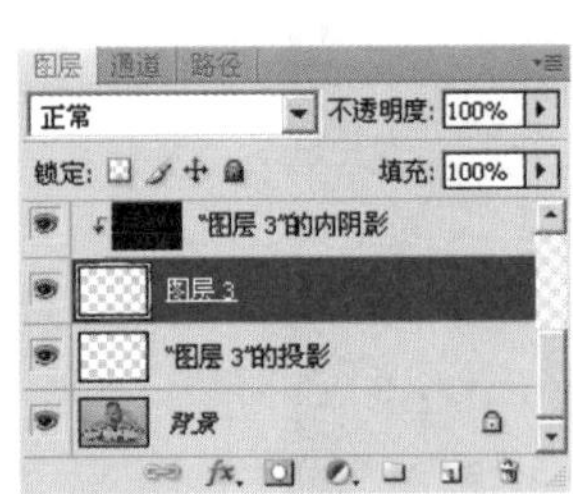

图 10-230

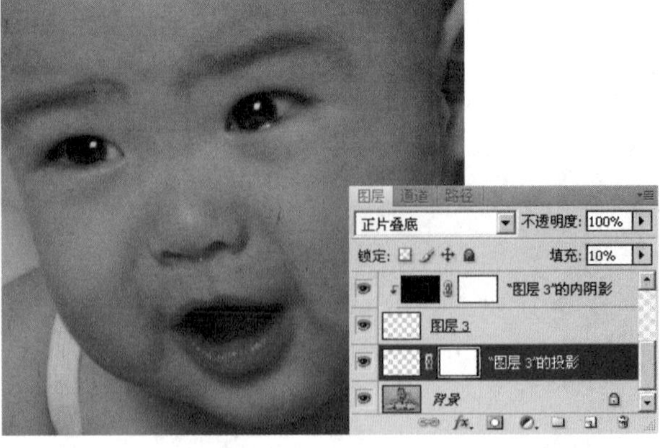

图 10-231

17 在"图层"面板中选择图层 3，单击"图层"面板底部的"创建新图层"按钮，新建图层 4，图层状态如图 10-232 所示。

18 在工具箱中选择"画笔工具"，设置为柔角画笔，并为其选择适当的大小和不透明度，绘制泪水的高光部分，绘制方法与眼中的泪水相同，可以配合"滤镜"/"模糊"/"高斯模糊"命令，重复操作，不满意的地方可以用"橡皮擦工具"擦去，绘制完毕后的效果如图 10-233 所示。

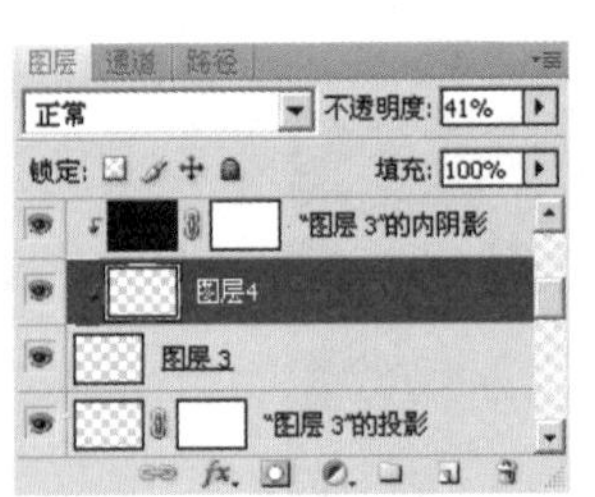

图 10-232

图 10-233

19 用相同的方法绘制左边部分，绘制完毕后的效果如图 10-234 所示。

20 按快捷键【Ctrl+0】使图像"适合屏幕"显示，效果如图 10-235 所示。

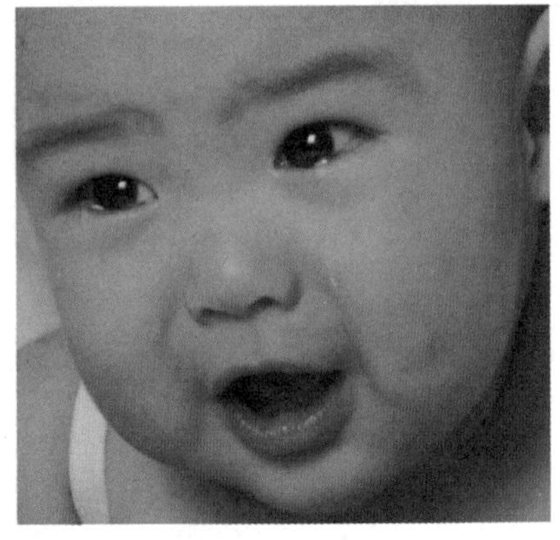

图 10-234

图 10-235

实例 10.22　制作古典美女

在网络上经常可以看到一些古典美女的插画或者桌面壁纸等，利用 Photoshop 强大的绘画功能和图层的混合模式，可以将普通的照片修改成朦胧的古典美女效果。

原照片

修饰后的效果

操作步骤

01 执行“文件”/“打开”命令，打开一张素材照片，如图 10-236 所示。

02 将背景图层拖动到“图层”面板底部的“创建新图层”按钮上，复制该图层，然后将图层名称改为“去瑕疵”。在工具箱中选择“污点修复画笔工具”，将脸上的小瑕疵去掉，效果如图 10-237 所示。

图 10-236

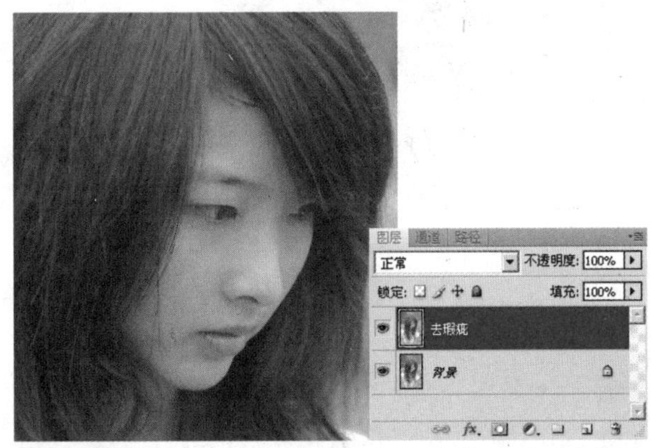

图 10-237

03 在工具箱中选择“涂抹工具”，在脸和头发部位进行轻轻的涂抹，涂抹时要注意不要改变五官的形状，邻近五官的地方可以使用“模糊工具”进行模糊，效果如图 10-238 所示。

04 将“去瑕疵”图层拖动到“图层”面板底部的“创建新图层”按钮上，复制“去瑕疵”图层，更改名称为“柔光”，将图层混合模式更改为“柔光”，并且将该图层拖到“图层”面板中所有图层的最上方，如图 10-239 所示。

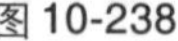
图 10-238

图 10-239

05 将“柔光”图层拖动到“图层”面板底部的“创建新图层”按钮上，生成“柔光副本”图层，如图 10-240 所示。

06 将前景色设置为白色，新建图层，命名为“左眼高光”，在工具箱中选择“画笔工具”，设置适当的笔刷大小，为左边的眼睛加上高光点，效果如图 10-241 所示。

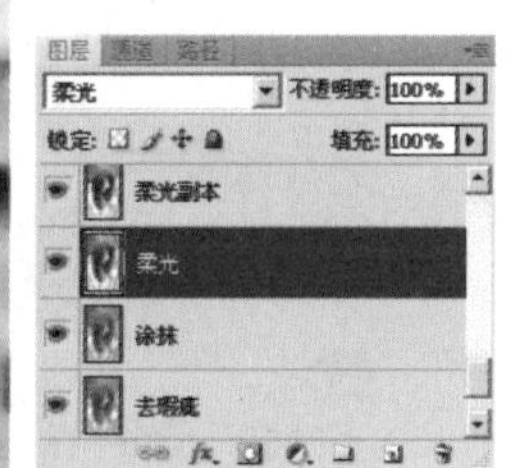

图 10-240

图 10-241

07 在“图层”面板中选择“去瑕疵”图层，用“钢笔工具”绘制头发的轮廓，如图 10-242 所示。

08 绘制完毕，按快捷键【Ctrl+Enter】将路径转换为选区，再按快捷键【Ctrl+J】复制选区内容到新图层，将图层名称改为“头发叠加”，如图 10-243 所示。

09 在工具箱中选择“涂抹工具”，在头发上涂抹，执行“滤镜”/“模糊”/“高斯模糊”命令，效果如图 10-244 所示。

10 在“图层”面板中将“头发叠加”图层的混合模式设置为“叠加”，如图 10-245 所示。

图 10-242

图 10-243

图 10-244

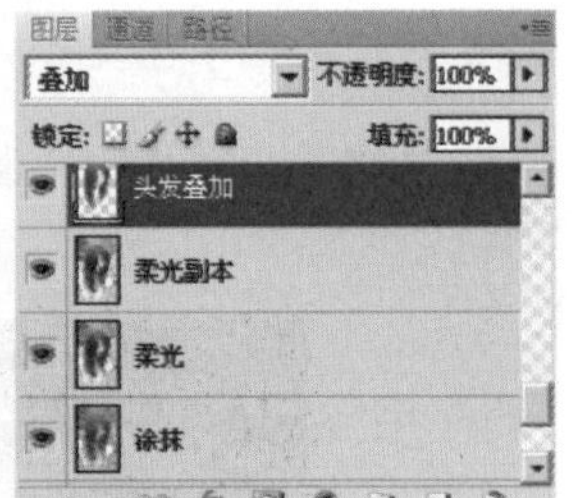

图 10-245

11 将图像放大，在“图层”面板中选择“去瑕疵”图层，选择工具箱中的“减淡工具”在眼白处反复涂抹，效果如图 10-246 所示。

12 在工具箱中选择“画笔工具”，按快捷键【F5】打开“画笔”面板，设置“画笔笔尖形状”参数，如图 10-247 所示。

图 10-246

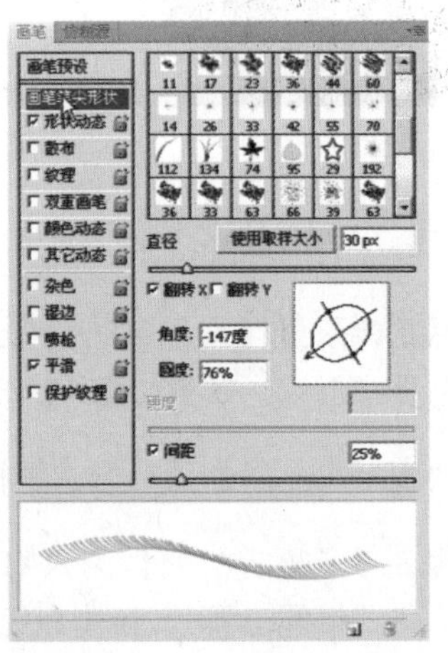

图 10-247

13 在“画笔”面板中选中“形状动态”复选框，并设置参数，如图 10-248 所示。

14 在“图层”面板中单击“创建新图层”按钮，将图层名称更改为“左上睫毛”，如图 10-249 所示。

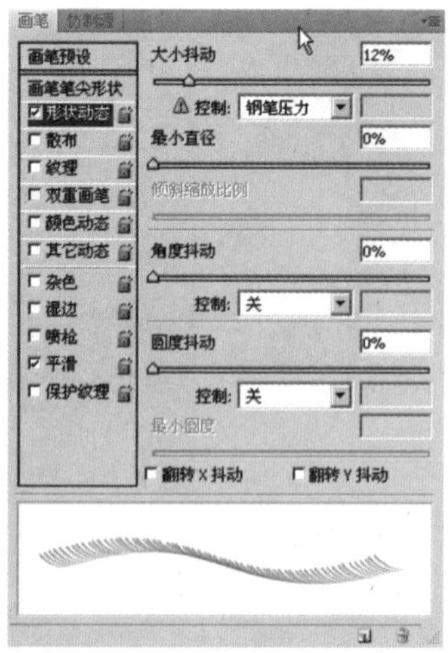

图 10-248

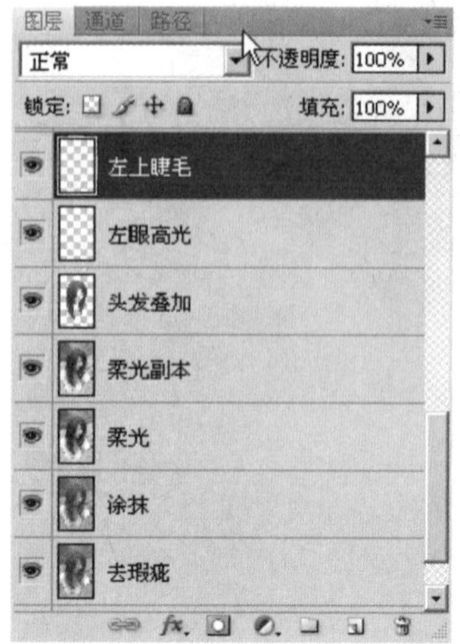

图 10-249

15 在睫毛处单击鼠标，绘制睫毛，效果如图 10-250 所示。

16 重复上步操作，绘制完成的左上睫毛如图 10-251 所示。

图 10-250

图 10-251

17 使用同样的方法新建图层，并用“画笔工具”制作下边的睫毛，效果如图 10-252 所示。

18 下睫毛绘制后显得很不自然，在工具箱中选择“橡皮擦工具”，选择柔角画笔，调整不透明度，让下睫毛更加自然，效果如图 10-253 所示。

19 右边的睫毛与左边的绘制方法是相同的，绘制完成后，效果如图 10-254 所示。

20 睫毛根处参差不齐，可以为人物图像绘制眼线，使眼睛更漂亮，同时也遮挡了不足之处。在工具箱中选择“钢笔工具”，绘制眼线，如图 10-255 所示。

图 10-252

图 10-253

图 10-254

图 10-255

21 按快捷键【Ctrl+Enter】将路径转换为选区，在“图层”面板中单击“创建新图层”按钮新建图层，将图层名称更改为“左上眼线”，如图 10-256 所示。

22 将前景色填充为黑色，按快捷键【Alt+Backspace】填充前景色，如图 10-257 所示。

图 10-256

图 10-257

23 执行“滤镜”/“模糊”/“高斯模糊”命令，设置完毕，单击“确定”按钮，得到的效果如图10-258所示。

24 在工具箱中选择“钢笔工具”，绘制左下眼线，如图10-259所示。

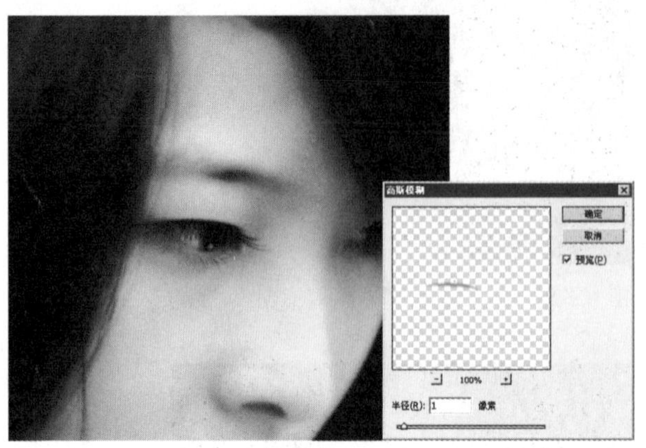

图10-258

图10-259

25 按快捷键【Ctrl+Enter】，将路径转换为选区，在“图层”面板中单击“创建新图层”按钮新建图层，将图层名称更改为“左下眼线”，按快捷键【Alt+Backspace】填充前景色，如图10-260所示。

26 用同样的方法绘制右边的眼线，绘制完成后，效果如图10-261所示，可以看出眼睛更加有神了。

图10-260

图10-261

27 在工具箱中选择“钢笔工具”，绘制头发的路径，如图10-262所示。

28 在工具箱中选择“画笔工具”，设置画笔大小，将前景色设置为黑色，并新建图层，命名为“头发”，选择“钢笔工具”，用鼠标右击路径，在快捷菜单中选择“描边路径”命令，效果如图10-263所示。

29 在工具箱中选择“钢笔工具”，绘制衣服的轮廓，如图10-264所示。

30 在工具箱中选择“画笔工具”，设置画笔大小，选择尖角画笔，将前景色设置为黑色，并新建图层，命名为“描边”，选择“钢笔工具”，用鼠标右击路径，在快捷菜单中选择“描边路径”命令，效果如图10-265所示。

图 10-262

图 10-263

图 10-264

图 10-265

31 执行“文件”/“打开”命令，打开一张花朵图片，如图 10-266 所示。

32 在“图层”面板中将背景图层拖动至“创建新图层”按钮上，得到“背景副本”图层，如图 10-267 所示。

图 10-266

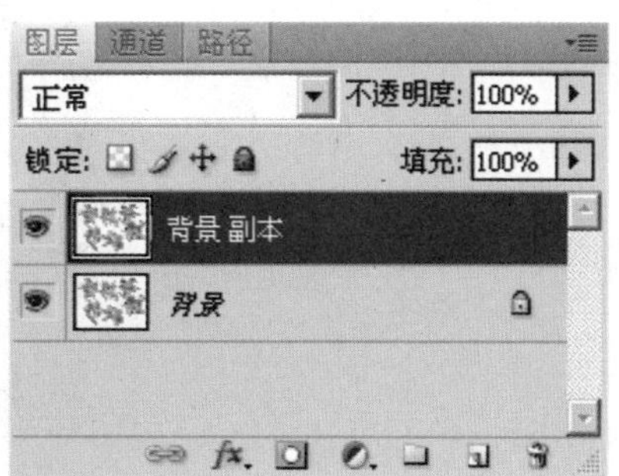

图 10-267

33 在“路径”面板中单击“路径1”，按快捷键【Ctrl+Enter】，将路径转换为选区，按【Delete】键删除背景，如图10-268所示。

34 在工具箱中选择“多边形套索工具”，选择一朵自己喜欢的花朵，选择“移动工具”，将花朵拖动到“古典美女”文件中，放置到适当位置，如图10-269所示。

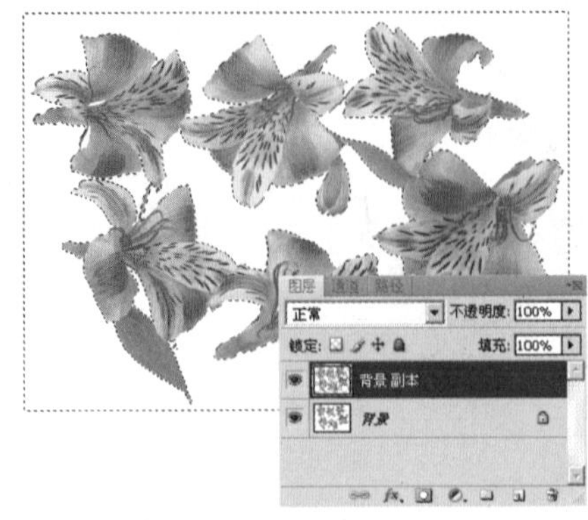

图10-268

图10-269

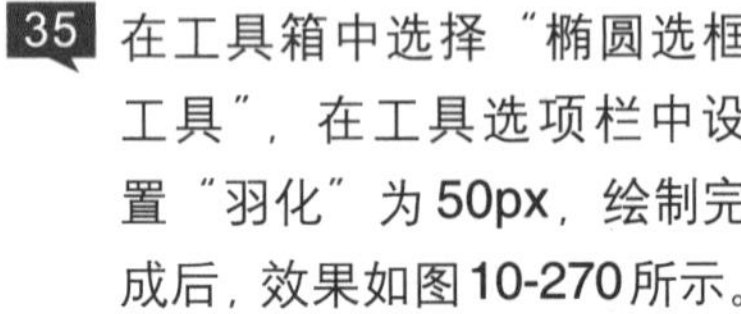

35 在工具箱中选择“椭圆选框工具”，在工具选项栏中设置“羽化”为50px，绘制完成后，效果如图10-270所示。

36 新建图层，将前景色设置为白色，按快捷键【Ctrl+Shift+I】反选选区，按快捷键【Alt+Backspace】填充前景色，按快捷键【Ctrl+D】取消选区后效果如图10-271所示。

图10-270

图10-271

实例10.23　制作古典照片

制作古典照片的方法有很多，这里再介绍另外一种方法，主要不在于绘画，而是利用图层混合模式和滤镜进行制作。

原照片

制作后效果

操作步骤

01 执行"文件"/"打开"命令，打开一张素材照片，如图10-272所示。

02 将"背景"图层拖动到"图层"面板底部的"创建新图层"按钮上，自动生成"背景副本"图层。在工具箱中选择"涂抹工具"，对脸部细微地涂抹一下，如图10-273所示。

图10-272

图10-273

03 按快捷键【Ctrl+Shift+U】去色，或者执行"图像"/"调整"/"去色"命令，效果如图10-274所示。

04 将"背景副本"图层拖动到"图层"面板底部的"创建新图层"按钮上，生成"背景副本2"图层，如图10-275所示。

图10-274

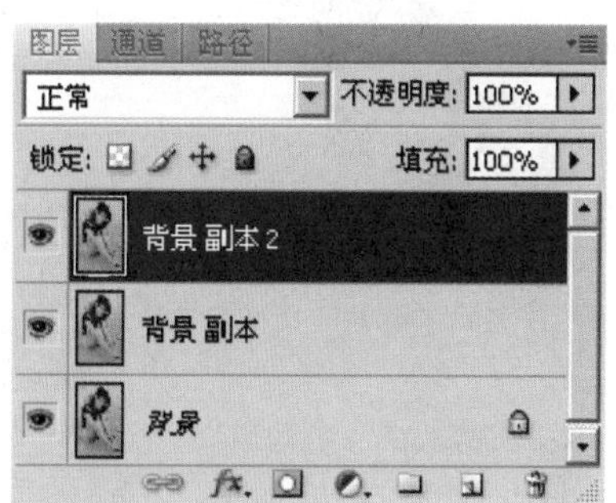

图10-275

05 按快捷键【Ctrl+I】反相，如图10-276所示。将图层混合模式更改为"颜色减淡"，这时什么都看不到，是白色的。

06 单击"图层"面板底部的"添加图层样式"按钮，在弹出的下拉菜单中选择"混合选项"命令，在弹出的"图层样式"对话框中按住【Alt】键拖动"下一图层"颜色带下的三角形滑块，效果如图10-277所示。

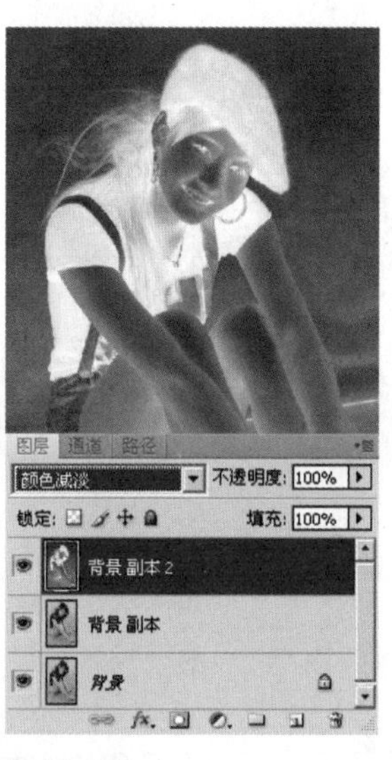

图10-276

图10-277

07 将“背景”图层拖动到“图层”面板底部的“创建新图层”按钮上，自动生成“背景副本 3”图层，将图层混合模式设置为“颜色”，然后将图层拖动到最上方，如图 10-278 所示。

08 按住【Alt】键单击“添加图层蒙版”按钮，在工具箱中选择“画笔工具”，将前景色设置为白色，在需要加深的地方涂抹，效果如图 10-279 所示。

图 10-278

图 10-279

09 新建图层，将前景色设置为复古的黄色，按快捷键【Alt+Backspace】填充前景色，将图层混合模式设置为“线性加深”，如图 10-280 所示。

10 执行“滤镜”/“纹理”/“纹理化”命令，在弹出的对话框中设置参数如图 10-281 所示。

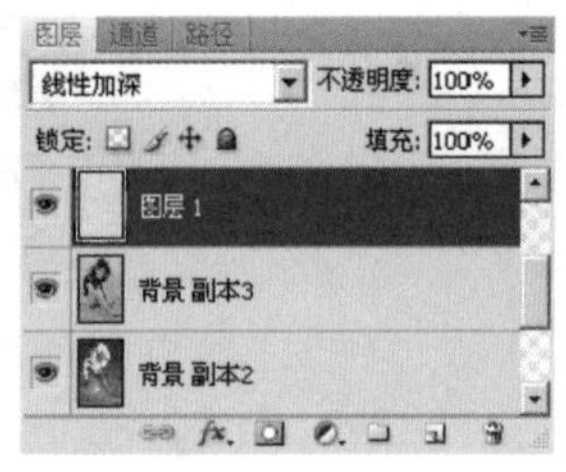

图 10-280

图 10-281

11 设置完毕，单击“确定”按钮，效果如图 10-282 所示。

12 在工具箱中选择“直排文字工具”，输入文字即可，效果如图 10-283 所示。

图 10-282

图 10-283

11 Chapter

Photoshop CS4 数码照片处理从入门到精通

数码照片特效处理技巧

本章主要针对数码照片进行特效处理，如为数码照片制作出油画效果、云雾效果、镜头光晕效果、梦幻效果等，将日常生活中拍摄的风景或人物照片轻松制作成颇具艺术特色的作品。

实例 11.1　把风景照制作成油画效果 1

Photoshop CS4软件可以将我们日常生活中拍摄的风景优美的照片轻松制作成颇具艺术特色的油画效果，最好选择色彩较丰富且层次感较强的照片来制作，这样得出的效果才更完美。

原照片

油画效果

操作步骤

01 执行"文件"/"打开"命令，打开如图 11-1 所示的照片。

02 单击"图层"面板底部的"创建新图层"按钮，新建一个图层，默认名称为"图层 1"，如图 11-2 所示。

图 11-1

图 11-2

03 在工具箱中选择"历史记录艺术画笔工具"，在选项栏中设置"画笔形状"为喷溅式画笔，设置"样式"为"绷紧中"，为了使笔刷效果更加自然，还可以在"画笔"面板中选中"湿边"、"杂色"、"纹理"复选框，如图 11-3 所示。

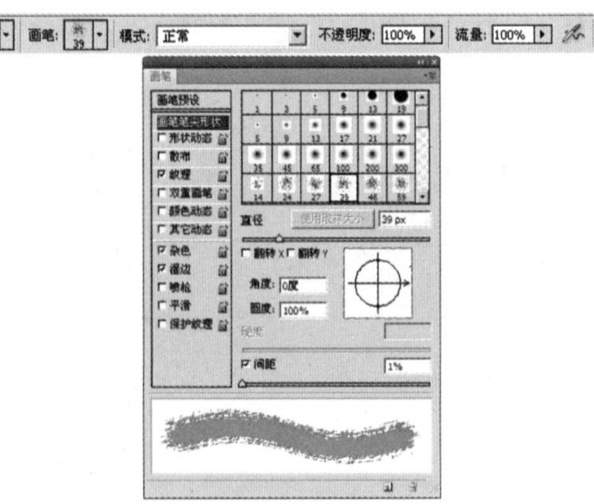
图 11-3

提示 · 技巧

根据个人喜好，可以随意设置笔刷的大小。笔刷大小不同表现出来的风格也不尽相同。

04 对图像进行涂抹。在图层 1 中使用历史记录艺术画笔进行涂抹（隐藏背景图层），如图 11-4 所示。

05 在照片上右击，弹出“画笔”面板，调节“主直径”参数值使笔刷变小，然后在照片上单击，面板就会自动隐藏。对照片的细节进行涂抹，如图 11-5 所示。

图 11-4

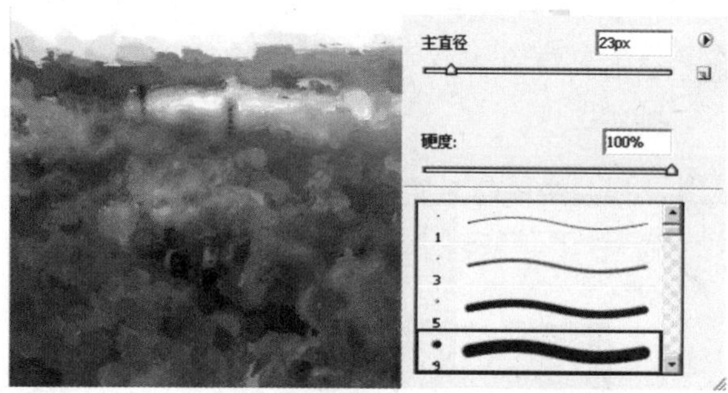

图 11-5

实例 11.2　制作邮票式的照片

生活照可以在 Photoshop CS4 软件中制作成邮票样式。

原照片

邮票效果

操作步骤

01 执行“文件”/“打开”命令，打开如图 11-6 所示的照片。

02 修复照片中左边的暗色，让整张照片的明暗统一。在工具箱中单击“以快速蒙版模式编辑”按钮，并使用“渐变工具”在照片中由右至左拉出渐变线，图像效果如图 11-7 所示。

图 11-6

图 11-7

03 在工具箱中单击“以标准模式编辑”按钮，这时的图像会自动在暗部生成选区，效果如图 11-8 所示。

04 将照片中的暗部调亮。执行“图像”/“调整”/“曲线”命令，在弹出的对话框中进行设置，图像效果如图 11-9 所示。

图 11-8

图 11-9

05 将照片制作成单色老照片效果。执行“图像”/“调整”/“色相/饱和度”命令，在弹出的对话框中进行设置，图像效果如图 11-10 所示。

06 添加拍摄日期。在工具箱中选择“横排文字工具”T，工具选项栏中的属性设置如图 11-11 所示，将文字放到图像中的合适位置，图像效果如图 11-12 所示，文字部分将自动生成一个“文字”图层。

图 11-10

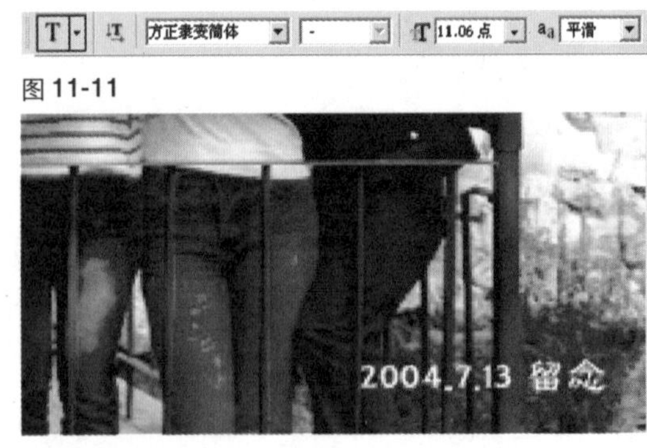

图 11-11

图 11-12

07 按快捷键【Ctrl+E】合并图层，双击背景图层，将其转换为普通图层“图层0”。按快捷键【Ctrl+A】全选图像，按快捷键【Ctrl+T】弹出自由变换控制框，并按住快捷键【Shift+Alt】拖动，以进行图像中心等比例缩小的操作，满意后按【Enter】键。按快捷键【Shift+Ctrl+I】反选选区，如图11-13所示。

图 11-13

08 填充颜色。将前景色设置为黑色，按快捷键【Alt+Delete】进行前景色填充，图像效果如图11-14所示。按快捷键【Shift+Ctrl+I】反选选区，执行“编辑”/“描边”命令，在弹出的“描边”对话框中进行设置，图像效果如图11-15所示。

图 11-14

图 11-15

09 打开“路径”面板，单击其底部的“从选区生成工作路径”按钮，将选区转换为工作路径，图像效果如图11-16所示。

10 在工具箱中选择“画笔工具”，在“画笔”面板中设置画笔的各个选项，如图11-17所示。

11-16

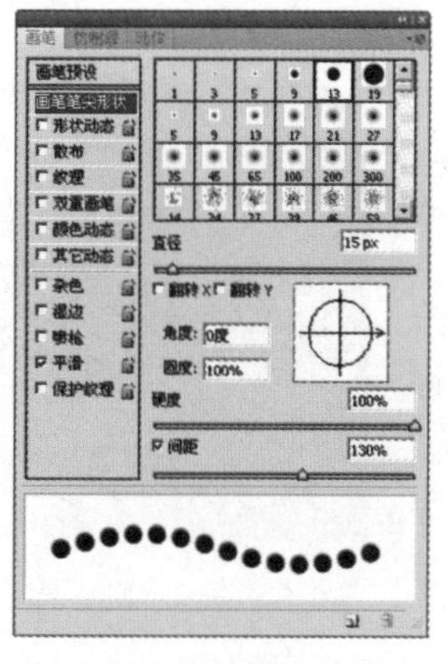

图 11-17

11 设置好画笔后，设置前景色为黑色，如图 11-18 所示。单击“路径”面板右上角的控制按钮，在弹出的下拉菜单中选择“描边路径”命令，如图 11-19 所示。

12 在弹出的“描边路径”对话框中设置工具为“画笔”，单击“确定”按钮后，得到的图像效果如图 11-20 所示。

图 11-18

图 11-19

图 11-20

13 输入文字。在工具箱中选择“横排文字工具”，进行各项参数的设置。其中，“分”字的属性在“字符”面板中另做设置，效果如图 11-21 所示。

14 完成各个步骤后，图像的最终效果如图 11-22 所示。

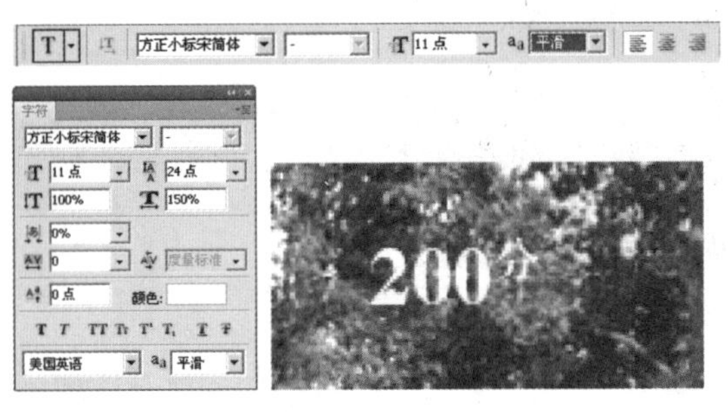

图 11-21

图 11-22

实例 11.3　制作云雾效果

在风景照片中略添加一些雾气，即可为照片添加神秘感和清新感。下面来介绍如何用 Photoshop CS4软件在普通风景照片中创建云雾效果。

原照片

云雾效果

操作步骤

01 执行“文件”/“打开”命令，打开如图 11-23 所示的照片。

02 单击“图层”面板底部的“创建新图层”按钮，创建一个新图层——“图层 1”，如图 11-24 所示。所有的云雾效果均将在图层 1 中完成，以保持底图的完整。

图 11-23

图 11-24

03 单击工具箱中的 图标，将前景色和背景色恢复为默认颜色，执行“滤镜”/“渲染”/“云彩”命令，效果如图 11-25 所示。

04 在“图层”面板中设置图层 1 的混合模式为“滤色”，效果如图 11-26 所示。

图 11-25

图 11-26

05 在工具箱中选择“橡皮擦工具”，然后在选项栏中设置画笔为“柔边”，笔刷大小为 150px，擦掉近景中树和马路上的雾，效果如图 11-27 所示。

06 在选项栏中将不透明度设置为 30%，擦除远景的灌木丛，近景的雾则越来越淡，最终效果如图 11-28 所示。

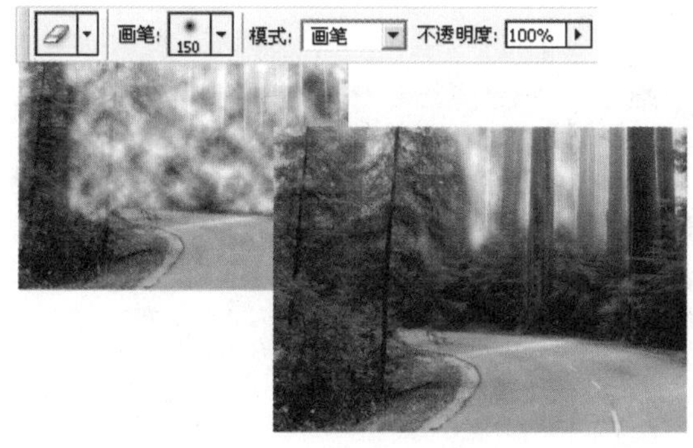

图 11-27

图 11-28

实例 11.4 制作下雪效果

由于种种原因，人们在拍摄雪景时，很难拍到正在下雪的朦胧感和动感效果。下面通过 Photoshop CS4 软件来完成此效果。

原照片

下雪效果

操作步骤

01 执行“文件”/“打开”命令，打开如图 11-29 所示的照片。

02 单击“图层”面板底部的“创建新的填充或调整图层”按钮，选择“曲线”命令，弹出“曲线”面板，选择不同的通道并设置其参数，如图 11-30 所示。

图 11-29

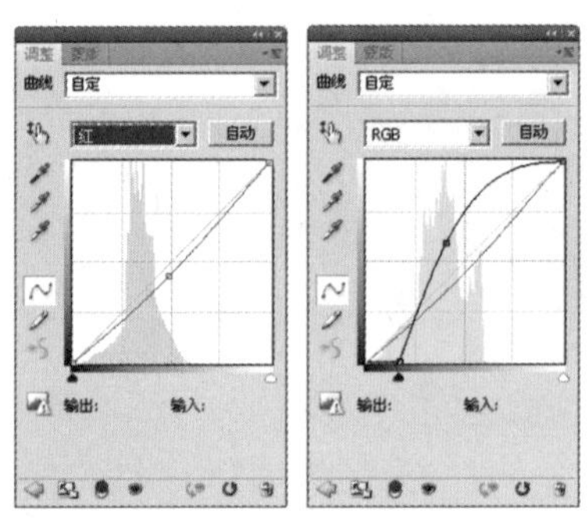
图 11-30

03 参数设置完成后，图像效果如图 11-31 所示。

04 单击“图层”面板底部的“创建新的填充或调整图层”按钮，选择“色阶”命令，弹出“色阶”面板，选择不同的通道并设置其参数，如图 11-32 所示。

图 11-31

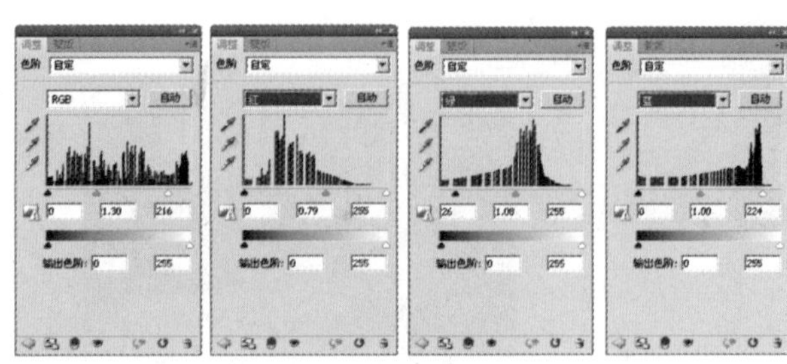
图 11-32

05 参数设置完成后，图像效果如图 11-33 所示。

06 单击“图层”面板底部的“创建新的填充或调整图层”命令，选择“色彩平衡”按钮，弹出“色彩平衡”面板，选择不同的色调并设置其参数，如图 11-34 所示。

图 11-33

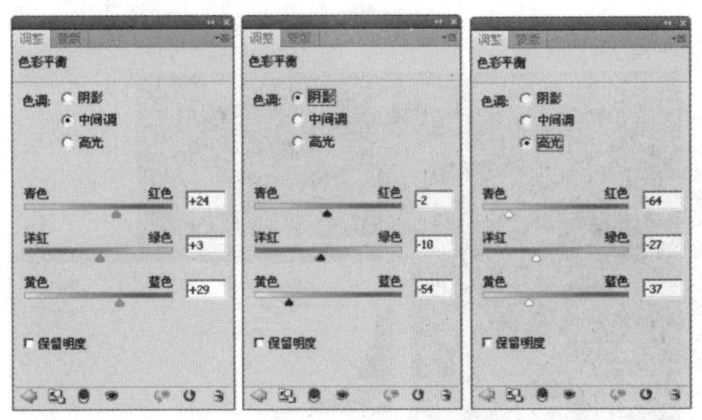
图 11-34

07 参数设置完成后，图像效果如图 11-35 所示。

08 切换到“通道”面板，单击其底部的“创建新通道”按钮，创建 Alpha 1 通道，如图 11-36 所示。

图 11-35

图 11-36

09 执行“滤镜”/“像素化”/“铜版雕刻”命令，弹出“铜版雕刻”对话框，设置其网点类型，效果如图 11-37 所示。

10 执行“滤镜”/“模糊”/“高斯模糊”命令，弹出“高斯模糊”对话框，设置其模糊半径，效果如图 11-38 所示。

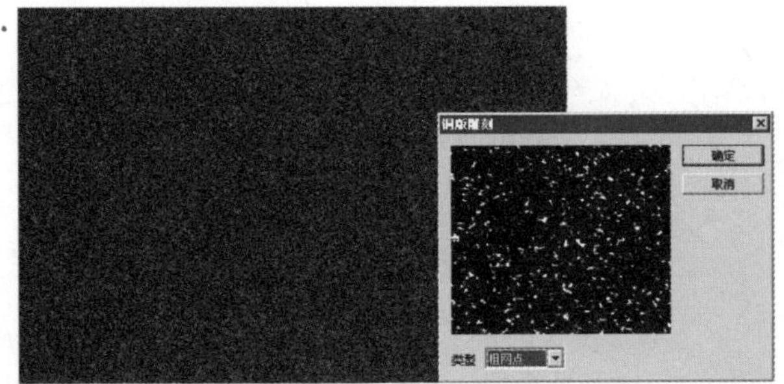
图 11-37

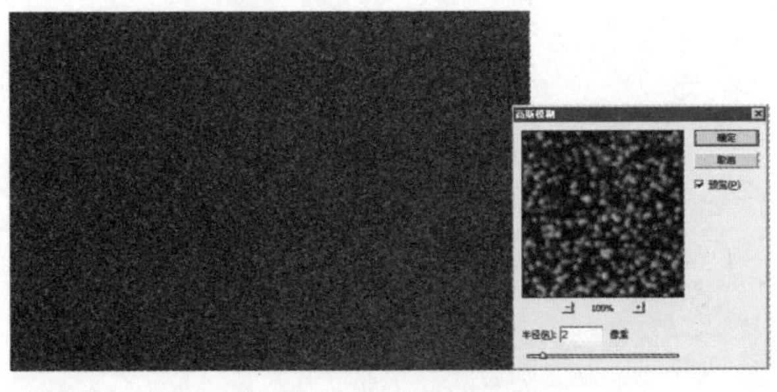
图 11-38

11 执行“图像”/“调整”/“阈值”命令，弹出“阈值”对话框，设置其“阈值色阶”参数，效果如图11-39所示。

12 按住【Ctrl】键，同时单击Alpha 1通道，建立选区，切换到“图层”面板，新建图层1，填充选区为白色，按快捷键【Ctrl+D】取消选区，效果如图11-40所示。

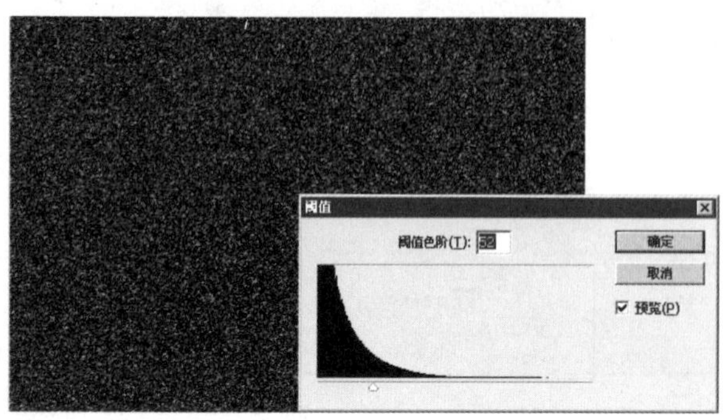

图11-39

图11-40

13 执行“滤镜”/“模糊”/“动感模糊”命令，弹出“动感模糊”对话框，设置其参数，效果如图11-41所示。

14 复制图层1，得到“图层1副本”图层，设置“图层1副本”图层的填充不透明度为31%，最终效果如图11-42所示。

图11-41

图11-42

实例 11.5　制作镜头光晕效果

使用 Photoshop CS4 软件，可以为照片制作镜头光晕效果。

原照片

镜头光晕效果

操作步骤

01 执行“文件”/“打开”命令，打开如图 11-43 所示的照片。

02 执行“滤镜”/“渲染”/“镜头光晕”命令，弹出“镜头光晕”对话框，在“镜头类型”选项组中选中“50-300 毫米变焦”单选按钮，如图 11-44 所示。

图 11-43

图 11-44

03 用鼠标在预览区中移动带有十字线的光晕中心，将光晕中心调整到合适的位置，最好根据照片中光线的方向进行调整，如图 11-45 所示。制作完成后的图像效果如图 11-46 所示。

图 11-45

图 11-46

实例 11.6 给照片添加彩虹

彩虹是业余摄影师在拍摄照片时很难捕捉到的自然景象，但使用Photoshop CS4 软件可以轻松地为照片添加彩虹。

原照片

彩虹效果

01 执行“文件”/“打开”命令，打开如图 11-47 所示的照片。

02 复制背景图层，得到“背景副本”图层，并设置“背景副本”图层的混合模式为“柔光”，效果如图 11-48 所示。

图 11-47

图 11-48

03 单击“图层”面板底部的“创建新的填充或调整图层”按钮，选择“色阶”命令，弹出“色阶”面板，选择不同的通道并设置其参数，如图 11-49 所示.

04 参数设置完成后，图像效果如图 11-50 所示。

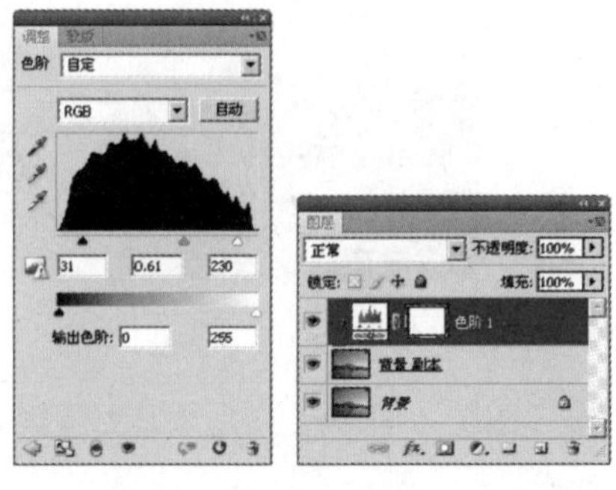

图 11-49

图 11-50

05 单击“图层”面板底部的“创建新的填充或调整图层”按钮，选择“曲线”命令，弹出“曲线”面板，选择不同的通道并设置其参数，如图 11-51 所示。

06 参数设置完成后，图像效果如图 11-52 所示。

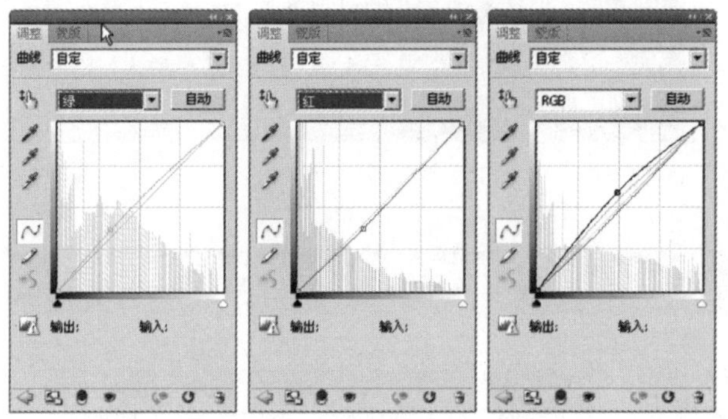

图 11-51

图 11-52

07 执行“文件”/“新建”命令，设置“名称”为“彩虹”、大小为 10cm x10cm、“分辨率”为 300 像素/英寸、“颜色模式”为“RGB 颜色”、“背景内容”为“透明”，单击“确定”按钮，如图 11-53 所示。

08 在工具箱中选择“渐变工具”，并在选项栏中单击渐变色编辑图标，在弹出的“渐变编辑器”窗口中选择预设选项“透明彩虹渐变”，并单击“确定”按钮，按住【Shift】键的同时拖动鼠标，在图层 1 中绘制彩虹渐变，如图 11-54 所示。

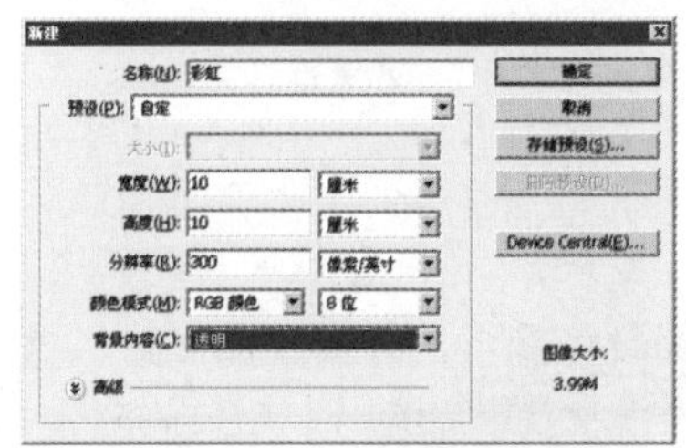

图 11-53

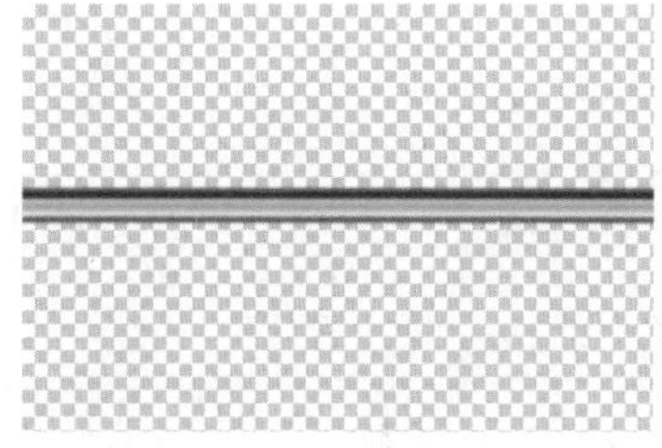

图 11-54

09 执行“滤镜”/“扭曲”/“极坐标”命令，弹出“极坐标”对话框，选中“平面坐标到极坐标”单选按钮，单击“确定”按钮，效果如图11-55所示。

10 选择工具箱中的“移动工具”，将制作好的彩虹拖动到素材照片上，按快捷键【Ctrl+T】，适当调整其大小，如图11-56所示。

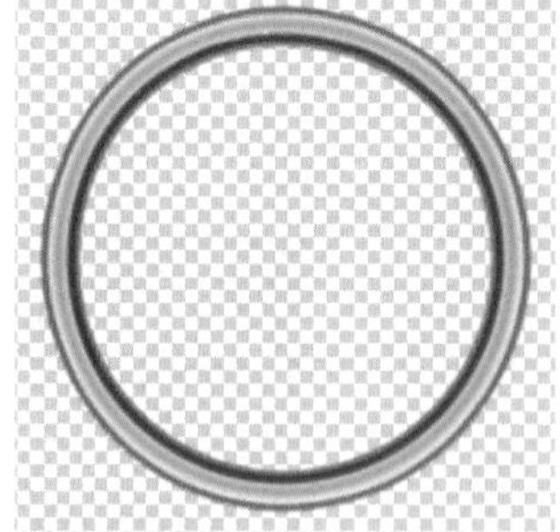

图11-55

图11-56

11 改变图层的混合模式为“滤色”，效果如图11-57所示。单击“图层”面板底部“添加图层蒙版”按钮，选择工具箱中的“画笔工具”，设置前景色为黑色，在画面中进行涂抹，最终效果如图11-58所示。

图11-57

图11-58

实例11.7　为树林增添光线

借助Photoshop CS4软件可以制作出专业摄影师都很难捕捉到的阳光透过树林洒向地面的美景。下面就来介绍如何在照片中为树林增添光线。

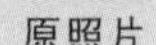

原照片

光线效果

操作步骤

01 执行“文件”/“打开”命令，打开如图11-59所示的照片。

02 打开“通道”面板，观察RGB、“红”、“绿”、“蓝”4个通道，选择其中颜色反差最大的通道，这里选择“绿”通道。按住【Ctrl】键单击“绿”通道，载入“绿”通道选区，如图11-60所示。

图 11-59

图 11-60

03 打开“图层”面板，单击背景图层，执行“图层”/“新建”/“通过拷贝的图层”命令，将背景图层中选区内的图像复制为图层 1，如图 11-61 所示。

04 执行“滤镜”/“模糊”/“径向模糊”命令，在弹出的“径向模糊”对话框中设置模糊数量为最高值 100，设置“模糊方法”为“缩放”，用鼠标将模糊中心移动到右上角，单击“确定”按钮，如图 11-62 所示。

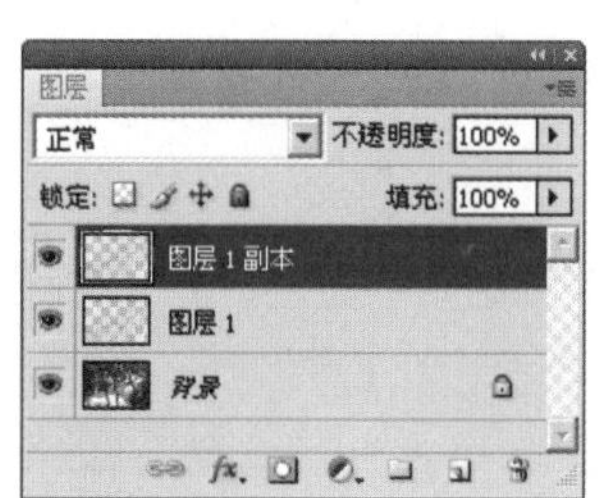

11-61

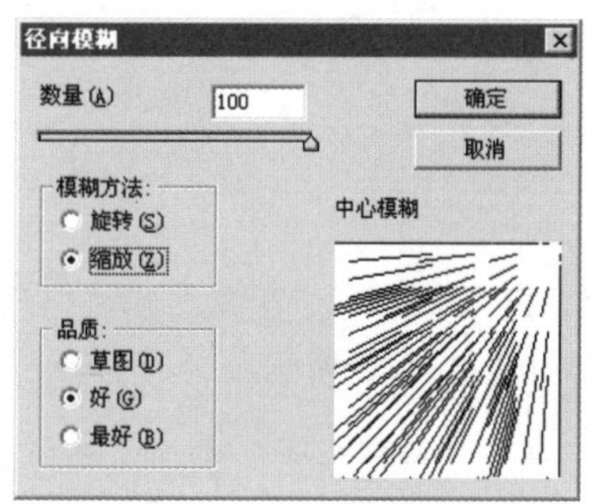

图 11-62

05 这时图像中已经出现了光线效果，如图 11-63 所示。

06 但看上去还不是很明显，将图层 1 拖动到“图层”面板底部的“创建新图层”按钮上，复制出“图层 1 副本”图层，这样树林中的光晕效果就明显了，如图 11-64 所示。

图 11-63

图 11-64

实例 11.8　把风景照制作成油画效果 2

Photoshop CS4 软件可以将我们日常生活中拍摄的风景优美的照片轻松地制作成颇具艺术特色的油画效果，最好选择色彩较丰富且层次感较强的照片来制作，这样得到的效果才更完美。

原照片

油画效果

操作步骤

01 执行“文件”/“打开”命令，在弹出的“打开”对话框中选择所要处理的素材照片，单击“打开”按钮将其打开，如图 11-65 所示。

02 复制背景图层，得到“背景副本”图层，并设置“背景副本”图层的混合模式为“滤色”，效果如图 11-66 所示。

图 11-65

图 11-66

03 单击“图层”面板底部的“创建新的填充或调整图层”按钮，在弹出的下拉菜单中选择“曲线”命令，在弹出的“曲线”面板中选择不同的通道，并设置其曲线，如图 11-67 所示。

04 参数设置完毕后，按快捷键【Ctrl+Alt+G】创建剪贴蒙版，得到的图像效果如图 11-68 所示。

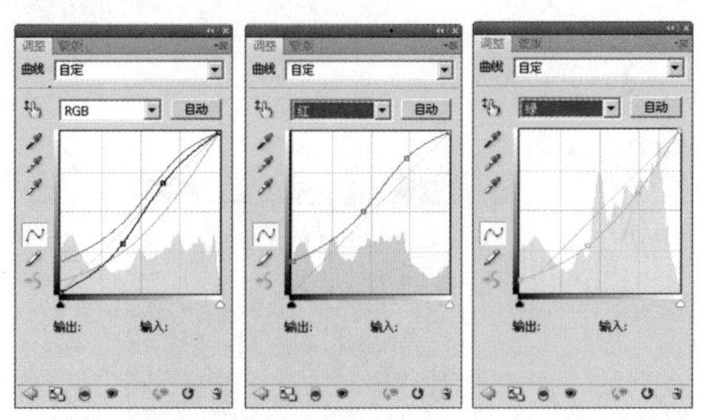
图 11-67

图 11-68

05 新建图层 1，按快捷键【Shift+Ctrl+Alt+E】向下合并图层至图层 1，效果如图 11-69 所示。

06 选择图层 1，将其转换为智能对象，然后执行“滤镜”/“扭曲”/“玻璃”命令，在“玻璃”对话框中进行参数设置，设置完成后单击“确定”按钮，如图 11-70 所示。

图 11-69

图 11-70

07 执行“滤镜”/“艺术效果”/“绘画涂抹”命令，在“绘画涂抹”对话框中进行参数设置，设置完成后单击“确定”按钮，效果如图 11-71 所示。

08 执行“滤镜”/“画笔描边”/“成角的线条”命令，在“成角的线条”对话框中进行参数设置，设置完成后单击“确定”按钮，效果如图 11-72 所示。

图 11-71

图 11-72

09 执行“滤镜”/“纹理”/“纹理化”命令，在“纹理化”对话框中进行参数设置，设置完成后单击“确定”按钮，效果如图 11-73 所示。

10 单击“图层”面板底部的“创建新的填充或调整图层”按钮，在弹出的下拉菜单中选择“亮度/对比度”命令，在弹出的“亮度/对比度”对话框中进行设置，得到图像的最终效果如图 11-74 所示。

图 11-73

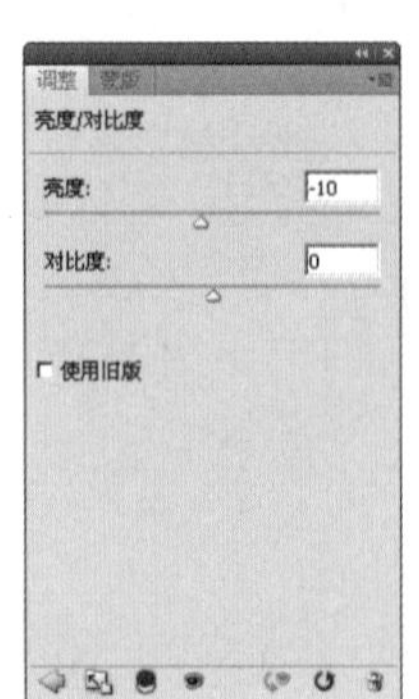

图 11-74

实例 11.9　制作照片烧焦效果

利用 Photoshop CS4 软件中的加深工具可以轻松制作出一些有趣的图片效果，例如将照片制作成烧焦的效果。

原照片

烧焦效果

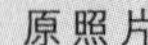

操作步骤

01 执行“文件”/“打开”命令，在弹出的“打开”对话框中选择需要处理的图片，单击“打开”按钮打开该图片，如图 11-75 所示。

02 在“图层”面板中选择背景图层，将其拖动到“图层”面板底部的“创建新图层”按钮上，创建“背景副本”图层，如图 11-76 所示。

图 11-75

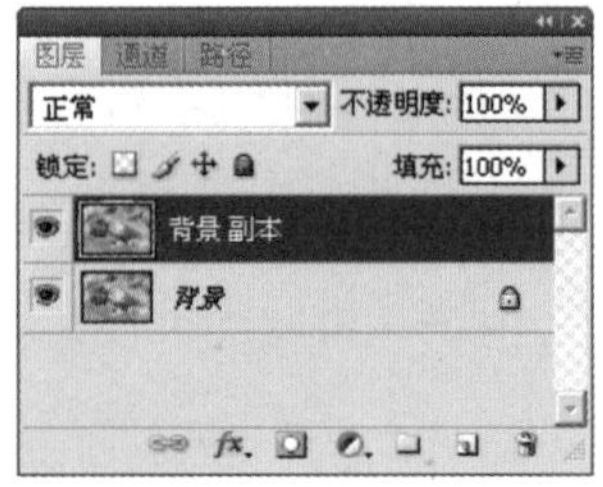

图 11-76

03 执行“图像”/“调整”/“去色”命令或按快键键【Shift+Ctrl+U】，去除图像的色彩，效果如图 11-77 所示。

04 执行“图像”/“调整”/“色相/饱和度”命令，在弹出的“色相/饱和度”对话框中选中“着色”复选框，并分别拖动“色相”、“饱和度”、“明度”滑块进行调整，调整后的效果如图 11-78 所示。

图 11-77

图 11-78

05 在“图层”面板中选择“背景副本”图层，将其拖动到“图层”面板底部的“创建新图层”按钮上，创建“背景副本 2”图层，如图 11-79 所示。

06 选择“背景副本 2”图层，执行“滤镜”/“杂色”/“添加杂色”命令，弹出“添加杂色”对话框，选中“平均分布”单选按钮，同时选中“单色”复选框，并拖动滑块调整数值，单击“确定”按钮，效果如图 11-80 所示。

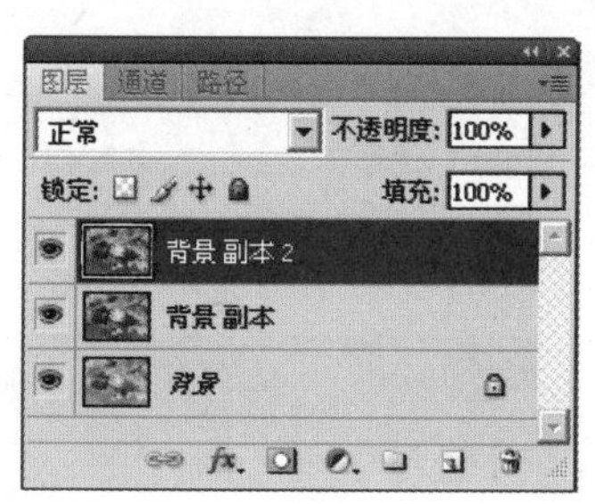

图 11-79

图 11-80

提示 · 技巧

“添加杂色”滤镜在图像上应用随机像素，可模仿在高速胶片上捕捉画面的效果。另外，“添加杂色”滤镜也可以用来减少羽化选区，或用来使过度修饰的区域显得逼真。

07 在“图层”面板中将“背景副本 2”图层的混合模式改为“柔光”，根据绘图色的明暗程度来决定最终的效果是变亮还是变暗，效果如图 11-81 所示。

08 选择工具箱中的“套索工具”，在图像的右侧绘制不规则的选区。执行“选择”/“修改”/“羽化”命令，在弹出的“羽化选区”对话框中输入“羽化半径”为 4 像素，单击“确定”按钮，效果如图 11-82 所示。

图 11-81

图 11-82

09 确认背景色为浅灰色，依次选中各个图层，按【Delete】键将所选区域删除。使用与上面相同的方法再增加一个选区，按【Delete】键进行删除，效果如图 11-83 所示。

10 选择工具箱中的“加深工具”，在选项栏中设置适当的画笔大小，将范围设置为“中间调”，在各图层图像上拖动鼠标制作烧焦的效果，如图 11-84 所示。

图 11-83

图 11-84

11 选择工具箱中的“海绵工具”，在选项栏中设置适当的画笔大小，将模式设置为“降低饱合度”，然后在各图层图像上拖动鼠标以降低图像的饱和度，使制作的烧焦效果更加逼真，如图 11-85 所示。

图 11-85

实例 11.10　制作梦幻效果

在Photoshop CS4软件中利用“阈值”命令和“色相/饱和度”命令可以将原照片制作成版画效果，增强原照片的艺术感。若使用图层混合模式并调整图层样式，还可以使图像产生梦幻般的效果。

原照片

梦幻效果

操作步骤

01 执行“文件”/“打开”命令，在弹出的“打开”对话框中选择需要处理的照片，单击“打开”按钮打开照片，如图11-86所示。

02 选择“图层”面板中的背景图层，将其拖动到“图层”面板底部的“创建新图层”按钮上，创建“背景副本”图层，如图11-87所示。

图11-86

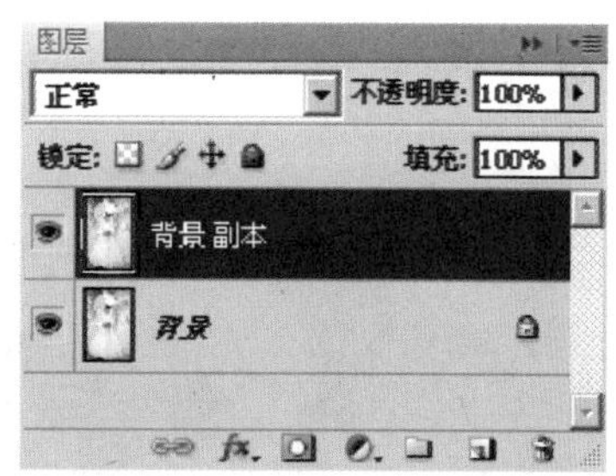

图11-87

03 重复上面的操作，将背景图层拖动到“创建新图层”按钮上，创建“背景副本2”图层。双击图层名称，将“背景副本2”图层重命名为beijing，如图11-88所示。

04 选择beijing图层，执行“图像”/“调整”/“阈值”命令，在弹出的“阈值”对话框中拖动滑块进行调整，单击“确定”按钮，为图像制作版画效果，如图11-89所示。

图 11-88

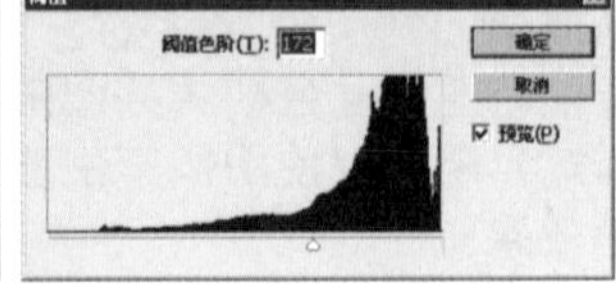

图 11-89

05 选择背景图层，将其拖动到“图层”面板底部的“创建新图层”按钮上，创建“背景副本 2”图层，如图 11-90 所示。

06 选择“背景副本 2”图层，将其拖到 Beijing 图层上方，再次执行“图像”/“调整”/“阈值”命令，在弹出的“阈值”对话框中拖移滑块进行调整，单击“确定”按钮，图像的黑白效果更加明显，如图 11-91 所示。

图 11-90

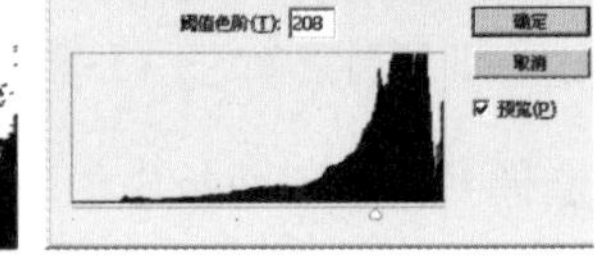

图 11-91

07 在“图层”面板中将“背景副本 2”图层的不透明度调整为 46%，将 beijing 图层与“背景副本 2”图层的颜色相融合以增强图像的立体感，如图 11-92 所示。

08 再次将背景图层拖动到“图层”面板底部的“创建新图层”按钮上，创建“背景副本 3”图层，将其拖动到最上方，执行“图像”/“调整”/“阈值”命令，在弹出的“阈值”对话框中拖动滑块进行调整，单击“确定”按钮，设置该图层的填充不透明度为 46%，如图 11-93 所示。

图 11-92

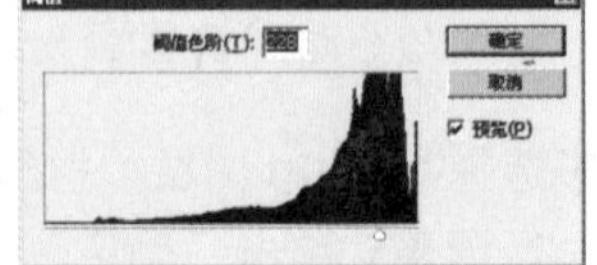

图 11-93

09 为了使图像的颜色更丰富，执行"图像"/"调整"/"色相/饱和度"命令，在弹出的"色相/饱和度"对话框中选中"着色"复选框，并分别拖动滑块调整图像的色彩，效果如图11-94所示。

10 在"图层"面板中选择"背景副本3"图层，将其混合模式设置为"强光"，使"背景副本3"图层与"背景副本2"图层相融合，如图11-95所示。

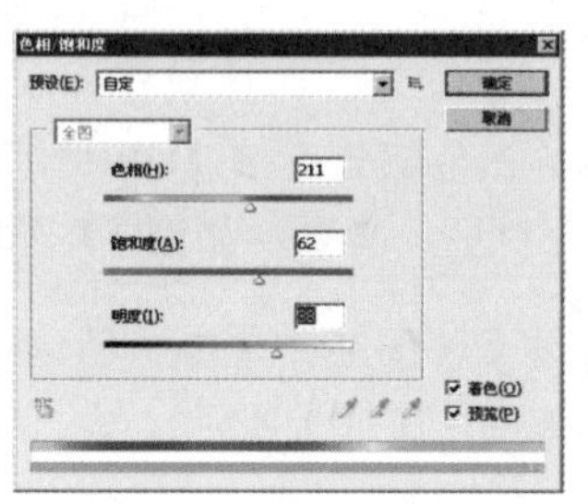

图11-94

图11-95

11 在"图层"面板中，单击上方的3个背景副本图层前的"指示图层可见性"图标，将它们隐藏，如图11-96所示。

12 选择"背景副本"图层，执行"图像"/"调整"/"色调分离"命令，在弹出的"色调分离"对话框中将"色阶"设置为11，单击"确定"按钮，使图像的颜色按照设定的颜色分类，效果如图11-97所示。

图11-96

图11-97

13 在"图层"面板中重新显示上方的3个图层，按住【Shift】键将这3个图层选中，再按快捷键【Ctrl+E】合并图层，得到如图11-98所示的"背景副本3"图层。

14 执行"选择"/"色彩范围"命令，在弹出的"色彩范围"对话框中，用鼠标单击图像的白色区域，再将"颜色容差"设置为200，单击"确定"按钮，如图11-99所示。

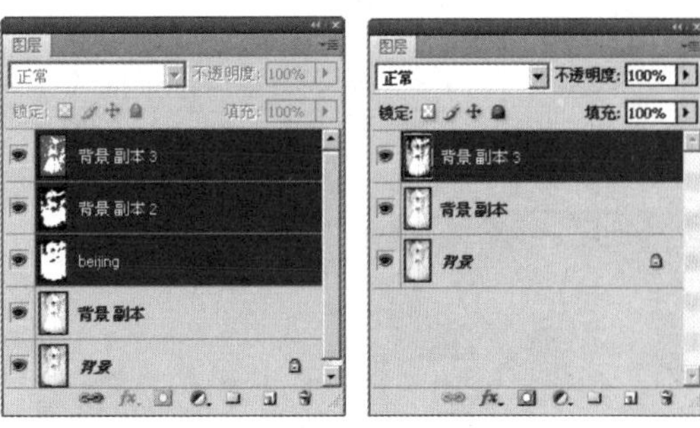

图 11-98

图 11-99

15 执行“色彩范围”命令后，系统将自动选取图像的白色部分，按【Delete】键将白色区域删除。经过这样的操作后，“背景副本”图层中的天空部分将显示出来，如图 11-100 所示。

16 丰富背景颜色。选择“图层”面板中的“背景副本 3”图层，单击“创建新的填充或调整图层”按钮，在弹出的下拉菜单中选择“渐变”命令，如图 11-101 所示。

图 11-100

图 11-101

17 在弹出的“渐变填充”对话框中单击“渐变”下拉列表框，在弹出的“渐变编辑器”窗口中设置理想的渐变效果后，单击“确定”按钮，如图 11-102 所示，

18 设置渐变填充颜色后，得到的效果如图 11-103 所示。

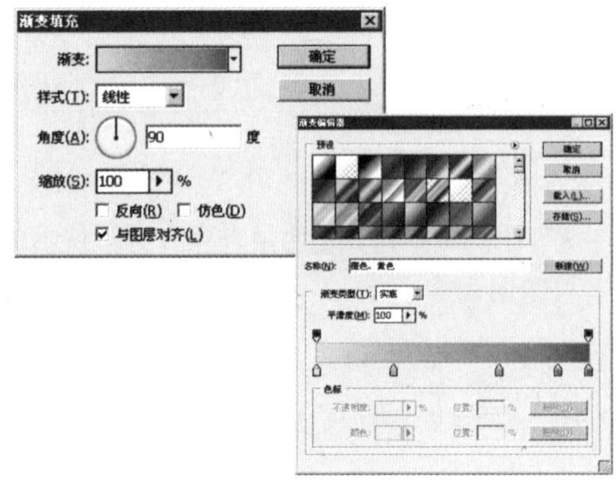

图 11-102

图 11-103

19 在“图层”面板中将“渐变填充 1”图层拖到“背景副本 3 图层”的下方，并将其混合模式设置为“浅色”，即可将背景的天空与渐变填充效果合成，图像的色彩将更加明亮，如图 11-104 所示。

20 在“图层”面板中单击“创建新图层”按钮创建图层 1，在工具箱中将前景色设置为黑色，并将图层 1 填充为黑色，效果如图 11-105 所示。

图 11-104

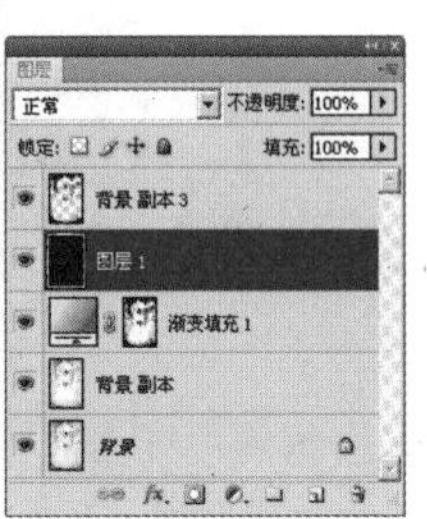

图 11-105

提示 · 技巧

也可以按【D】键将前景色与背景色设置为默认的黑白状态，再按【X】键切换前景色与背景色，并按快捷键【Alt+Delete】填充选区。

21 使用滤镜效果将图层 1 制作成墙壁效果。执行“滤镜”/“纹理”/“纹理化”命令，在弹出的“纹理化”对话框中将“纹理”设置为“砖形”，并拖动滑块设置好纹理的大小和凸凹程度，直到调整出满意的效果为止，单击“确定”按钮，将图像制作成墙壁效果，如图 11-106 所示。

22 在“图层”面板中将“图层 1”的混合模式设置为“滤色”，此时天空图像投影到墙壁上的图像效果就完成了，如图 11-107 所示。

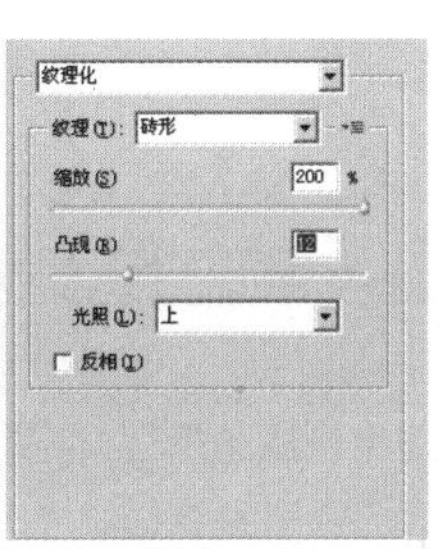

图 11-106

图 11-107

23 在“图层”面板中选择“背景副本”图层，将其混合模式设置为“线性加深”，使背景的颜色加深。这样，图像背景将更加鲜明，且与背景图层的颜色对比更加突出，如图 11-108 所示。

24 复制背景图层，得到“背景副本 2”图层，将其拖到最上方，并设置其不透明度值为 32%，填充不透明度值为 57%，效果如图 11-109 所示。

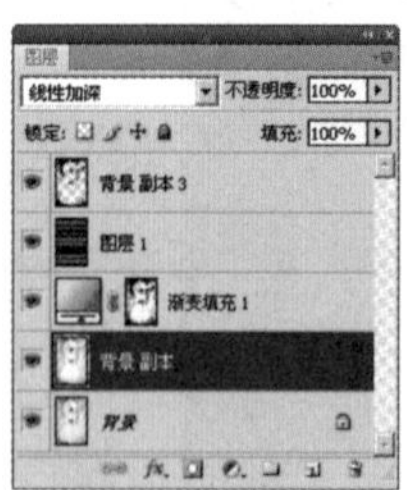

图 11-108

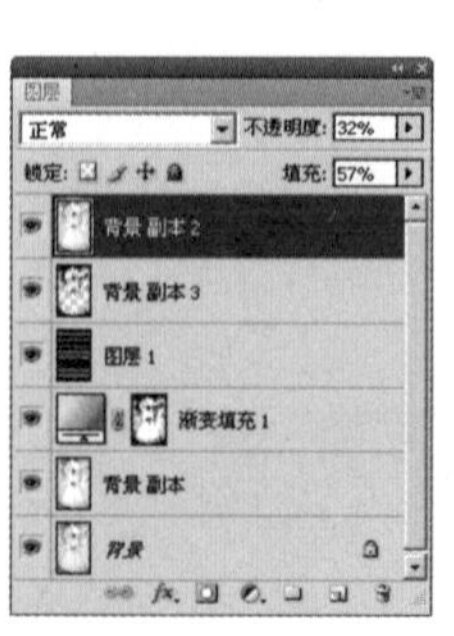

图 11-109

25 复制背景图层，得到“背景副本 4”图层，将其拖到最上方，并设置其混合模式为“线性加深”，不透明度值为 86%，填充不透明度值为 41%，效果如图 11-110 所示。

26 执行“图像”/“调整”/“色彩平衡”命令，在弹出的“色彩平衡”对话框中分别选中“阴影”、“中间调”和“高光”单选按钮，并调整其数值，如图 11-111 所示。

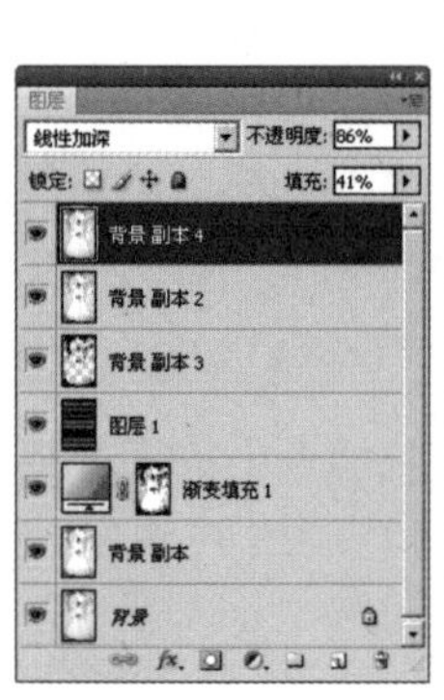

图 11-110

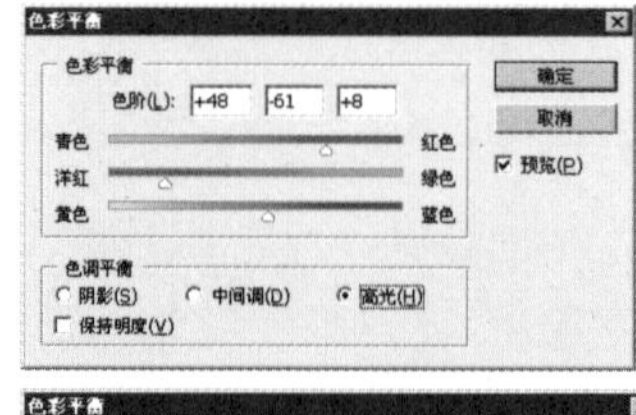

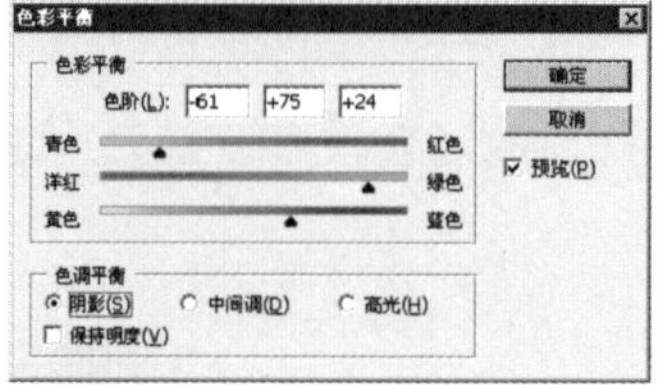

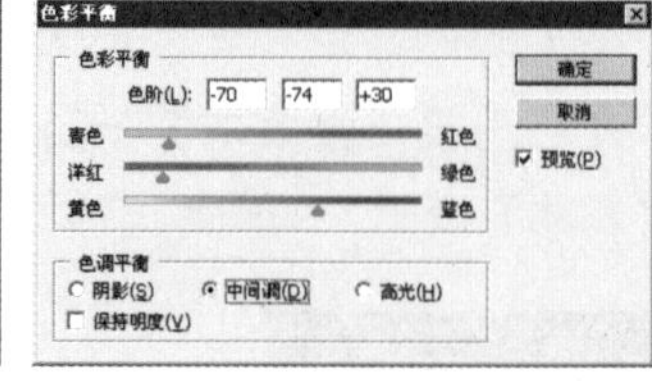

图 11-111

27 参数设置完毕后，单击“确定”按钮，得到图像的最终效果如图 11-112 所示。

图 11-112

提示 · 技巧

“滤色”模式与“正片叠底”模式相反，它是将绘制的颜色与底色的互补色相乘后，再除以 255，将得到的结果作为最终效果。用这种模式转换后的颜色通常比较浅，具有漂白的效果。

实例 11.11 制作日落效果

在使用 Photoshop CS4 软件制作特殊效果时，可以很轻松地将白天的风景照制作成日落效果。选择一张自己喜欢的风景照，利用 Photoshop 软件中的“色阶”及“色相 / 饱和度”命令就可以制作出一张具有日落效果的照片，尽情领略日落的绚丽风景。

原照片

日落效果

操作步骤

01 执行“文件”/“打开”命令，在弹出的“打开”对话框中选择一张风景照片。单击“打开”按钮，打开风景照片，如图 11-113 所示。

02 单击“图层”面板底部的“创建新图层”按钮，新建图层 1，如图 11-114 所示。

图 11-113

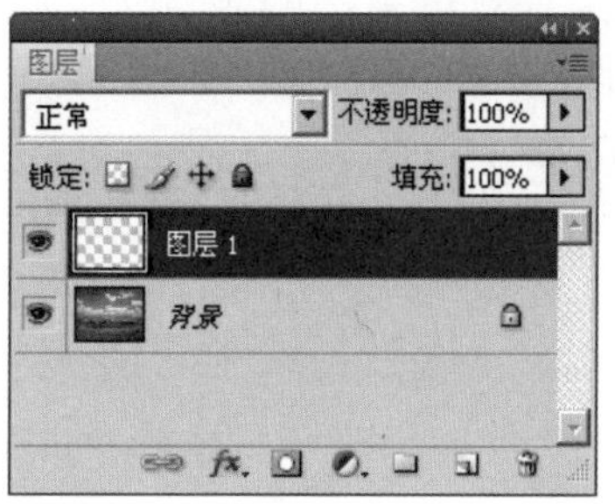

图 11-114

03 单击工具箱中的“前景色”，在弹出的“拾色器（前景色）”对话框中，将颜色值设置为（R:225，G:90，B:23），如图 11-115 所示。

04 按快捷键【Alt+Delete】填充前景色。将“图层 1”的混合模式设置为“叠加”，将绘制的颜色与该图层下方所有的图层颜色相互叠加，提取底色的高光和阴影部分，得到的效果如图 11-116 所示。

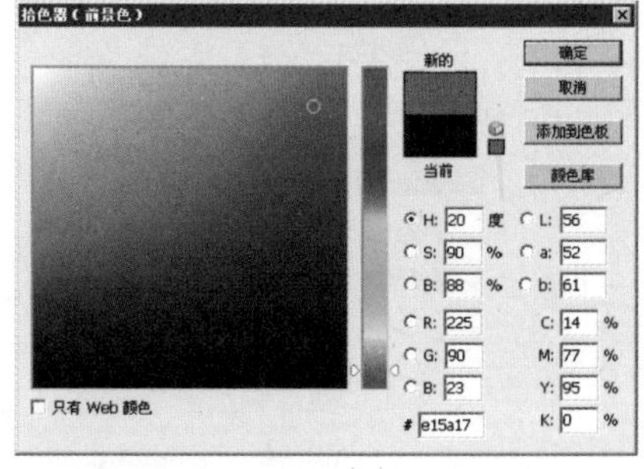

图 11-115

图 11-116

05 执行“图层”/“新建填充图层”/“渐变”命令，在弹出的“新建图层”对话框中单击“确定”按钮，在弹出的“渐变填充”对话框中进行设置。单击“确定”按钮对图像进行渐变填充，如图11-117所示。

06 选择“图层”面板中的“渐变填充1”图层，将其不透明度值设置为83%，效果如图11-118所示。

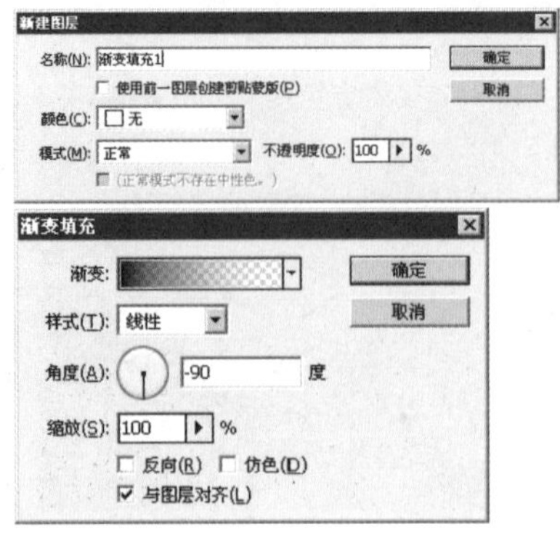

图11-117

图11-118

07 选择工具箱中的“渐变工具”，在工具选项栏中单击“线性渐变”按钮，单击渐变色编辑图标弹出“渐变编辑器”窗口，从左至右设置色标的颜色，选中色标后单击“颜色”色块，弹出拾色器，将第1个、第2个色标设置为白色，第3个、第4个色标设置为（R:70，G:70，B:70），如图11-119所示。

08 单击“渐变填充1”图层的蒙版缩览图，按住【Shift】键从上至下绘制一条垂直渐变线，得到的效果如图11-120所示。

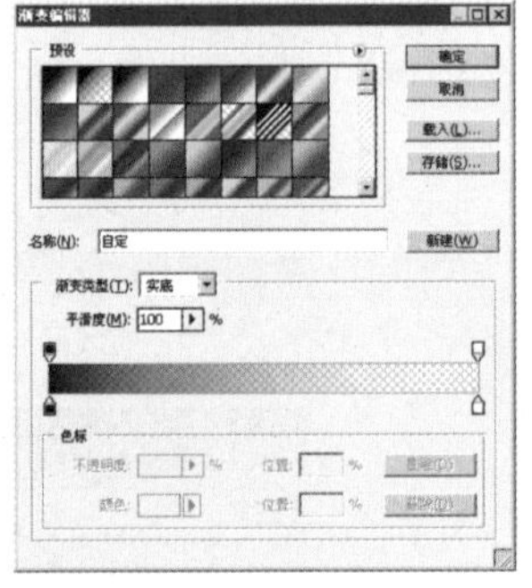

图11-119

图11-120

09 按住【Ctrl】键单击“图层”面板中“渐变填充1”图层的蒙版缩览图，载入其选区，如图11-121所示。

10 单击“图层”面板底部的“创建新的填充或调整图层”按钮，选择“色相/饱和度”命令，弹出“色相/饱和度”面板，设置其参数，如图11-122所示。

图11-121

图11-122

11 参数设置完毕后，得到的效果如图 11-123 所示。

12 单击“图层”面板底部的“创建新的填充或调整图层”按钮，选择“色阶”命令，弹出“色阶”面板，设置其参数如图 11-124 所示。

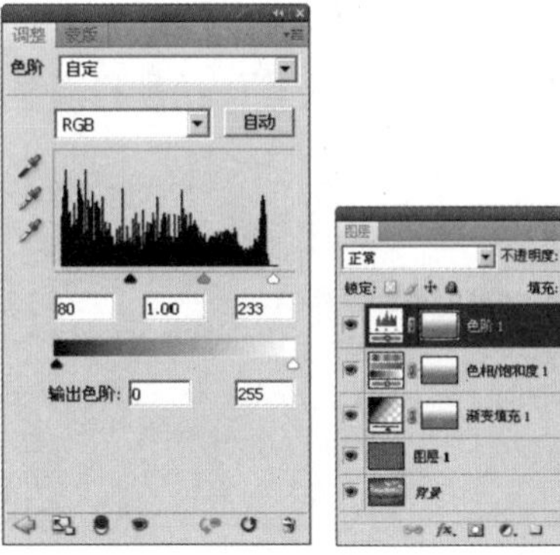

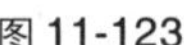

图 11-123

图 11-124

13 设置“色阶 1”的图层混合模式为“颜色减淡”，如图 11-125 所示。图像的最终效果如图 11-126 所示。

图 11-125

图 11-126

实例 11.12　制作木版画效果

对一张普通的照片进行简单的Photoshop 处理，即可为照片制作具有艺术特效的木版画。

原照片

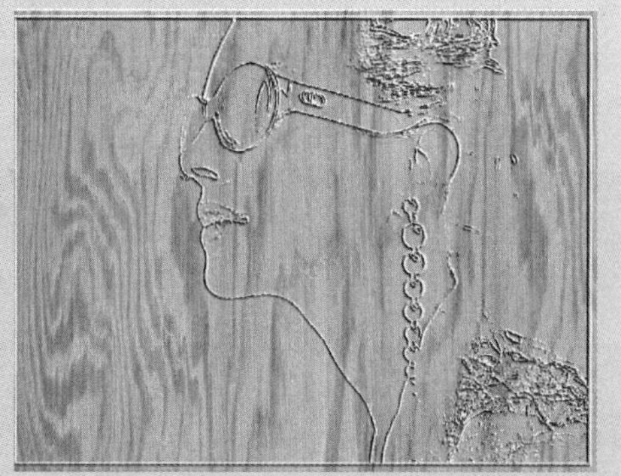

木版画效果

操作步骤

01 执行“文件”/“打开”命令，在弹出的“打开”对话框中选择一张人物照片，单击“打开”按钮，打开人物照片，如图11-127所示。

02 执行“滤镜”/“风格化”/“查找边缘”命令，查找图像中颜色的主要变化区域，并进行调整，得到的图像效果如图11-128所示。

图11-127

图11-128

03 切换到“通道”面板中，单击每个通道进行查看，选择一个线条最清晰、层次细节最少的通道，按快捷键【Ctrl+A】全选，紧接着按快捷键【Ctrl+C】，复制该通道的图像，如图11-129所示。

04 执行“文件”/“新建”命令，新建一个1 024 × 768像素的文件，按快捷键【Ctrl+V】，将剪贴板中的内容粘贴到新文件中，图像及“图层”面板如图11-130所示。

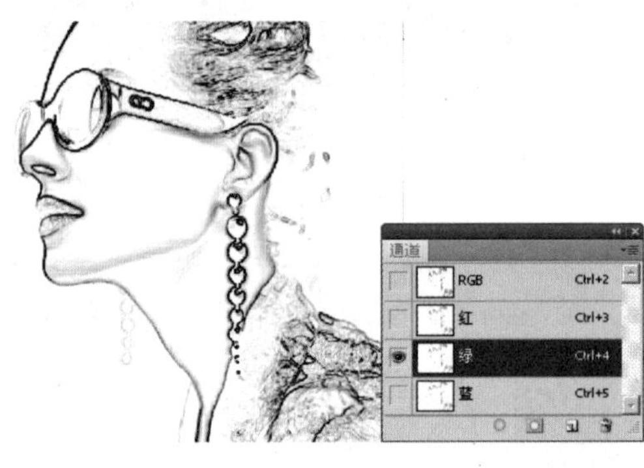

图11-129

图11-130

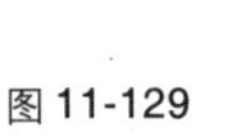

提示 · 技巧

将需要的内容复制到剪贴板以后，在执行新建文件操作时，新建文件的默认大小与剪贴板中的内容一样。

05 执行“图像”/“调整”/“色调分离”命令，为图像的颜色定制出亮度等级，以减少图像中的灰度成分，得到的图像效果如图11-131所示。

06 执行“图像”/“调整”/“色阶”命令，在弹出的“色阶”对话框中设置各参数，得到的图像效果如图11-132所示。

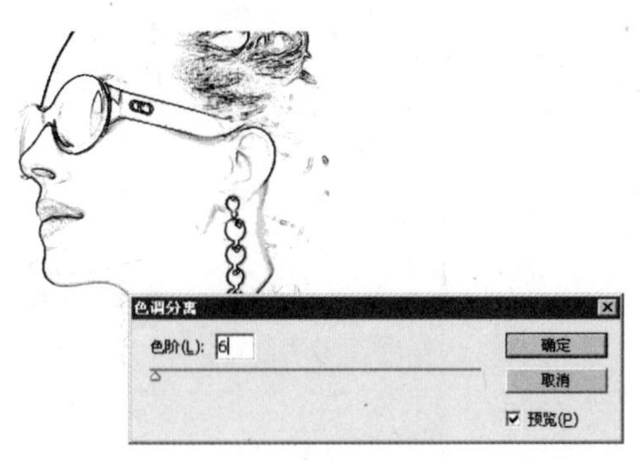

图 11-131

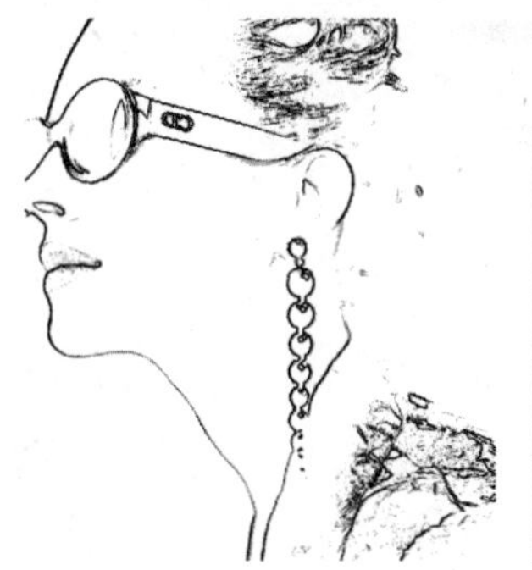

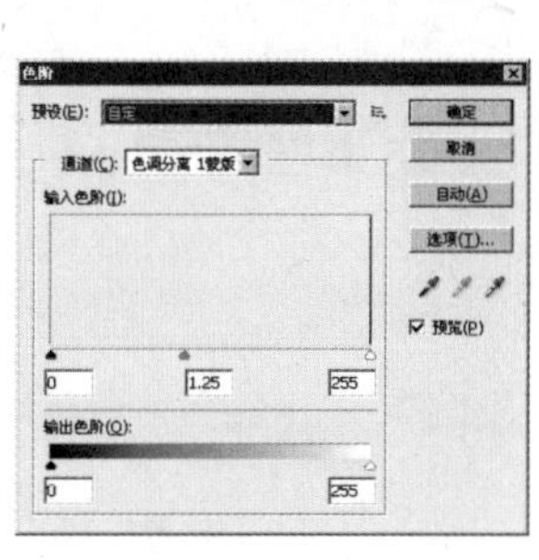

图 11-132

07 在工具箱中选择“矩形选框工具”，在图像上勾画出选区，按快捷键【Shift+Ctrl+I】，将选区反选，按【Delete】键将选中的内容删除，如图 11-133 所示。

08 再次按快捷键【Shift+Ctrl+I】，将选区反选。执行“编辑”/“描边”命令，在弹出的“描边”对话框中设置各参数，得到的图像效果如图 11-134 所示。

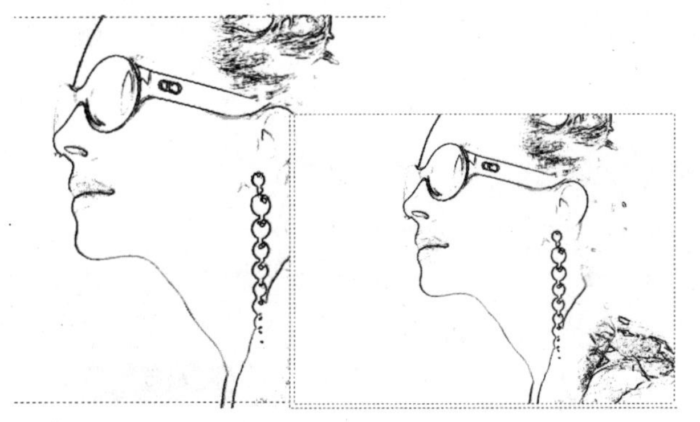

图 11-133

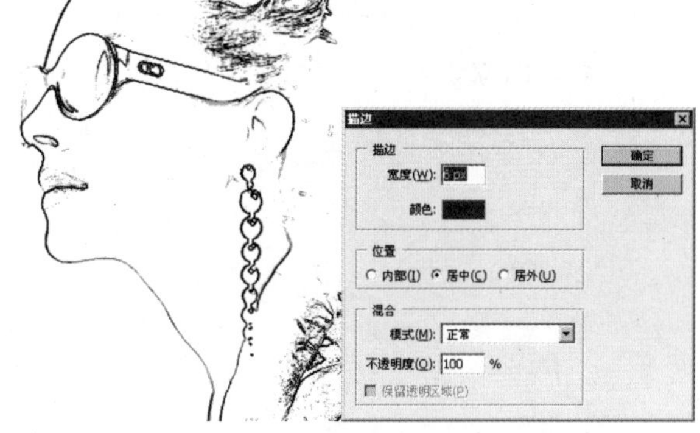

图 11-134

09 存储文件。执行“文件”/“存储”命令，在弹出的“存储为”对话框中输入文件名并指定储存路径，如图 11-135 所示，单击“保存”按钮即可。

提示 · 技巧

在这里需要注意的是，在保存文件时，所保存的文件格式必须是PSD格式，只有这样才能将其作为纹理载入。

10 执行“文件”/“打开”命令，在弹出的“打开”对话框中选择一张素材图片，单击“打开”按钮打开素材，如图 11-136 所示。

11 执行“图像”/“画布大小”命令，在弹出的“画布大小”对话框中设置各参数，得到的图像效果如图 11-137 所示。

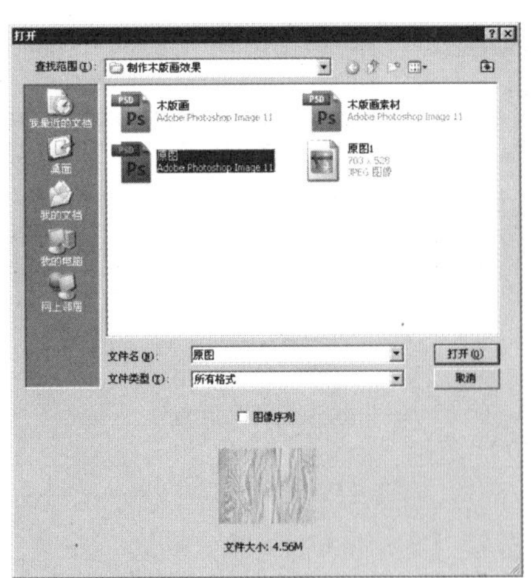
图 11-135

图 11-136

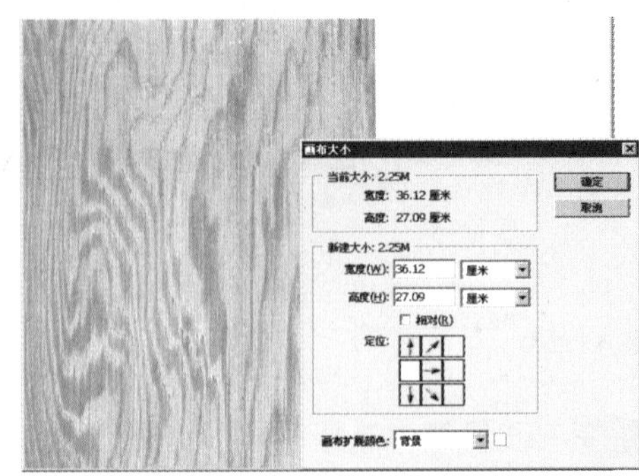
图 11-137

12 在工具箱中选择“矩形选框工具”，在图像上绘制矩形选区，如图 11-138 所示。

13 按快捷键【Ctrl+C】复制选区的内容，在“图层”面板中单击“创建新图层”按钮新建图层，并按快捷键【Ctrl+V】粘贴剪贴板中的内容，然后使用“移动工具”将图层 1 中的内容移动到右侧，操作后的图像效果及“图层”面板如图 11-139 所示。

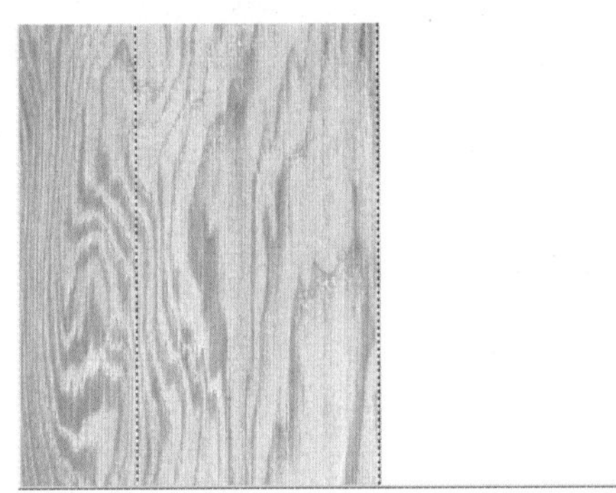
图 11-138

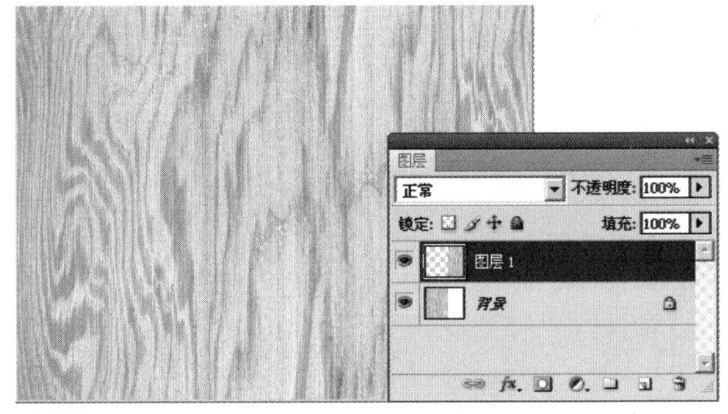

图 11-139

14 按快捷键【Ctrl+E】将两个图层合并，合并后的“图层”面板如图 11-140 所示。

15 执行“图像”/“调整”/“色相/饱和度”命令，在弹出的“色相/饱和度”对话框中设置各参数，得到的图像效果如图 11-141 所示。

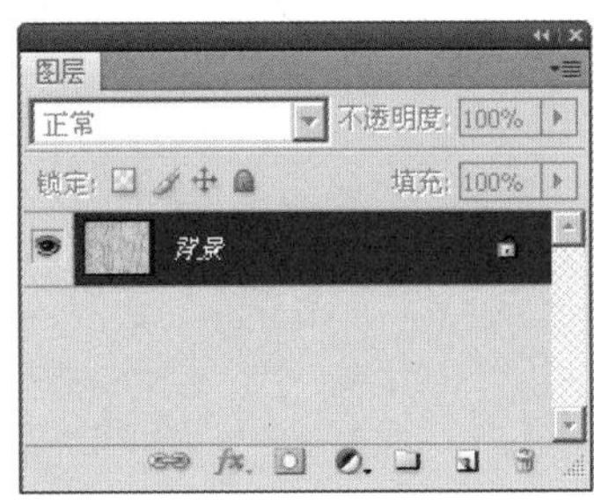

图 11-140

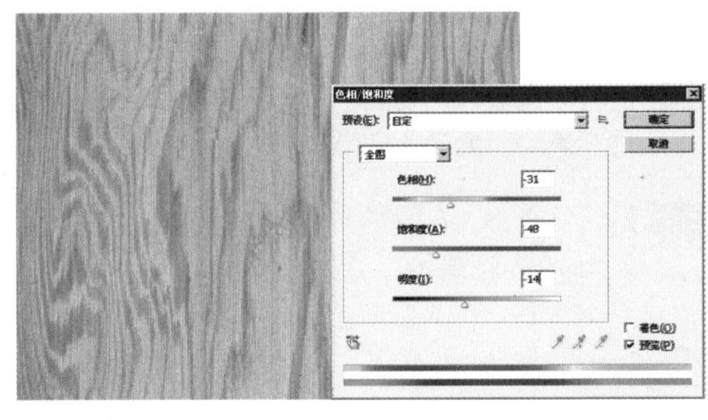
图 11-141

16 执行“滤镜”/“纹理”/“纹理化”命令，在弹出的“纹理化”对话框中，单击“纹理”下拉列表框右侧的控制按钮，如图 11-142 所示。在弹出的下拉菜单中选择“载入纹理”命令，弹出“载入纹理”对话框，在对话框中选择前面保存过的图像，然后单击“打开”按钮，得到的图像效果如图 11-143 所示。

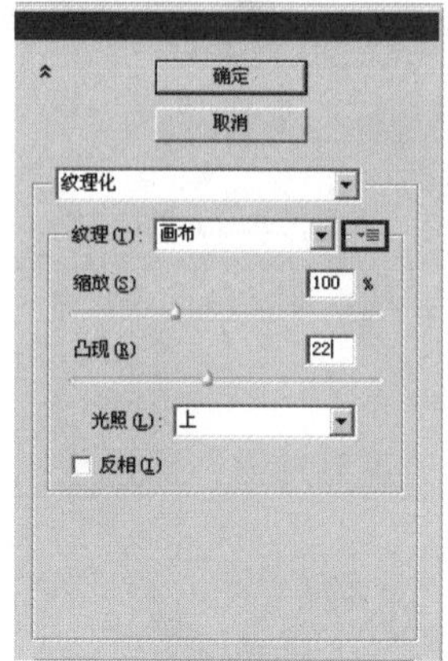

图 11-142

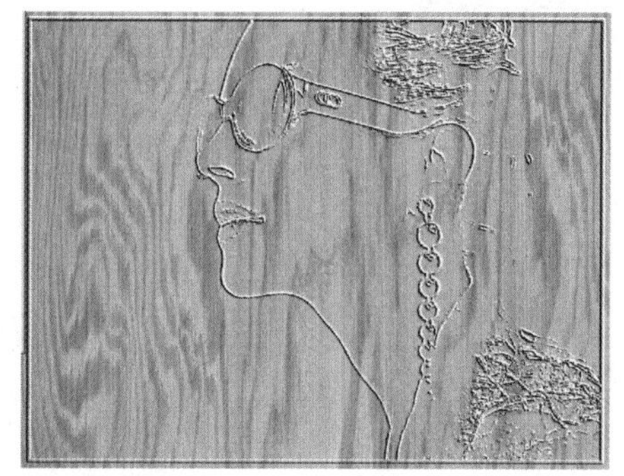

图 11-143

实例 11.13　给照片添加网点效果

对一张普通的照片进行简单的 Photoshop 处理，即可制作成具有网点效果的照片。

原照片

网点效果

操作步骤

01 执行“文件”/“打开”命令，在弹出的“打开”对话框中选择一张人物照片，然后单击“打开”按钮打开照片，如图 11-144 所示。

02 执行“图像”/“模式”/“灰度”命令，将图像的模式改为灰度，弹出“信息”对话框，单击“扔掉”按钮，图像效果如图 11-145 所示。

图 11-144

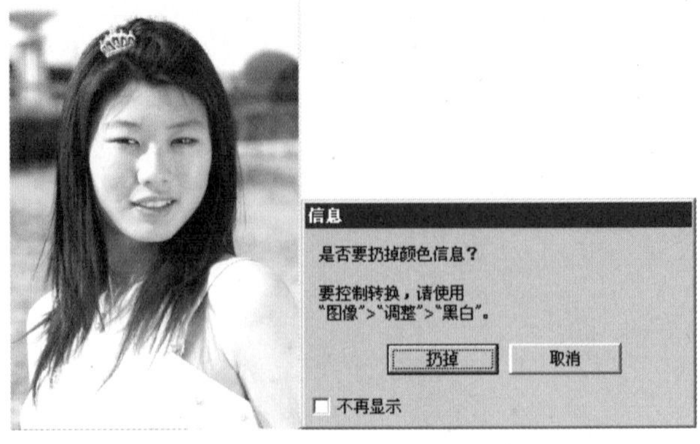

图 11-145

03 使图像变模糊。执行"滤镜"/"模糊"/"高斯模糊"命令，在弹出的"高斯模糊"对话框中设置半径为10像素，得到的效果如图11-146所示。

04 将图像转换为位图模式，使图像变为黑白图像。执行"图像"/"模式"/"位图"命令，在弹出的"位图"对话框中设置"输出"值为300像素/英寸，使用"扩散仿色"方法，单击"确定"按钮，图像效果如图11-147所示。

图 11-146

图 11-147

05 执行"文件"/"存储为"命令，将刚制作的图像存储为"文件1"。再执行"文件"/"打开"命令，重新将人物照片打开，如图11-148所示。

06 选择存储的"文件1"，按快捷键【Ctrl+A】将图像全选，按快捷键【Ctrl+C】执行复制操作，再单击原人物图像，按快捷键【Ctrl+V】将"文件1"中的图像粘贴到原人物图像中，系统将自动生成图层1，如图11-149所示。

07 执行"编辑"/"自由变换"命令，图像上将出现8个控制点，调大图像使其充满画布，如图11-150所示。

图 11-148

图 11-149

图 11-150

提示 · 技巧

按快捷键【Ctrl+T】也可执行“自由变换”命令，此时按住【Shift】键可对图像进行等比例缩放，然后按【Enter】键确认即可。

08 选择“图层”面板中的图层1，将图层混合模式设置为“叠加”，可以使图层1与背景图层进行颜色叠加，叠加后的效果如图11-151所示。

09 在“图层”面板中单击“添加图层蒙版”按钮，为图层1添加图层蒙版，以屏蔽图像，如图11-152所示。

图11-151

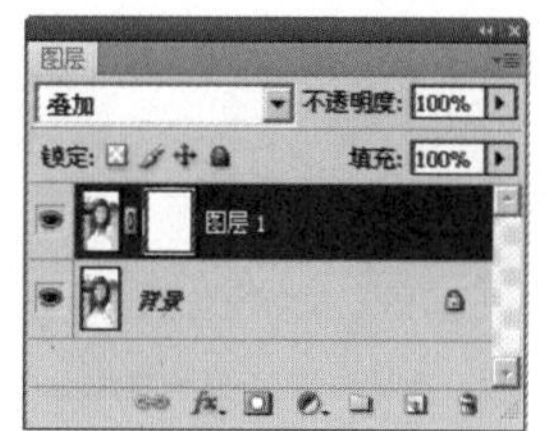

图11-152

10 选择图层蒙版缩览图，执行“编辑”/“填充”命令，在弹出的“填充”对话框中设置“使用”为“50%灰色”，单击“确定”按钮，效果如图11-153所示。

11 在“图层”面板中选择“图层1”的蒙版缩览图，并在工具箱中设置前景色为白色，然后选择工具箱中的“画笔工具”，在该工具选项栏中设置适当的画笔大小，在人物面部涂抹，涂抹后的效果如图11-154所示。

图11-153

图11-154

12 在“图层”面板中选择图层1，然后拖动图层1到“创建新图层”按钮上，得到“图层1副本”，并将其混合模式设置为“实色混合”，将图层1与“图层1副本”图层的颜色相互叠加，如图11-155所示。

13 与上一步操作相同，在“图层”面板中选择“图层1副本”图层，然后将其拖动到“创建新图层”按钮上，得到“图层1副本2”图层，将“图层1副本2”图层的混合模式设置为“实色混合”，最终效果如图11-156所示。

图11-155

图11-156

实例11.14 使用晕映技巧制作照片

移动RGB通道，可将原照片制作成由不同的颜色组成的图像，即可让原照片的颜色更加绚丽。

原照片

使用晕映技巧制作照片的效果

操作步骤

01 执行“文件”/“打开”命令，打开一张人物照片，如图11-157所示。

02 在工具箱中选择“矩形选框工具”，选定选区。执行“图像”/“裁剪”命令或按快捷键【Alt+I+P】，将选区以外的部分裁去，如图11-158所示。

图11-157

图11-158

03 在“通道”面板中可以看到“红”、“绿”、“蓝”3个独立颜色的通道。首先单击“红”通道，选择工具箱中的“移动工具”，移动图像，如图11-159所示。

04 使用与上一步相同的方法，选择“绿”通道，移动“绿”通道中的图像；选择“蓝”通道，移动“蓝”通道中的图像，如图11-160所示。

图11-159

图11-160

05 切换到“图层”面板中，将背景图层拖动到“创建新图层”按钮上，生成“背景副本”图层。执行“图像”/“调整”/“可选颜色”命令，弹出“可选颜色”对话框，在“颜色”下拉列表框中分别选择“红色”、“黄色”、“青色”选项，并调整其数值，如图11-161～图11-163所示，最终效果如图11-164所示。

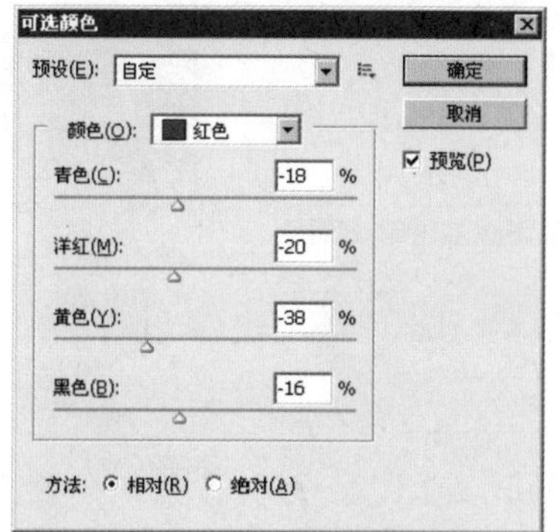

图 11-161

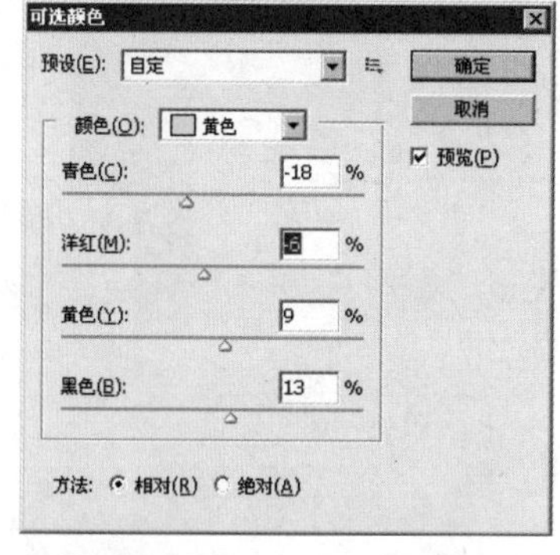

图 11-162

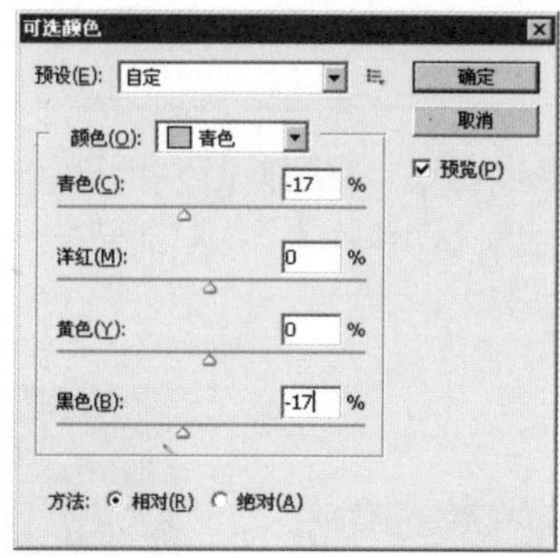

图 11-163

图 11-164

06 将“背景副本”图层拖动到“创建新图层”按钮上，生成“背景副本2”图层，如图11-165所示。

07 执行“图像”/“调整”/“去色”命令，或按快捷键【Shift+Ctrl+U】，仅保留图像的明暗，使“背景副本2”图层转变为黑白图像，如图11-166所示。

图 11-165

图 11-166

08 执行“滤镜”/“像素化”/“彩色半调”命令，在弹出的“彩色半调”对话框中，将“最大半径”设置为5像素，如图11-167所示。

09 执行“滤镜”/“素描”/“半调图案”命令，在弹出的“半调图案”对话框中，将“图案类型”设置为“圆形”，再设置“大小”和“对比度”参数，效果如图11-168所示。

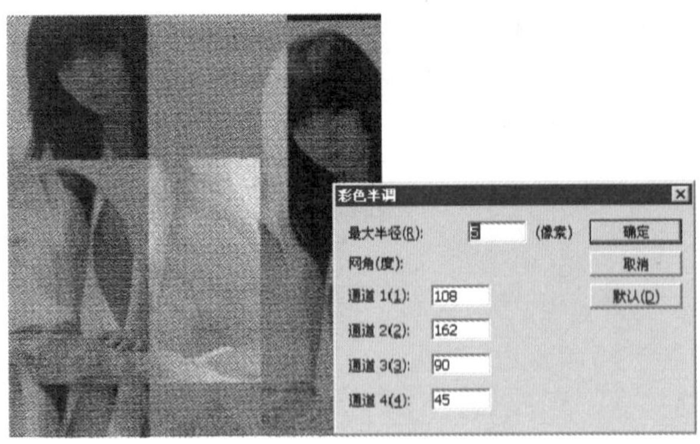

图 11-167

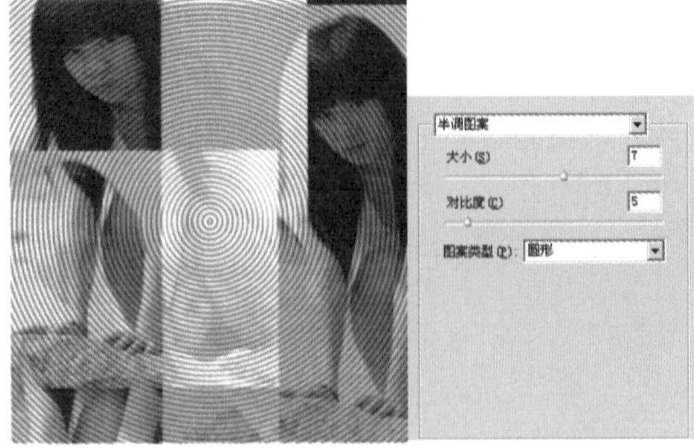

图 11-168

10 在“图层”面板中，将“图层”的混合模式设置为“柔光”，并将不透明度设置为37%，效果如图 11-169 所示。

11 执行“视图”/“标尺”命令，显示标尺。然后按【Print Screen】键把标尺作为图像复制，执行“文件”/“新建”命令，然后按快捷键【Ctrl+V】，粘贴到新文件中，如图 11-170 所示。

图 11-169

图 11-170

12 在工具箱中选择“矩形选框工具”，选取标尺部分，按快捷键【Ctrl+C】复制，在原文件中按快捷键【Ctrl+V】将标尺粘贴到图像中，如图 11-171 所示。

13 执行“选择”/“色彩范围”命令，在图像中单击标尺的白色区域，如图 11-172 所示。按【Delete】键删除选区内的部分。

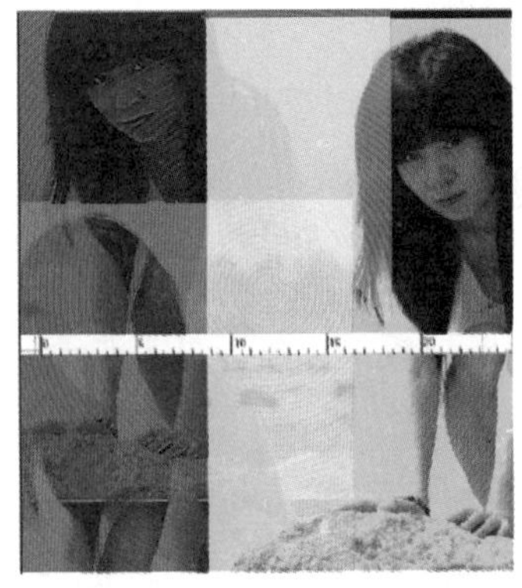

图 11-171

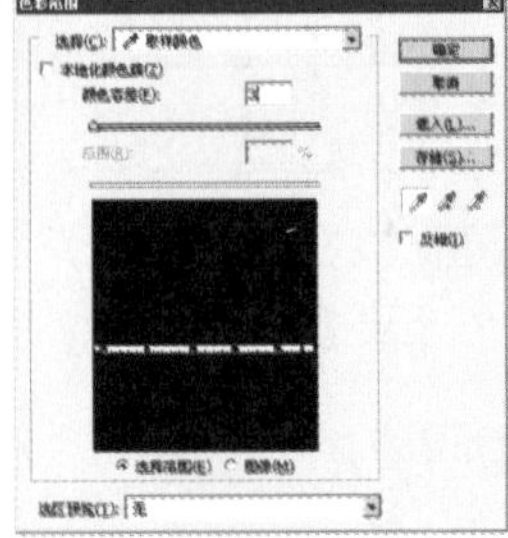

图 11-172

14 按快捷键【Shift+Ctrl+I】反选选区，在工具箱中将前景色设置为白色，按快捷键【Alt+Delete】将标尺填充为白色，并移到图像底部，如图 11-173 所示。

15 将标尺所在的图层 1 拖动到“创建新图层”按钮上，生成“图层 1 副本”图层，如图 11-174 所示。

图 11-173

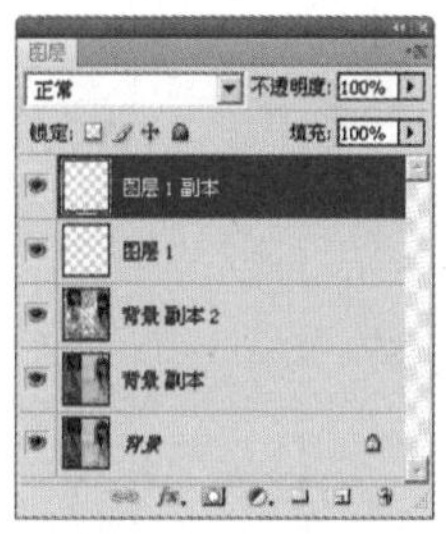
图 11-174

16 将复制的标尺移到图像的两端，如图 11-175 所示。

17 在工具箱中选择“横排文字工具”，在选项栏中设置字体、字号和颜色。在图像上单击并输入“1982”字样，选择“1982”图层，设置其混合模式为“线性光”，最终效果如图 11-176 所示。

图 11-175

图 11-176

实例 11.15 制作金色丽人

在 Photoshop CS4 软件中，可将照片制作成金粉色的效果，使照片给人一种与众不同的感受。

原照片

金色丽人效果

操作步骤

01 执行“文件”/“打开”命令，在弹出的“打开”对话框中，选择素材图片并单击“打开”按钮，打开的图片如图 11-177 所示。

02 选择工具箱中的“裁剪工具”，在图像中拖动鼠标对图像进行裁剪，按【Enter】键确认，这样可使使图像主体更明显，以便使效果更加丰富、完美，如图 11-178 所示。

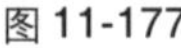

图 11-177

图 11-178

03 改变画布的大小。执行“图像”/“画布大小”命令，在弹出的对话框中将宽度值加大，定位方式为左定位，得到的图像效果如图 11-179 所示。

04 执行“图像”/“调整”/“渐变映射”命令，在弹出的“渐变映射”对话框中选择黑白渐变效果，单击“渐变色”下拉列表框将弹出“渐变编辑器”窗口，再单击“预设”列表框右上角的向右三角按钮，在弹出的下拉列表中选择“金属”选项，在弹出的提示对话框中，单击“追加”按钮，将该组渐变载入到渐变编辑器中，如图 11-180 所示。

图 11-179

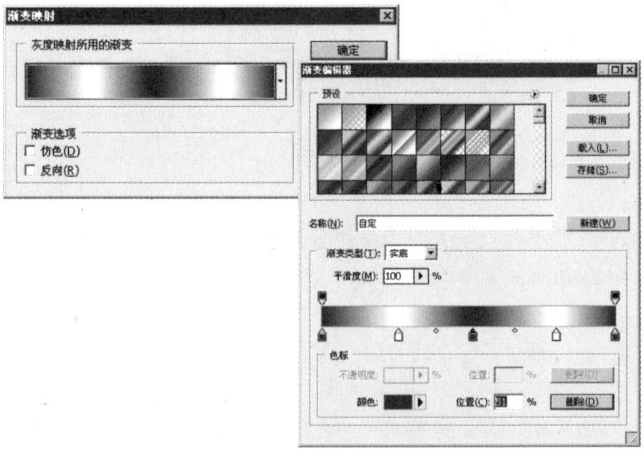

图 11-180

05 在载入的渐变类型中选择“银色”渐变，然后单击“确定”按钮，得到的图像效果如图 11-181 所示。

06 制作金色效果。单击“图层”面板底部的“创建新的填充或调整图层”按钮，选择“色彩平衡”命令，弹出“色彩平衡”面板，如图 11-182 所示。

图 11-181

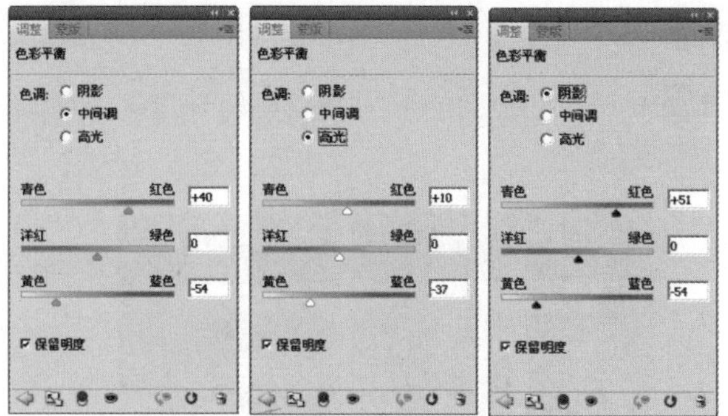

图 11-182

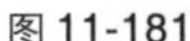

07 在“色彩平衡”面板中分别对“阴影”、“中间调“和”高光”进行设置，使图像呈现金色效果。选中“阴影”单选按钮并调整颜色值，得到的图像效果如图 11-183 所示。

08 选中“中间调”单选按钮并调整颜色值，得到的图像效果如图 11-184 所示。

图 11-183

图 11-184

09 选中“高光”单选按钮并调整颜色值，得到的图像效果如图 11-185 所示。

10 对图像做进一步的处理。选择工具箱中的“矩形选框工具”，绘制长条矩形选区，在“图层”面板中单击“创建新图层”按钮，新建图层 1，单击“前景色”图标，在弹出的“拾色器（前景色）”对话框中设置前景色，如图 11-186 所示。按快捷键【Alt+Delete】填充选区。

图 11-185

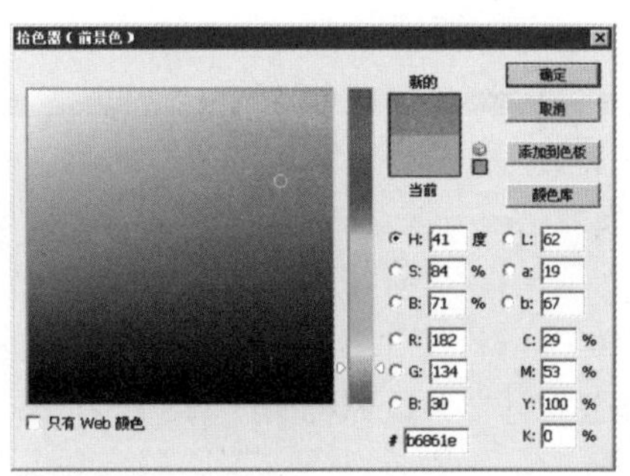

图 11-186

11 按住【Alt】键移动选区进行复制操作，复制3条矩形选区，图像效果如图11-187所示。

12 同样使用矩形选框工具绘制矩形选区，并填充设置的前景色，得到图像的最终效果如图11-188所示。

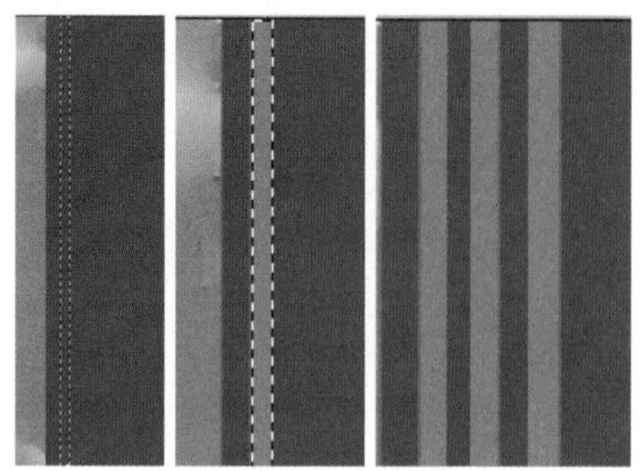

图11-187

图11-188

实例11.16 制作快照效果

本实例是将数码相机拍摄的普通照片制作成高级的快照效果。在Photoshop CS4软件中应用多种图层混合模式，并应用了“木刻”、“干画笔”等滤镜，就可以制作出简单且具有特殊效果的照片，最后还可以为照片添加条纹图案。

原照片

快照效果

操作步骤

01 执行“文件”/“打开”命令，在弹出的“打开”对话框中选择一张用数码相机拍摄的照片，单击“打开”按钮打开照片，如图11-189所示。

02 执行“滤镜”/“模糊”/“高斯模糊”命令，在弹出的“高斯模糊”对话框中设置“半径”为2.0像素，单击“确定”按钮，图像效果如图11-190所示。

图 11-189

图 11-190

03 在“图层”面板中将背景图层拖动到面板底部的“创建新图层”按钮上，或者按快捷键【Ctrl+J】创建“背景副本”图层如图 11-191 所示。单击“背景副本”图层前面的“指示图层可见性”图标，将该图层隐藏。

04 选择背景图层，执行“滤镜”/“艺术效果”/“木刻”命令，在弹出的“木刻”对话框中进行参数设置，单击“确定”按钮，使图像看起来像是由粗糙剪切的彩色纸片组合而成的。应用“木刻”滤镜后的图像效果如图 11-192 所示。

图 11-191

图 11-192

05 在“图层”面板中单击“背景副本”图层，并将其设置为显示状态。执行“滤镜”/“艺术效果”/“干画笔”命令，在弹出的“干画笔”对话框中进行参数设置，单击“确定”按钮，图像效果如图 11-193 所示。

06 在“图层”面板中将“背景副本”图层的混合模式设置为“叠加”，此时的图像效果如图 11-194 所示。

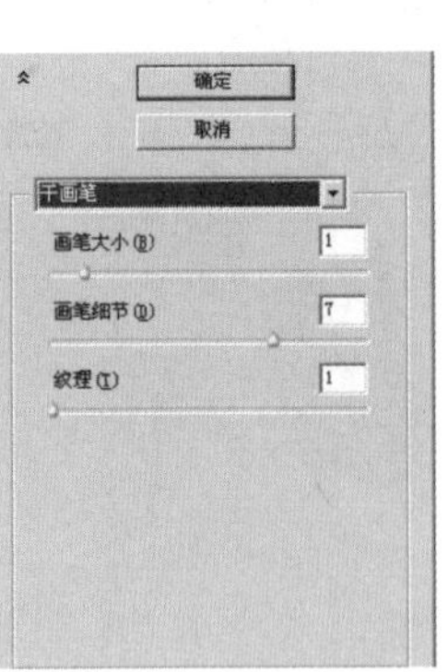

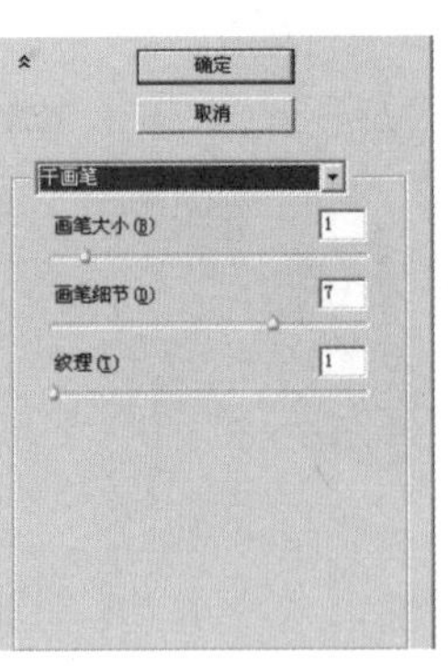

图 11-193

图 11-194

07 下面为图像添加条纹状图案。单击“图层”面板底部的“创建新图层”按钮，新建图层 1。在工具箱中选择“缩放工具”，将视图显示比例设置为 1 600%。选择工具箱中的“铅笔工具”，在该工具选项栏中将画笔大小设置为 1px。按【D】键恢复前景色和背景色为默认设置（即前景色为黑色，背景色为白色），在图像中单击绘制 3 像素的黑色图案，然后按【X】键切换前景色和背景色，在图像中单击，绘制 3 像素的白色图案，如图 11-195 所示。

08 在工具箱中选择“矩形选框工具”，使用该工具框选出图案，执行“编辑”/“定义图案”命令，弹出“图案名称”对话框，如图 11-196 所示。单击“确定”按钮，将其定义为图案。

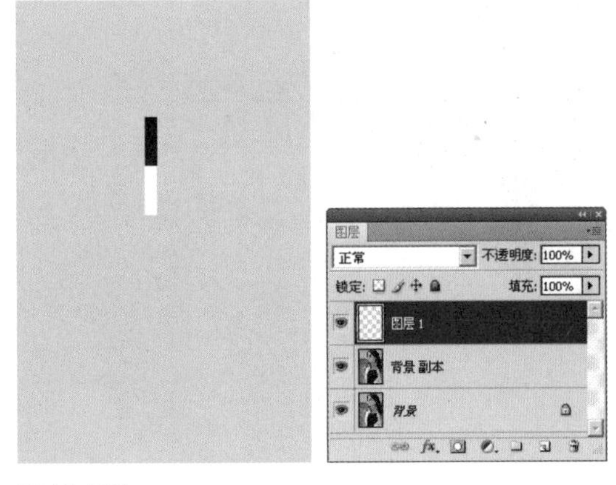

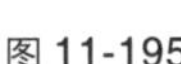

图 11-195

图 11-196

09 执行“编辑”/“填充”命令，弹出“填充”对话框，在“使用”下拉列表框中选择“图案”选项，在“自定图案”下拉面板中选择保存的“图案 1”，单击“确定”按钮，可以看到该图层被填充图案，将显示比例视图恢复为 100% 显示，图像效果如图 11-197 所示。

10 在“图层”面板中将图层 1 的混合模式设置为“颜色加深”，可以看到，通过增加颜色对比度使下一层的颜色变暗，从而反映上一层的颜色，人物图像与线性图案便会自然地融合在一起，如图 11-198 所示。

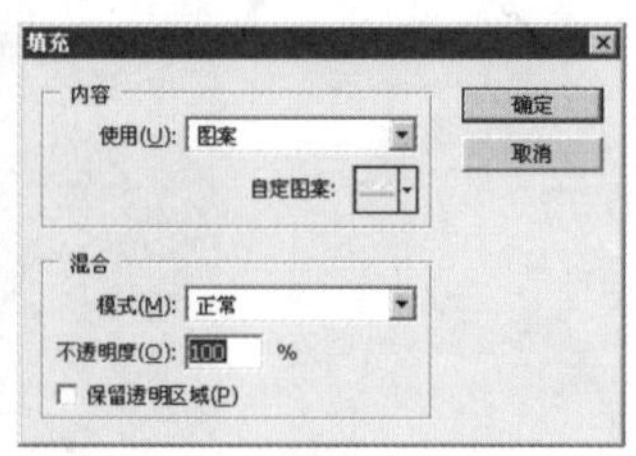

图 11-197

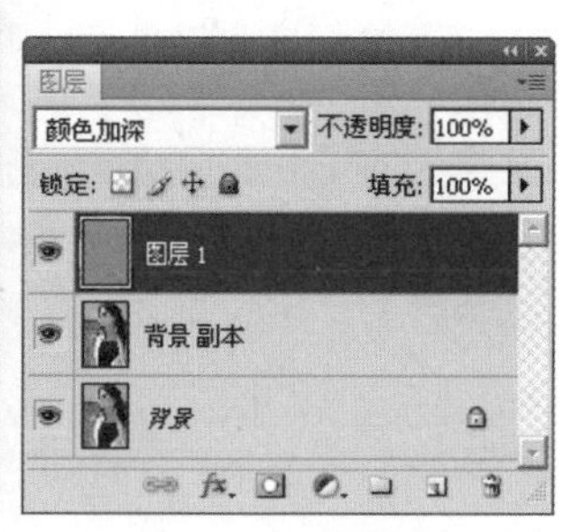

图 11-198

11 如果感觉线条的颜色太深，可单击“图层”面板底部的“添加图层蒙版”按钮，在图案所在图层 1 上添加蒙版，如图 11-199 所示。

12 单击图层 1 的蒙版缩览图，按【D】键恢复前景色、背景色为默认设置（即前景色为黑色，背景色为白色），然后按【X】键切换前景色和背景色。选择工具箱中的“渐变工具”，在该工具选项栏中选择前景色到透明渐变，在图像中由右下角斜向上拖动出一条渐变线，如图 11-200 所示。

13 此时即在蒙版中应用渐变，可以看到，图像的上部显示出线性图案，越向人物脸部的方向，图案就越透明，最后逐渐消失，图像效果如图 11-201 所示。

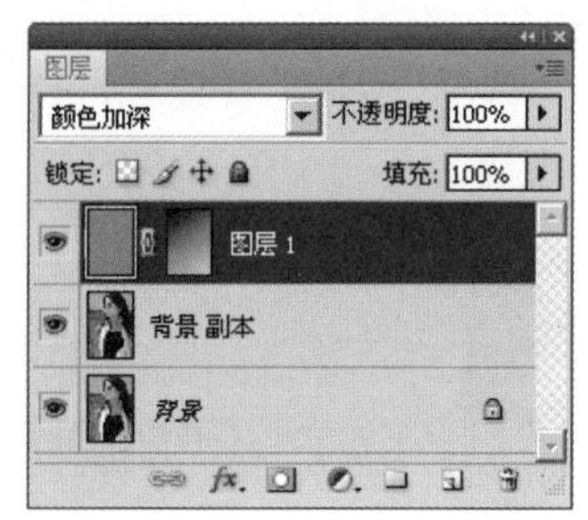

图 11-199

图 11-200

图 11-201

14 选择工具箱中的“裁剪工具”，在图像中选取需要的部分，如图 11-202 所示，按【Enter】键确认。裁剪后的图像效果如图 11-203 所示。

图 11-202

图 11-203

实例 11.17　制作金属人物

使用 Photoshop CS4 软件中的相关工具可以创造出真实的质感效果。在本例中，将通过对通道、滤镜和图层混合模式的综合运用来创造一种真实光滑的金属效果。

原照片

金属人物效果

操作步骤

01 执行“文件”/“打开”命令，在弹出的“打开”对话框中选择一张人物照片，单击“打开”按钮打开照片，如图 11-204 所示。在工具箱中选择“磁性套索工具”，将人物勾勒出来，如图 11-205 所示。

02 在“通道”面板底部，单击“将选区存储为通道”按钮，将该选区保存为 Alpha1 通道，此时的“通道”面板如图 11-206 所示。

图 11-204

图 11-205

图 11-206

03 在“通道”面板中选择“红”通道，并将“红”通道拖至面板底部的“创建新通道”按钮上，新建“红副本”通道，此时的图像效果如图 11-207 所示。

04 执行“滤镜”/“模糊”/“高斯模糊”命令，弹出“高斯模糊”对话框，设置“半径”参数后单击“确定”按钮，应用高斯模糊滤镜后的图像效果如图11-208所示。

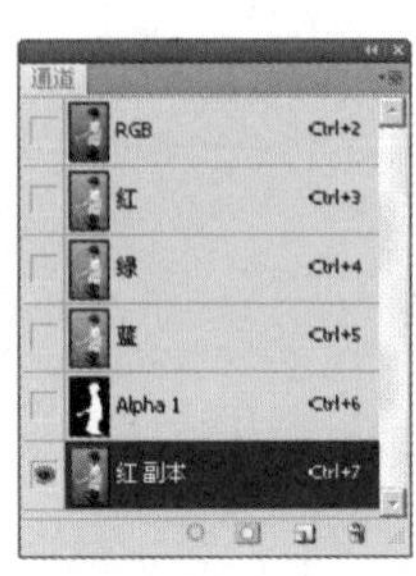

图11-207

图11-208

05 调整色阶。执行“图像”/“调整”/“色阶”命令，或按快捷键【Ctrl+L】，在弹出的“色阶”对话框中进行参数设置，单击“确定”按钮，得到的图像效果如图11-209所示。

06 按快捷键【Ctrl+A】将通道图像全选，再按快捷键【Ctrl+C】复制该灰度通道，然后选择RGB通道。切换至“图层”面板，按快捷键【Ctrl+V】进行粘贴，这样通道中的灰度图像将被复制到图层中，并自动创建图层1，如图11-210所示。将该图像另存为“人体.psd”图像，作为所需要的置换图。

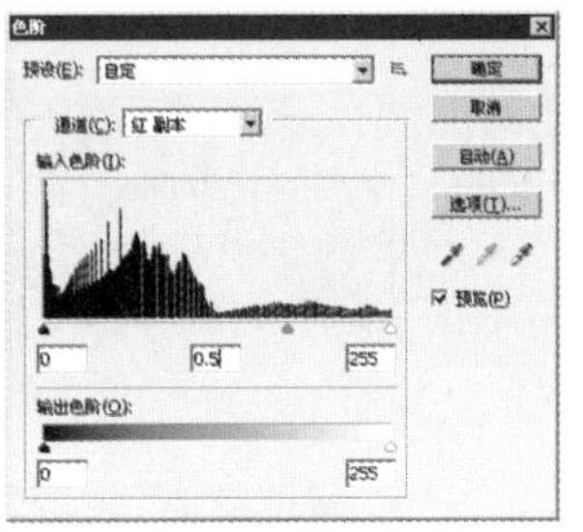

图11-209

图11-210

07 执行“文件”/“打开”命令，在弹出的“打开”对话框中选择一张纹理素材图片，单击“打开”按钮打开图片，再将其拖动到当前图像文件中，系统自动创建图层2。按快捷键【Ctrl+T】调整该图片，使它和图像大小相同，如图11-211所示。

08 添加玻璃效果。执行“滤镜”/“扭曲”/“玻璃”命令，弹出“玻璃”对话框，将“扭曲度”和“平滑度”设置为最大，单击“纹理”下拉列表框右边的按钮，选择“载入纹理”命令，如图11-212所示，弹出“载入纹理”对话框，从中选择刚保存的人体图像，单击“打开”按钮。

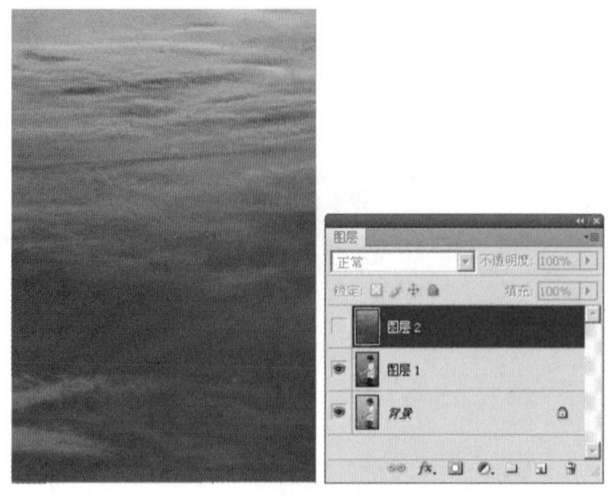

图 11-211

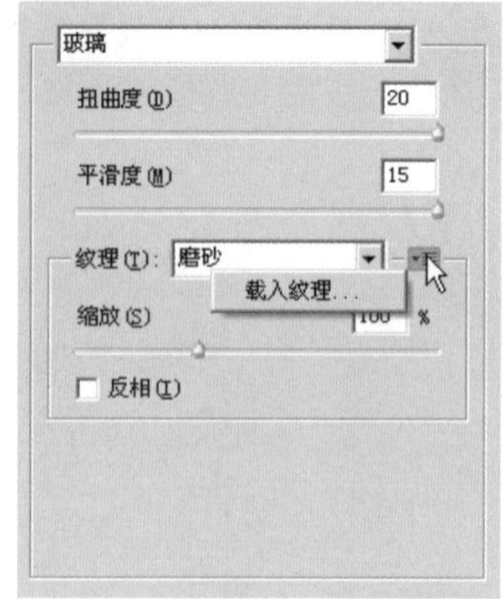

图 11-212

09 回到“玻璃”对话框中，单击“确定”按钮，可以看到图像的人物部分出现了强烈的玻璃效果，如图 11-213 所示。

10 切换到“通道”面板中，按住【Ctrl】键单击 Alpha 1 通道载入选区，执行“选择”/“修改”/“羽化”命令，或者按快捷键【Ctrl+Alt+D】，弹出“羽化选区”对话框，设置“羽化半径”为3像素，单击“确定”按钮，效果如图 11-214 所示。

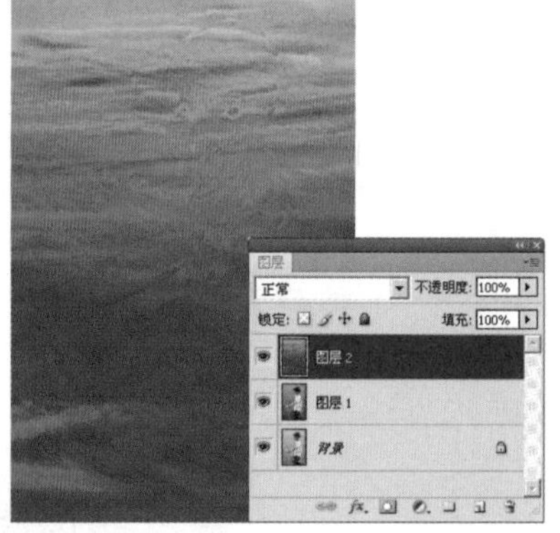

图 11-213

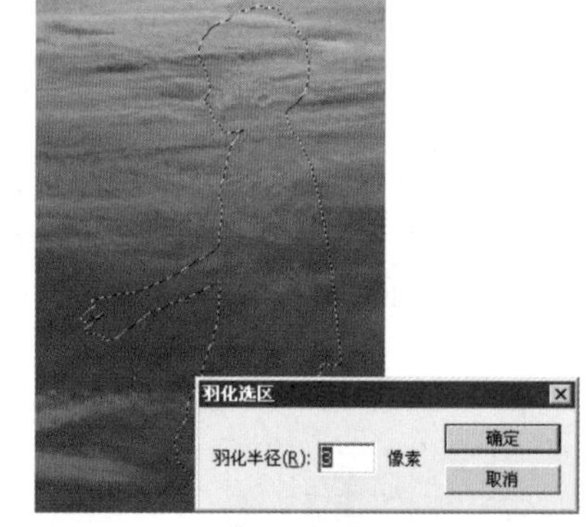

图 11-214

11 按快捷键【Ctrl+J】，将选区内的图像复制并粘贴到新的图层，系统自动生成图层 3。单击图层 2 前面的“指示图层可见性”图标，将其隐藏，图像效果如图 11-215 所示。

12 单击图层 3 前面的“指示图层可见性”图标，将其隐藏，再选择图层 1，如图 11-216 所示。

图 11-215

图 11-216

13 按快捷键【Ctrl+Alt+4】，将通道 Alpha 1 载入选区，按快捷键【Ctrl+Alt+D】，弹出“羽化选区”对话框，设置“羽化半径”为3像素，单击“确定”按钮，效果如图 11-217 所示。

14 执行“选择”/“反向”命令或按快捷键【Shift+Ctrl+I】，反选选区，如图11-218所示。

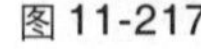
图 11-217

图 11-218

15 按【Delete】键删除选区内的图像，再按快捷键【Ctrl+D】取消选区，图像效果如图 11-219 所示。

16 使用“铬黄”滤镜，可以使光滑物体的高光和反光非常强烈。按【D】键将前景色和背景色恢复为默认设置（即前景色为黑色，背景色为白色）。执行“滤镜”/“素描”/“铬黄渐变”命令，在弹出的“铬黄渐变”对话框中进行参数设置，然后单击“确定”按钮，图像效果如图 11-220 所示。可以看到，人物图像出现了强烈的光感效果。

图 11-219

图 11-220

17 如果感觉光感效果太强烈，还可以执行“渐隐”命令进行适当的调整。执行“编辑”/“渐隐铬黄”命令，在弹出的“渐隐”对话框中进行参数设置，单击“确定”按钮，图像效果如图 11-221 所示。

18 单击图层 3 前面的“指示图层可见性”图标显示图层 3，并将其混合模式设置为“强光”，图像效果如图 11-222 所示。

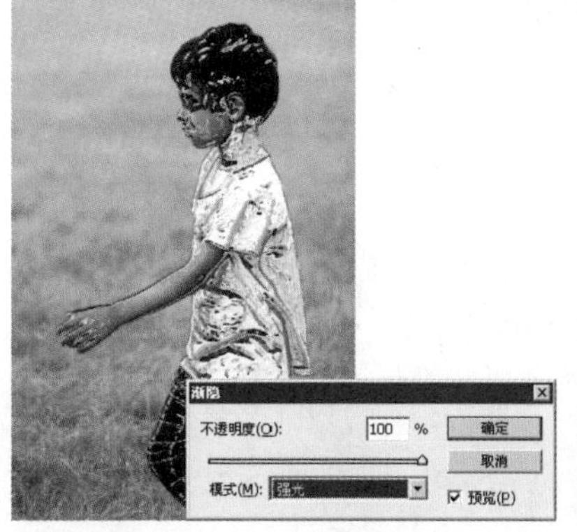

图 11-221

图 11-222

19 选择背景图层，按快捷键【Ctrl+Alt+4】，将通道 Alpha1 载入选区，然后按快捷键【Ctrl+Alt+D】，在弹出的“羽化选区”对话框中设置“羽化半径”为 3 像素，单击“确定”按钮，效果如图 11-223 所示。

20 按快捷键【Ctrl+J】，将选区中的图像复制粘贴至新图层中，系统将自动创建图层 4。拖动图层 4 至图层的最上面，并将图层 4 的混合模式设置为“叠加”，图像效果如图 11-224 所示。

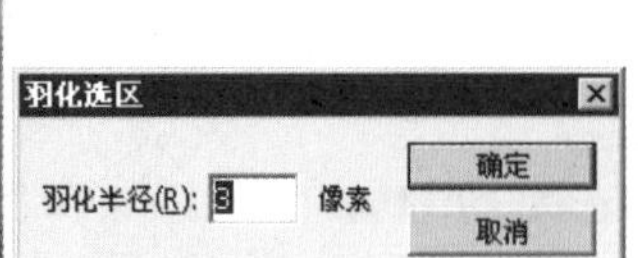

图 11-223

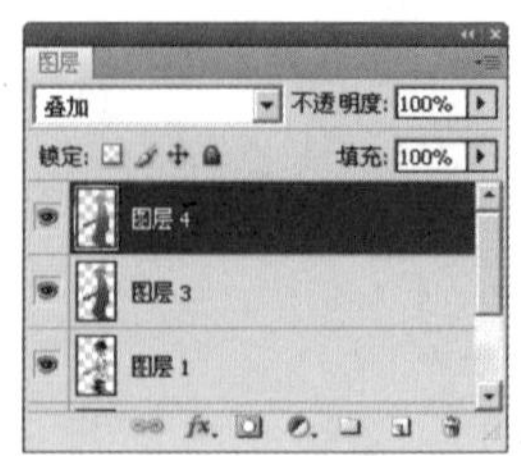

图 11-224

21 对图层 4 进行色相和饱和度的调整。按住【Ctrl】键单击图层 4 载入该图层的选区，然后执行“图像”/“调整”/“色相/饱和度”命令，在弹出的“色相/饱和度”对话框中进行参数设置。调整后的图像效果如图 11-225 所示。

22 选择背景图层，在工具箱中选择“仿制图章工具”，按住【Alt】键定义一个取样点，然后在需要修改的地方进行涂抹，修复后的图像效果如图 11-226 所示。

23 查看整个画面效果，如果金属质感不是太强，还可以通过调整色阶达到目的。执行“图像”/“调整”/“色阶”命令，在弹出的“色阶”对话框中进行参数设置，如图 11-227 所示。

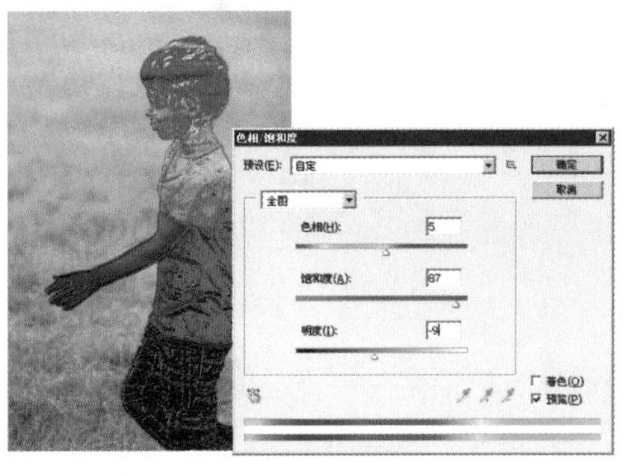

图 11-225

图 11-226

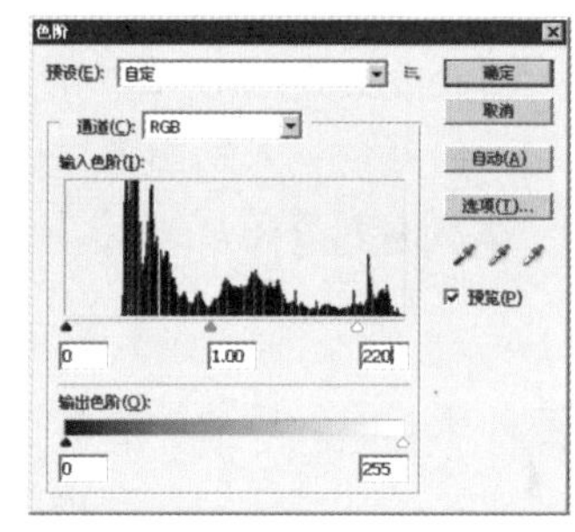

图 11-227

24 选择图层 4 并载入该图层的选区，然后单击“图层”面板底部的“添加新的填充或调整图层”按钮，在弹出的下拉菜单中选择“色相/饱和度”命令，在弹出的“色相/饱和度”对话框中进行参数设置，调整后的图像效果如图 11-228 所示。

25 单击图层 2 前面的“指示图层可见性”图标，显示该图层，并将该图层拖动至图层 1 的下面，最终的图像效果如图 11-229 所示。

图 11-228

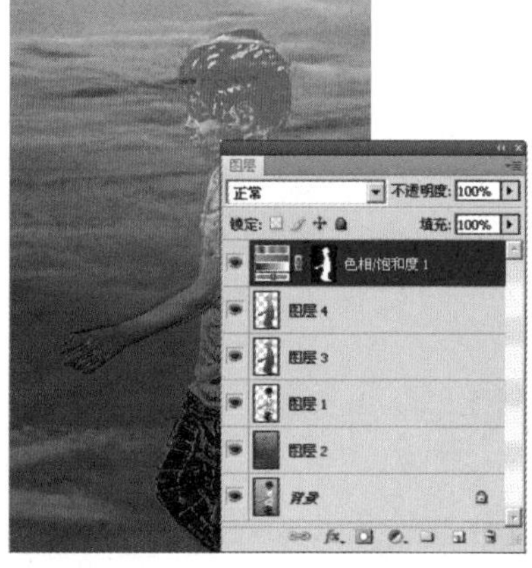

图 11-229

实例 11.18　制作百叶窗效果

很多人喜欢把光线明快的照片表现得含蓄些，通过 Photoshop CS4 软件可以简单地制作出带有朦胧艺术气息的百叶窗效果。

原照片

百叶窗效果

操作步骤

01 执行“文件”/“打开”命令，在弹出的“打开”对话框中选择所要处理的素材照片，如图 11-230 所示。

02 选择工具箱中的“钢笔工具”在画面中建立人物闭合路径，然后按快捷键【Ctrl+Enter】将路径转换为选区，按快捷键【Ctrl+J】，复制并粘贴选区中的图像图层，得到图层 1，如图 11-231 所示。

图 11-230

图 11-231

03 执行“文件”/“打开”命令，在弹出的“打开”对话框中选择所要使用的素材照片，如图 11-232 所示。

04 执行“图像”/“调整”/“色相/饱和度”命令，打开”色相/饱和度“对话框，设置其参数，如图 11-233 所示。

图 11-232

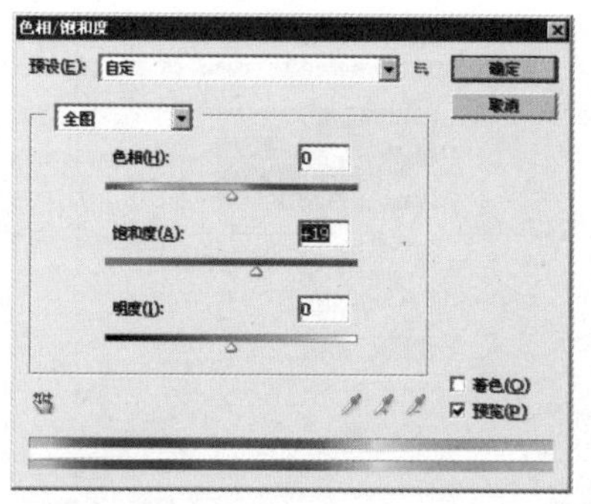

图 11-233

05 参数设置完毕后，单击“确定”按钮。将打开的素材文件拖动到当前文件中，得到图层2。按快捷键【Ctrl+T】调整其大小及位置，效果如图11-234所示。

06 选择图层2，执行“滤镜”/“模糊”/“高斯模糊”命令，打开“高斯模糊”对话框，设置其参数，单击“确定”按钮，得到的图像效果如图11-235所示。

图11-234

图11-235

07 将图层1拖动到“图层”面板的最上方，得到的图像效果如图11-236所示。

08 执行“文件”/“新建”命令，在弹出的“新建”对话框中设置其参数，如图11-237所示。

图11-236

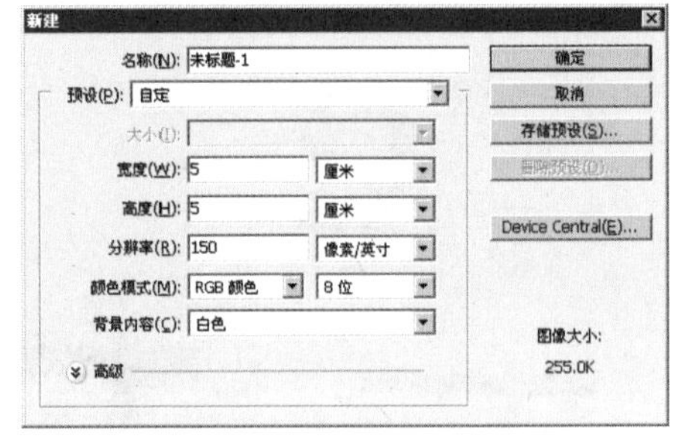

图11-237

09 选择工具箱中的“矩形选框工具”，建立矩形选区。选择“渐变工具”并设置其属性，在选区中填充线性渐变，效果如图11-238所示。

10 选择“移动工具”，并按住【Alt】键拖动渐变线条，以复制渐变线条，得到的图像效果如图11-239所示。

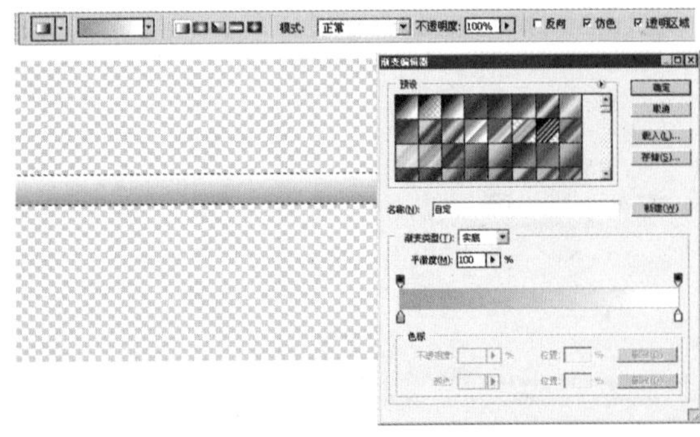

图11-238

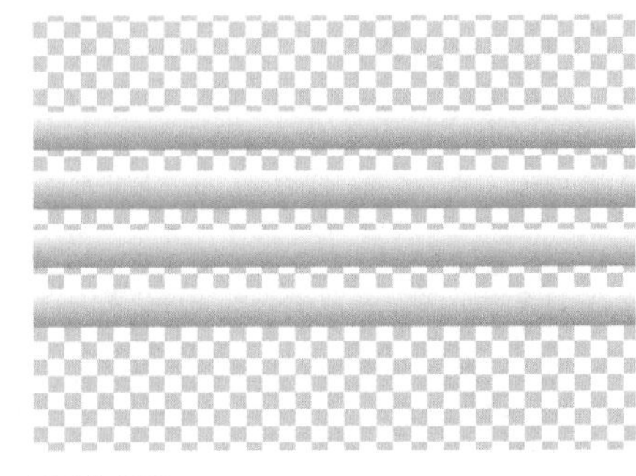

图11-239

11 选择工具箱中的“矩形选框工具”在画面中建立矩形选区，执行“编辑”/“定义图案”命令，打开“定义图案”对话框，单击“确定”按钮，定义“图案1”，效果如图11-240所示。

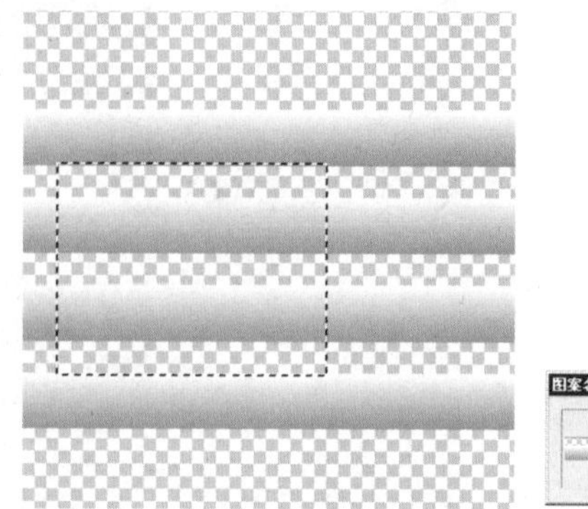

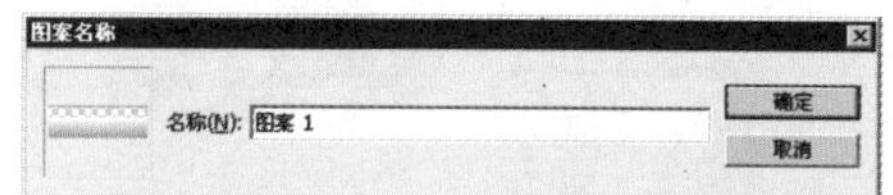

图11-240

12 选择图层1，单击“图层”面板底部的“创建新图层”按钮，新建图层3，执行“编辑”/“填充”命令，打开“填充”对话框，如图11-241所示。

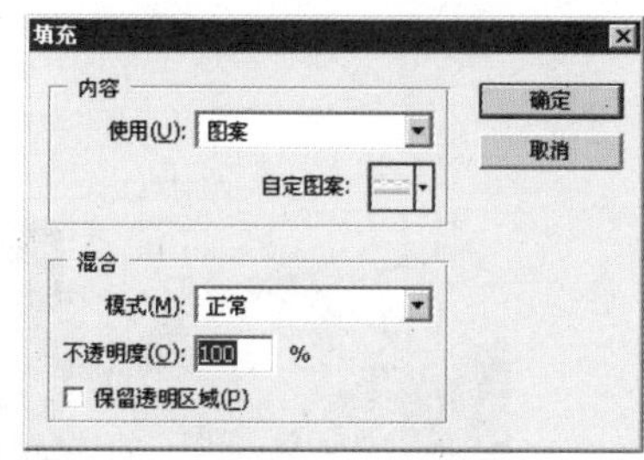

图11-241

13 选择定义好的图案，填充图层3，得到的图像效果如图11-242所示。

14 按快捷键【Ctrl+T】调出自由变换控制框进行透视变换，效果如图11-243所示。

图11-242

图11-243

实例 11.19　制作放射背景

在动感图像上添加放射背景，可使图像整体更具动感。

原照片

放射背景效果

操作步骤

01 执行“文件”/“打开”命令，打开如图 11-244 所示的素材照片。

02 在工具箱中选择“缩放工具”，在图像上拖动鼠标以放大图像，如图11-245所示。

图 11-244

图 11-245

03 在工具箱中选择“磁性套索工具”，在图像上勾画选区，如图11-246和图11-247所示。

图 11-246

图 11-247

04 按快捷键【Shift+Ctrl+I】将选区反选，如图 11-248 所示。执行“滤镜”/“模糊”/“径向模糊”命令。在弹出的“径向模糊”对话框中设置具体参数，得到后的图像效果如图 11-249 所示。

图 11-248

图 11-249

05 若对效果不满意，还可以按快捷键【Ctrl+F】重复执行该滤镜命令，然后按快捷键【Ctrl+D】取消选区。若先取消选区再按快捷键【Ctrl+F】，图像的效果会大不一样如图 11-250 所示。正常操作的情况下，图像的最终效果如图 11-251 所示。

图 11-250

图 11-251

实例 11.20 制作烟花效果

在拍摄的夜景照片中，如果添加一些烟花，将会达到一种与建筑物上色彩斑斓的霓虹灯相映生辉的效果，更增喜气。

原照片

烟花的效果

操作步骤

01 执行“文件”/“打开”命令，打开如图 11-252 和图 11-253 所示的照片。

02 在工具箱中选择“移动工具”，拖动烟花照片到夜景照片中，按快捷键【Ctrl+T】执行“自由变换”命令，调整烟花大小，并放到照片的右上角，如图 11-254 所示。按【Enter】键确认。

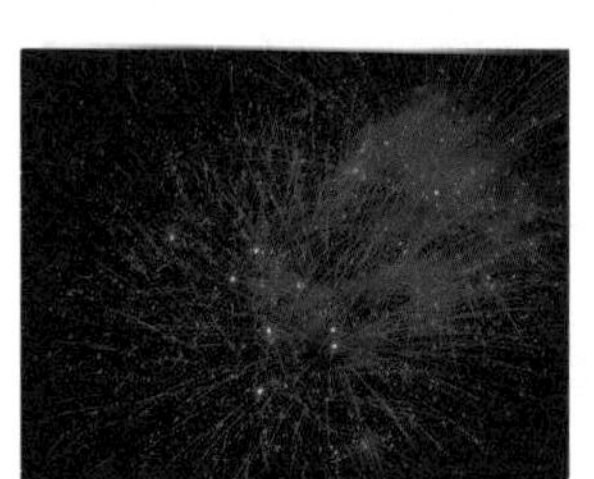

图 11-252

图 11-253

图 11-254

03 按住【Ctrl】键单击烟花图层缩览图，图像中将生成烟花的选区，如图 11-255 所示。

04 执行“选择”/“修改”/“羽化”命令，弹出“羽化选区”对话框，在“羽化半径”文本框中输入 100，如图 11-256 所示。单击“确定”按钮。

05 按快捷键【Shift+Ctrl+I】反选选区，以选中烟花周围的部分，按【Delete】键删除烟花周围的边界，再按快捷键【Ctrl+D】取消选区，如图 11-257 所示。

图 11-255

图 11-256

图 11-257

06 在“图层”面板中设置图层1的混合模式为“滤色”，效果如图11-258所示。

07 在“图层”面板中新建图层2，在工具箱中选择“渐变工具”，单击工具选项栏中的渐变色编辑图标，在弹出的“渐变编辑器”窗口中进行颜色编辑，单击“色标”滑块，将鼠标指针移动到烟花上，鼠标指针将自动变成“吸管工具”，单击图像进行吸取，色彩信息即会被自动读入“渐变工具”中，如图11-259所示。

图11-258

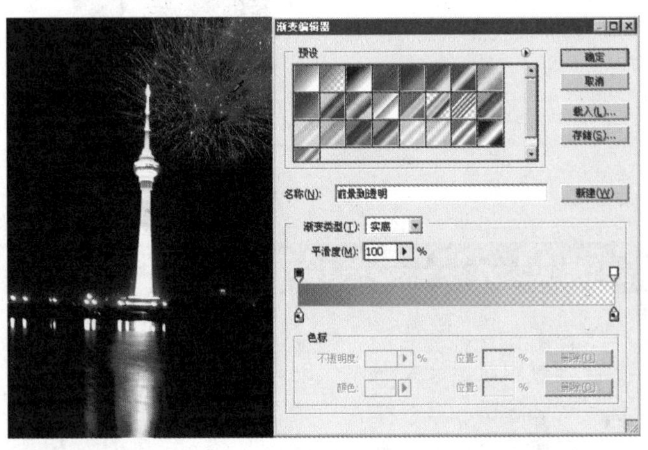

图11-259

08 为了使烟花效果更真实，在图层2中自右上角向烟花末端拖动鼠标，如图11-260所示。

09 将图层2的不透明度调至50%，效果如图11-261所示。

图11-260

图11-261

10 拖动烟花所在图层1到“创建新图层”按钮上，复制烟花，生成“图层1副本”图层，如图11-262所示。

11 按快捷键【Ctrl+T】弹出自由变换控制框，旋转烟花，如图11-263所示。

图11-262

图11-263

12 执行“滤镜”/“模糊”/“动感模糊”命令，在弹出“动感模糊”对话框中进行参数设置，如图11-264所示。最终的图像效果如图11-265所示。

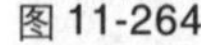

图11-264

图11-265

实例11.21 彩色铅笔画效果

本例将一张普通的人物照片制作成彩色铅笔画效果，主要应用了滤镜和混合模式，然后做细致调整，使照片变得可爱而特别。

原照片　　彩色铅笔画效果

操作步骤

01 执行“文件”/“打开”命令，在弹出的“打开”对话框中选择所要处理的素材照片，单击“打开”按钮将其打开，如图11-266所示。

02 单击“图层”面板底部的“创建的填充或调整图层”按钮，在弹出的下拉菜单中选择“色阶”命令，在弹出的“色阶”面板中设置参数，效果如图11-267所示。

图11-266

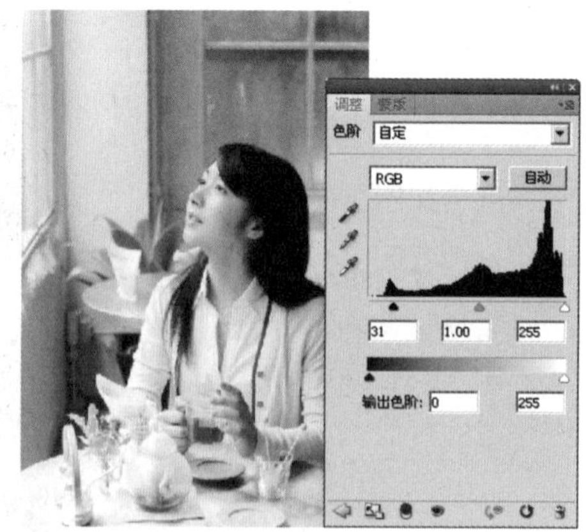

图11-267

03 单击“图层”面板底部的“创建新的填充或调整图层”按钮，在弹出的下拉菜单中选择“亮度/对比度”命令，在弹出的“亮度/对比度”面板中进行参数设置，如图 11-268 所示。得到的效果如图 11-269 所示。

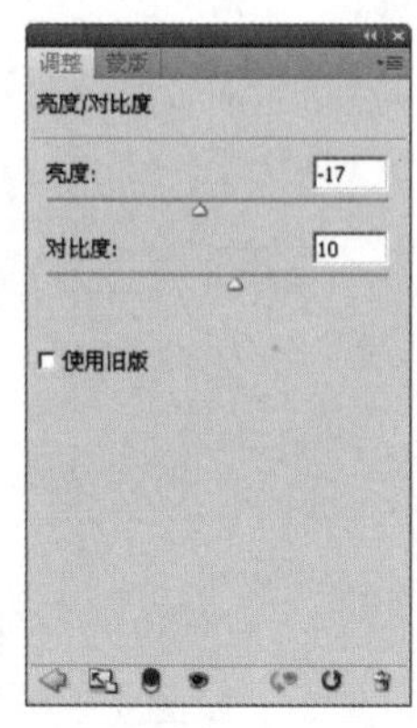

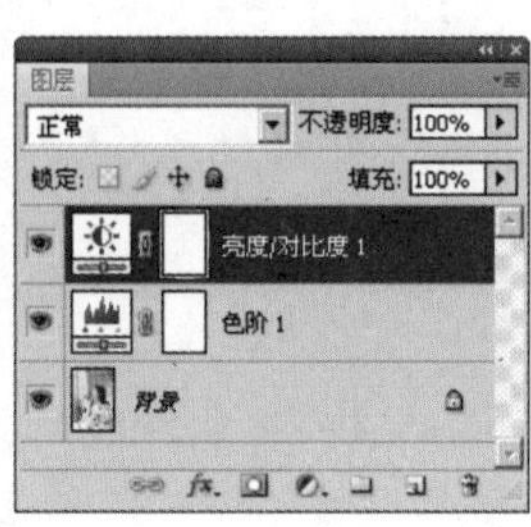

图 11-268

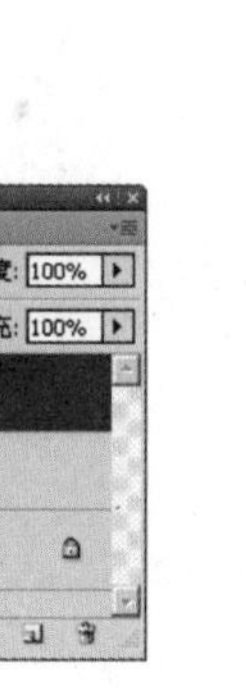

图 11-269

04 按快捷键【Shift+Ctrl+Alt+E】两次，得到图层 1 和图层 2，隐藏图层 2，选中图层 1，并将其转换为智能对象，执行“图像”/“调整”/“反相”命令，图像变为负片效果，如图 11-270 所示。执行“滤镜”/“风格化”/“照亮边缘”命令，在“照亮边缘”对话框中进行设置，设置完成后单击“确定”按钮，效果如图 11-271 所示。

图 11-270

图 11-271

05 按快捷键【Shift+Ctrl+Alt+E】，得到图层 3，然后执行“滤镜”/“艺术效果”/“木刻”命令，在“木刻”对话框中进行设置，设置完成后单击“确定”按钮，效果如图 11-272 所示。

06 单击“图层”面板底部的“创建新的填充或调整图层”按钮，在弹出的下拉菜单中选择“色阶”命令，在弹出的“色阶”中进行参数设置，如图 11-273 所示。设置完成后，效果如图 11-274 所示。

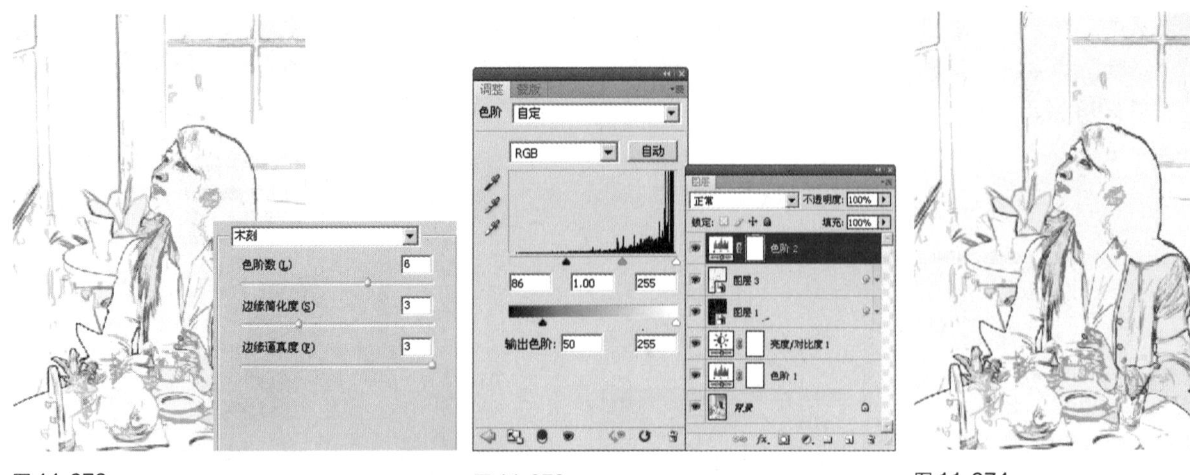

图 11-272　　图 11-273　　图 11-274

07 按快捷键【Shift+Ctrl+Alt+E】，得到图层 4，将图层 4 转换为智能对象图层，然后执行“滤镜”/“模糊”/“高斯模糊”命令，在“高斯模糊”对话框中设置“半径”为 2.6 像素，如图 11-275 所示。设置图层的混合模式为“颜色加深”，效果如图 11-276 所示。

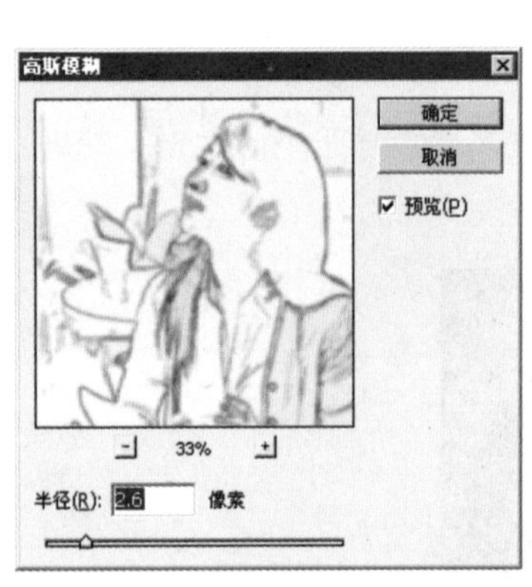

图 11-275

图 11-276

08 显示并选中图层 2，设置图层 2 的混合模式为“颜色加深”。单击“图层”面板底部“添加图层蒙版”按钮，选择“画笔工具”，笔刷设置为柔角，调整不透明度为 20%，在画面中进行涂抹，效果如图 11-277 所示。

图 11-277

实例 11.22　壁画效果

本例应用一张具有自然气息的照片制作了一幅具有古典气息的壁画，在实际应用中主要掌握混合模式的应用以及亮度的调整。

原照片

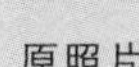

壁画效果

操作步骤

01 执行“文件”/“打开”命令，在弹出的“打开”对话框中选择所要处理的素材照片，单击“打开”按钮将其打开，如图 11-278 所示。

02 按【Ctrl+J】复制背景图层得到“背景副本图层 1”，执行“图像”/“自动色调”命令，效果如图 11-279 所示。

图 11-278

图 11-279

03 按快捷键【Shift+Ctrl+Alt+E】，得到图层 1，设置图层 1 的混合模式为“叠加”，效果如图 11-280 所示。

04 将图层 1 转换为智能对象图层，然后执行“滤镜”/“风格化”/“查找边缘”命令，效果如图 11-281 所示。

图 11-280

图 11-281

05 执行“滤镜”/“模糊”/“高斯模糊”命令，在弹出的“高斯模糊”对话框中进行参数设置，如图 11-282 所示。设置完成后单击“确定”按钮，效果如图 11-283 所示。

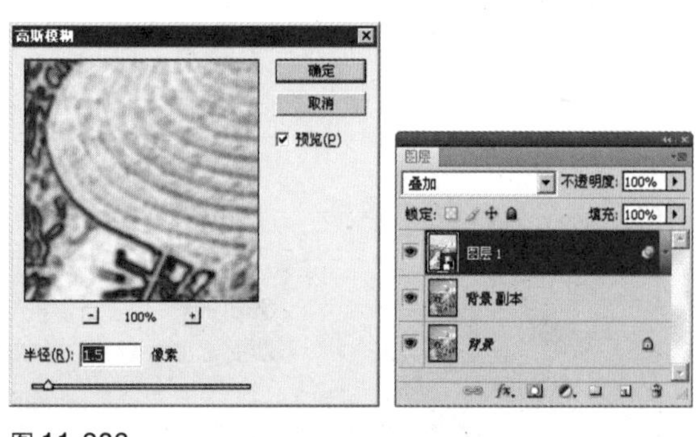

图 11-282

图 11-283

06 单击“图层”面板底部的“创建新的填充或调整图层”按钮，在弹出的下拉菜单中选择“色相/饱和度”命令，在弹出的“色相/饱和度”面板中进行参数设置，如图 11-284 所示。设置完成后，效果如图 11-285 所示。

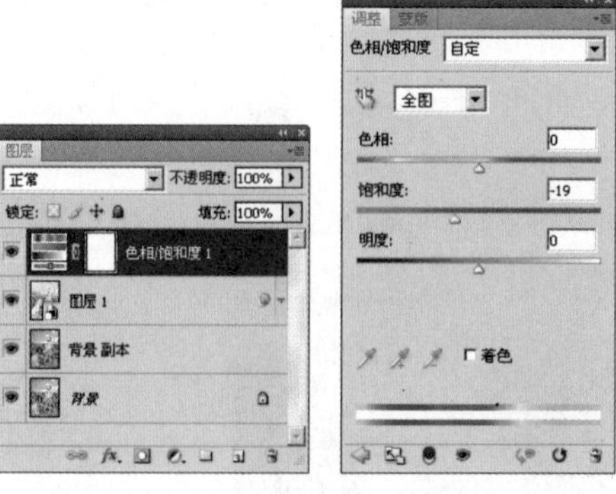

图 11-284

图 11-285

07 按快捷键【Shift+Ctrl+Alt+E】得到图层 2，将图层 2 转换为智能图层，然后执行“滤镜”/“纹理”/“纹理化”命令，在“纹理化”对话框中设置参数，如图 11-286 所示。设置完成后单击“确定”按钮，效果如图 11-287 所示。

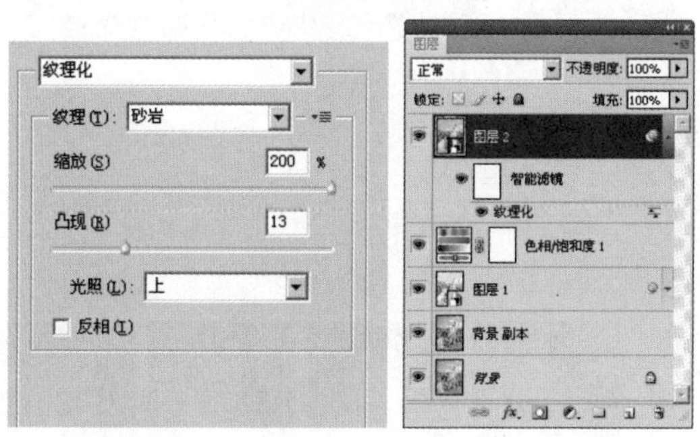

图 11-286

图 11-287

08 单击“图层”面板底部的“创建新的填充或调整图层”按钮，在弹出的下拉菜单中选择“曲线”命令，在弹出的“曲线”面板中设置参数，如图 11-288 所示。设置完成后，效果如图 11-289 所示。

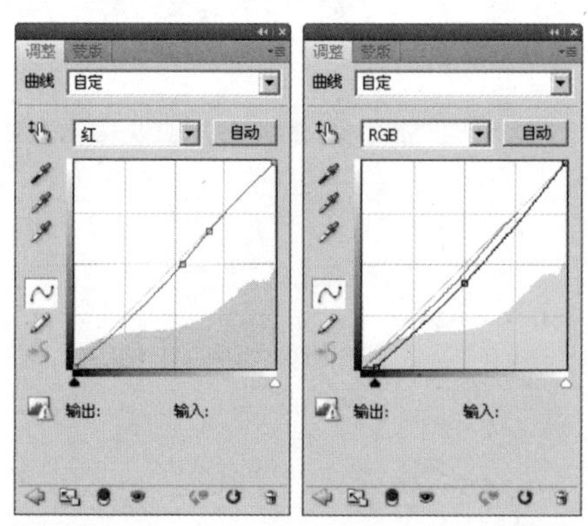

图 11-288

图 11-289

09 单击“图层”面板底部的“创建新的填充或调整图层”按钮，在弹出的下拉菜单中选择“色彩平衡”命令，在弹出的“色彩平衡”面板中进行参数设置，如图11-290所示。设置完成后，效果如图11-291所示。

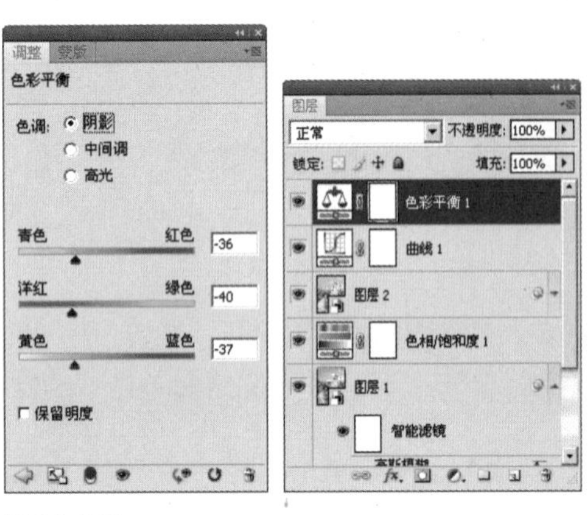

图11-290

图11-291

实例11.23 制作证件照

本实例主要通过“钢笔工具”抠取人物图形，变换背景，同时运用了滤镜改变人物受光面的位置，使证件照看起来更加真实。

原照片

证件照效果

操作步骤

01 执行“文件”/“打开”命令，在弹出的“打开”对话框中选择所要处理的素材照片，单击“打开”按钮将其打开，如图11-292所示。

02 选择工具箱中的“裁剪工具”，在画面中绘制裁剪框，如图11-293所示。

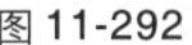

图 11-292

图 11-293

03 设置好裁剪框的位置后，按【Enter】键，效果如图 11-294 所示。

04 选择工具箱中的“钢笔工具”，沿人物轮廓绘制路径按快捷键【Ctrl+Enter】键，将路径转换为选区，按快捷键【Ctrl+J】复制并粘贴新图层，得到图层 1，隐藏背景图层，如图 11-295 所示。

图 11-294

图 11-295

05 选择工具箱中的“仿制图章工具”，并配合【Alt】键，复制边缘和头发的颜色，覆盖手部位，如图 11-296 所示。

06 选择工具箱中的“修补工具”修复人物面部雀斑，并选择“减淡工具”提升人物面部的亮度，效果如图 11-297 所示。

图 11-296

图 11-297

07 切换到“图层”面板，复制图层 1 得到“图层 1 副本”图层，并设置“图层 1 副木”图层的混合模式为“滤色”，不透明度值为 59%，如图 11-298 所示。

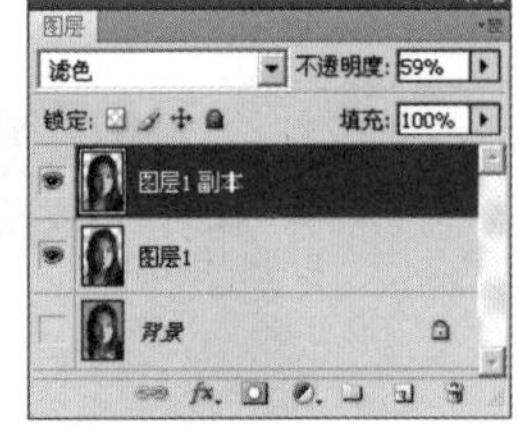

图 11-298

08 新建图层 2，将前景色设置为（R:227，G:2，B:2），如图 11-299 所示，得到的图像效果如图 11-300 所示。

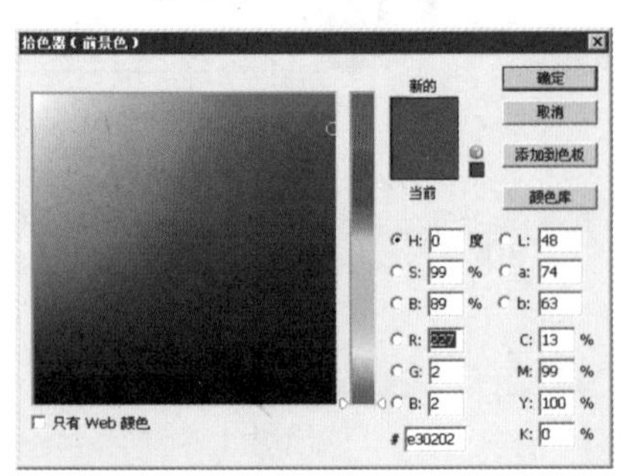

图 11-299

图 11-300

09 将图层 1 拖动到“图层”面板的最上方，得到的图像效果如图 11-301 所示。

10 按快捷键【Shift+Ctrl+Alt+E】，得到图层 3，然后执行“滤镜”/“渲染”/“光照效果”命令，设置其参数，如图 11-302 所示。

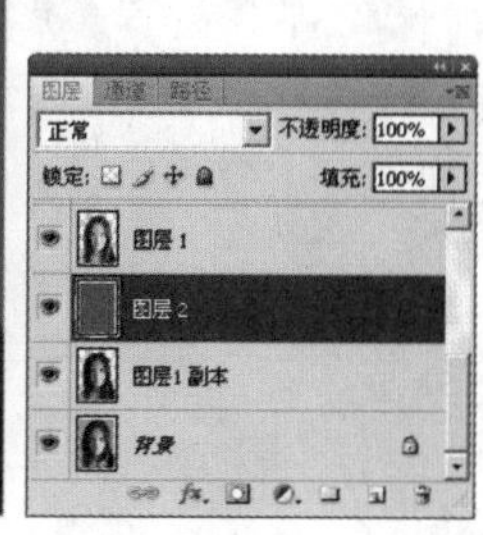

图 11-301

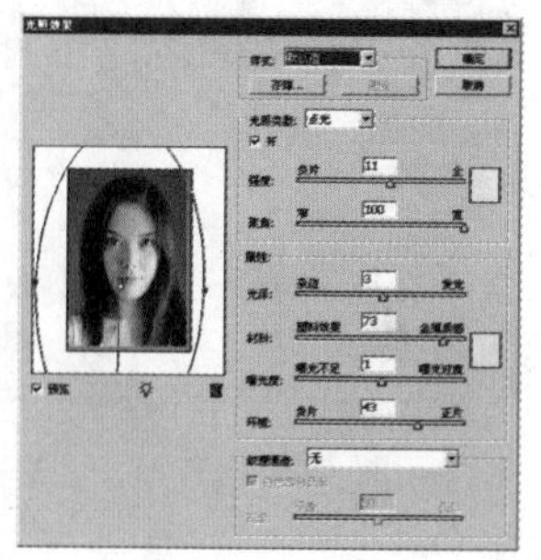

图 11-302

11 此时的图像效果如图 11-303 所示。单击“图层”面板底部的“创建新的填充或调整图层”按钮，在弹出的下拉菜单中选择“曲线”命令，弹出“曲线”面板，设置各参数值，如图 11-304 所示。

图 11-303

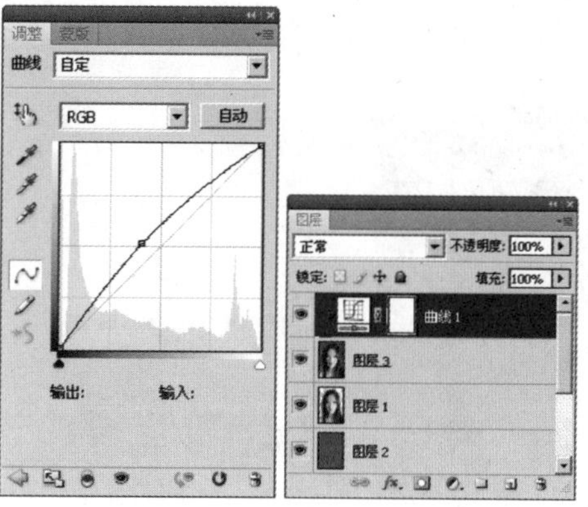

图 11-304

12 参数设置完毕后，单击“确定”按钮，按快捷键【Ctrl+Alt+G】执行“创建剪切蒙版”命令，得到的图像效果如图 11-305 所示。

图 11-305

13 单击"图层"面板底部的"创建新的填充或调整图层"按钮，在弹出的下拉菜单中选择"色彩平衡"命令，弹出"色彩平衡"面板，设置其参数值，如图 11-306 所示。

14 单击"图层"面板底部的"创建新的填充或调整图层"按钮，在弹出的下拉单中选择"亮度/对比度"命令，弹出"亮度/对比度"面板，设置其参数值，如图 11-307 所示。

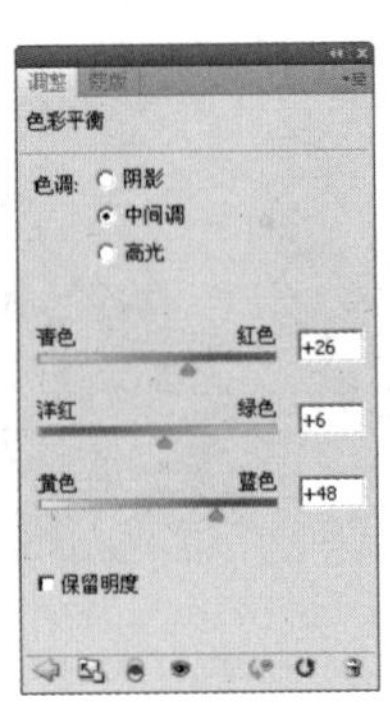

图 11-306

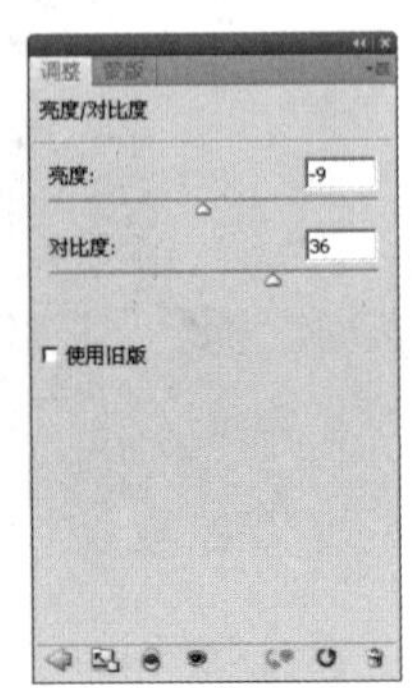

图 11-307

15 按快捷键【Shift+Ctrl+Alt+E】，得到图层 4，图像效果如图 11-308 所示。

16 执行"图像"/"画布大小"命令，弹出"画布大小"对话框，设置其参数，如图 11-309 所示。

图 11-308

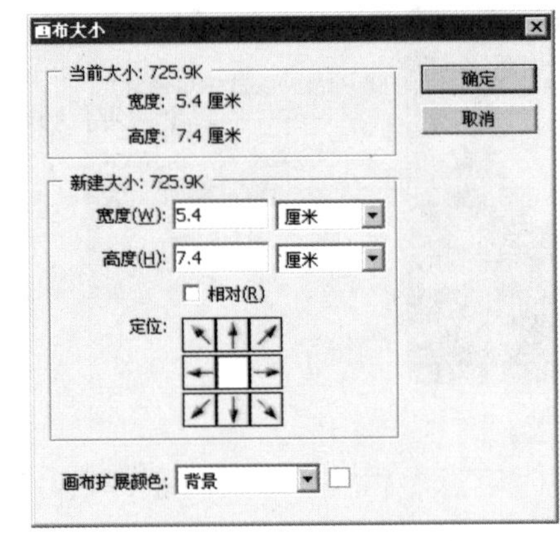

图 11-309

17 执行"编辑"/"定义图案"命令，弹出"图案名称"对话框，设置其名称，如图 11-310 所示。

18 执行"文件"/"新建"命令，弹出"新建"对话框，设置其参数，如图 11-311 所示。

图 11-310

图 11-311

19 执行“编辑”/“填充”命令，弹出“填充”对话框，选择刚定义的图案，如图 11-312 所示。

20 参数设置完毕后，单击“确定”按钮，即可得到一版一寸照片的最终效果，如图 11-313 所示。

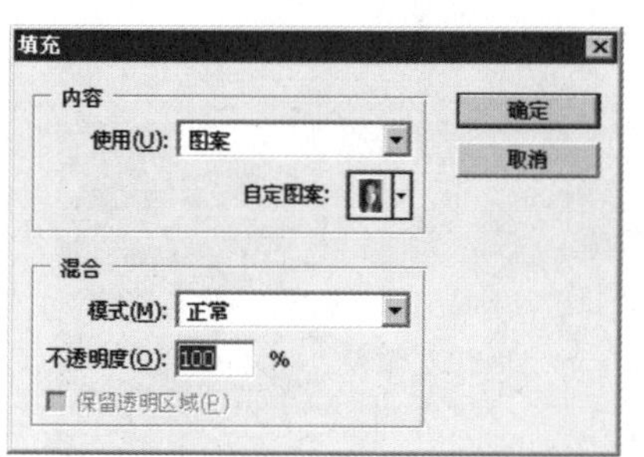

图 11-312

图 11-313

实例 11.24　还原照片真实色彩

本例除对画面整体进行调整以外，还通过建立选区，对画面的局部进行细致的调整，达到一种意境之美。

原照片

修复后的效果

操作步骤

01 执行“文件”/“打开”命令，在弹出的“打开”对话框中选择所要处理的素材照片，单击“打开”按钮将其打开，如图 **11-314** 所示。

02 复制背景图层，得到“背景副本”图层，并设置“背景副本”图层的混合模式为“滤色”，设置图层不透明度值为 **46%**，效果如图 **11-315** 所示。

图 11-314

图 11-315

03 单击“图层”面板底部的“创建新的填充或调整图层”按钮，在弹出的 g 上拉菜单中选择“曲线”命令，弹出“曲线”面板，选择不同的通道设置其参数，如图 **11-316** 所示。设置参数后，效果如图 **11-317** 所示。

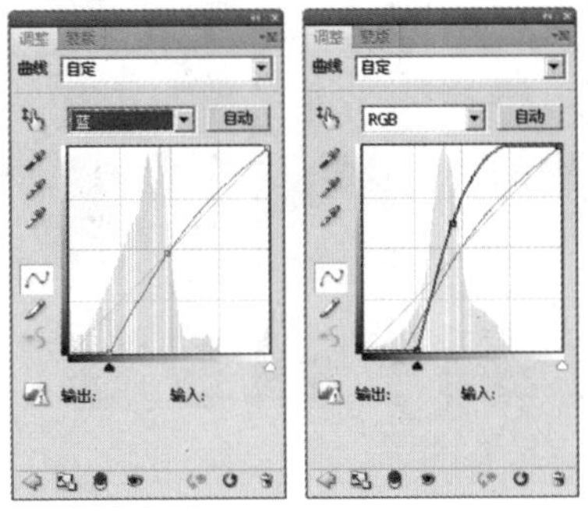

图 11-316

图 11-317

04 单击“图层”面板底部的“创建新的填充或调整图层”按钮，在弹出的下拉菜单中选择“通道混合器”命令，弹出“通道混合器”面板，选择不同的通道设置其参数，如图 **11-318** 所示。参数设置完成后，效果如图 **11-319** 所示。

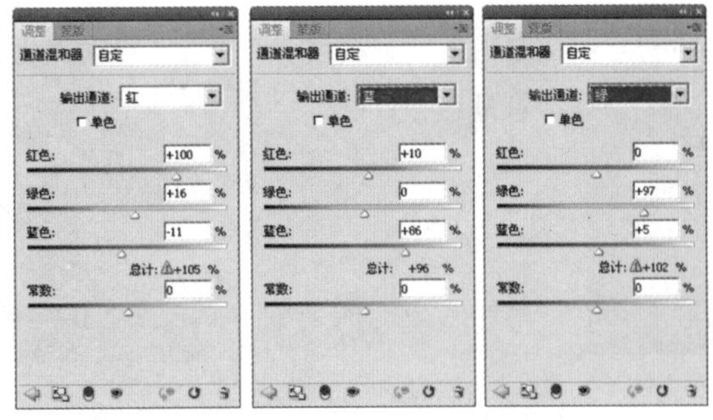

图 11-318

图 11-319

05 单击“图层”面板底部的“创建新的填充或调整图层”按钮，在弹出的下拉菜单中选择“色阶”命令，弹出“色阶”面板，设置其参数，如图11-320所示。参数设置完成后，效果如图11-321所示。

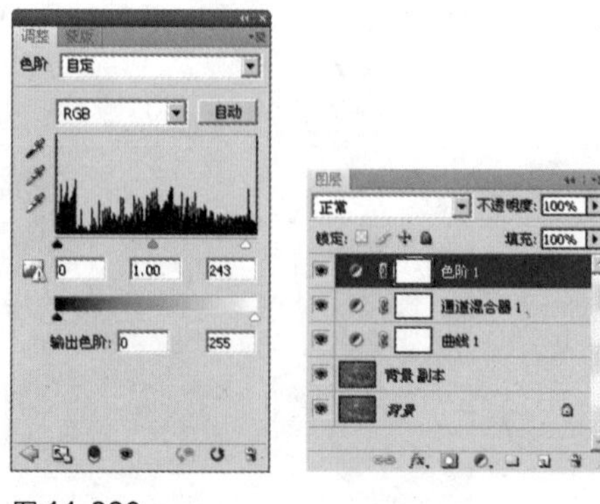
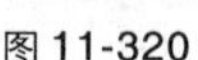

图11-320

图11-321

06 单击“图层”面板底部的“创建新的填充或调整图层”按钮，在弹出的下拉菜单选择“曲线”命令，弹出“曲线”面板，选择不同的通道设置其参数，如图11-322所示。参数设置完成后，效果如图11-323所示。

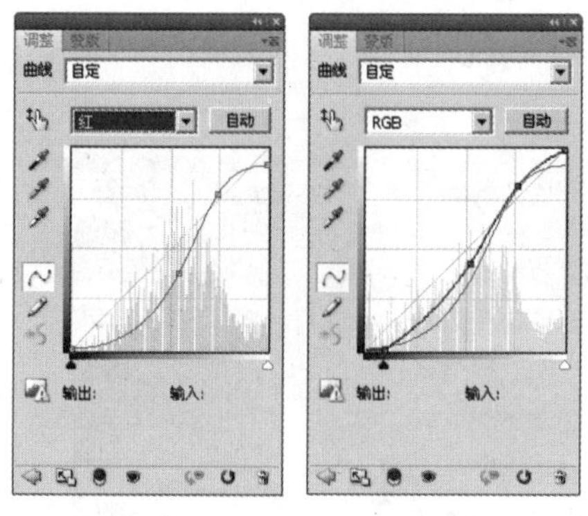

图11-322

图11-323

07 选择工具箱中的“套索工具”建立选区，按快捷键【Shift+F6】，打开“羽化选区”对话框，设置其参数，如图11-324所示。

08 单击“图层”面板底部的“创建新的填充或调整图层”按钮，在弹出的下拉菜单选择“亮度/对比度”命令，弹出“亮度/对比度”面板，设置其参数，效果如图11-325所示。

图11-324

图11-325

09 选择工具箱中的“套索工具”建立选区，按快捷键【Shift+F6】，打开“羽化选区”对话框，设置其参数，如图11-326所示。

10 单击“图层”面板底部的“创建新的填充或调整图层”按钮，在弹出的下拉菜单中选择“亮度/对比度”命令，弹出“亮度/对比度”面板，设置其参数，效果如图11-327所示。

图11-326

图11-327

11 单击“图层”面板底部的“创建新的填充或调整图层”按钮，在弹出的下拉菜单中选择“色彩平衡”命令，弹出“色彩平衡”面板，选择不同的色调，并拖动滑块设置其参数，如图11-328所示。得到的最终效果如图11-329所示。

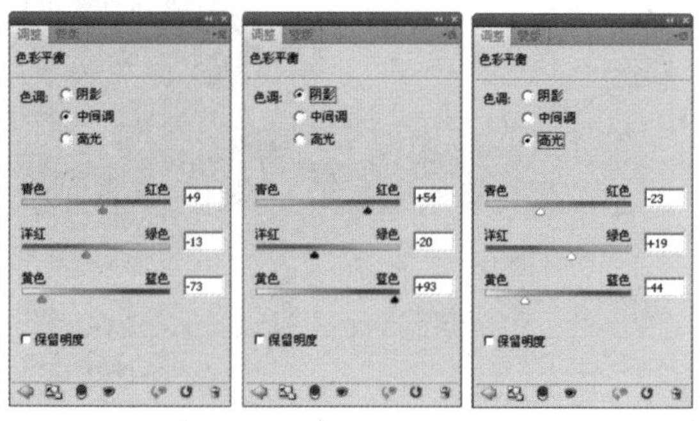

图11-328

图11-329

实例11.25　制作水晶璀璨效果

本例原照片色调暗淡，观赏价值不大，应用混合模式为其添加一些艺术效果，应用调整图层调整为水晶璀璨效果。

原照片

水晶璀璨效果

01 执行“文件”/“打开”命令，在弹出的“打开”对话框中选择所要处理的素材照片，单击“打开”按钮将其打开如图 11-330 所示。

02 复制背景图层，得到“背景副本”图层，并设置“背景副本”图层的混合模式为“叠加”，效果如图 11-331 所示。

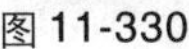

图 11-330

图 11-331

03 单击“图层”面板底部的“创建新的填充或调整图层”按钮，在弹出的下拉菜单中选择“曲线”命令，弹出“曲线”面板，选择不同的通道设置其参数，如图 11-332 所示。参数设置完成后，效果如图 11-333 所示。

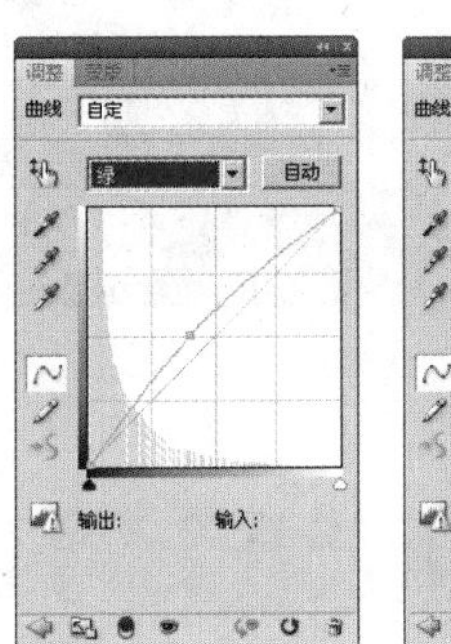

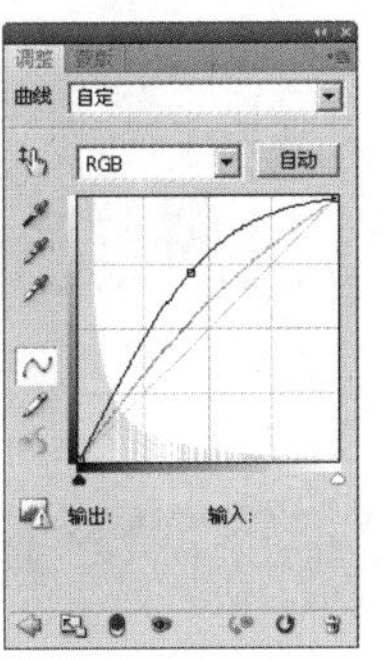

图 11-332

图 11-333

04 选择工具箱中的“画笔工具”，默认前景色为黑色，在“曲线 1”图层蒙版中进行涂抹，得到的图像效果如图 11-334 所示。

05 单击“图层”面板底部的“创建新的填充或调整图层”按钮，在弹出的下拦菜单“色彩平衡”命令，弹出“色彩平衡”面板，选择不同的色调，并拖动滑块设置其参数，如图 11-335 所示。

图 11-334

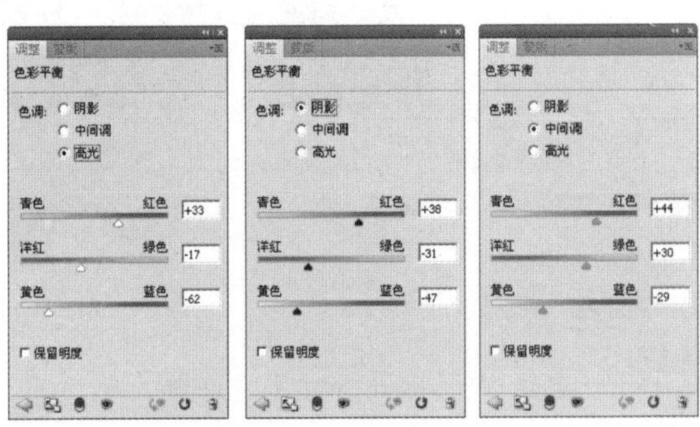

图 11-335

06 参数设置完成后，图像效果如图 11-336 所示。

图 11-336

07 单击“图层”面板底部的“创建新的填充或调整图层”按钮，在弹出的下拉菜单中选择“色阶”命令，在弹出的“色阶”面板中进行参数设置，最终效果如图 11-337 所示。

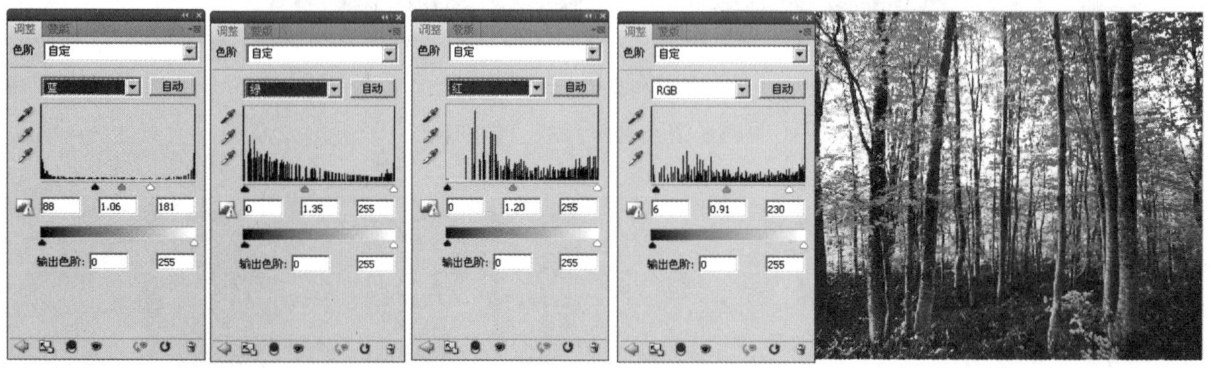

图 11-337

实例 11.26 转换风景季节

本例原照片表现的是秋季风景，只应用调整图层就可以将其再现为盛夏季节。

原照片

处理后的效果

操作步骤

01 执行“文件”/“打开”命令，在弹出的“打开”对话框中选择所要处理的素材照片，单击“打开”按钮将其打开，如图 11-338 所示。

02 单击“图层”面板底部的“创建新的填充或调整图层”按钮，在弹出的下拦菜单中选择“色彩平衡”命令，弹出“色彩平衡”面板，选择不同的色调，并拖动滑块设置其参数，如图11-339所示。

图11-338

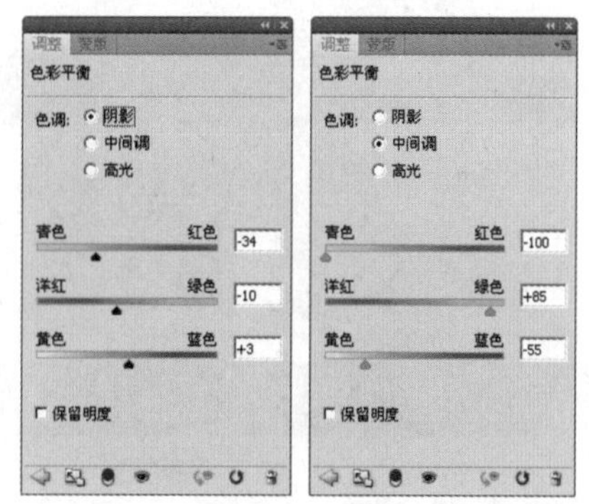

图11-339

03 参数设置完成后，图像效果如图11-340所示。

04 单击“图层”面板底部的“创建新的填充或调整图层”按钮，在弹出的下拉菜单中选择“色阶”命令，在弹出的“色阶”面板中进行参数设置，如图11-341所示。

图11-340

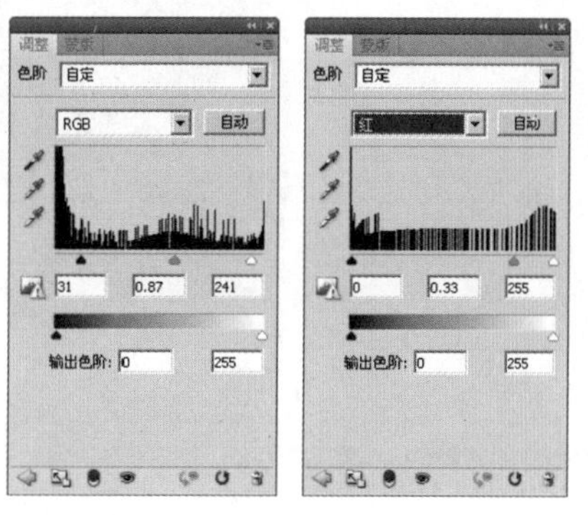

图11-341

05 参数设置完成，效果如图11-342所示。单击“图层”面板底部的“创建新的填充或调整图层”按钮，在弹出的下拉菜单中选择“色彩平衡”命令，弹出“色彩平衡”面板，拖动滑块设置其参数，如图11-343所示。

图11-342

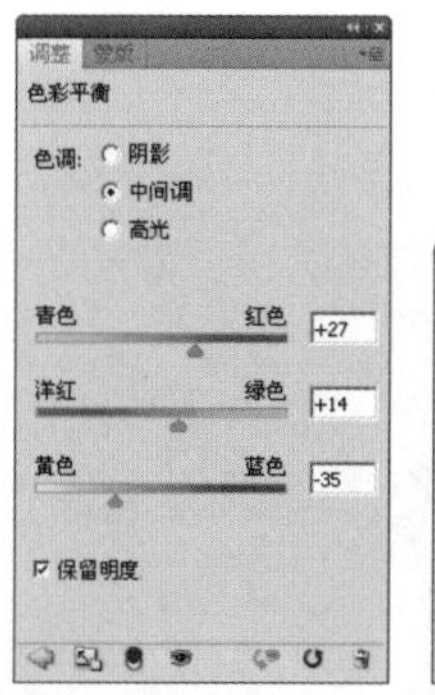

图11-343

06 参数设置完成后，最终效果如图 11-344 所示。

图 11-344

实例 11.27　制作撕破的相片

本例利用滤镜、快速蒙版及调整图层来制作撕纸效果，给人一种特殊的视觉感受。

原照片

撕纸效果

操作步骤

01 执行“文件”/“打开”命令，打开一张素材照片，如图 11-345 所示。

02 将背景拖动至“图层”面板底部的“创建新图层”按钮上，生成“背景副本”图层，如图 11-346 所示。

图 11-345

图 11-346

03 单击“图层”面板底部的“创建新的填充或调整新的图层”按钮，在弹出的下拉菜单中选择“色相/饱和度”命令，在弹出的“色相/饱和度”面板中设置参数如图 11-347 所示。

04 通过“色相/饱和度”命令的调整，即可得到如图 11-348 所示的效果。单击“图层”面板底部的“创建新图层”按钮，创建新图层——“图层 1”，按快捷键【D】，设置前景色和背景色为默认值，按快捷键【Ctrl+Backspace】为该图层填充白色。

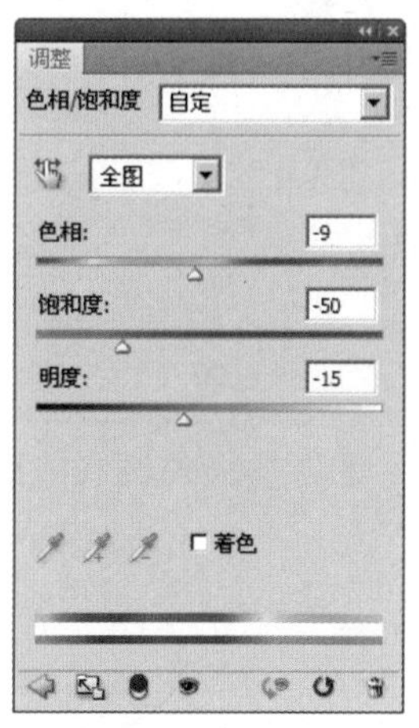

图 11-347

图 11-348

05 执行“滤镜”/“风格化”/“云彩”命令，得到的图像效果如图 11-349 所示。

06 执行“滤镜”/“风格化”/“查找边缘”命令，得到的图像效果如图 11-350 所示。

图 11-349

图 11-350

07 执行“图像”/“调整”/“色阶”命令，或者按快捷键【Ctrl+L】，弹出“色阶”对话框，在其中设置参数，如图 11-351 所示。

08 设置完成后，单击“确定”按钮，效果如图 11-352 所示。

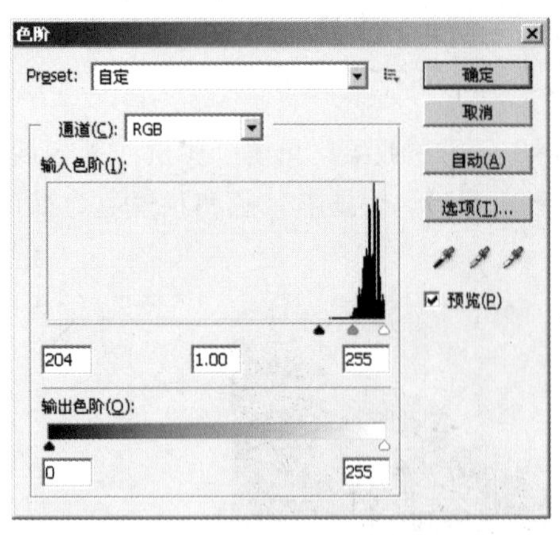

图 11-351

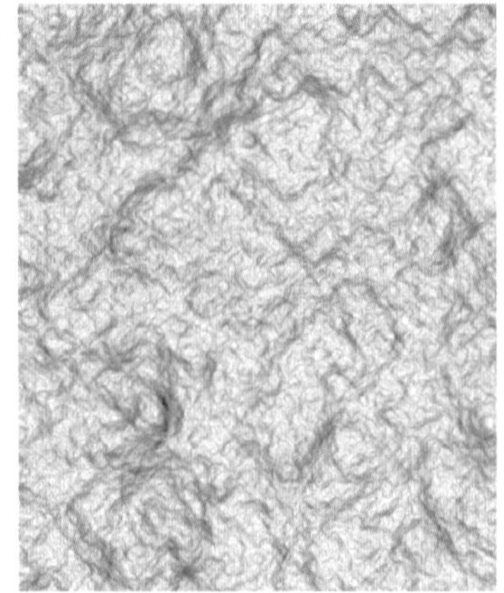

图 11-352

09 执行“滤镜”/“模糊”/“动感模糊”命令，弹出“动感模糊”对话框，调整模糊角度和的距离，如图 11-353 所示。

10 设置完成后，单击“确定”按钮，效果如图 11-354 所示。

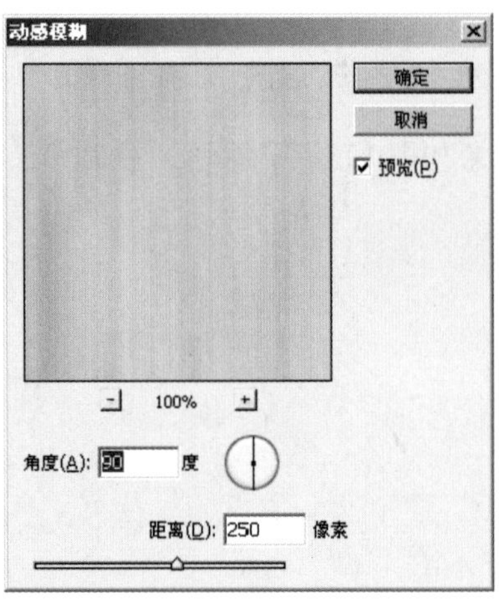

图 11-353

图 11-354

11 执行“滤镜”/“杂色”/“添加杂色”命令，弹出“添加杂色”对话框，选中“单色”复选框，调整合适的“数量”值，效果如图 11-355 所示。

12 设置完成后，单击“确定”按钮，效果如图 11-356 所示。

13 执行“图像”/“调整”/“色相/饱和度”命令，或者按快捷键【Ctrl+U】，在弹出的“色相/饱和度”对话框中设置参数，单击“确定”按钮，效果如图 11-357 所示。

14 选中图层 1，将其混合模式设置为“正片叠底”，图像效果如图 11-358 所示。

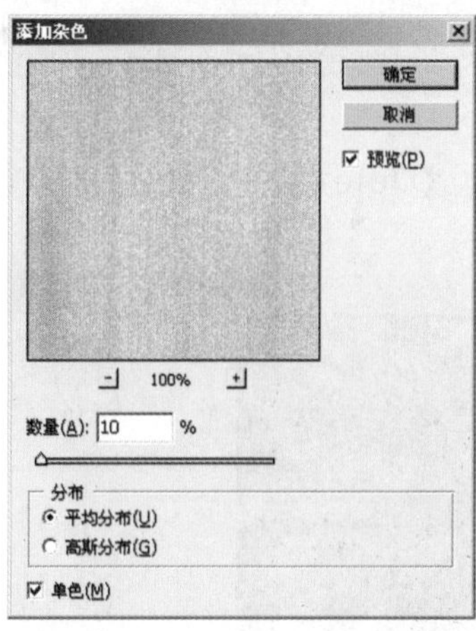

图 11-355

图 11-356

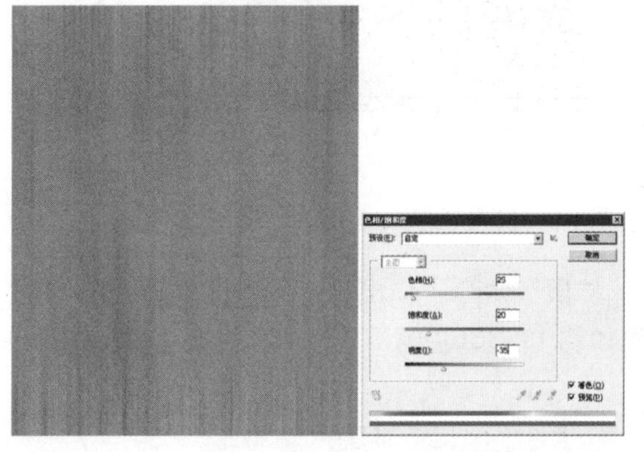

图 11-357

图 11-358

15 选择工具箱中的“套索工具”，在图层的右下方创建选区，图像效果如图 11-359 所示。

16 单击工具箱中的“以快速蒙版模式编辑”按钮，或直接按快捷键【Q】，切换到蒙版编辑模式，如图 11-360 所示。

图 11-359

图 11-360

17 执行“滤镜”/“扭曲”/“波纹”命令，在弹出的“波纹”对话框中设置参数如图 11-361 所示，单击“确定”按钮，效果如图 11-362 所示。

18 单击工具箱中的“以标准模式编辑”按钮，选择图层 1，按快捷键【Delete】删除选区中的图像，效果如图 11-363 所示。

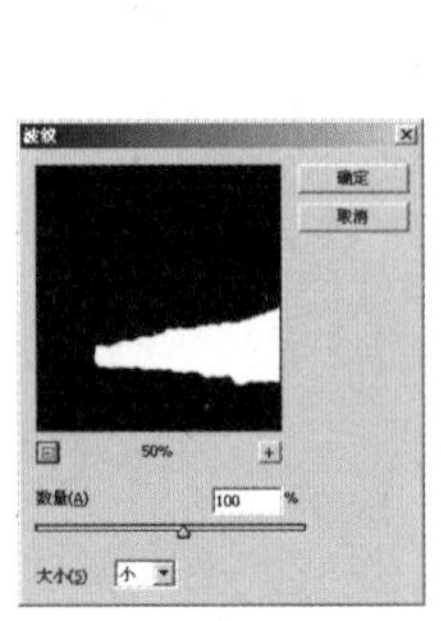
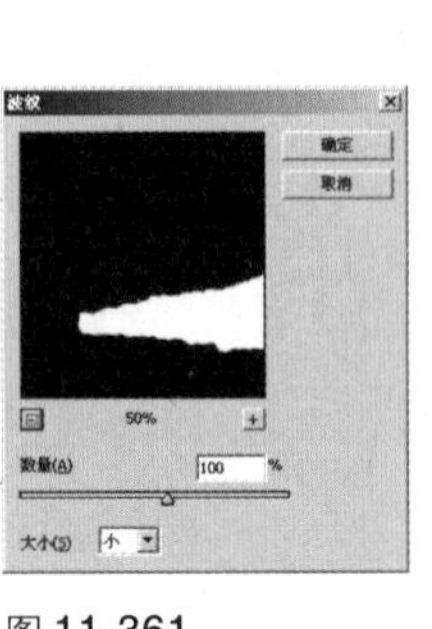

图 11-361

图 11-362

图 11-363

19 切换到“通道”面板，单击“将选区存储为通道”按钮，保存选区，“通道”面板如图 11-364 所示。

20 切换到“图层”面板，执行“选择”/“修改”/“扩展”命令，弹出“扩展选区”对话框，将“扩展量”设置为 6 像素如图 11-365 所示，图像效果如图 11-366 所示。

图 11-364

图 11-365

图 11-366

21 单击工具箱中的“以快速蒙版模式编辑”按钮，或按快捷键【Q】，换到蒙版编辑模式，如图 11-366 所示。

22 执行“滤镜”/“像素化”/“晶格化”命令，弹出“晶格化”对话框，参数设置完成后单击“确定”按钮，得到不规则边缘的图像，效果如图 11-367 所示。

图 11-367

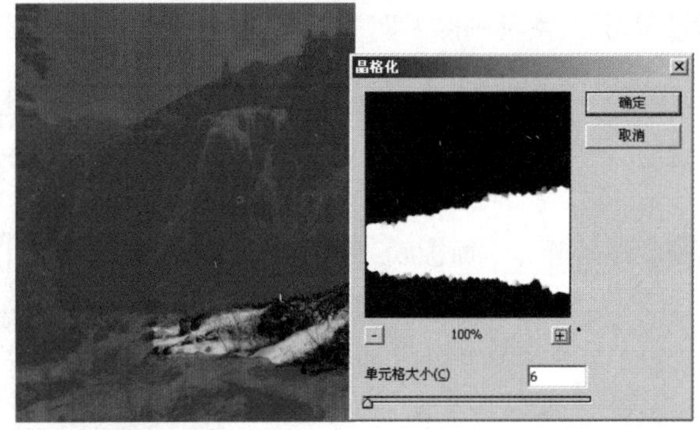

图 11-368

23 单击工具箱中的“以标准模式编辑”按钮，得到选区，切换到“通道”面板，按住快捷键【Ctrl+Alt】单击 Alpha 1 通道缩览图，以减去 Alpha 1 通道的选区，如图 11-369 所示。

24 单击“图层”面板底部的“创建新图层”按钮，新建图层 2，将前景色设置为白色，填充图层 2，按快捷键【Ctrl+D】取消选区，效果如图 11-370 所示。

图 11-369

图 11-370

25 将图层 2 拖动至“图层”面板底部的“创建新图层”按钮上，创建“图层 2 副本”图层，如图 11-371 所示。

26 选择“图层 2 副本”图层，单击“图层”面板底部的“图层样式”按钮，在弹出的下拉菜单中选择“投影”命令，弹出“图层样式”对话框，设置各项参数，设置完成后单击“确定”按钮，效果如图 11-372 所示。

图 11-371

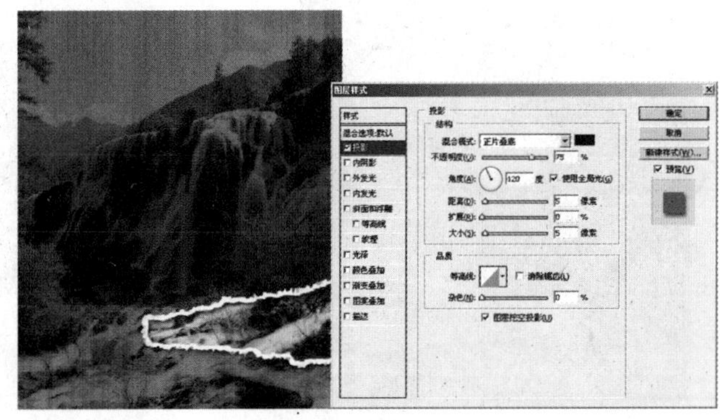

图 11-372

27 选择工具箱中的“套索工具”，将纸边图像的下方边缘选进选区，在“图层”面板上选择图层2，按快捷键【Delete】删除图像，得到没有投影的纸边，如图11-373所示。

28 单击“图层”面板底部的“创建新图层”按钮，新建图层3，选择工具箱中的“套索工具”，在图像上绘制选区作为纸卷，如图11-374所示。

图11-373

图11-374

29 选择工具箱中的“渐变工具”，单击渐变色编辑图标，在弹出的“渐变编辑器”窗口中设置好渐变颜色，如图11-375所示。

30 在“渐变工具”选项栏中单击“线性渐变”按钮，在图像中从左向右拖动鼠标，填充渐变，图像效果如图11-376所示。

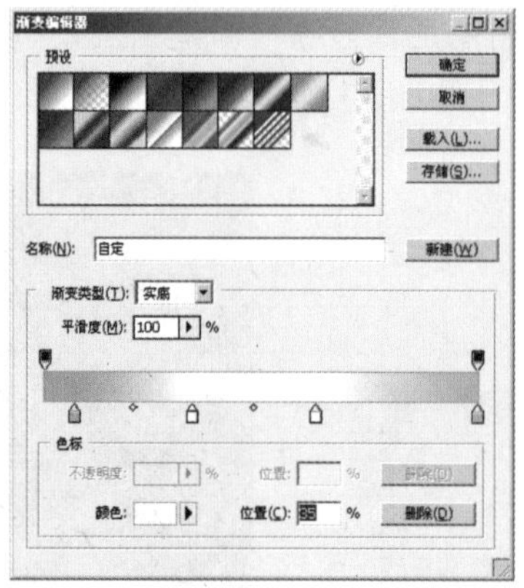

图11-375

图11-376

31 按快捷键【Ctrl+D】取消选区，在工具箱中选择“橡皮擦工具”，擦去多余的部分，效果如图11-377所示。

32 单击“图层”面板底部的“图层样式”按钮，在弹出的下拉列表中选择“投影”命令，弹出“图层样式”对话框，设置各项参数，设置完成后单击“确定”按钮，效果如图11-378所示。

图11-377

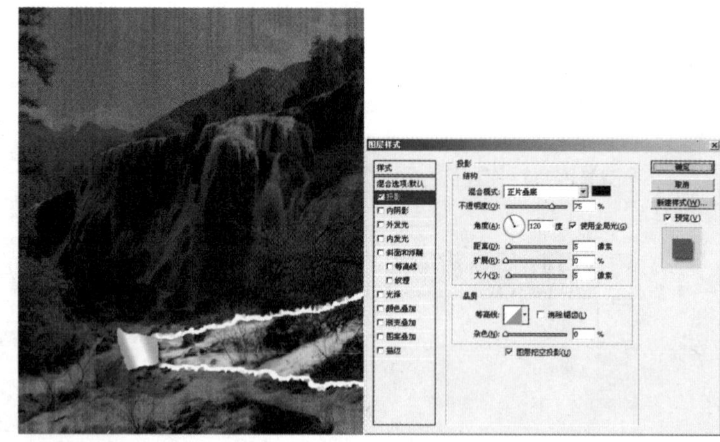

图11-378

12

Photoshop CS4 数码照片处理从入门到精通 Chapter

数码照片个性艺术设计

本章将使用Photoshop特效，为日常生活中拍摄的照片制作出具有个性艺术设计的效果，将人物照片制作成年历或台历、杂志封面、电影海报、明信片或者海报等。

实例 12.1　将照片制作成图像名片

在 Photoshop CS4 软件中运用滤镜效果，可以轻松将照片制作成个性鲜明的图像名片。

原照片　　　　制作后的效果

操作步骤

01 在 Photoshop CS4 软件中执行"文件"/"打开"命令，在弹出的"打开"对话框中选择一张照片，单击"打开"按钮，打开需要制作成图像名片的照片，如图 12-1 所示。

图 12-1

02 双击背景图层，弹出"新建图层"对话框，单击"确定"按钮，将背景图层转换为普通图层—图层 0，如图 12-2 所示。

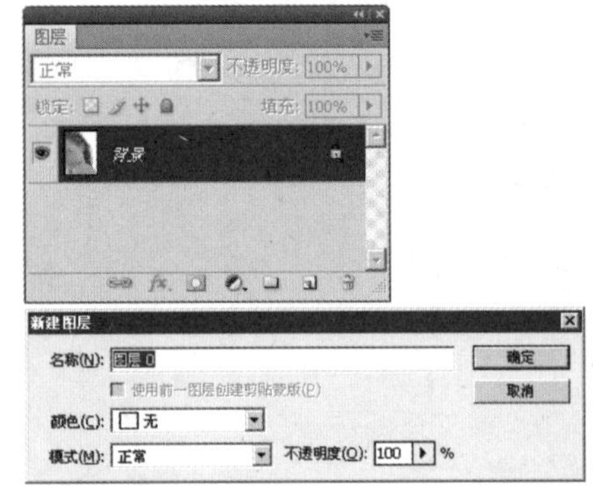

图 12-2

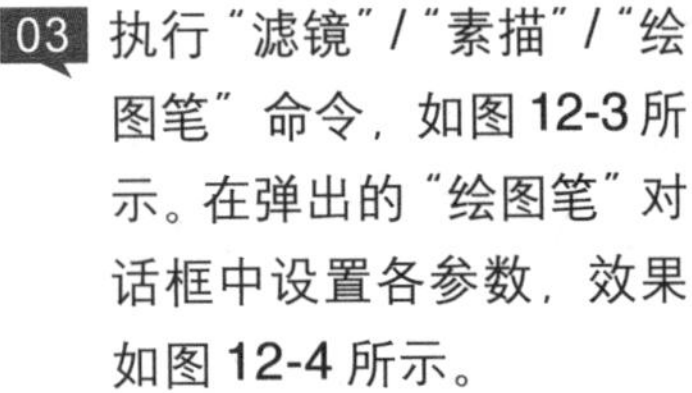

03 执行"滤镜"/"素描"/"绘图笔"命令，如图 12-3 所示。在弹出的"绘图笔"对话框中设置各参数，效果如图 12-4 所示。

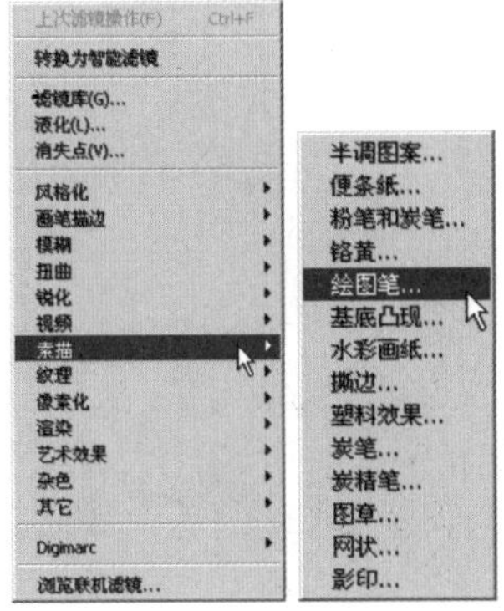

图 12-3

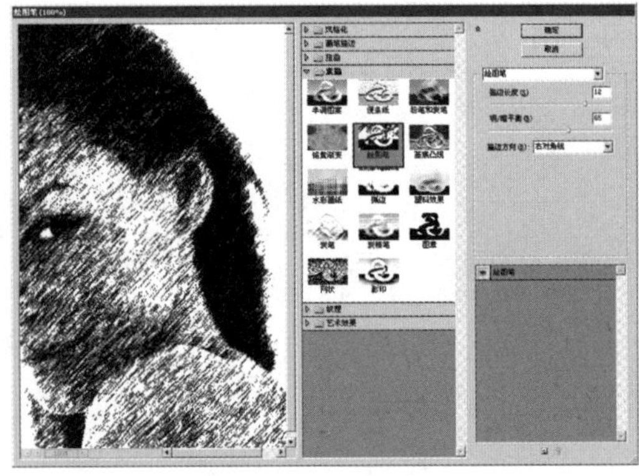

图 12-4

提示 · 技巧

在应用“绘图笔”滤镜时，图像必须是RGB模式才能进行操作。所以要先执行“图像”/“模式”/“RGB颜色”命令转换图像模式。

04 执行“文件”/“新建”命令，在弹出的“新建”对话框中输入“宽度”和“高度”值，单击“确定”按钮，新建一个空白文件，如图12-5所示。

05 选择工具箱中的“移动工具”，将上步制作好的人物图像直接拖动到新建的文件窗口中，并将其调整到合适的大小，得到效果如图12-6所示。

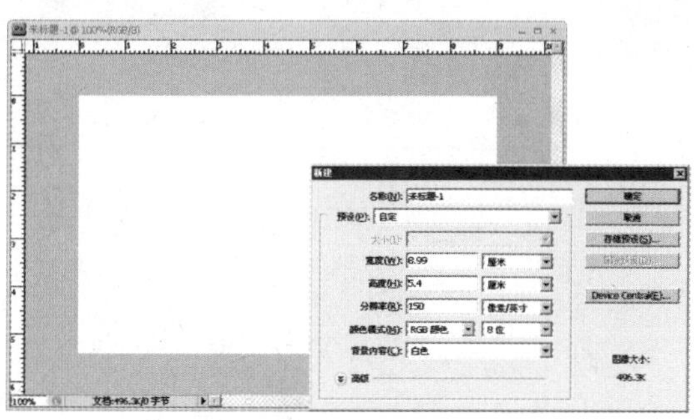

图12-5

图12-6

06 选择工具箱中的“横排文字工具”T，在新建的窗口中单击并输入所需的文字，系统将自动生成文字图层，如图12-7所示。

图12-7

提示 · 技巧

在文字工具选项栏中可以对字符的大小、字体、颜色、段落的对齐方式等进行设置。单击文字工具选项栏后面的“创建文字变形”按钮，还可以在弹出的“变形文字”对话框中选择变形样式。

07 选择“图层”面板中新建的文字图层，将文字图层拖动到“创建新图层”按钮上，创建文字副本图层并改名为muding，并将不透明度调整为36%，如图12-8所示。

08 选择工具箱中的“移动工具”，然后选择muding图层，将文字向下移动，如图12-9所示。

图12-8

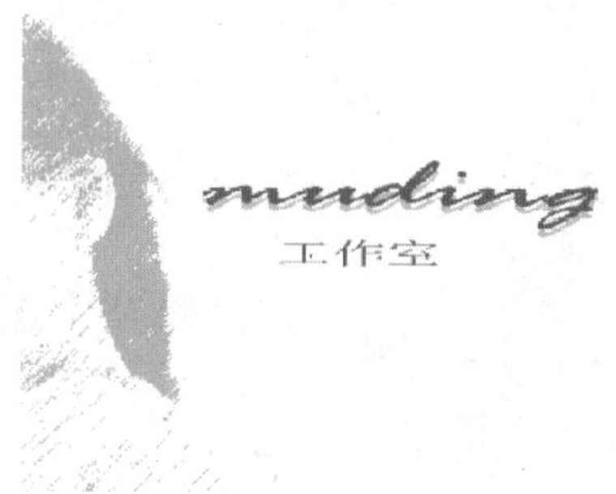

图12-9

09 选择工具箱中的“横排文字工具”T，在窗口下方单击并输入所需的文字，将再次自动生成文字图层，最终效果如图12-10所示。这样就完成了将照片制作成图像名片的过程。

图12-10

实例12.2　制作风景旅行照片

将人物图像与风景照合成在一起，即可制作出别具一格的风景旅行照片。

原照片

制作后的效果

操作步骤

01 执行“文件”/“打开”命令，在弹出的“打开”对话框中选择所需的图片，单击“打开”按钮，打开的风景照片如图12-11所示。

02 单击“图层”面板底部的“创建新的填充或调整图层”按钮，在弹出的下拉菜单中选择“曲线”命令，设置其参数，如图12-12所示。

图12-11

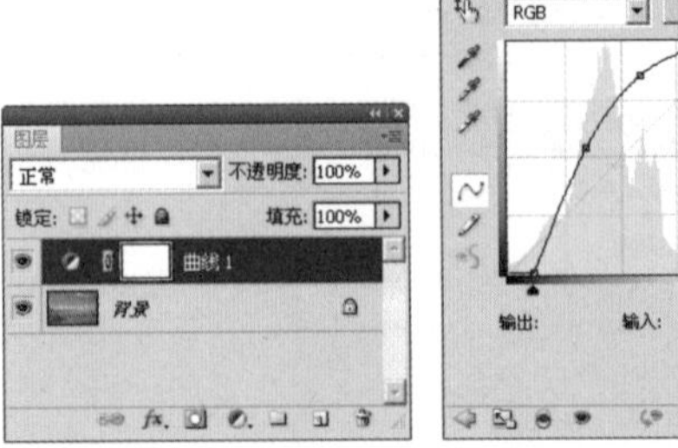

图12-12

03 参数设置完毕后，得到的图像效果如图 10-84 所示。

04 执行“文件”/“打开”命令，在弹出的“打开”对话框中选择所需的图片，单击“打开”按钮，打开的人物照片如图 12-11 所示。

图 12-13

图 12-14

05 将人物照片拖动到风景照片中，调整大小后，图像效果如图 12-15 所示。

06 选择工具箱中的“磁性套索工具”沿着人物边缘建立闭合选区，单击“图层”面板底部的“添加图层蒙版”按钮，得到的图像效果如图 12-16 所示。

图 12-15

图 12-16

07 单击“图层”面板底部的“创建新的填充或调整图层”按钮，在弹出的下拉菜单中选择“曲线”命令，设置其参数，如图 12-17 所示。

08 参数设置完毕后，按快捷键【Ctrl+Alt+G】键，执行“创建剪贴蒙版”命令，得到的图像效果如图 12-18 所示。

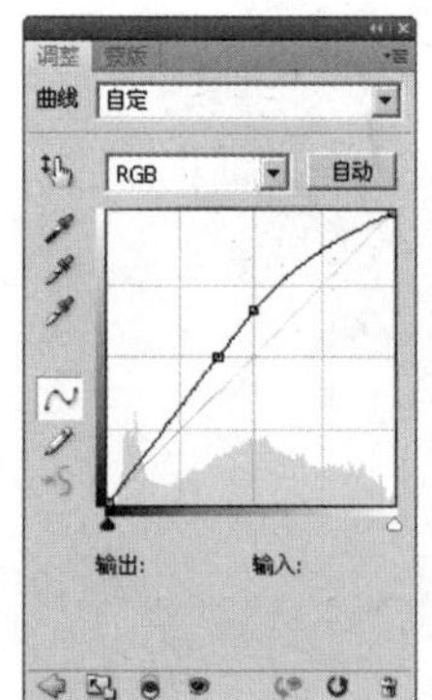

图 12-17

图 12-18

09 选择工具箱中的“污点修复工具”，在去除人物面部的污点，得到的图像效果如图 12-19 所示。

10 选择工具箱中的“吸管工具”，吸取面部肤色，选择“画笔工具”，设置一定的透明度和流量，选择较柔软的笔刷在人物面部油光处进行涂抹，效果如图 12-20 所示。

图 12-19

图 12-20

11 选择工具箱中的“减淡工具”，在人物皮肤较暗的部位进行涂抹。图像最终效果如图 12-21 所示。

图 12-21

实例 12.3 制作杂志封面

利用 Photoshop 软件的众多特效，还可以将人物照片制作成杂志封面、电影海报、明信片等。本例将着重介绍杂志封面的制作方法。

原照片

制作后的效果

操作步骤

01 制作杂志的封面样式。执行“文件”/“打开”命令，在弹出的“打开”对话框中选择一张自己喜欢的杂志封面，单击“打开”按钮，打开杂志封面素材，如图12-22所示。

02 执行“文件”/“新建”命令，在弹出的“新建”对话框中设置“名称”为“我的杂志”，“宽度”为3英寸，“高度”为5英寸，“分辨率”为300像素/英寸，“颜色模式”为“RGB颜色”、8位，“背景内容”为“透明”，设置完成后单击“确定”按钮，系统将按照指定的文件尺寸新建一个“我的杂志”文件，如图12-23所示。

图12-22

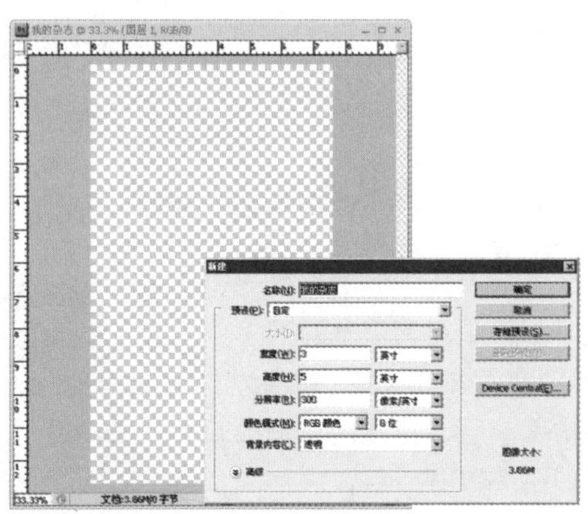

图12-23

03 切换到“杂志封面”图像窗口，在工具箱中选择“魔棒工具”，将“魔棒工具”选项栏中的“容差”改为50。单击杂志的标志部分，“魔棒工具”将一次选取颜色相近的区域，按住【Shift】键可以加选选区，按【Alt】键可减选选区，如图12-24所示。

图12-24

04 执行“编辑”/“拷贝”命令，复制选区，如图12-25所示。

05 切换到“我的杂志”文件，并执行“编辑”/“粘贴”命令，将复制的标志粘贴到“我的杂志”文件中，按快捷键【Ctrl+I】执行“反相”命令，效果如图12-26所示。

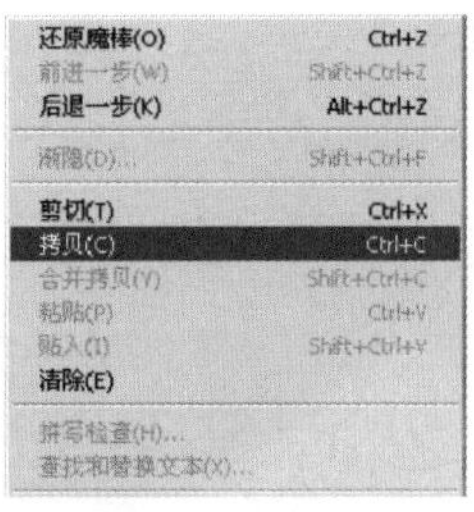

图12-25

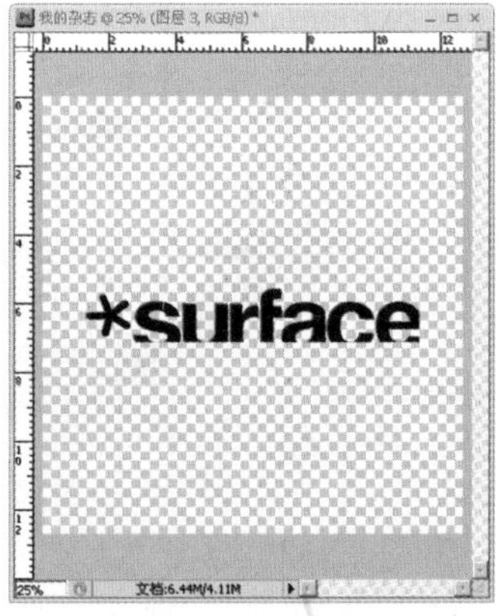

图12-26

06 执行"文件"/"打开"命令，打开一张人物素材图片，如图12-27所示。

07 将打开的素材图片拖动到"我的杂志"文件中，并将其放置于最底层，按快捷键【Ctrl+T】调出自由变换控制框，按住【Shift】键将图片成比例缩放，占满整张图像。编辑上一层的标志，其调整为白色，效果如图12-28所示。

图12-27

图12-28

08 剪切杂志条形码，放置在如图12-29所示位置。

09 选择工具箱中的"横排文字工具"，设置其属性，在画面中输入文字，得到的图像效果如图12-30所示。

图12-29

图12-30

10 以同样的方法选择"横排文字工具"，并输入文字，效果如图12-31所示。

11 将杂志封面素材图片底部的橙色矩形选取、复制并粘贴到娄前图像中，并移到条形码右侧，如图12-32所示。

图12-31

图12-32

12 使用工具箱中的“横排文字工具”对比封面素材文件在图像上添加文字，以丰富画面，如图 12-33 所示。最终效果如图 12-34 所示。

图 12-33

图 12-34

实例 12.4　制作照片年历

本节将利用 Photoshop 的特效，将人物照片制作成年历。在自己的写字台或墙上装饰上带有自己肖像的年历，该是多么有趣的事情。

原照片　　　　　　制作后的效果

操作步骤

01 执行“文件”/“打开”命令，打开一张自比较满意的照片，如图 12-35 所示。

02 执行“文件”/“新建”命令，在弹出的“新建”对话框中设置名称为“制作照片年历”，设置“宽度”为 19 厘米，“高度”为 12.7 厘米，“分辨率”为 300 像素/英寸，“颜色模式”为“RGB 颜色”、8 位，“背景内容”为“白色”，如图 12-36 所示。设置完毕后，单击“确定”按钮。

图 12-35

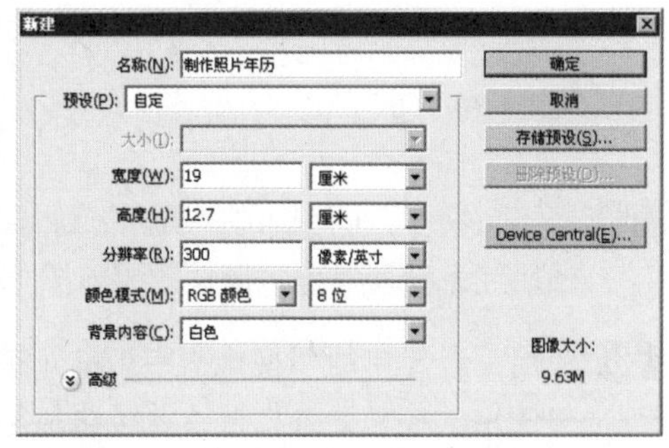

图 12-36

提示 · 技巧

在新建文件时，要考虑到照片会成比例放大或缩小，新建文件的高度最好是照片高度的倍数，宽度则可以根据需要增加或缩小。

03 新建文件后，选择打开的照片，使用工具箱中的“移动工具”，将照片直接拖动到新建的文件中，命名为“图层 10”。按住【Shift】键成比例缩放照片，使之占满图像的左半部分，如图 12-37 所示。

04 执行“文件”/“打开”命令，在弹出的“打开”对话框中选择事先扫描好的一张年历，单击“打开”按钮将其打开，如图 12-38 所示。

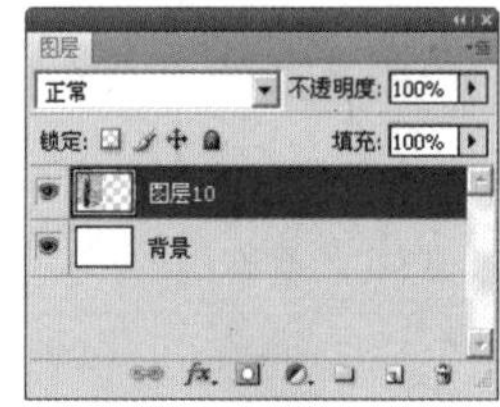

图 12-37

图 12-38

05 按照新建文件的尺寸，打开的这张年历并不能完全显示。选择工具箱中的“缩放工具”，将单月的日历放大。再选择“矩形选框工具”将单月日历框选为选区，如图 12-39 所示。

06 选择工具箱中的“移动工具”，按快捷键【Ctrl+C】复制，按快捷键【Ctrl+V】粘贴，再用“移动工具”将复制的单月日历直接拖动到“制作照片年历”文件中，命名为“图层 11”，如图 12-40 所示。

January							February						
SUN	MON	TUE	WED	THU	FRI	SAT	SUN	MON	TUE	WED	THU	FRI	SAT
			1	2	3	4							1
5	6	7	8	9	10	11	2	3	4	5	6	7	8
12	13	14	15	16	17	18	9	10	11	12	13	14	15
19	20	21	22	23	24	25	16	17	18	19	20	21	22
26	27	28	29	30	31		23	24	25	26	27	28	
May							June						
SUN	MON	TUE	WED	THU	FRI	SAT	SUN	MON	TUE	WED	THU	FRI	SAT
				1	2	3	1	2	3	4	5	6	7

图 12-39

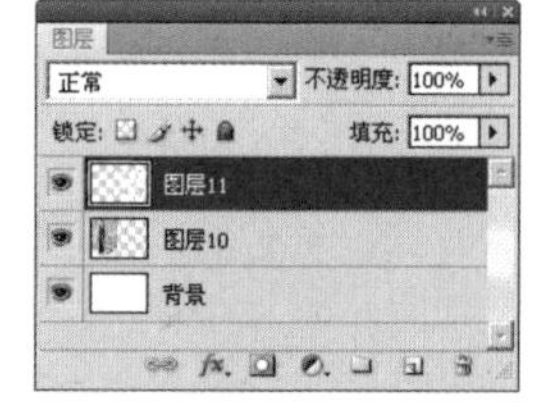

图 12-40

07 同上，将 12 个月份的日历都拖到“制作照片年历”中，可以按快捷键【Ctrl+R】显示标尺，拖动辅助线来帮助对齐日历，效果如图 12-41 所示。

08 使用工具箱中的“横排文字工具”输入年历的年份或名称，再根据自己的需要设置字体、字号等，并使用“移动工具”把标题移动到年历的上方并居中，效果如图 12-42 所示。

图 12-41

图 12-42

09 单击照片图层、年份标题图层前的"指示图层可见性"图标，将图层设为隐藏，如图 12-43 所示。

图 12-43

10 选择"图层"面板中最上面的图层，单击"图层"面板右上角的控制按钮，在弹出的下拉菜单中选择"合并可见图层"命令，将所有月份图层合并在一起，如图 12-44 所示。年历的最终效果如图 12-45 所示。

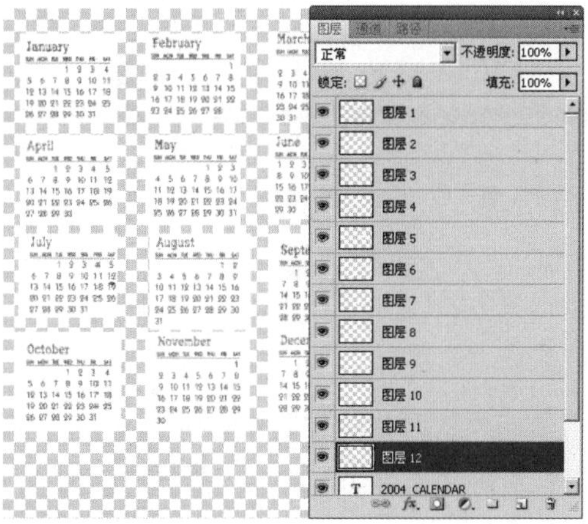

图 12-44

图 12-45

实例 12.5　用嵌入图像的文字修饰照片

在 Photoshop 软件中，利用剪贴蒙版功能可以制作出用嵌入图像的文字来修饰照片。

原照片

最终效果

操作步骤

01 执行“文件”/“打开”命令，在弹出的“打开”对话框中选择一张可爱的照片，单击“打开”按钮将其打开，如图 12-46 所示。

02 为了使制作的照片更加美观，可先将背景图层转换为普通图层。双击背景图层，在弹出的“新建图层”对话框中单击“确定”按钮。“图层”面板的显示如图 12-47 所示。

图 12-46

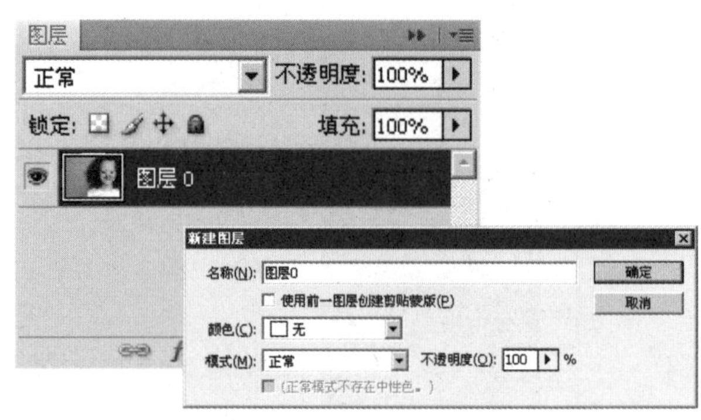

图 12-47

03 执行“图像”/“图像旋转”/“水平翻转画布”命令，对打开的图像进行水平翻转，如图 12-48 所示。

04 开始制作文字。选择工具箱中的“横排文字工具” T，在图像中单击并输入文字 F，此时，系统会自动生成文字图层 f，在“文字工具”选项栏中设置文字的字体、大小等，效果如图 12-49 所示。

图 12-48

图 12-49

05 在“图层”面板中按住【Ctrl】键单击 f 图层的缩览图，载入其选区。执行“选择”/“修改”/“扩展”命令，在弹出的“扩展选区”对话框中将“扩展量”设置为 10 像素，单击“确定”按钮，将原有的选区向外扩展，扩展后的效果如图 12-50 所示。

06 在“图层”面板中单击“创建新图层”按钮，新建图层 1，设置前景色为黑色，选择工具箱中的“油漆桶工具”将选区填充为前景色，或按快捷键【Alt+Delete】填充。将文字图层拖动到“删除图层”按钮上进行删除，如图 12-51 所示。

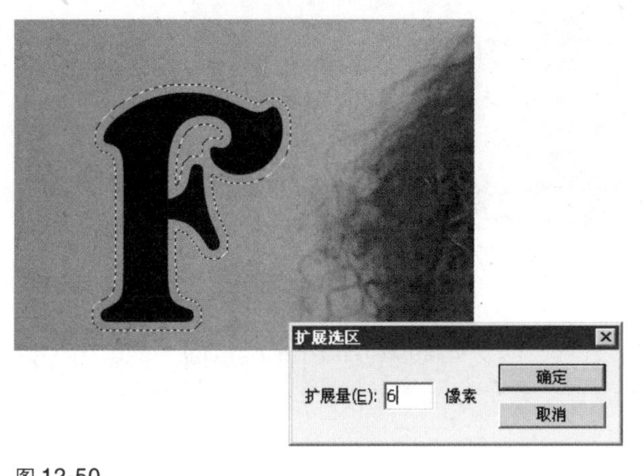

图 12-50

图 12-51

07 单击“图层”面板中的“添加图层样式”按钮，在弹出的下拉菜单中选择“混合选项”命令，在弹出的“图层样式”对话框中选中“投影”复选框，并设置投影的角度、距离、扩展及大小，然后单击“确定”按钮，得到如图 12-52 所示的效果。

08 单击图层面板中的“添加图层样式”按钮，在弹出的下拉菜单中选择“混合选项”命令，在弹出的“图层样式”对话框中选中“斜面和浮雕”复选框，并设置斜面和浮雕的样式、深度、方向及大小，然后单击“确定”按钮，得到如图 12-53 所示的效果。

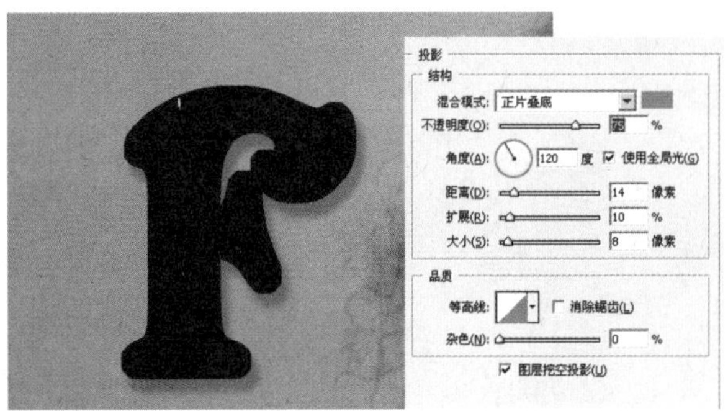

图 12-52

图 12-53

09 用与上面相同的方法依次输入需要文字 ruit，并添加“投影”、“斜面和浮雕”效果。选择工具箱中的“移动工具”，将制作好效果的文字移动到适当的位置，如图 12-54 所示。

10 打开一张图片作为嵌入图层 1 的底图。执行“文件”/“打开”命令，在弹出的“打开”对话框中选择一张水果图片，如图 12-55 所示。

图 12-54

图 12-55

11 将新打开的图片移动到人物图像中。使人物图像与新打开的文件同时位于 Photoshop 工作区内，如图 12-56 所示。选择工具箱中的“矩形选框工具”，在打开的水果图片中绘制矩形选框。

12 选择工具箱中的“移动工具”，将选取的图像拖动到人物图像中，如图 12-57 所示。

图 12-56

图 12-57

13 调整图像大小。执行“编辑”/“自由变换”命令，或按快捷键【Ctrl+T】，在图像四周显示 8 个控制点，按住【Shift】键拖动控制点，以等比例调整图像的大小，再按【Enter】键确认，效果如图 12-58 所示。

图 12-58

提示 · 技巧

将水果图像拖动到人物图像中时，系统将自动生成图层 6，此时可使图层 6 位于图层 1 之上。

14 在“图层”面板中，按住【Alt】键将鼠标指针放在图层 1 与图层 6 之间，这时鼠标指针会变为创建剪贴蒙版的标记，单击鼠标左键，文字内就会显示出图像，如图 12-59 所示。

15 打开一张图片作为嵌入图层 2 的底图。执行“文件”/“打开”命令，在弹出的“打开”对话框中选择一张水果图片，单击“打开”按钮，打开的图片如图 12-60 所示。

图 12-59

图 12-60

16 将新打开的图片移动到人物图像中。使人物图像与新打开的文件都位于 Photoshop 工作区内，如图 12-61 所示。选择工具箱中的“矩形选框工具”，在打开的水果图片中绘制矩形选框。

17 选择工具箱中的“移动工具”，选择刚绘制的矩形选区，将选区中的图像拖动到人物图像中，如图 12-62 所示。

图 12-61

图 12-62

18 执行“编辑”/“自由变换”命令，或按快捷键【Ctrl+T】，在图像四周显示8个控制点，按住【Shift】键拖动控制点，以等比例调整图像的大小，再按【Enter】键确认，如图12-63所示。

19 在“图层”面板中，按住【Alt】键将鼠标指针置于图层与图层7之间，鼠标指针改变形状后，单击鼠标左键，文字内就会显示出图像，如图12-64所示。

图12-63

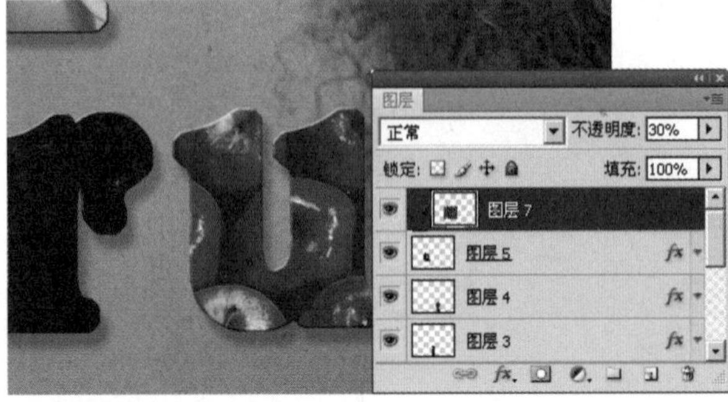

图12-64

20 打开一张图片作为嵌入图层3的底图。执行“文件”/“打开”命令，在弹出的“打开”对话框中选择一张水果图片，单击“打开”按钮，打开的图片如图12-65所示。

21 将新打开的图片移动到人物图像中。使人物图像与新打开文件位于Photoshop工作区内，如图12-66所示。选择工具箱中的“矩形选框工具”，在水果图片中绘制矩形选框。

图12-65

图12-66

22 选择工具箱中的“移动工具”，将选区中的图像拖动到人物图像中，如图12-67所示。

23 执行“编辑”/“自由变换”命令，或按快捷键【Ctrl+T】，在图像四周显示8个控制点，按住【Shift】键拖动控制点，以等比例调整图像的大小，再按【Enter】键确认，如图12-68所示。

图12-67

图12-68

24 在“图层”面板中，按住【Alt】键将鼠标指针置于图层 3 与图层 8 之间，鼠标指针改变形状后，单击鼠标左键，文字内就会显示出图像，如图 12-69 所示。

25 打开一张图片作为嵌入图层 3 的底图。执行“文件”/“打开”命令，在弹出的“打开”对话框中选择一张水果图片，单击“打开”按钮，打开的图片如图 12-70 所示。

图 12-69

图 12-70

26 将新打开的图片移动到人物图像中。使人物图像与新打开的文件都位于 Photoshop 工作区内，如图 12-71 所示。选择工具箱中的“矩形选框工具”，在打开的水果图片中绘制矩形选框。

27 选择工具箱中的“移动工具”，将选区中的图像拖动到人物图像中，如图 12-72 所示。

图 12-71

图 12-72

28 执行“编辑”/“自由变换”命令，或按快捷键【Ctrl+T】，在图像四周显示 8 个控制点，按住【Shift】键拖动控制点，以等比例调整图像的大小，再按【Enter】键确认，如图 12-73 所示。

29 在“图层”面板中按住【Alt】键将鼠标指针置于图层 4 与图层 9 之间，鼠标指针改变形状后，单击鼠标左键，文字内就会显示出图像，如图 12-74 所示。

图 12-73

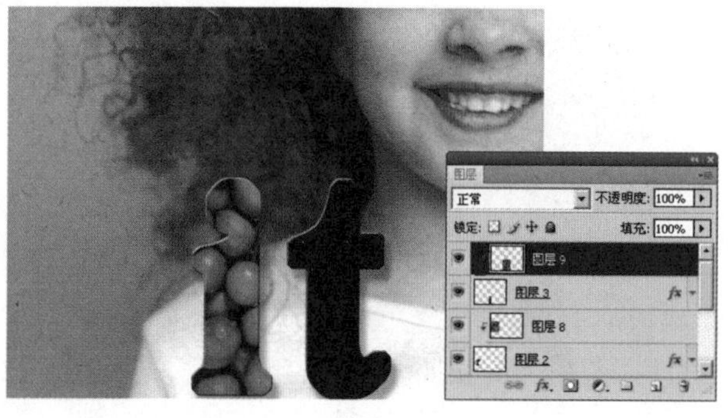

图 12-74

30 打开一张图片作为嵌入“图层 4”的底图。执行“文件”/“打开”命令，在弹出的“打开”对话框中选择一张水果图片，单击“打开”按钮，打开的图片如图 12-75 所示。

31 将新打开的图片移动到人物图像中。使人物图像与新打开的文件都位于 Photoshop 工作区内，如图 12-76 所示。选择工具箱中的“矩形选框工具”，在打开的水果图片中绘制矩形选框。

图 12-75

图 12-76

32 选择工具箱中的“移动工具”，将选区中的图像拖动到人物图像中，如图 12-77 所示。

33 执行“编辑”/“自由变换”命令，或按快捷键【Ctrl+T】，在图像四周显示 8 个控制点，按住【Shift】键拖动控制点，以等比例调整图像的大小，再按【Enter】键确认，如图 12-78 所示。

图 12-77

图 12-78

34 在“图层”面板中，按住【Alt】键将鼠标指针置于图层 4 与图层 10 之间，鼠标指针改变形状后，单击鼠标左键，文字内就会显示出图像，如图 12-79 所示。

35 经过以上步骤就完成了在所有文字中嵌入图像的操作，效果如图 12-80 所示。

图 12-79

图 12-80

36 为了使照片更丰富，还可以给照片添加背景。执行“文件”/“打开”命令，在弹出的“打开”对话框中选择一张图片，单击“打开”按钮，打开作为背景的图片，如图12-81所示。

37 将新打开的图片移动到完成的图像中。使人物图像与新打开的文件都位于Photoshop工作区内，如图12-82所示。选择工具箱中的“矩形选框工具”，在打开的水果图片中绘制矩形选框。

图12-81

图12-82

38 选择工具箱中的“移动工具”，将选区中的图像拖动到人物图像中，如图12-83所示。

39 执行“编辑”/“自由变换”命令，或按快捷键【Ctrl+T】，在图像四周显示8个控制点，按住【Shift】键拖动控制点，以等比例调整图像的大小，将图像调整到满画布后按【Enter】键确认，如图12-84所示。

图12-83

图12-84

40 选择工具箱中的“矩形选框工具”，在作为背景的水果图层中绘制矩形选框，执行“选择”/“修改”/“羽化”命令，在弹出的“羽化选区”对话框中设置“羽化半径”为50像素，并对绘制出的矩形选区进行羽化，效果如图12-85所示。

图12-85

41 按【Delete】键将选中的部分删除，该图层之下方的人物图层就显示出来了，按快捷键【Ctrl+D】取消选区，如图 12-86 所示。

42 选择图层面板中的“图层 12”，设置混合模式为“柔光”，这样可以使背景和人物融合在一起，如图 12-87 所示。

图 12-86

图 12-87

实例 12.6　制作影像照片

利用多张人物照片制作出影像合成的照片非常简单。本例的重点就是把人物照片制作成黑白颜色后，通过调节色阶制作出丝网版画的效果，最后利用多种混合模式将其合成为紫色调的图像，并加上适当的文字，来完成影像照片。

原照片

最终效果

操作步骤

01 打开照片。执行“文件”/“打开”命令，打开第一张人物头像的照片，在“图层”面板中双击背景图层，将其转换为普通图层——图层 0，如图 12-88 所示。

02 执行“图像”/“调整”/“去色”命令，去除图像的色彩，将图像转换成黑白图像，如图 12-89 所示。

提示 · 技巧

“去色”命令能够去除图像中的所有色彩，将图像中所有颜色的饱和度都转变为 0，使其转换为灰度图像。与直接转变为灰度模式不同的是，使用“去色”命令处理图像不会改变图像的颜色模式，只是去除色彩，将其改变为灰度，并且“去色”命令只作用于选择的图层。

图 12-88

图 12-89

03 执行“图像”/“调整”/“色阶”命令，在弹出的“色阶”对话框中，将“输入色阶”选项组下面的滑块移动到接近中心的位置，然后单击“确定”按钮，这样就将照片制作成黑白两色的图像了，如图 12-90 所示。

04 打开照片二。执行“文件”/“打开”命令，打开第二张人物头像的照片，在“图层”面板中双击背景图层，将其转换为普通图层——图层 0，如图 12-91 所示。

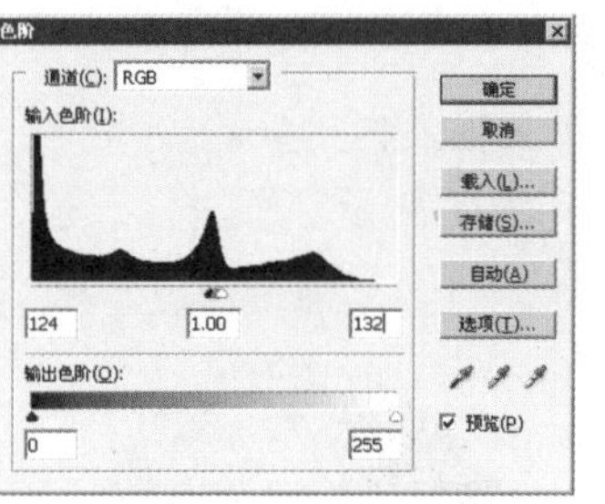

图 12-90

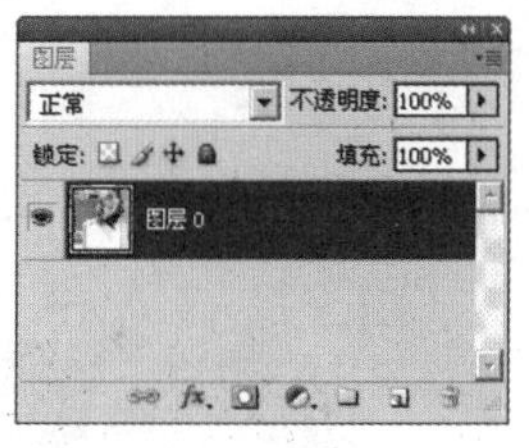

图 12-91

05 执行“编辑”/“变换”/“水平翻转”命令，将人物的头像翻转过来，使整体画面比较统一，如图 12-92 所示。

06 选择工具箱中的“裁剪工具”，用鼠标在图像上拖动，并调整裁剪框，然后在裁剪框中双击或按【Enter】键确认裁剪操作，如图 12-93 所示。

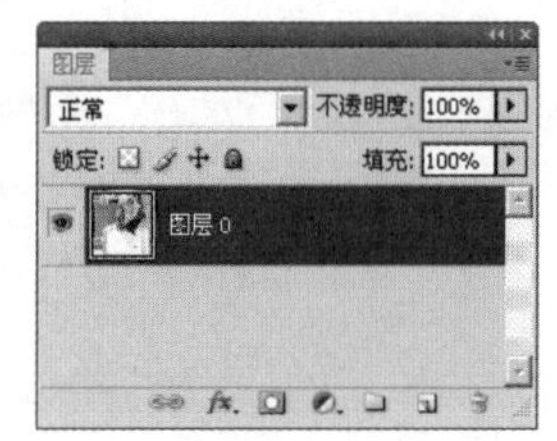

图 12-92

图 12-93

07 对裁剪后的照片执行“图像”/“调整”/“曲线”命令，在弹出的“曲线”对话框中调节曲线，将照片的亮度降低，然后单击“确定”按钮。其具体设置如图12-94所示。

08 执行“图像”/“调整”/“去色”命令，去除图像的色彩，将图像转换成黑白图像，效果及“图层”面板如图12-95所示。

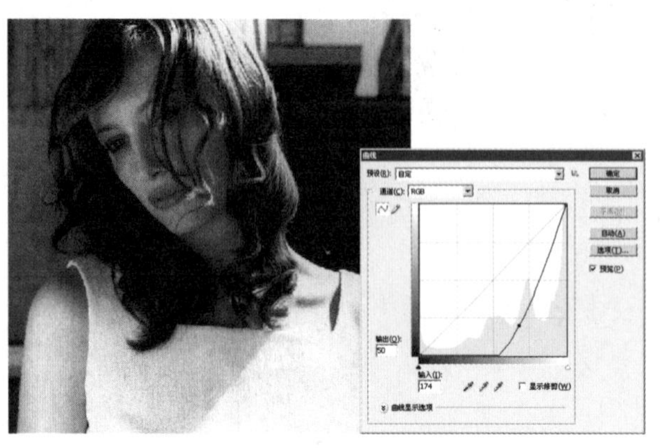

图12-94

图12-95

09 执行“图像”/“调整”/“色阶”命令，在弹出的“色阶”对话框中，将“输入色阶”选项组下面的滑块都调整到一起，然后单击“确定”按钮，同样将照片制作成黑白两色的图像，如图12-96所示。

10 打开照片。执行“文件”/“打开”命令，打开第三张人物头像的照片，在“图层”面板中双击背景图层，将其转换为普通图层——图层0，如图12-97所示。

图12-96

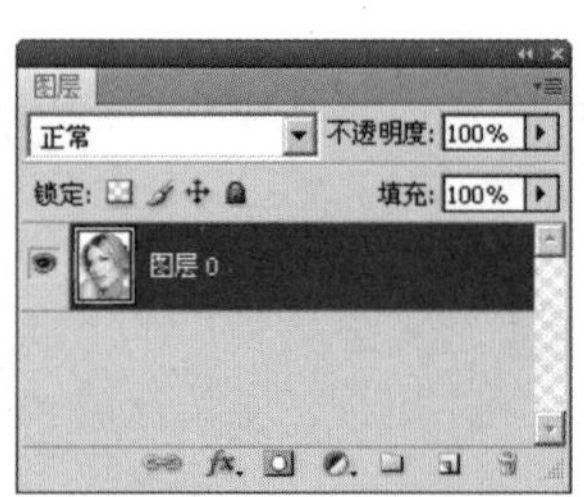

图12-97

11 执行“图像”/“调整”/“色阶”命令，在弹出的“色阶”对话框中对色阶进行调节，将图像调暗。然后执行“图像”/“调整”/“去色”命令，将图像转换成黑白图像，如图12-98所示。

12 选择工具箱中的“画笔工具”，在该工具选项栏中单击“画笔”下拉按钮，在弹出的下拉面板中选择粗糙的画笔，如图12-99所示。

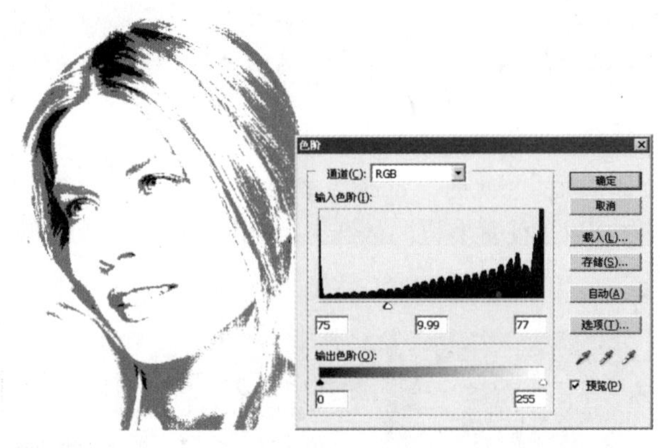

图 12-98

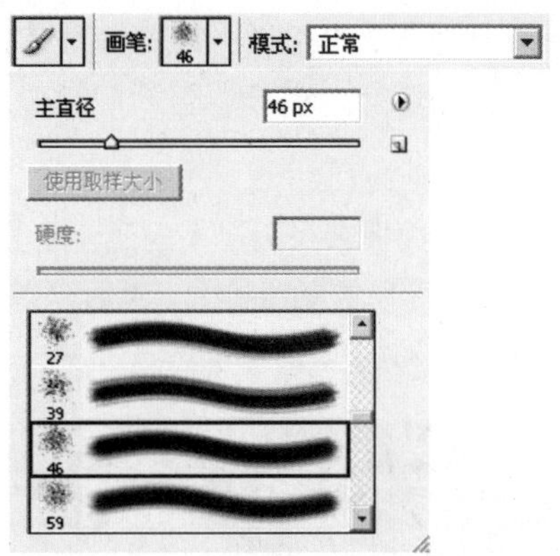

图 12-99

13 将前景色设置为白色，使用鼠标粗略地在图像上描绘出人物轮廓。将调整好的 3 张照片用同样的方法处理。这样，背景被填充为白色，有些地方仍残留一些黑色笔痕，如图 12-100 所示。

14 执行“文件”/“新建”命令，在弹出的“新建”对话框中，将“名称”命名为“影像照片”，将“宽度”和“高度”分别设置为 800 像素和 485 像素，“分辨率”设置为 300 像素/英寸，如图 12-101 所示，单击“确定”按钮。

图 12-100

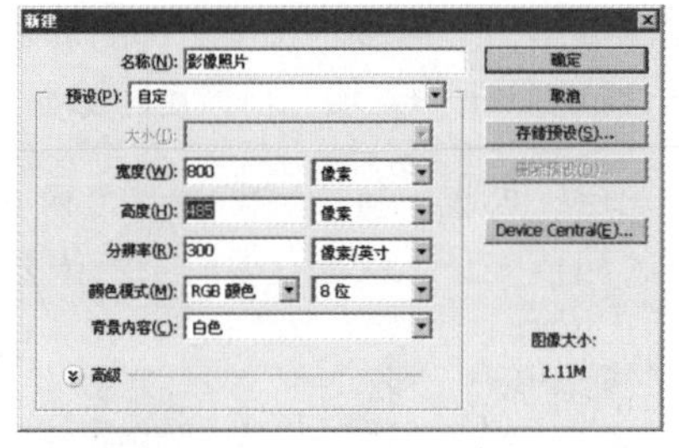

图 12-101

15 将前景色设置为紫色，按快捷键【Alt+Delete】填充前景色，如图 12-102 所示。

16 选择工具箱中的“矩形选框工具”，绘制几个垂直方向的矩形选区，如图 12-103 所示。

图 12-102

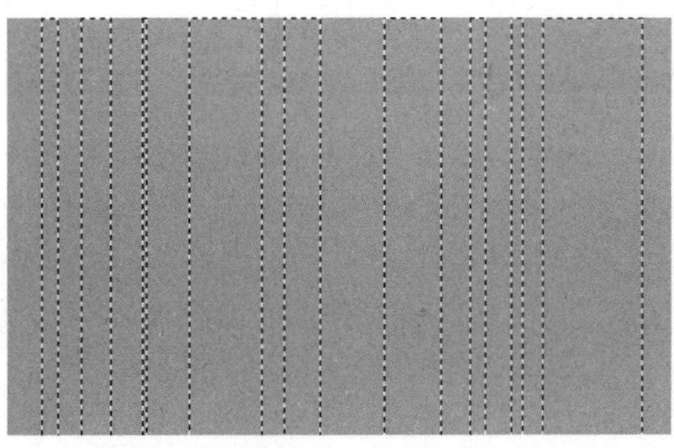

图 12-103

17 在“图层”面板中单击“创建新图层”按钮，新建图层1，单击“前景色”图标，在弹出的“拾色器”（前景色）对话框中设置新的颜色，按快捷键【Alt+Delete】在选区中填充前景色，如图12-104所示。

18 在“图层”面板中将图层1的混合模式设置为“正片叠底”，此时，系统会将当前图像颜色像素值与下一图层的颜色像素值相乘，然后除以255，得到的结果是使垂直方向的选区颜色加深，如图12-105所示。

图12-104

图12-105

19 选择工具箱中的“矩形选框工具”，按住【Shift】键在图像上多次拖动，任意绘制出若干个矩形选区。然后单击“图层”面板底部的“创建新图层”按钮，新建图层2，将前景色设置为黑色，按快捷键【Alt+Delete】填充前景色，如图12-106所示。

20 在“图层”面板中将图层2的混合模式设置为“颜色加深”，该模式通过增加颜色对比度，使下一图层的颜色变暗，从而反映出上一图层的颜色，如图12-107所示。

图12-106

图12-107

21 将图层拖动到图层1的下面，改变图层顺序，效果如图12-108所示。

22 选择工具箱中的“移动工具”，打开调整后的照片，将该人物图像直接拖动到“影像照片”中，然后按快捷键【Ctrl+T】调整大小，并按住【Shift】键旋转180°，如图12-109所示。

图 12-108

图 12-109

23 将图层 3 的混合模式设置为“颜色加深”。这时，人物图像就会很自然地融合到背景中将图层 3 移动到图层 1 的下面，如图 12-110 所示。

24 打开调整后的照片 1。同样使用工具箱中的“移动工具”将照片一中的人物图像直接拖动到“影像照片”中，生成图层 4，然后按快捷键【Ctrl+T】调整大小，如图 12-111 所示。

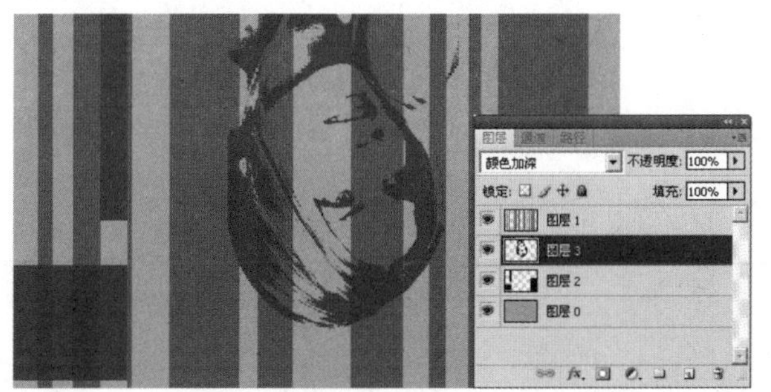

图 12-110

图 12-111

25 选择图层 4，将其混合模式设置为“正片叠底”，这样会将图层 4 的颜色与下一图层进行叠加，使图层 4 的颜色加深，效果如图 12-112 所示。

26 选择工具箱中的“移动工具”，打开调整后的照片，将该人物图像直接拖动到“影像照片”中，生成图层 5，然后按快捷键【Ctrl+T】调整大小，如图 12-113 所示。

图 12-112

图 12-113

27 将图层 5 的混合模式设置为“正片叠底”。这时，3 个人物的图像都很自然地融合到背景中，效果如图 12-114 所示。

28 将前景色设置为黑色，使用工具箱中的“横排文字工具”，在图像中输入任意大小的文字，此时，“图层”面板如图 12-115 所示。

图 12-114

图 12-115

29 选中文字，并单击工具选项栏中的“切换字符和段落面板”按钮，在弹出的“字符”面板中设置字体、字号、行距及颜色，如图 12-116 所示。

30 选择工具箱中的“移动工具”，将文字移动到适当的位置，最终效果及“图层”面板如图 12-117 所示。

图 12-116

图 12-117

实例 12.7　制作个性 T 恤

将一张喜欢的个人照片，经过合成、处理，即可制作成个性的 T 恤，展现自我风采和独特风格。

原照片

最终效果

➔ 操作步骤

01 在 Photoshop 软件中执行“文件”/“打开”命令，或按快捷键【Ctrl+O】，在弹出的“打开”对话框中选择素材文件，单击“打开”按钮，打开的图片如图 12-118 所示。

02 复制背景图层，得到“背景副本”图层。按快捷键【Shift+Ctrl+L】执行自动色调命令，并选择“钢笔工具”建立路径，如图 12-119 所示。

图 12-118

图 12-119

03 当路径闭合后，按快捷键【Ctrl+Enter】键，将路径转换为选区，并按快捷键【Shift+Ctrl+I】进行反选，并删除选区中的图像，得到的图像效果如图 12-120 所示。

04 执行“文件”/“打开”命令，或按快捷键【Ctrl+O】，在弹出的“打开”对话框中选择素材文件，单击“打开”按钮，打开的图片如图 12-121 所示。

图 12-120

图 12-121

05 改变背景的颜色。执行“图像”/“调整”/“照片滤镜”命令，在弹出的“照片滤镜”对话框的“使用”选项组中选中“滤镜”单选按钮，并在“滤镜”下拉列表框中选择“深蓝”选项，得到的图像效果如图 12-122 所示。

06 选择工具箱中的“橡皮擦工具”，在“橡皮擦”工具选项栏设置画笔，在画面中进行涂抹，如图 12-123 所示。

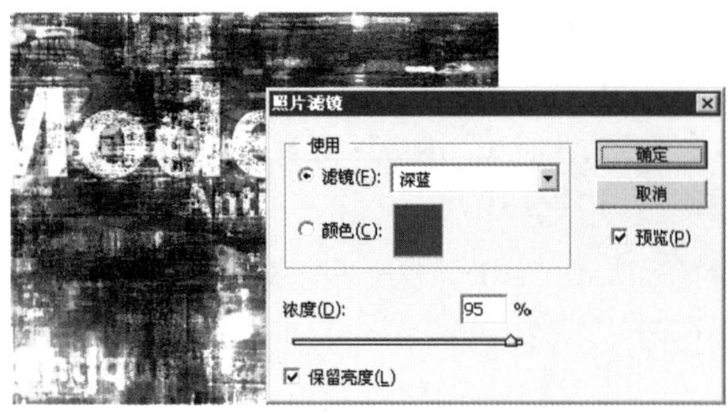

图 12-122

图 12-123

07 新建文件。执行“文件”/“新建”命令，或按快捷键【Ctrl+N】，在弹出的“新建”对话框中设置“宽度”为 17 厘米、“高度”为 19 厘米，“分辨率”为 300 像素 / 英寸、白色背景，设置完成后单击“确定”按钮，新建一个空白文件，如图 12-124 所示。

08 将人物图像移动到空白文档中。在工具箱中选择“移动工具”，或按【V】键切换到“移动工具”，使人物文件与新建的空白文件同时显示在 Photoshop 工作区中，将人物图像其拖动到空白文件中，如图 12-125 所示。

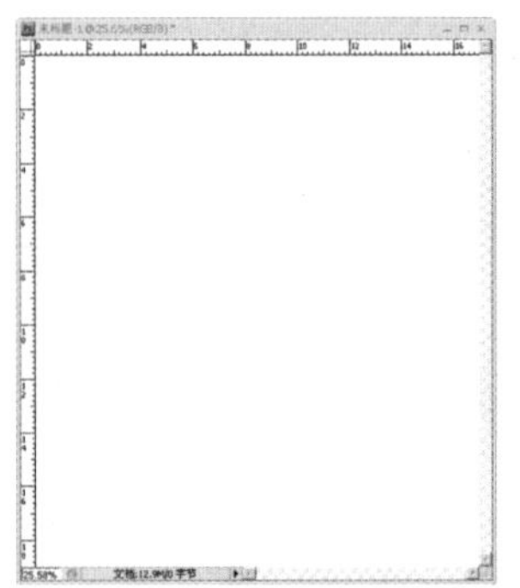

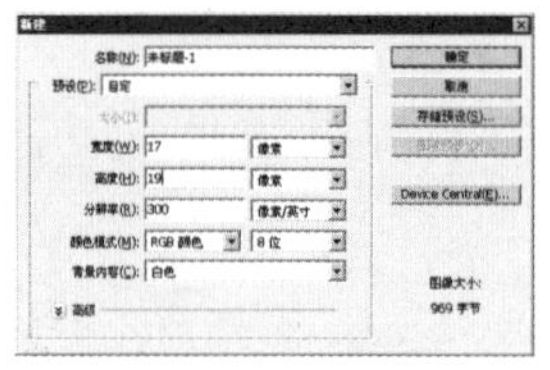

图 12-124

图 12-125

09 将图像放大。执行“编辑”/“自由变换”命令，或按快捷键【Ctrl+T】，并按住【Shift】键，进行等比例放大，得到的图像效果如图 12-126 所示。

10 将背景图像移动到当前文件中。首先打开背景图像，在“图层”面板中选择图层 0 和“照片滤镜 1”图层，单击“图层”面板底部的”链接图层”按钮，将图层链接，如图 12-127 所示。按快捷键【Ctrl+E】合并链接图层，“图层”面板中将显示为图层 0。

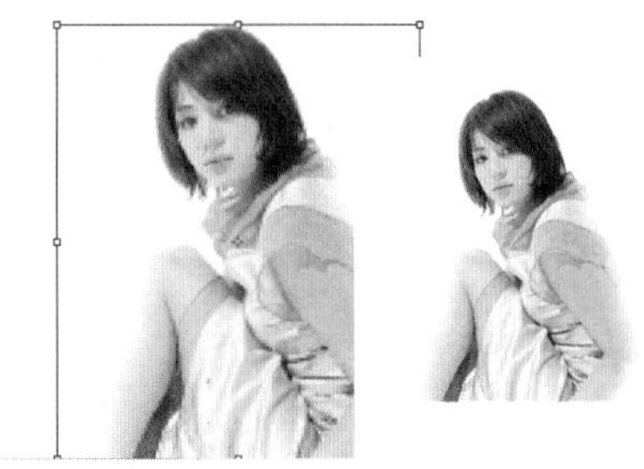

图 12-126

图 12-127

11 在工具箱中选择“移动工具”，将背景图像拖动到当前图像中，图像效果如图 12-128 所示。系统将自动生成“图层 2”。

12 执行“编辑”/“自由变换”命令，或按快捷键【Ctrl+T】，将背景图像放大，为了方便操作，可将图层 2 移到图层 1 的下面。此时，“图层”面板显示如图 12-129 所示。

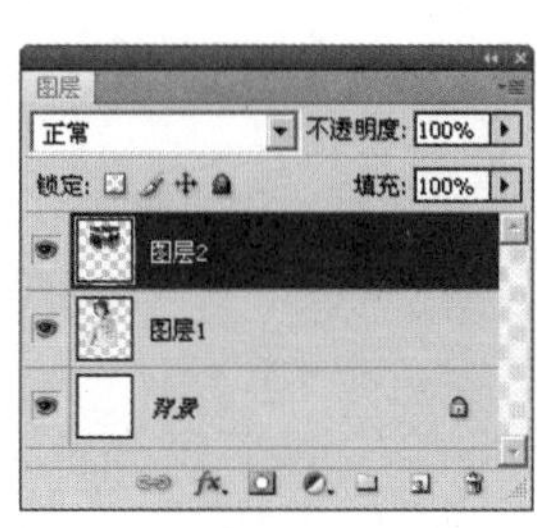

图 12-128

图 12-129

13 选择工具箱中的“魔棒工具”，单击图层 2 图像中的蓝色部分，并执行“选择”/“反选”命令，或按快捷键【Shift+Ctrl+I】进行反选，得到的选区如图 12-130 所示。

14 按快捷键【Ctrl+C】复制选区，单击“图层”面板底部的“创建新图层”按钮，新建图层 3。在图层 3 中按快捷键【Ctrl+V】粘贴图像，得到的图像效果如图 12-131 所示。

图 12-130

图 12-131

15 将图层 3 移动到图层 2 的下面，按快捷键【Ctrl+T】，对图层 2 和图层 3 中的图像进行适当的大小调整，放置在合适的位置，如图 12-132 所示。

16 选择图层 3，执行“滤镜”/“像素化”/“彩色半调”命令，在弹出的“彩色半调”对话框中设置各项参数，设置完成后单击“确定”按钮，得到的图像效果如图 12-133 所示。

图 12-132

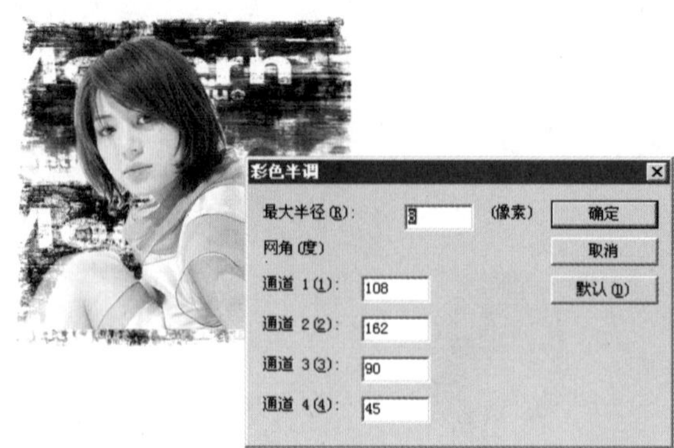

图 12-133

17 选择图层 2，执行“滤镜”/“像素化”/“彩色半调”命令，在弹出的“彩色半调”对话框中设置各项参数，然后单击“确定”按钮，得到的图像效果如图 12-134 所示。

18 在“图层”面板中，选择图层 1，并将其混合模式设置为“滤色”。“滤色”模式与“正片叠底”模式正好相反，它能将图像的颜色变浅。得到的图像效果如图 12-135 所示。

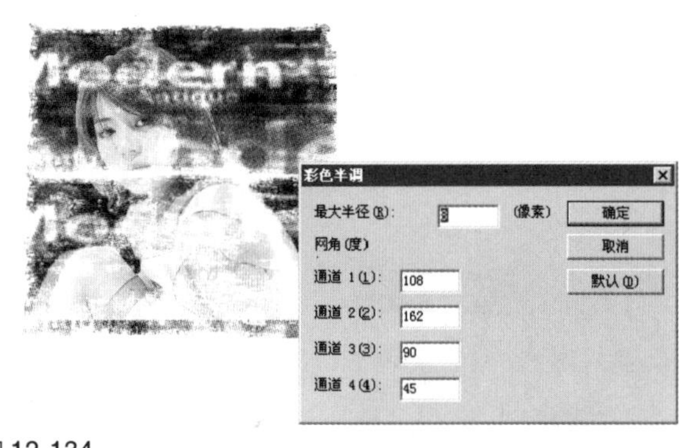

图 12-134

图 12-135

19 选择图层 2，按快捷键【Ctrl+T】，将图像放大到与图层 3 图像接合，图像效果如图 12-136 所示。

20 选择图层 1，将其拖动到“图层”面板底部的“创建新图层”按钮上，复制得到“图层 1 副本”图层，并将该图层的混合模式设置为“正常”，图像效果如图 12-137 所示。

图 12-136

图 12-137

21 选择工具箱中的“套索工具”，在人物的脸部勾画选区，如图 12-138 所示。

22 执行“选择”/“修改”/“羽化”命令，或按快捷键【Ctrl+Alt+D】，在弹出的“羽化选区”对话框设置“羽化半径”为 20 像素。按快捷键【Shift+Ctrl+I】将选区反选，如图 12-139 所示，按【Delete】删除选区内的图像。

图 12-138

图 12-139

23 将“图层 1 副本”图层的不透明度设置为 50%，图像将自然地与下面的图层融合在一起，使人物脸部更加清晰，图像效果如图 12-140 所示。

24 调整整个图像。执行“图像”/“画布大小”命令，在弹出的“画布大小”对话框中设置各项参数，得到的图像效果如图 12-141 所示。这时会发现图像放置在画布的正中央，画布变大。

图 12-140

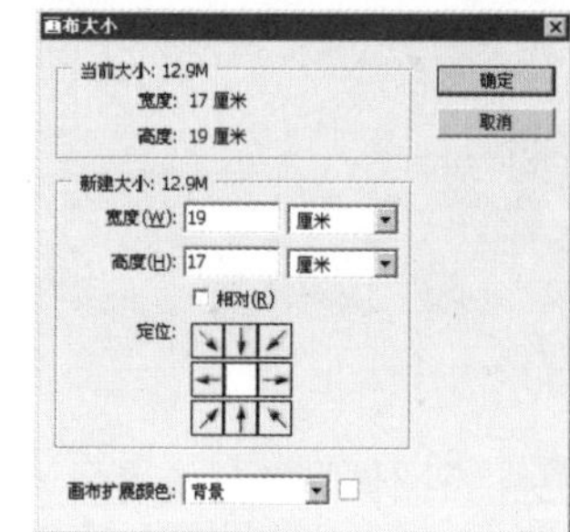

图 12-141

25 执行“文件”/“打开”命令，或按快捷键【Ctrl+O】，在弹出的“打开”对话框中选择素材图片，单击“打开”按钮，打开的图片如图 12-142 所示。

26 改变图片的背景颜色。执行“图像”/“调整”/“色相/饱和度”命令，在弹出的“色相/饱和度”对话框中选中“着色”复选框，并调整各项参数，如图 12-141 所示。

图 12-142

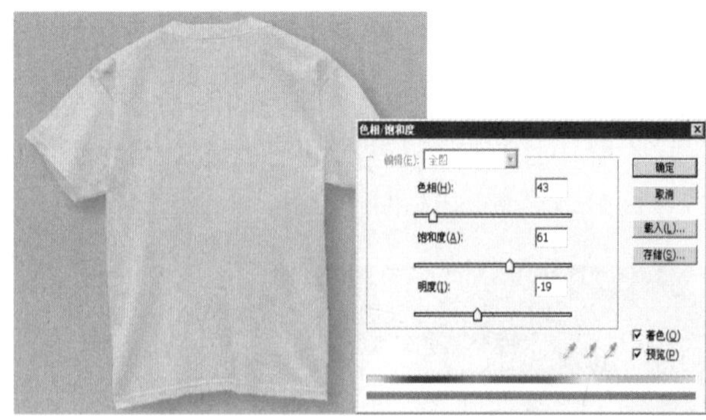

图 12-143

27 显示 T 恤本身的颜色。选择“色相 / 饱和度”图层，单击“图层”面板底部的“添加图层蒙版”按钮。选择工具箱中的“画笔工具”，适当调整画笔的大小，在 T 恤上涂抹。涂抹的地方将恢复成原始图像的颜色。在与背景相接的边缘处，使用小画笔精确地涂抹。得到的图像效果如图 12-144 所示。

28 打开人物图像，选择工具箱中的“移动工具”，将人物图像拖动到 T 恤图像中，系统将自动生成图层 1。按快捷键【Ctrl+T】调整图像的大小，并按住【Shift】键等比例缩放图像。在 T 恤的适当位置，将图像旋转一个角度，如图 12-145 所示。

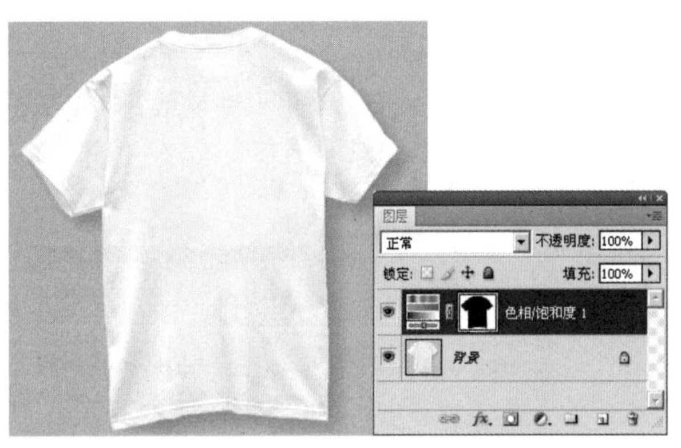

图 12-144

图 12-145

29 将图像调整好位置后，按【Enter】键确认。最终的图像效果如图 12-146 所示。

图 12-146

实例 12.8　制作艺术照片 1

在Photoshop软件中应用图层样式，以及“通过拷贝的图层”命令，可以轻易地制作出特殊的艺术照片效果，让普通的照片富有变化。

原照片

艺术照片效果

操作步骤

01 执行“文件”/“打开”命令，在弹出的“打开”对话框中选择需要的照片，单击“打开”按钮，打开的照片如图 12-147 所示。

02 选择工具箱中的“椭圆选框工具”◯，在背景图层中按住【Shift】键绘制圆形选区，按快捷键【Ctrl+J】执行“通过拷贝的图层”命令，将选区中的图像复制到新图层中，自动生成图层 1，如图 12-148 所示。

图 12-147

图 12-148

03 在“图层”面板中单击“添加图层样式”按钮 fx，在弹出的下拉菜单中选择“混合选项”命令，在弹出的“图层样式”对话框中选择“投影”复选框，并设置投影的“距离”、“扩展”及“大小”，如图 12-149 所示。

04 在“图层样式”对话框中选中“斜面和浮雕”复选框，并设置斜面和浮雕的“样式”、“方法”、“深度”、“大小”及“软化”，单击“确定”按钮，如图 12-150 所示。

图 12-149

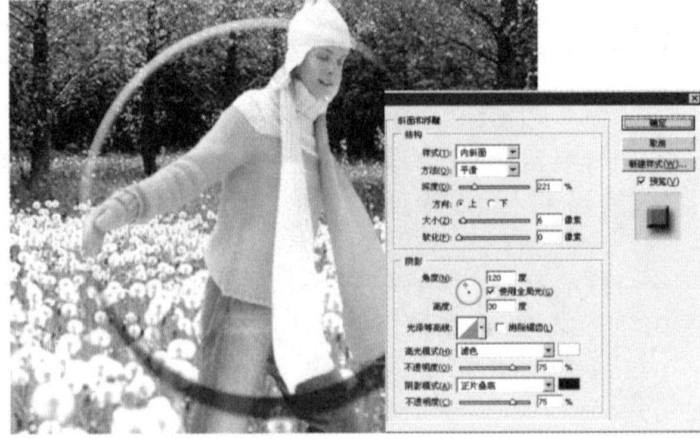
图 12-150

05 在图层面板中选择图层 1，单击图层 1 前的“指示图层可见性”图标，将图层 1 隐藏。选择背景图层，并在工具箱中选择“磁性套索工具”，将人物面部选中，按快捷键【Ctrl+J】，得到图层 2，如图 12-150 所示。

06 在“图层”面板中选择图层 2，将图层 2 拖到所有图层的最上面。单击图层 1 前的“指示图层可见性”图标，显示图层 1，效果如图 12-151 所示。

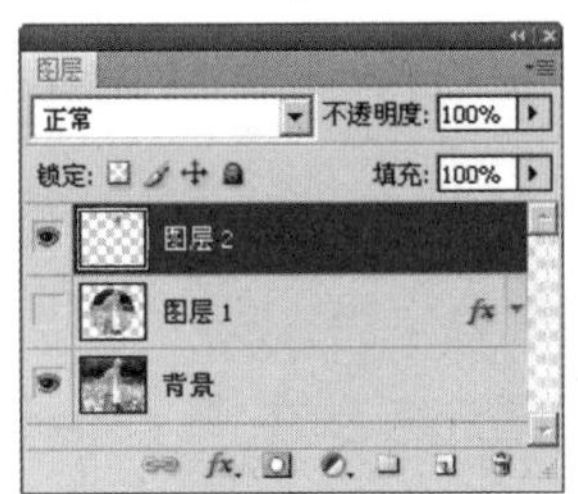

图 12-151

图 12-152

07 在“图层”面板中选择图层 1，单击图层 1 前的“指示图层可见性”图标，将图层 1 隐藏，选择背景图层并在工具箱中选择“磁性套索工具”，将人物腿部选中，按快捷键【Ctrl+J】得到图层 3，如图 12-153 所示。

08 在“图层”面板中选择图层 3，将其拖移到所有图层的最上面。单击图层 1 前的“指示图层可见性”图标，显示图层 1，效果如图 12-154 所示。

图 12-153

图 12-154

09 执行“文件”/“打开”命令，在弹出的“打开”对话框中选择需要的照片，单击“打开”按钮，打开图片作为底图，如图 12-155 所示。

10 使人物图像与新打开的图片都位于 Photoshop 工作区内。然后选择工具箱中的“移动工具”，将新打开的图片拖移到人物图像中，得到图层 4，如图 12-156 所示。

图 12-155

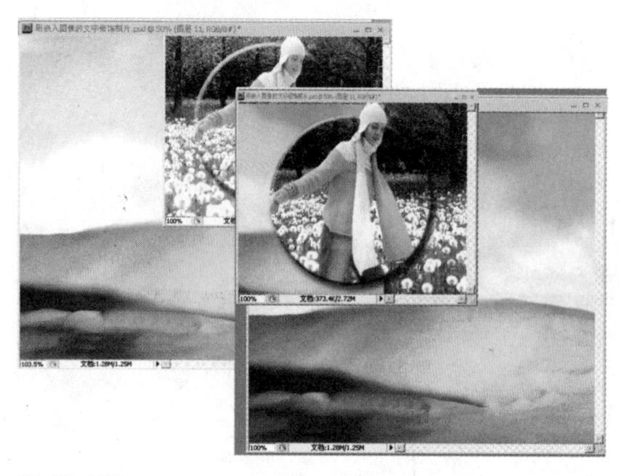

图 12-156

11 将图层 4 移动到背景图层的上面。执行“编辑”/“自由变换”命令，或按快捷键【Ctrl+T】，图像的边缘会出现 8 个控制点，拖动控制点调整图像使其布满画布，再按【Enter】键确认操作，如图 12-157 所示。

12 为了使图像更丰富，可以在图像中添加文字。选择工具箱中的“横排文字工具”T，在图像中单击并输入文字 forest，将自动生成 forest 文字图层，效果如图 12-158 所示。

图 12-157

图 12-158

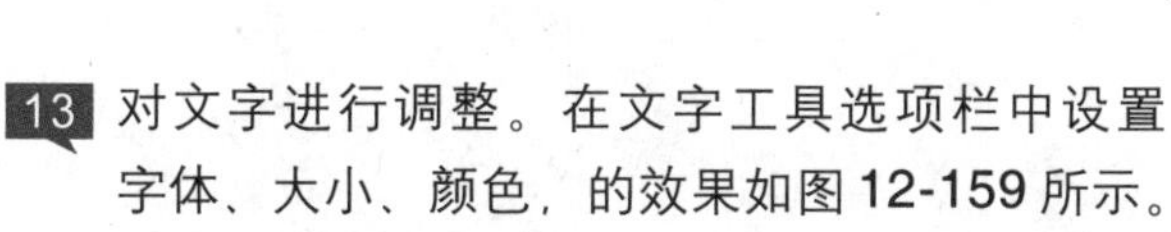

13 对文字进行调整。在文字工具选项栏中设置字体、大小、颜色，的效果如图 12-159 所示。

图 12-159

14 为文字制作投影、斜面和浮雕效果。单击“图层”面板底部的“添加图层样式”按钮 fx，在弹出的下拉菜单中选择“混合选项”命令，在弹出的“图层样式”对话框中选中“投影”复选框，并设置投影的“距离”、“扩展”、“大小”；再选中“斜面和浮雕”复选框，设置“样式”、“方法”、“深度”、“大小”及“软化”，参数设置完成后单击“确定”按钮，如图12-160所示。

15 为了让文字与图像更好地融合，可在“图层”完成面板中将forest图层的混全模式设置为“叠加”，效果如图12-161所示。

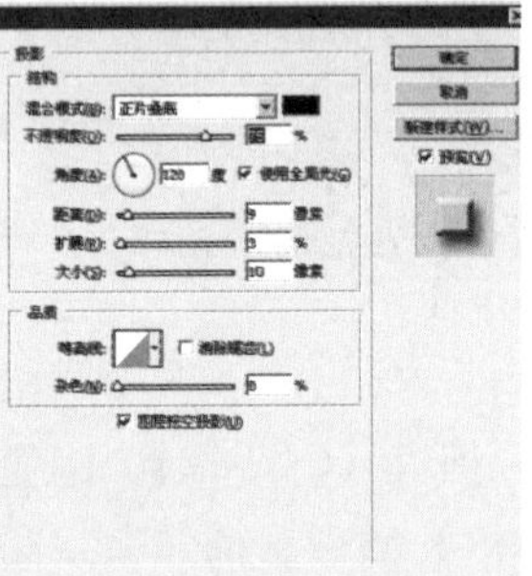

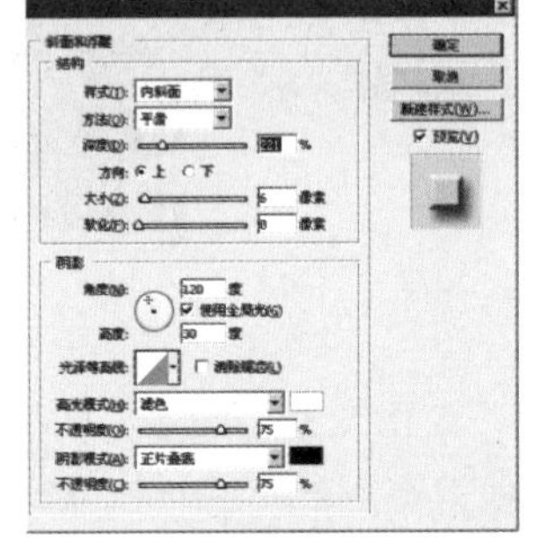

图12-160

图12-161

提示 · 技巧

“叠加”模式是将绘制的颜色与该图层下方所有图层的颜色相互叠加，提取底色的高光和阴影部分。

16 经过以上的操作，即可将一张普通的照片制作成艺术照片，艺术照片的最终效果如图12-162所示。

图12-162

实例 12.9　制作艺术照片 2

利用 Photoshop 的多种特效，可以为一张普通的照片赋予丰富的效果。例如，通过多种方法制作好材质，再运用图层混合模式，结合对照片局部分细节的改变，便可以制作出漂亮的艺术照片。

原照片

艺术照片效果

操作步骤

01 打开素材照片。执行“文件”/“打开”命令，在弹出的“打开”对话框中，选择一张黑白的人物照片，单击“打开”按钮，打开的照片如图 12-163 所示。

02 在“图层”面板中，将背景图层直接拖动到“创建新图层”按钮上，复制一个“背景副本”图层，如图 12-164 所示。

图 12-163

图 12-164

03 执行“滤镜”/“锐化”/“USM 锐化”命令，在弹出的“USM 锐化”对话框中进行参数设置，调整图像边缘细节的对比度，以便在边缘的各侧产生一条更亮或更暗的线，使图像的边缘更加明显，如图 12-165 所示。

04 在整个图像中强调黑色边线外的部分。执行“图像”/“调整”/“曲线”命令，弹出“曲线”对话框，通过调整曲线上的任意一个像素点来调节图像的色调范围，如图 12-166 所示。

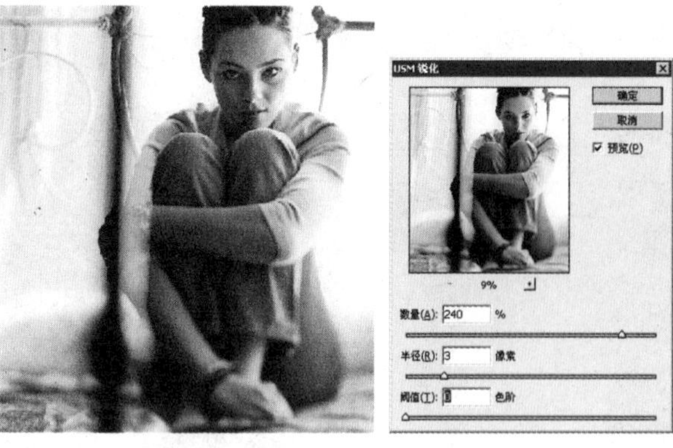

图 12-165

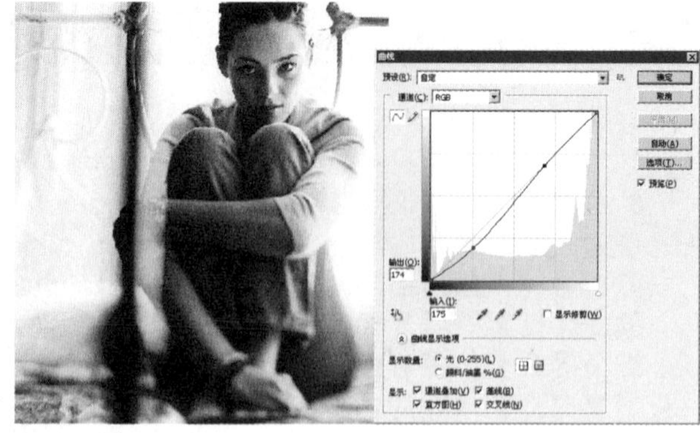

图 12-166

05 选择背景图层，再一次复制该图层生成"背景副本 2"图层，如图 12-167 所示。

06 执行"滤镜"/"杂色"/"中间值"命令，在弹出的"中间值"对话框中将"半径"设置为 10 像素，去掉图像上的杂点，表现出明暗效果，如图 12-168 示。

图 12-167

图 12-168

07 执行"图像"/"调整"/"色阶"命令，在弹出的"色阶"对话框中，将"输入色阶"选项组下面灰色的滑块向左移动，使图像变亮，如图 12-168 所示。

08 选择"背景副本"图层，将它直接拖动到"背景副本 2"图层的上面，并将"背景副本"图层的混合模式设置为"变暗"。该模式把各颜色通道内的颜色信息按照像素对比出底色和当前色图层颜色的最暗颜色，将其作为该像素的最终颜色。这样，当前图像的黑色轮廓就和下面的图像重叠在一起，效果如图 12-170 所示。

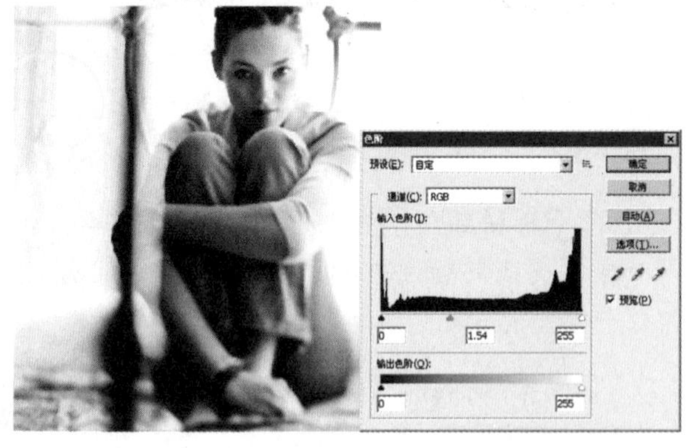

图 12-169

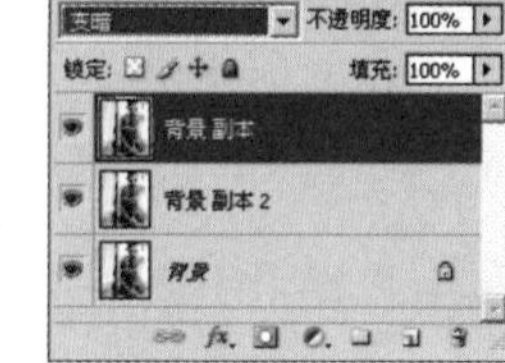

图 12-170

09 在“图层”面板中，再次复制背景图层，生成“背景副本3”图层，并把此图层置于最上层，如图12-171所示。

10 执行“滤镜”/“艺术效果”/“涂抹棒”命令，在弹出的“涂抹棒”对话框中进行设置，把图像调整成手工绘制的木炭效果，设置完成后单击“确定”按钮，如图12-172所示。

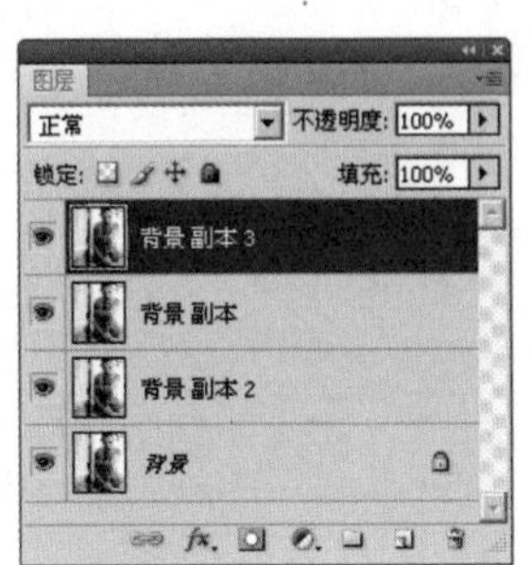

图12-171

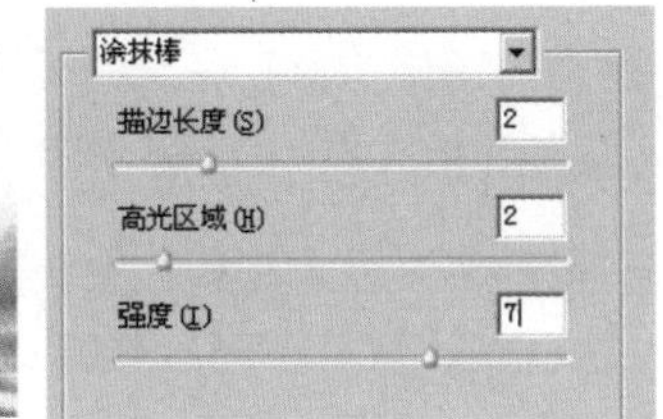

图12-172

11 在“图层”面板中，将“背景副本3”图层的混合模式设置为“颜色”，将填充不透明度设置为33%，这时“背景副本3”图层就和下面的图层合成了，效果如图12-173所示。

12 选择“背景副本3”图层，执行“图像”/“调整”/“色相/饱和度”命令，在弹出的“色相/饱和度”对话框中选中“着色”复选框，并进行其他参数的设置。这样，此图层图像将变为青紫色，如图12-174所示。

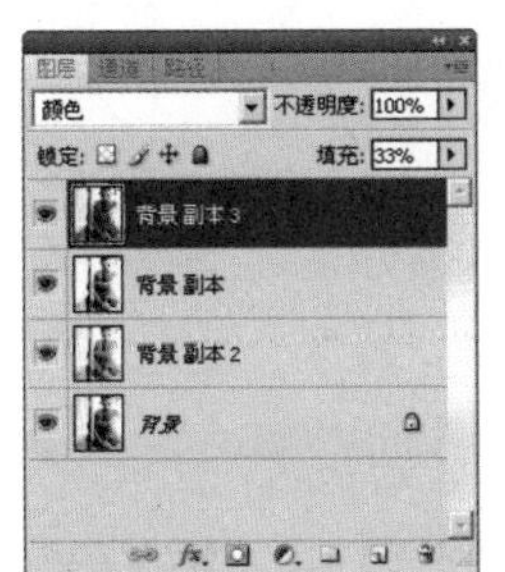

图12-173

图12-174

13 在图层面板中选择“背景副本”图层，执行“图像”/“调整”/“色相/饱和度”命令，在弹出的“色相/饱和度”对话框中选中“着色”复选框，并进行其他参数的设置。这样，此图层图像将变为蓝色，如图12-175所示。

14 在“图层”面板中选择“背景副本2”图层，执行“图像”/“调整”/“色相/饱和度”命令，在弹出的“色相/饱和度”对话框中选中“着色”复选框，并进行其他参数设置。这样，此图层图像将变为褐色，如图12-176所示。

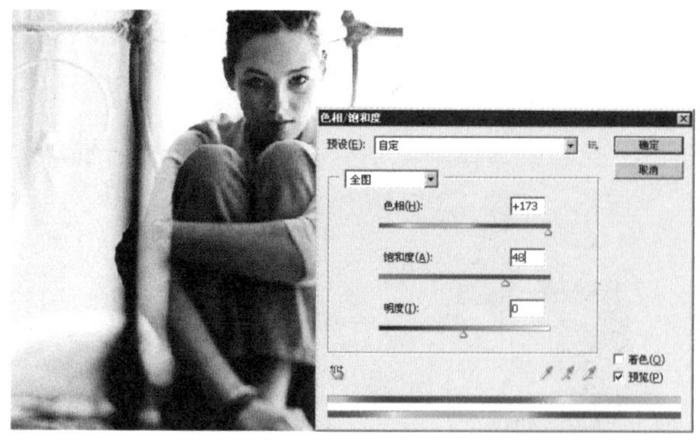

图 12-175

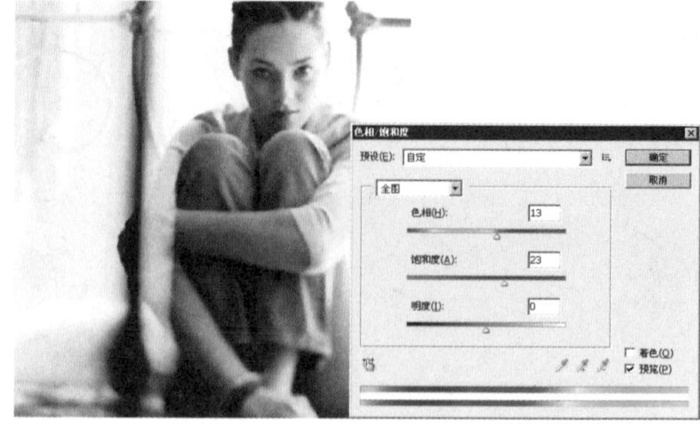

图 12-176

15 单击“图层”面板底部的“创建新图层”按钮，新建图层1，将此图层移至最上面。选择工具箱中的“矩形选框工具”，按住【Shift】键在图像的边缘建立选区，如图 12-177 所示。

16 将前景色设置为黑色，按快捷键【Alt+Delete】填充前景色，再执行“选择”/“取消选择”命令，或按快捷键【Ctrl+D】，取消选区，图像效果如图 12-178 所示。

图 12-177

图 12-178

17 执行“滤镜”/“扭曲”/“置换”命令，在弹出的“置换”对话框中将“水平比例”和“垂直比例”的值均设置为 30%，如图 12-179 所示。

18 单击“确定”按钮后，在弹出的“选择一个置换图”对话框中选择一个置换图，所选的置换图必须是 PSD 格式的纹理图类型（该纹理包含在附书光盘中，其存储位置与本例图示有别），选中纹理后单击“打开”按钮，如图 12-180 所示。

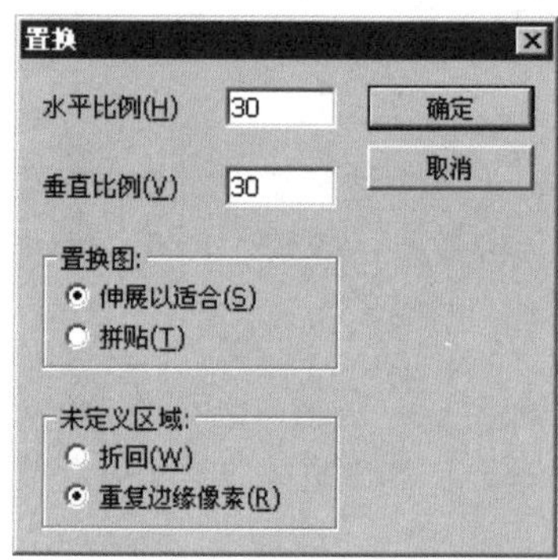

图 12-179

图 12-180

19 在“图层”面板中，将图层 1 的混合模式设置为“柔光”，效果如图 12-181 所示。

20 选择“图层”面板中的图层 1，将此图层直接拖动到“创建新图层”按钮上，复制一个“图层 1 副本”图层，执行“图像”/“调整”/“反相”命令，把边框的颜色反相为白色，效果如图 12-182 所示。

图 12-181

图 12-182

21 执行“滤镜”/“扭曲”/“置换”命令，在弹出的“置换”对话框中选中“置换图”选项组中的“拼贴”单选按钮，还是置换同样的纹理，白色边框被进一步分割，然后按快捷键【Ctrl+T】应用变换，缩小白色边框，如图 12-183 所示（为了能够清楚地看到“图层 1 副本”图像的外形，这里将该图层与图层 1 以外的所有图层隐藏）。

22 执行“滤镜”/“渲染”/“分层云彩”命令，在“图层 1 副本”上应用黑白纹理，反复按快捷键【Ctrl+F】直到可以更清楚地显示分层云彩的效果，效果和“图层”面板如图 12-184 所示。

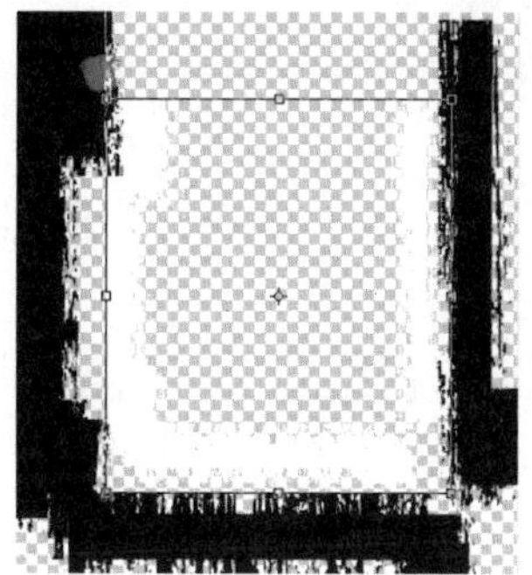

图 12-183

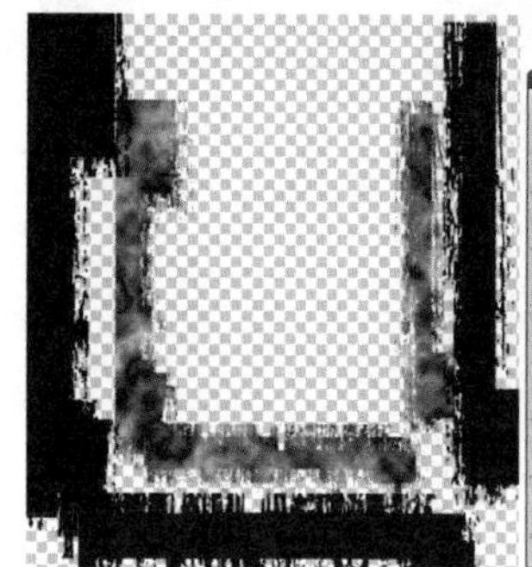

图 12-184

23 执行“图像”/“调整”/“曲线”命令，在弹出的“曲线”对话框中进行调节，强调画面中白色的部分，如图 12-185 所示。执行“编辑”/“自由变换”命令，或按快捷键【Ctrl+T】按住【Shift】键将图像旋转 180°。

图 12-185

24 单击“图层”面板底部的“创建新图层”按钮，新建图层2，将此图层移至最上面。单击下面所有图层前面的“指示图层可见性”图标，隐藏下面所有图层。将前景色设置为黑色，背景色设置为白色，执行“滤镜”/“渲染”/“云彩”命令，在图像上生成云雾纹理，如图12-186所示。

25 执行“滤镜”/“素描”/“塑料效果”命令，在弹出的“塑料效果”对话框中进行设置，把黑色部分设置成墨水般的效果，如图12-187所示。

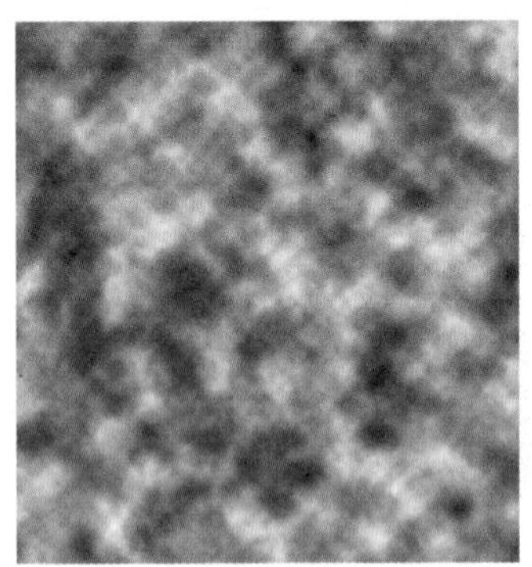

图12-186

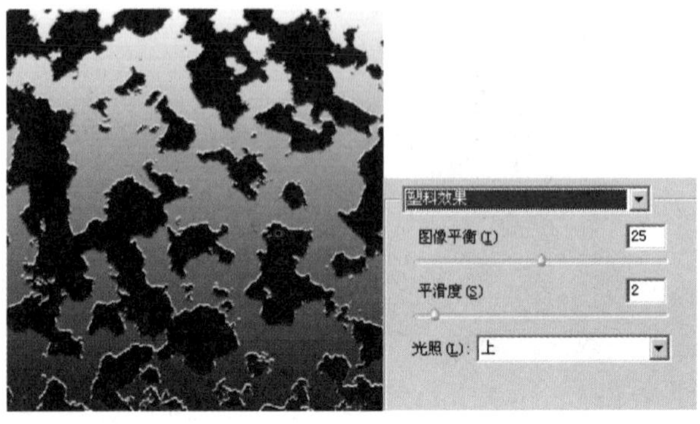

图12-187

26 执行“图像”/“调整”/“曲线”命令，在弹出的“曲线”对话框中进行设置，把背景色设置为“灰色”，效果如图12-188所示。

27 执行“图像”/“调整”/“反相”命令，反相图像的颜色，然后按快捷键【Ctrl+T】进行变换，按住【Shift】键等比例缩小图像，如图12-189所示。

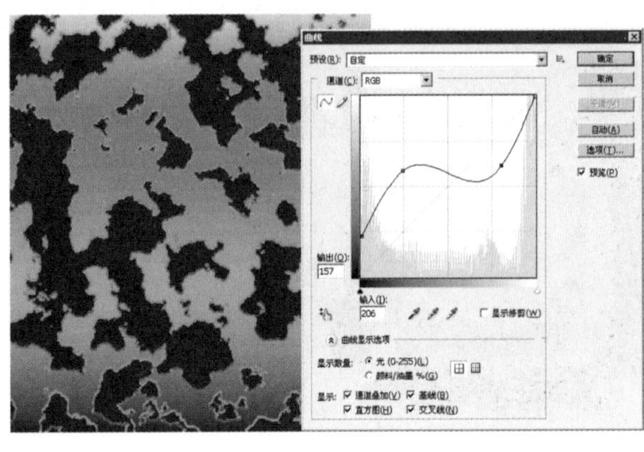

图12-188

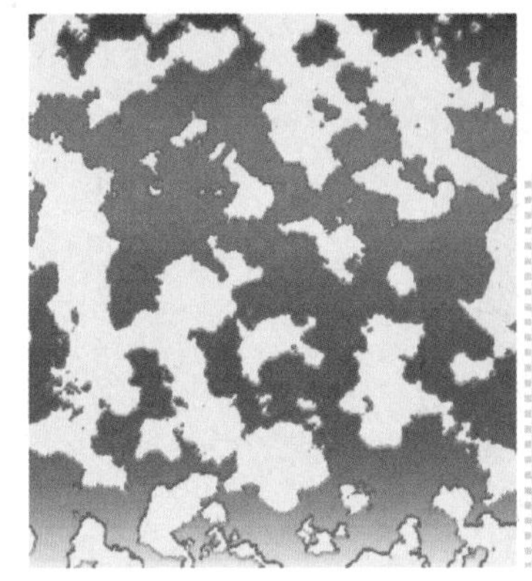

图12-189

28 单击“图层”面板底部的“添加图层蒙版”按钮，在该纹理图层上添加蒙版，将前景色设置为黑色，背景色设置为白色，选择工具箱中的“渐变工具”，从左上角向图像的中央拖动鼠标，“图层”面板和效果如图12-190所示。

29 单击所有图层前的“指示图层可见性”图标，显示所有图层。再单击图层2的图像缩览图，然后执行“图像”/“调整”/“色相/饱和度”命令，在弹出的“色相/饱和度”对话框中选中“着色”复选框，并进行其他参数的设置，将图像调整为红褐色，效果如图12-191所示。

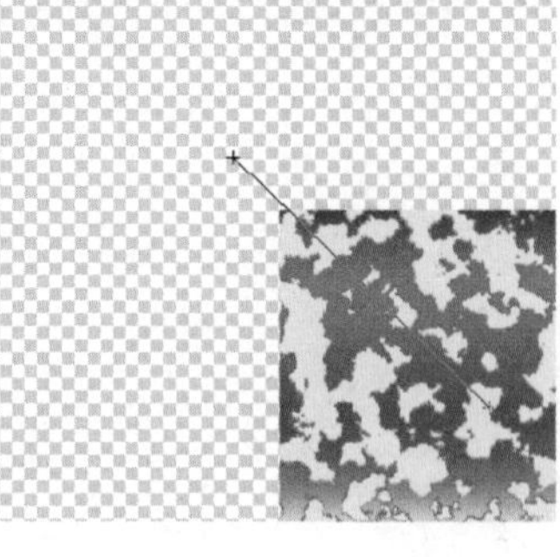

图 12-190

图 12-191

30 在“图层”面板中将图层 2 的混合模式设置为“叠加”，如图 12-192 所示。

31 选择工具箱中的“画笔工具”，单击工具选项栏中的“画笔”下拉按钮，打开“画笔”下拉面板，单击右上角按钮，选择“特殊效果画笔”命令，在新画笔中选择“杜鹃花串”画笔，将其大小设置为 100px，如图 12-193 所示。

图 12-192

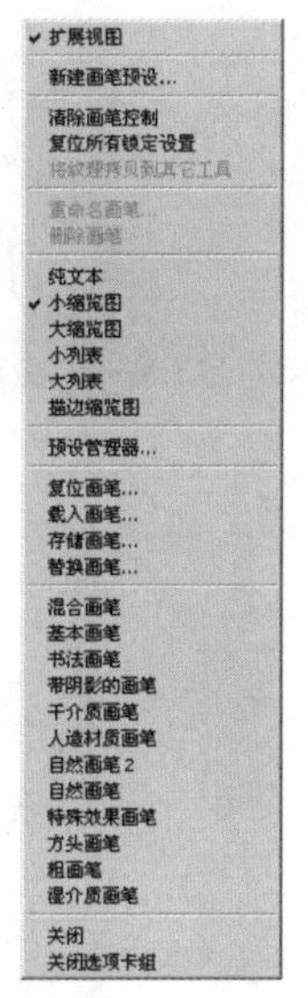
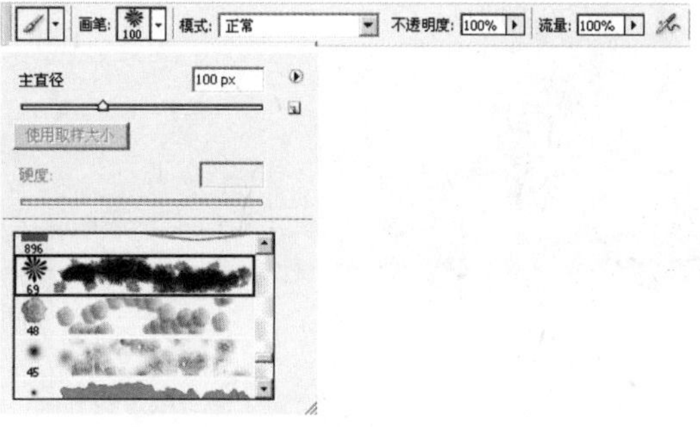

图 12-193

提示 · 技巧

如果想还原原来的画笔设置，单击控制菜单按钮，在弹出的下拉菜单中选择“复位画笔”命令即可。

32 单击“图层”面板底部的“创建新图层”按钮，新建图层 3，并在图像上任意拖动，制作花饰，效果如图 12-194 所示。

33 执行“图像”/“调整”/“色相/饱和度”命令，选中“着色”复选框，调整图像的“色相”和“饱和度”，如图 12-195 所示。

图 12-194

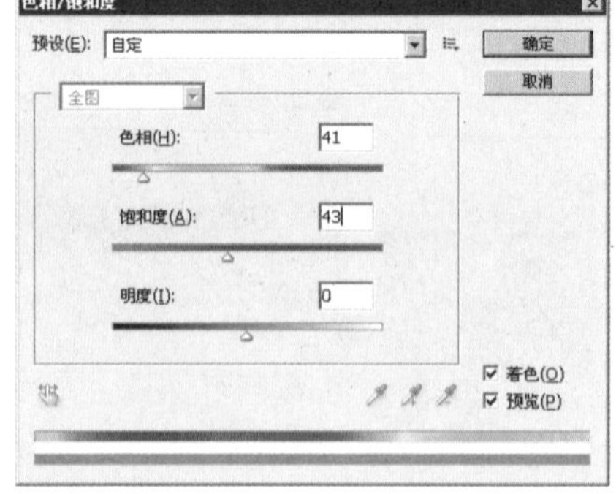

图 12-195

34 此图层将起到装饰的作用。此时，花朵的黑白图像被转换为黄色图像，效果如图 12-196 所示。

35 降低图层 3 的不透明度，将不透明度值设置为 70%，效果如图 12-197 所示。

图 12-196

图 12-197

36 选择“图层”面板中的图层 1，将其混合模式设置为“正片叠底”，将不透明度值设置为 60%，最终效果就如图 12-198 所示。

图 12-198

实例 12.10　制作旧胶片效果

在 Photoshop 软件中应用"画笔工具"、"添加杂色"滤镜、去色命令、"色相饱和度"命令等即可轻松地为拍摄好的数码照片制作出旧照片效果。

原照片

旧照片效果

操作步骤

01 执行"文件"/"打开"命令，在弹出的"打开"对话框中找到要处理的照片，单击"打开"按钮，打开的照片如图 12-199 所示。

02 在图层面板中拖动背景图层到"创建新图层"按钮上，复制一个"背景副本"图层，如图 12-200 所示。

图 12-199

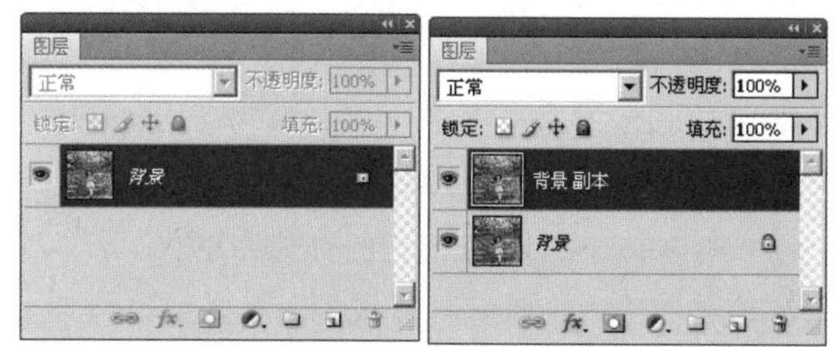

图 12-200

03 选择"背景副本"图层，执行"图像"/"调整"/"去色"命令，或按快捷键【Shift+Ctrl+U】，对图像进行去色处理，效果如图 12-201 所示。

04 对黑白图像进行色调调整。执行"图像"/"调整"/"亮度/对比度"命令，在弹出的"亮度/对比度"对话框中，拖动"亮度"滑块可以调整整个图像的亮度，拖动"对比度"滑块可以调整图像的对比度，如图 12-202 所示。

图 12-201

图 12-202

05 应用杂色滤镜可表现出老照片的效果。执行“滤镜”/“杂色”/“添加杂色”命令，在弹出的“添加杂色”对话框中进行调节，可以使杂色随机地添加到图像中，效果如图 12-203 所示。

06 在“图层”面板中，单击“创建新图层”按钮，创建新的图层 1，如图 12-204 所示。

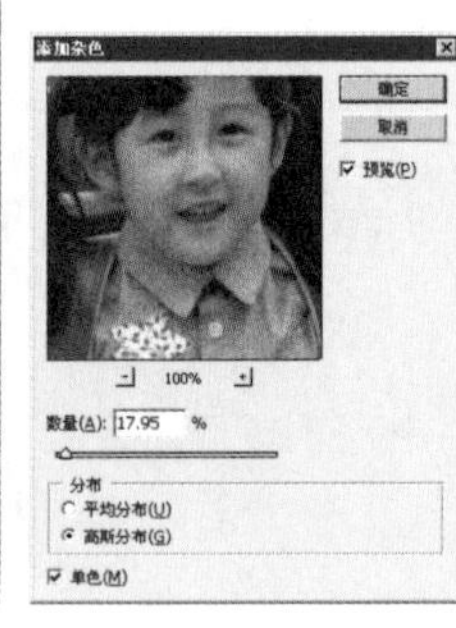

图 12-203

图 12-204

07 在工具箱中选择“画笔工具”，并执行“窗口”/“画笔”命令，或单击选项栏中的“切换画笔调板”按钮，打开“画笔”面板，设置画笔的形状、间距以及纹理，使画笔的效果与照片中划痕的效果相似，“画笔”面板的设置如图 12-205 所示。

08 绘制划痕线条。按住【Shift】键进行拖动即可绘制出垂直线条，但也可不按【Shift】键，绘制一些不规则的线条，效果如图 12-206 所示。

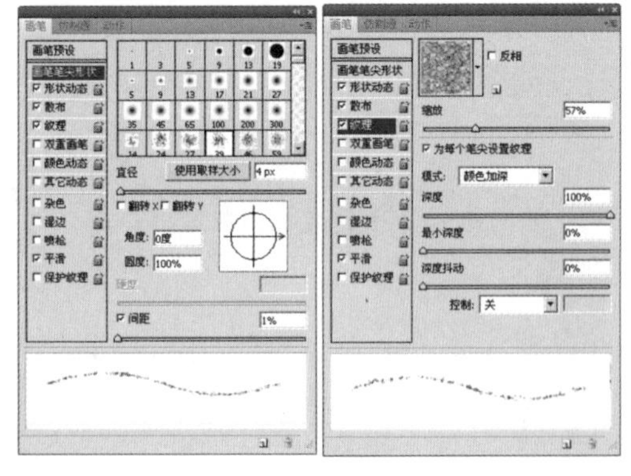

图 12-205

图 12-206

09 为了让效果看上去更自然，可选择工具箱中的“橡皮擦工具”，擦除一些不自然的部分，效果如图 12-207 所示。

10 在“图层”面板中，将图层 1 的不透明度设置为 65%，让划痕的线条与画面很好地融合在一起，效果如图 12-208 所示。

图 12-207

图 12-208

11 在“图层”面板中单击“创建新图层”按钮，新建图层 2。在工具箱中选择“矩形选框工具”，在图像上进行拖动绘制矩形选区，如图 12-209 所示。

12 将选区填充为白色。将前景色设置为白色，选择工具箱中的“油漆桶工具”，或按快捷键【Alt+Delete】填充前景色。在“图层”面板中将填充不透明度设置为 53%，图层混合模式设置为“强光”，效果如图 12-210 所示。该模式是根据当前图层颜色的明暗程度来决定最终的效果变亮还是变暗。将矩形移至图像下方。

图 12-209

图 12-210

13 在“图层”面板中单击“创建新图层”按钮，新建图层 3。在工具箱中选择“自定形状工具”，在工具选项栏中单击“路径”按钮，并单击“形状”下拉按钮，选择枫叶形状，如图 12-211 所示。

14 在图像中拖动，创建枫叶形状的图案，还可以选择其他形状的叶子图案添加在图像中，如图 12-212 所示。

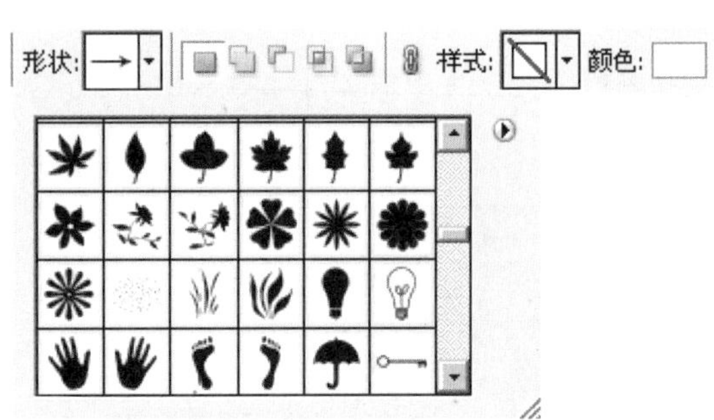

图 12-211

图 12-212

15 切换到“路径”面板，双击“工作路径”，弹出“存储路径”对话框，默认名称为“路径 1”，如图 12-213 所示。

16 单击“用前景色填充路径”按钮，将路径填充为白色，如图 12-214 所示。单击“路径”面板的空白区域，隐藏路径边线。

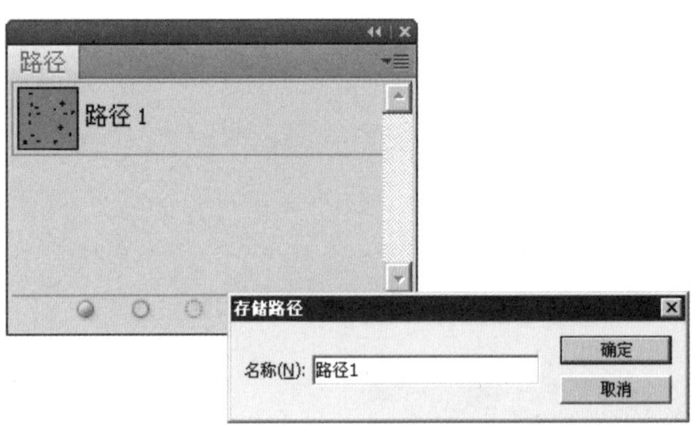

图 12-213

图 12-214

17 在“图层”面板中将图层 3 的填充不透明度设置为 50%，效果如图 12-215 所示。

18 执行“滤镜”/“模糊”/“高斯模糊”命令，在弹出的“高斯模糊”对话框中，将“半径”设置为 5.0 像素，对图像进行模糊，效果如图 12-216 所示。

图 12-215

图 12-216

19 在“图层”面板中选择图层2，单击“创建新的填充或调整图层”按钮，选择“色相/饱和度”命令，在弹出的“色相/饱和度”面板中进行参数设置，最终效果如图12-217所示。

图12-217

实例12.11　制作炫彩效果

在Photoshop软件中，利用“渐变”命令和“扭曲”命令可以轻松地将照片制作为炫彩效果的艺术照片。

原照片

炫彩效果

操作步骤

01 新建图像文件。执行“文件”/“新建”命令，或按快捷键【Ctrl+N】，在弹出的“新建”对话框中设置“宽度”为588”像素、“高度”为467像素，单击“确定”按钮，新建一个文件，如图12-218所示。

02 新建图层1。在“图层”面板中单击“创建新图层”按钮，得到图层1，如图12-219所示。

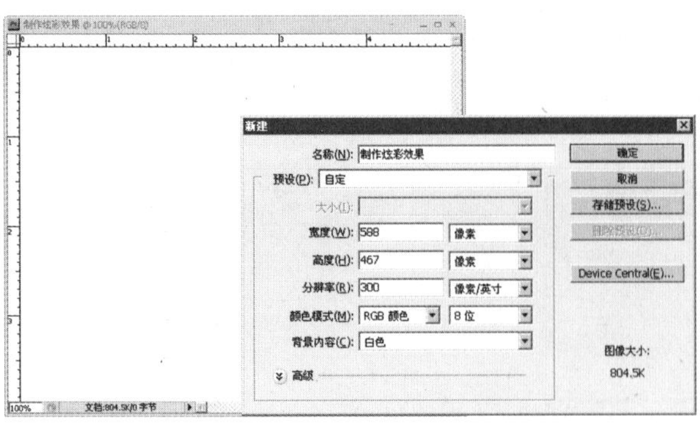

图 12-218

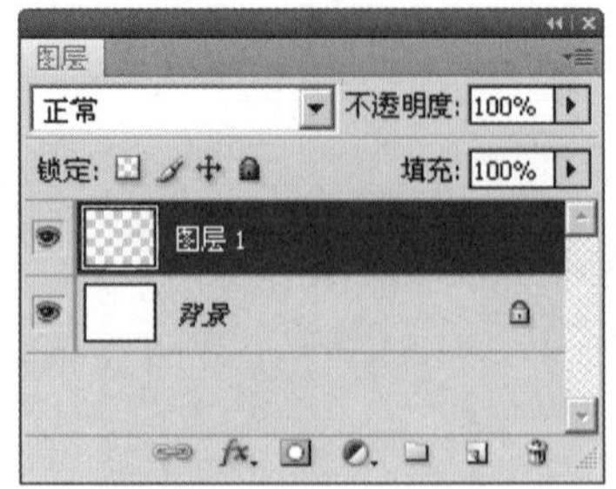

图 12-219

03 绘制渐变。在工具箱中选择“渐变工具”，在工具选项栏中单击“点按可编辑渐变”图标，会弹出“渐变编辑器”窗口，并在该窗口中进行参数设置，单击“确定”按钮。然后在图像中按住【Shift】键进行拖动，得到的效果如图 12-220 所示。

04 添加杂色。在“图层”面板中选择图层 1，执行“滤镜”/“杂色”/“添加杂色”命令，在弹出的“添加杂色”对话框中设置“数量”为 30%，选中“平均分布”单选按钮，并选中“单色”复选框，单击“确定”按钮，效果如图 12-221 所示。

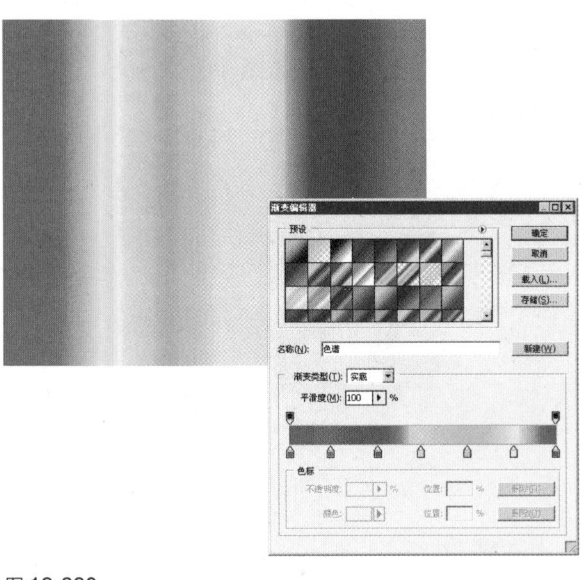

图 12-220

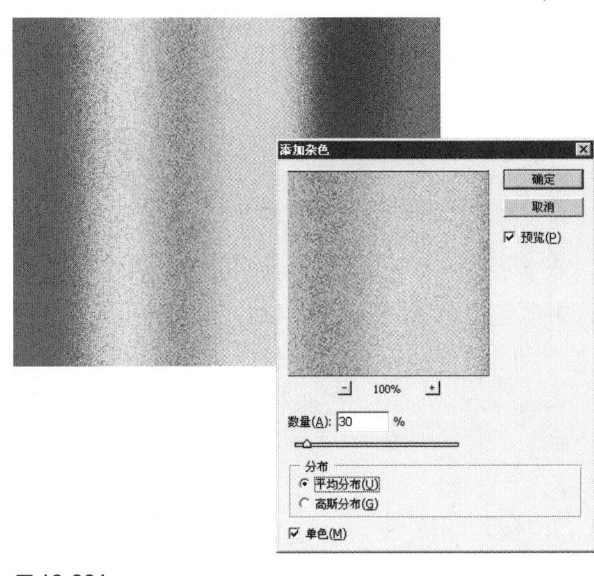

图 12-221

提示 · 技巧

“数量”值越大，图像中产生的杂色数量就越多。选中“单色”复选框，添加到图像中的色调将变为单色。

05 制作动感模糊效果。执行“滤镜”/“模糊”/“动感模糊”命令，在弹出的“动感模糊”对话框中设置“距离”为 999 像素，即可模拟出快速运动所产生的效果，让静态画面看上去具有动感，如图 12-222 所示。

06 对图像进行进一步模糊。执行“滤镜”/“模糊”/“高斯模糊”命令，在弹出的“高斯模糊”对话框中设置“半径”为5像素，单击“确定”按钮，对图像进行模糊，如图12-223所示。

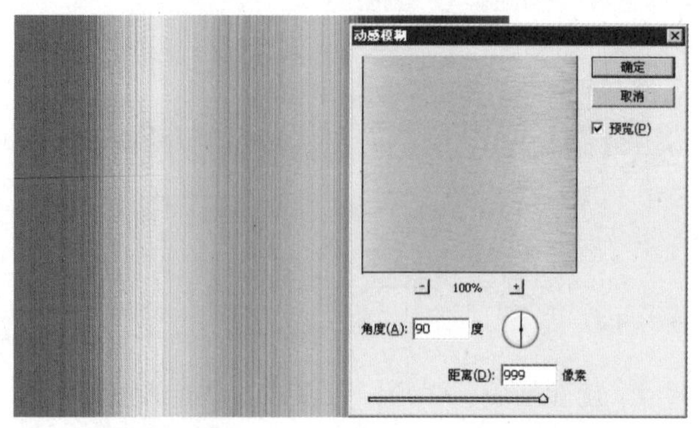

图12-222

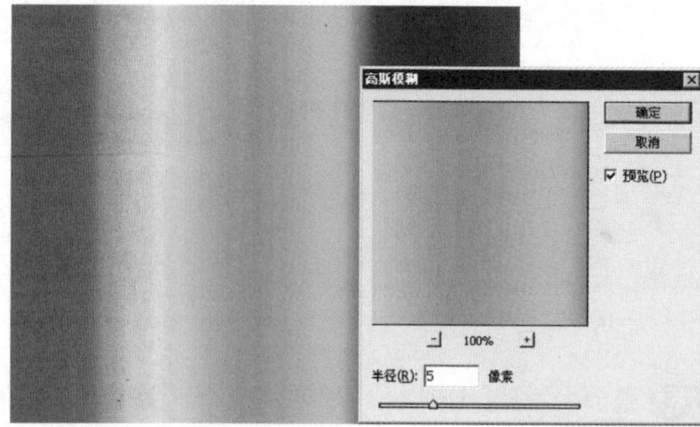

图12-223

07 将图像锐化。执行“滤镜”/“锐化”/“USM锐化”命令，在弹出的“USM锐化”对话框中设置“数量”为最大值、“半径”为10像素、“阈值”为0色阶，单击“确定”按钮，如图12-224所示。该滤镜可以调整边缘细节的对比度，使边缘更清晰。

08 制作极坐标效果。执行“滤镜”/“扭曲”/“极坐标”命令，在弹出的“极坐标”对话框中选中“平面坐标到极坐标”单选按钮，然后单击“确定”按钮，如图12-225所示。该滤镜可以使图像直角坐标系转换为极坐标系，图像会产生强烈的变形效果。

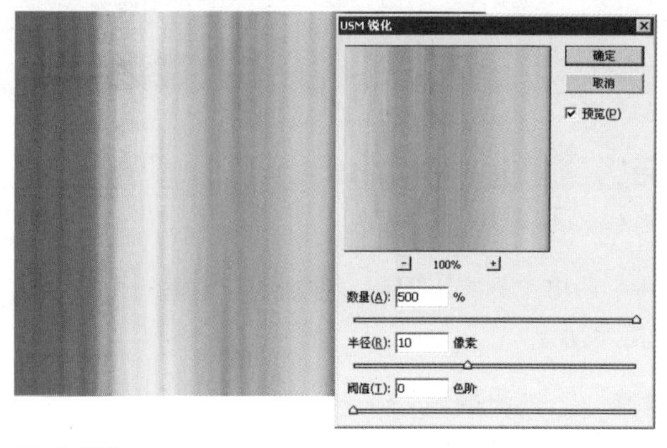

图12-224

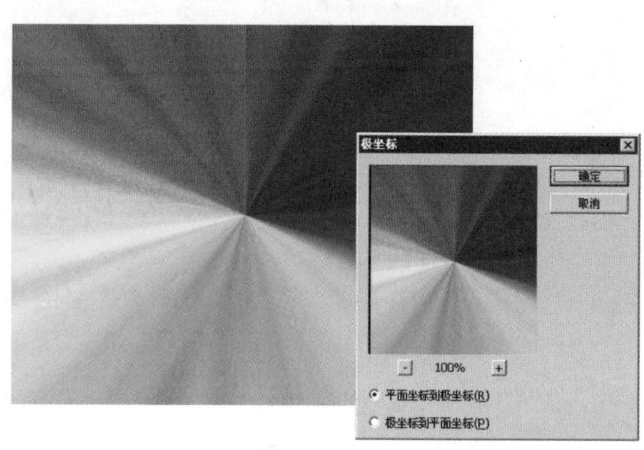

图12-225

09 对图像进行模糊。执行“滤镜”/“模糊”/“径向模糊”命令，在弹出的“径向模糊”对话框中设置“数量”为最大值，模糊的方法为“缩放”，然后单击“确定”按钮，如图12-226所示。该滤镜可以模拟镜头缩放时的动态效果和旋转时的位移效果。

10 对图像进行旋转扭曲。在“图层”面板中选择图层1，并将其拖动到“创建新图层”按钮上，复制图层1，如图12-227所示。

图 12-226

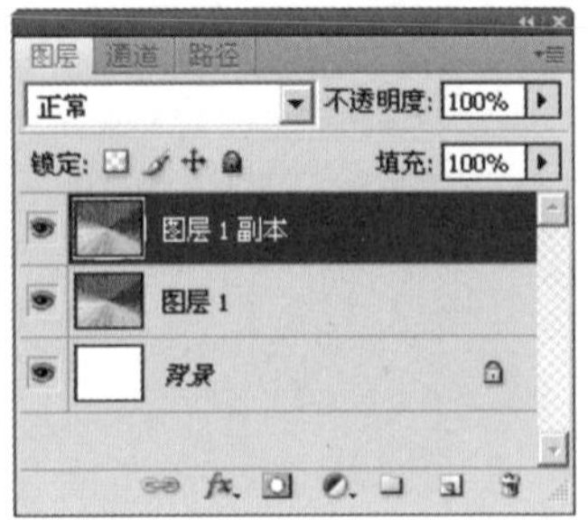

图 12-227

11 选择“图层 1 副本”图层，执行“滤镜”/“扭曲”/“旋转扭曲”命令，在弹出的“旋转扭曲”对话框中设置“角度”为 196°，单击“确定”按钮，如图 12-228 所示。该滤镜对图像进行旋转扭曲变形，其中心旋转程度要比边缘的旋转程度强烈。

12 在“图层”面板中选择“图层 1 副本”图层，将其混合模式改为“明度”，最终图像的像素值由下方图层的饱和度及当前图层的亮度构成，效果如图 12-229 所示。

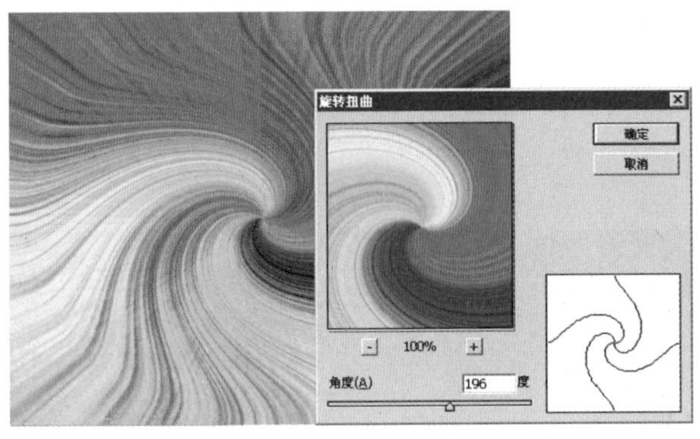

图 12-228

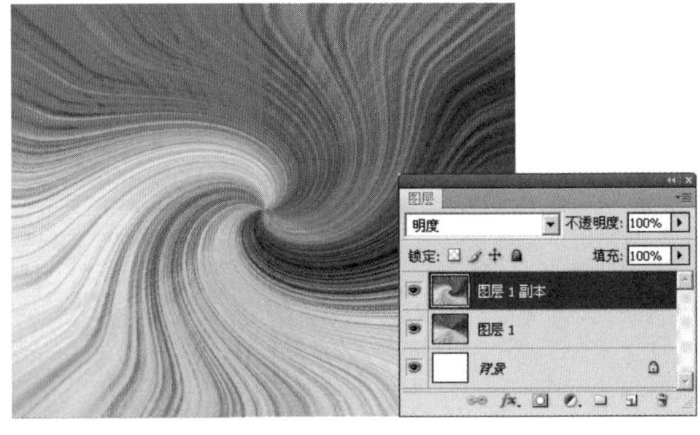

图 12-229

13 在“图层”面板中选择“图层 1 副本”图层，并将“图层 1 副本”图层，拖动到“创建新图层”按钮上，生成“图层 1 副本 2”图层，如图 12-230 所示。

14 将“图层 1 副本 2”水平翻转。执行“编辑”/“变换”/“水平翻转”命令，效果如图 12-231 所示。

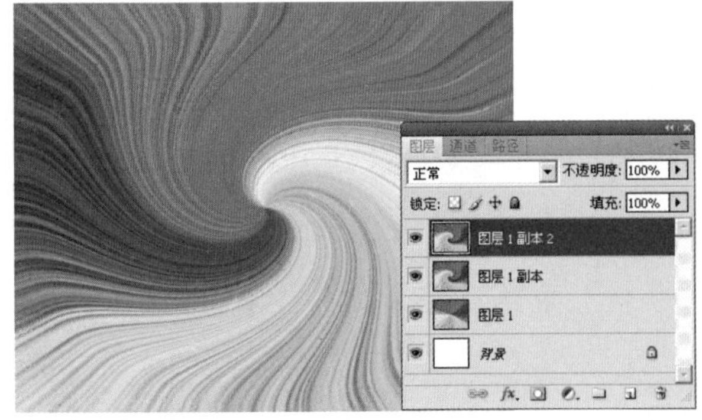

图 12-230

图 12-231

15 将“图层 1 副本 2”图层的混合模式设置为“滤色”，该模式转换后的颜色通常变浅。至此，背景图像已制作完成，效果如图 12-232 所示。

16 打开人物照片。执行“文件”/“打开”命令，在弹出的“打开”对话框中选择一张人物照片，单击“打开”按钮，打开的图片如图 12-233 所示。使用“魔棒工具”选取背景，然后按快捷键【Shift+Ctrl+I】反选选区，以选中人物。

图 12-232

图 12-233

17 使人物图像与制作的背景图像都位于 Photoshop 工作区内，选择工具箱中的“移动工具”，将人物图像拖移到背景图像中，得到图层 3，如图 12-234 所示。

18 将图层 3 移动到“图层 1 副本 2”图层之下。在“图层”面板中选择图层 3，并将其拖动到“创建新图层”按钮上，生成“图层 3 副本”图层。

图 12-234

19 在“图层”面板中选择“图层 3 副本”图层，将其拖动到“图层 1 副本 2”图层的上面，然后将“图层 3 副本”图层的混合模式设置为“实色混合”，如图 12-235 所示。

20 在图层面板中选择“图层 3 副本”，并将其拖动到“创建新图层”按钮上，生成“图层 3 副本 2”图层，将其混合模式改为“下常”，将不透明度设置为 58%。 最后的效果如图 12-236 所示。

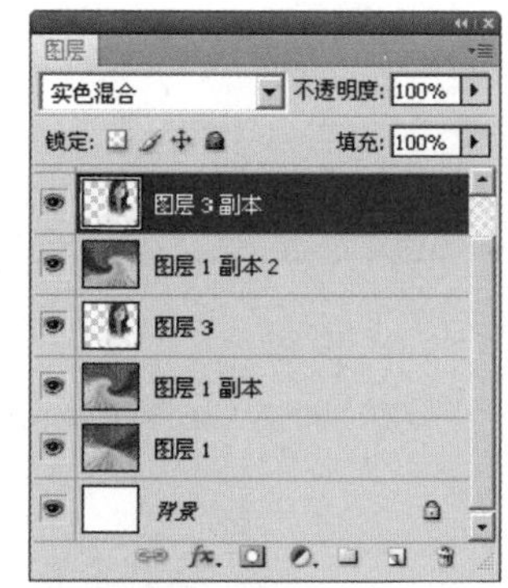

图 12-235

图 12-236

实例 12.12　将彩色照片变为黑白照片

在 Photoshop 软件中有多种方法可以将彩色照片转为黑白照片，提升艺术效果。

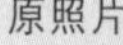

原照片

黑白照片效果

操作步骤

01 执行“文件”/“打开”命令，在弹出的“打开”对话框中选择需要的照片，单击“打开”按钮，打开的照片如图 12-237 所示。

02 方法一：执行“图像”/“模式”/“灰度”命令，在弹出的“信息”对话框中单击“扔掉”按钮，即可得到一张黑白照片，如图 12-238 所示。

方法二：执行“图像”/“模式”/“Lab 颜色”命令，将 RGB 模式的彩色照片转化为 Lab 模式的照片，如图 12-239 所示。

图 12-237

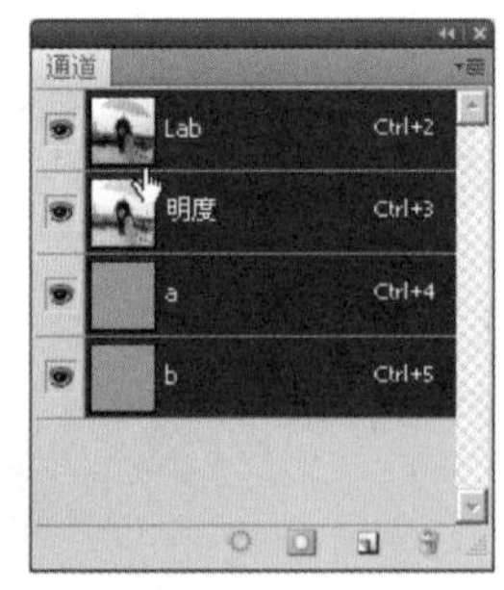

图 12-238

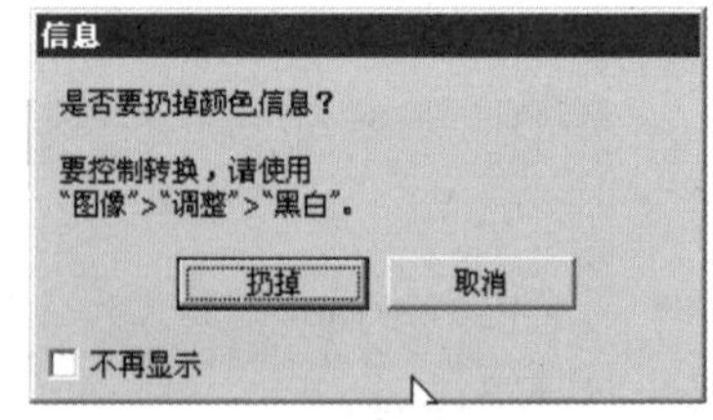

图 12-239

03 切换到“通道”面板，可以发现 Lab 模式的图像有 3 个通道，分别是“明度”通道、a 通道和 b 通道，如图 12-240 所示。

04 将 a 通道拖动到“删除当前通道”按钮上，删除 a 通道；再将 b 通道拖动到“删除当前通道”按钮上，删除 b 通道，如图 12-241 所示。

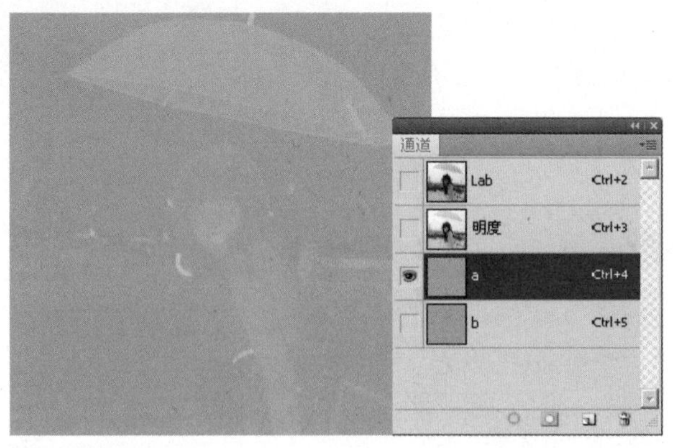

图 12-240

图 12-241

05 将通道 a 和 b 删除之后所剩下的 Alpha 1 通道就是所需的黑白效果，如图 12-242 所示。

图 12-242

实例 12.13　制作电影海报

Photoshop 软件具有很强大的图片编辑功能，利用它可以轻松地制作以自己为主角的电影海报。

原照片

电影海报效果

操作步骤

01 打开如图 12-243 和图 12-244 所示的两张照片。

图 12-243

图 12-244

02 选择“魔棒工具”，将“容差”设置为 50，按住【Shift】键单击，选中照片中的铁笼子，如图 12-245 所示。

03 执行“文件”/“新建”命令，在弹出的“新建”对话框中设置各项参数，具体的参数设置如图 12-246 所示。单击“确定”按钮，新建文件。

图 12-245

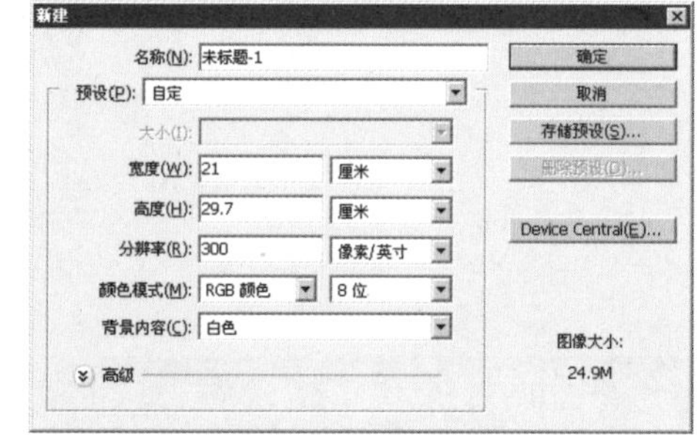

图 12-246

04 选择“移动工具”，将指定的选区拖动到新建文件中。执行“编辑”/“自由变换”命令，或按快捷键【Ctrl+T】，自由缩放并移动选区图像。执行“滤镜”/“画笔描边”/“墨水轮廓”命令，具体设置如图 12-247 所示。

05 按住【Ctrl】键单击此图层缩览图，然后按快捷键【Shift+Ctrl+I】将选区反选，将前景色设置为黑色，按快捷键【Alt+Delete】，填充前景色，并取消选区。执行“滤镜”/“模糊”/“动感模糊”命令，将“角度”设置为 0，“距离”设置为 60 像素，其效果如图 12-248 所示。

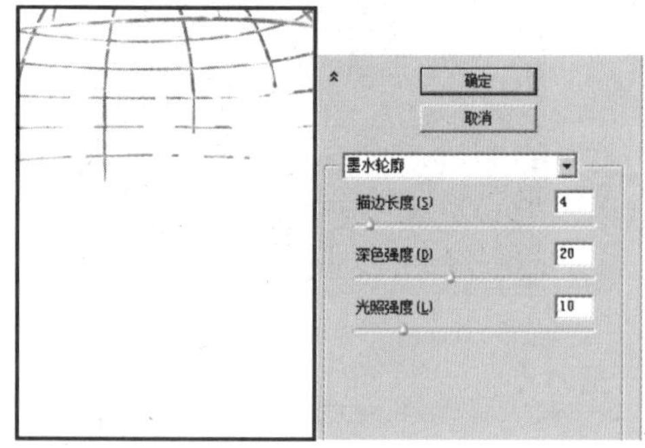

图 12-247

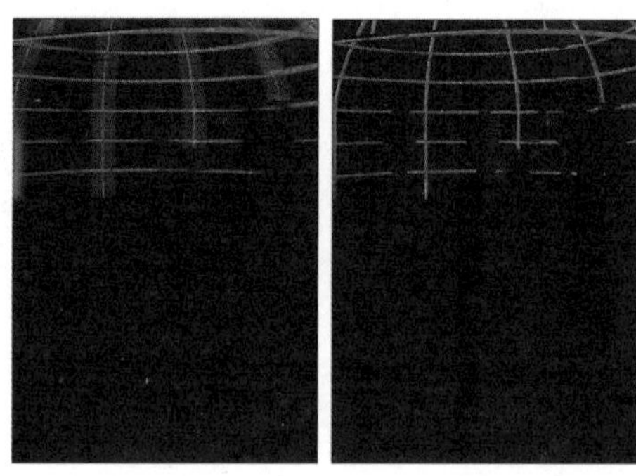

图 12-248

06 选择“钢笔工具”，在原图二中勾画出人物轮廓，在“路径”面板中单击“将路径作为选区载入”按钮，然后选择“移动工具”，将选区内的图像拖动到当前文档中，执行“编辑”/“自由变换”命令，调整人物的大小位置，效果如图12-249所示。

07 用同样的方法为原图一中的每个人物建立路径，然后将所有人物都拖动到当前文档中，执行“编辑”/“自由变换”命令，根据具体情况改变人物的大小和位置，效果如图12-250所示。

图12-249

图12-250

08 调整人物的亮度和对比度。人物图像的色调比较暗，看起来与整个画面不太协调。执行“图像”/“调整”/“亮度/对比度”命令，在弹出的对话框中设置各项参数，得到满意的效果后，单击“确定”按钮。调整后的人物图像效果如图12-251所示。

09 对单个人物图像周围进行羽化处理。选择“多边形套索工具”，并单击需要进行羽化处理的图层，在人物轮廓边缘进行选择，执行“选择”/“修改”/“羽化”命令，在弹出的“羽化选区”对话框中，设置“羽化半径”为30像素，单击“确定”按钮，效果如图12-252所示。

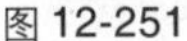

图12-251

图12-252

10 调整图像。根据具体情况调整图层混合模式，在所有的人物图像中选择一个人物为中心，将其放在所有图层的最上面，再将其他人物依次排列，这样得到的图像比较有层次感，效果如图12-253所示。

11 将背景铁笼子以外的图层进行链接，执行“编辑”/“自由变换”命令，或按快捷键【Ctrl+T】，将人物图像整体缩小，如图12-254所示。

12 调整图像的不透明度和边缘。调整后的图片即会产生整体效果，但和背景的融合仍不完美，这时就要调整图像的不透明度，在“图层”面板修改图像的不透明度为 90%。在工具箱中选择“橡皮擦工具”，在该工具的选项栏中将不透明度设置为 15%，涂抹图像的边缘部分，这会使图像和背景融合得更自然。图像处理后的效果如图 12-255 所示。

图 12-253

图 12-254

图 12-255

13 为画面营造气氛。单击“创建新图层”按钮，将新图层拖动到所有图层的最上面，将前景色设置为 550 000，选择“矩形选框工具”，拖动出一个矩形选区，选区大小以正好框出人物图像为宜，反选选区，并使用“矩形选框工具”编辑选区如图 12-256 所示。

14 设置合适后，按快捷键【Alt+Delete】，填充图层。选择工具箱中的“横排文字工具”，在图像中输入文字“GIRL FRIENDS IN THE SAME HOUSE!”，设置字体后，选定该文字图层，按快捷键【Ctrl+T】，拖动控制点调整文字到满意的大小，然后按【Enter】键确认。添加文字后的图像效果如图 12-257 所示。

图 12-256

图 12-257

15 对文字添加斜面和浮雕及纹理效果。双击文字图层，在弹出的对话框中分别选中“斜面和浮雕”、“纹理”复选框，设置各参数后单击“确定”按钮。将设置好的文字移动到合适的位置，图像效果如图 12-258 所示。

16 输入影片名称文字。选择“横排文字工具”，在图像中输入“密友”两个字，双击文字图层，在弹出的“图层样式”对话框中设置图层样式，具体设置如图 12-259 所示。

图 12-258

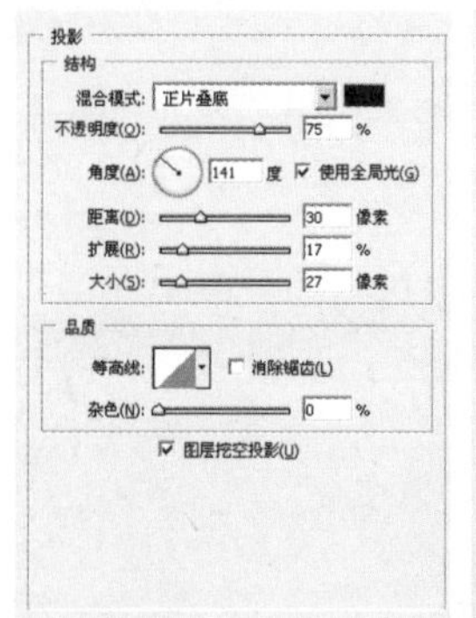

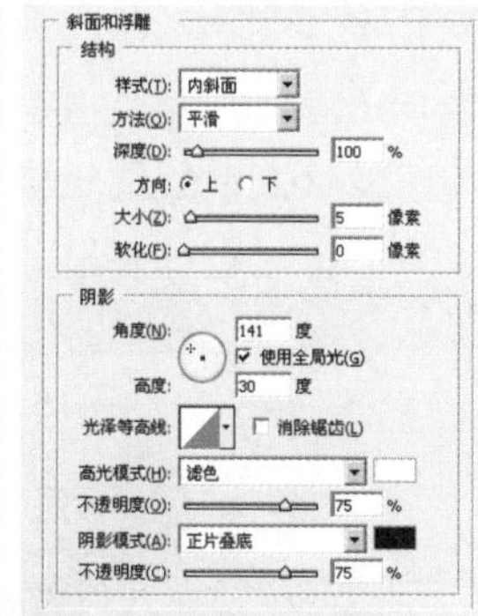

图 12-259

17 打开光盘图片。为了突出电影海报的特点，可将事先选好的光盘图片打开，然后选择“移动工具”，将打开的光盘图片拖动到海报中，执行“编辑”/“自由变换”命令，自由缩放图像，如图 12-260 所示。

18 输入文字，以丰富画面。最终效果如图 12-261 所示。

图 12-260

图 12-261

实例 12.14 给黑白照片上彩色

使用 Photoshop 为黑白照片上色有多种方法，这里学习使用历史记录快照、“历史记录画笔工具”、“色彩平衡”命令、“通道混合器”命令为黑白照片上色。

原照片

上色后的效果

操作步骤

01 在 Photoshop 中打开如图 12-262 所示的照片。并单击工具箱中的“以快速蒙版模式编辑”按钮，使图像进入蒙版编辑模式。

02 为帽子添加蒙版。选择工具中的“画笔工具”，在人物帽子区域内用“画笔工具”涂抹，帽子的蒙版区域如图 12-263 所示。

图 12-262

图 12-263

03 单击工具箱中的“以标准模式编辑”按钮，使图像进入标准模式，这时刚才涂抹的部分就会被载入选区，按快捷键【Ctrl+J】复制图像，得到图层 1，如图 12-264 所示。

04 执行“图像”/“调整”/“色相/饱和度”命令，在弹出的对话框中选中“着色”复选框，将“色相”滑块向右移动，这样可以选择自己喜欢的帽子颜色，将“饱和度”滑块向右移动，可以提高帽子颜色的鲜艳程度，设置完成后单击“确定”按钮，原图的黑色帽子变成紫红色，图像效果如图 12-265 所示。

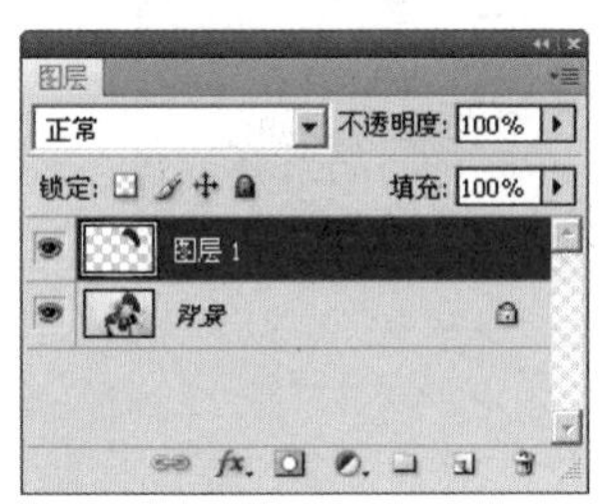

图 12-264

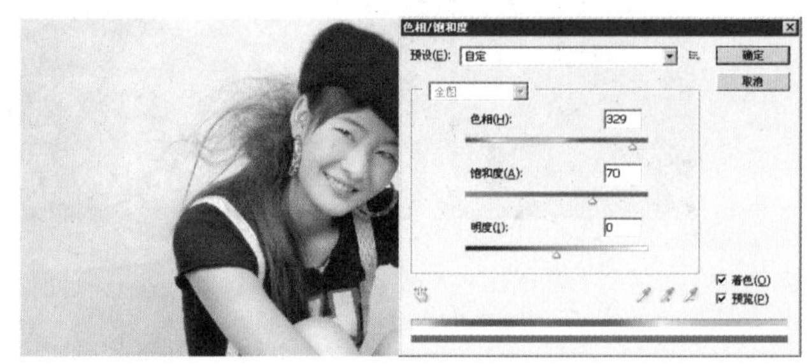

图 12-265

05 单击工具箱中的“以快速蒙版模式编辑”按钮，选择工具箱中的“画笔工具”，在皮肤区域涂抹，如图 12-266 所示。

06 单击工具箱中的“以标准模式编辑”按钮，使图像进入标准模式，选择背景图层，按快捷键【Ctrl+J】复制图像，得到图层 2，如图 12-267 所示。

图 12-266

图 12-267

07 选择“图像”/“调整”/“色相/饱和度”命令，根据调整帽子颜色的方法来调整出皮肤的颜色，图像效果如图12-268所示。

08 为人物的耳环添加蒙版。单击工具箱中的“以标准模式编辑”按钮，选择工具箱中的“画笔工具”，在耳环区域涂抹，如图12-269所示。

图12-268

图12-269

09 单击工具箱中的“以标准模式编辑”按钮，使图像进入标准模式，选择背景图层，按快捷键【Ctrl+J】复制图像，得到图层3，如图12-270所示。

10 选择“图像”/“调整”/“色相/饱和度”命令，根据帽子颜色的方法来调整出耳环的颜色，图像效果如图12-271所示。

图12-270

图12-271

11 为嘴巴添加蒙版。在人物嘴巴区域用“画笔工具”涂抹，嘴巴的蒙版区域如图12-272所示。

12 单击工具箱中的“以标准模式编辑”按钮，使图像进入标准模式，这时刚才涂抹的部分就会被载入选区，按快捷键【Ctrl+J】复制图像，得到图层4，如图12-273所示。

图12-272

图12-273

13 选择“图像”/“调整”/“色相/饱和度”命令，调整出嘴巴的颜色，图像效果如图 12-274 所示。至此，给黑白照片上色的操作已经完成，最终效果如图 12-275 所示。

图 12-274

图 12-275

实例 12.15　给衣服添加图案

若想给自己的衣服添加一个漂亮的图案，要怎么做呢？只要有一张拍摄完成的数码照片，就能很容易地在 Photoshop 软件中让梦想成真。

原照片

制作后的效果

操作步骤

01 执行“文件”/“打开”命令，打开如图 12-276 所示的照片。

02 在“图层”面板中双击背景图层，弹出“新建图层”对话框，名称默认为“图层 0”，单击“确定”按钮改变背景图层为普通图层，如图 12-277 所示。

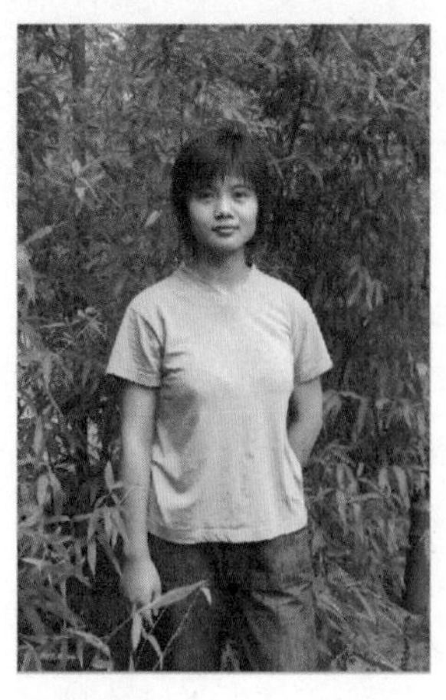

图 12-276

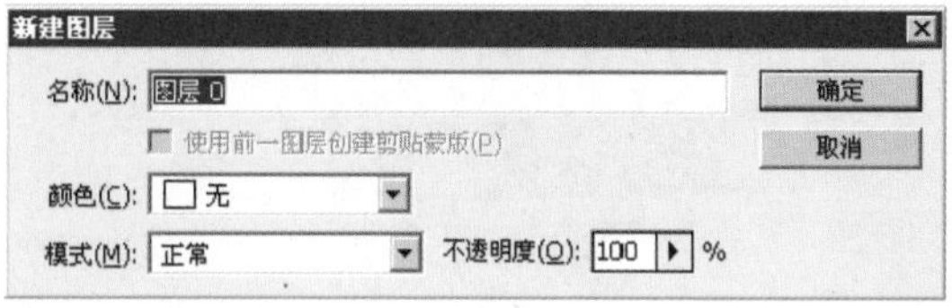

新建图层
名称(N): 图层 0
确定
使用前一图层创建剪贴蒙版(P)
取消
颜色(C): 无
模式(M): 正常
不透明度(O): 100 %

图 12-277

03 在“图层”面板中选择图层 0，将其拖动到“图层”面板底部的“创建新图层”按钮上，生成“图层 0 副本”图层，如图 12-278 所示。

04 执行“图像”/“调整”/“去色”命令，对“图层 0 副本”图层进行去色操作，效果如图 12-279 所示。

图层
正常
不透明度: 100%
锁定:
填充: 100%
图层 0 副本
图层 0

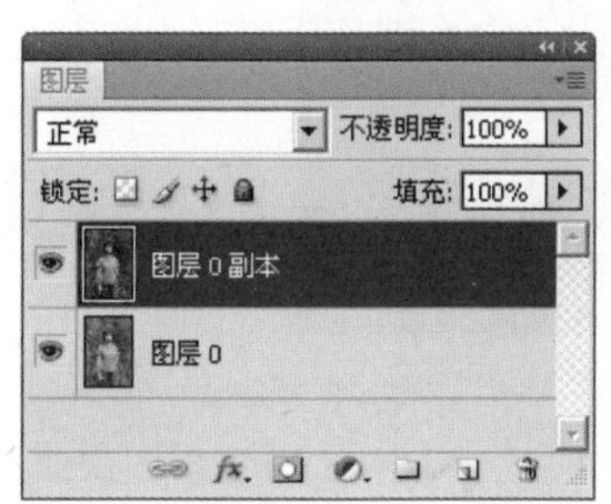

图 12-278

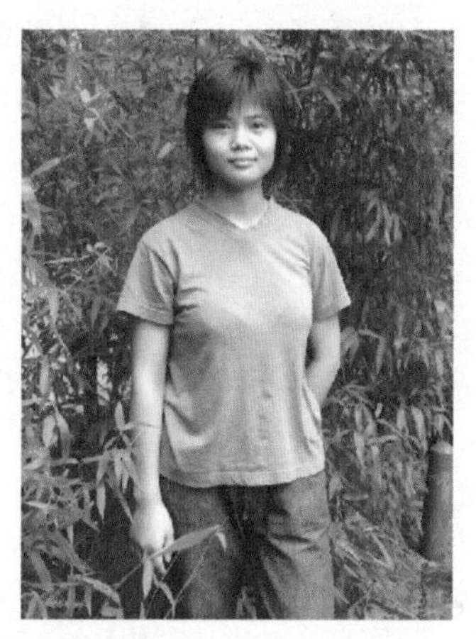

图 12-279

05 执行“图像”/“调整”/“亮度/对比度”命令，在弹出的“亮度/对比度”对话框中设置“亮度”为 -20、“对比度”为 40，单击“确定”按钮，调整照片的亮度与对比度，使照片对比度更强，如图 12-280 所示。

06 执行“文件”/“存储为”命令，在弹出的“存储为”对话框中设置“文件名”为“置换”、“格式”为 PSD 格式，单击“保存”按钮，存储图像。单击该图层前面的“指示图层可见性”图标，隐藏该图层。

亮度/对比度
亮度(B): -20
确定
取消
对比度(C): 40
预览(P)
使用旧版(L)

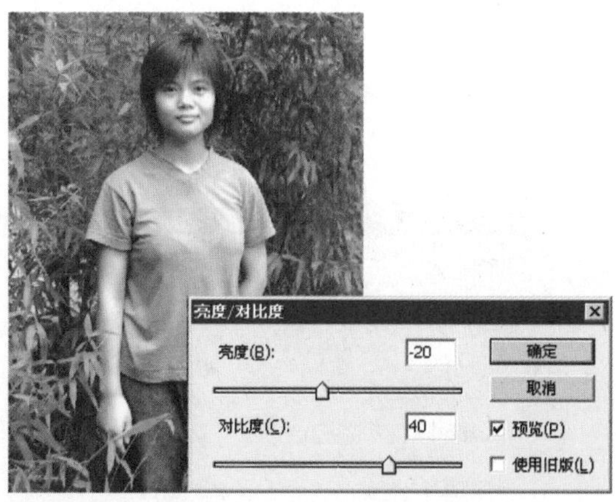

图 12-280

07 执行“文件”/“打开”命令，打开要添加在衣服上的图案，如图 12-281 所示。

08 选择工具箱中的“魔棒工具”，将其置于图案中的白色部位，单击以选取白色部分，然后执行“选择”/“反选”命令选取图案，效果如图 12-282 所示。

图 12-281

图 12-282

09 选择工具箱中的“移动工具”，将所图案到需添加图案的照片中，自动生成图层 1，按快捷键【Ctrl+T】调出自由变换控制框，按住【Shift】键，将图案等比例拉大，如图 12-283 所示。按【Enter】键确认。

图 12-283

10 执行“滤镜”/“扭曲”/“置换”命令，在弹出的“置换”对话框中设置“水平比例”和“垂直比例”均为 2，在“置换图”选项组中选“伸展以适合”单选按钮，在“未定义区域”选项组中选中“重复边缘像素”单选按钮，如图 12-284 所示。

11 在“图层”面板中将图层 1 的混合模式设置为“颜色加深”，得到的最终效果如图 12-285 所示。

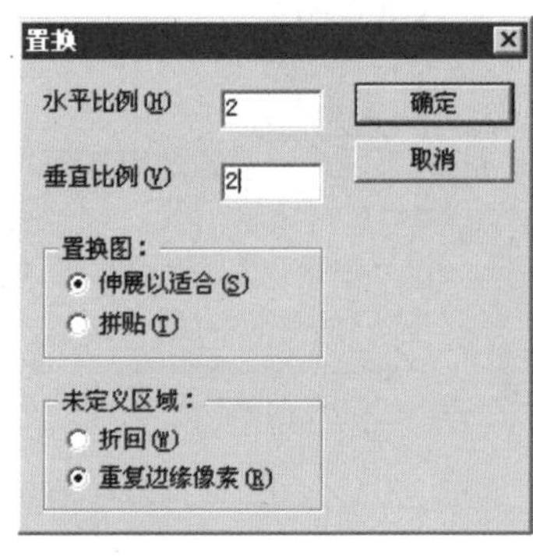

图 12-284

图 12-285

实例12.16　朦胧的艺术效果

使用Photoshop处理艺术照片，可以将真实的艺术照变为朦胧的艺术照。

原照片

制作后的效果

操作步骤

01 打开一张照片。执行“文件”/“打开”命令，打开如图12-286所示的照片。

02 复制背景图层。在“图层”面板中将背景图层拖动到“创建新图层”按钮上，“图层”面板显示如图12-286所示。

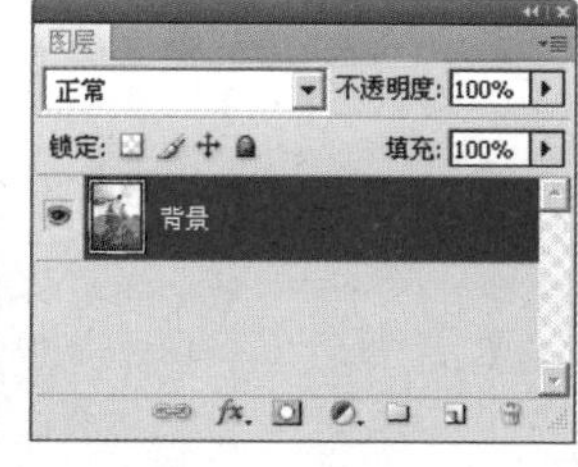

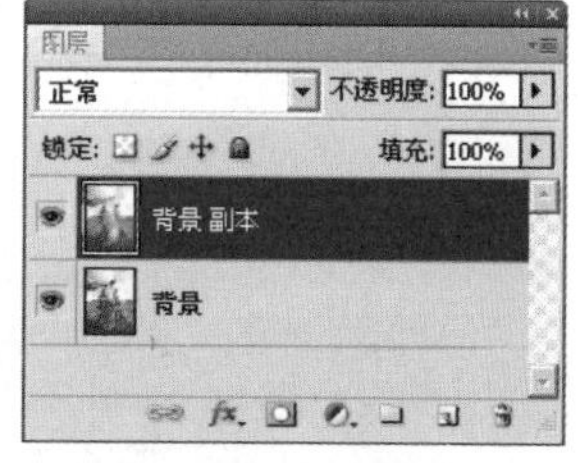

图12-286

03 选择“背景副本”图层为当前图层，执行“滤镜”/“模糊”/“高斯模糊”命令，在弹出的“高斯模糊”对话框中拖动滑块调整“半径”值，执行该命令后的图像效果如图12-287所示。

04 单击该图层前面的“指示图层可见性”图标，将该图层隐藏。在工具箱中选择“多边形套索工具”，在图像上勾画选区，如图12-287所示。

图 12-287

05 在“图层”面板中单击“背景副本”图层前面的“指示图层可见性”图标，显示该图层，在工具箱中选择“橡皮擦工具”，在选区中涂抹进行擦除，擦除后的图像效果如图 12-288 所示。

06 按快捷键【Ctrl+D】取消选区，在“图层”面板中更改“背景副本”图层的不透明度为 95%，将图层混合模式设置为“线性减淡（添加）”，图像最终效果如图 12-289 所示。

图 12-288

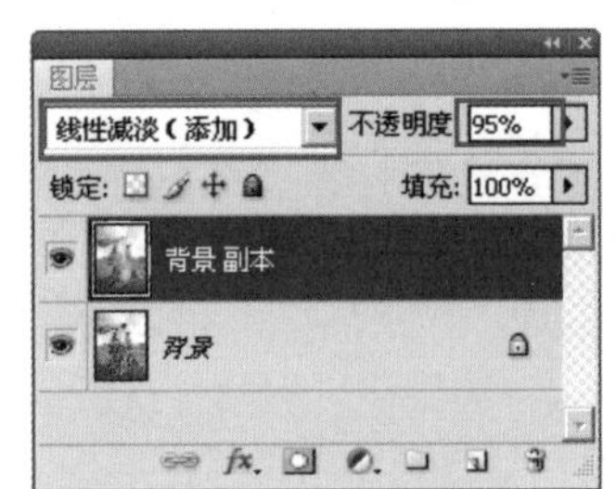

图 12-289

实例 12.17　让照片只保留一种色彩

对于一张色彩丰富的照片，如果只保留其中的某种色彩，就会呈现出截然不同的效果。本例就只保留了红色。

原照片

制作后的效果

操作步骤

01 执行"文件"/"打开"命令，在Photoshop中打开将要修饰的照片，如图12-290所示。

02 按快捷键【Ctrl+U】，弹出"色相/饱和度"对话框，选择"黄色"，如图12-291所示。

图12-290

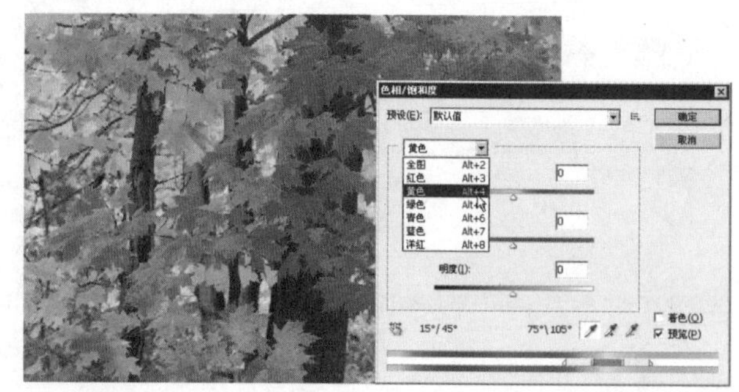

图12-291

03 按照图12-292所示的方式降低饱和度，画面中的黄色消失。

04 不要关闭对话框，选择"绿色"，如图12-293所示。

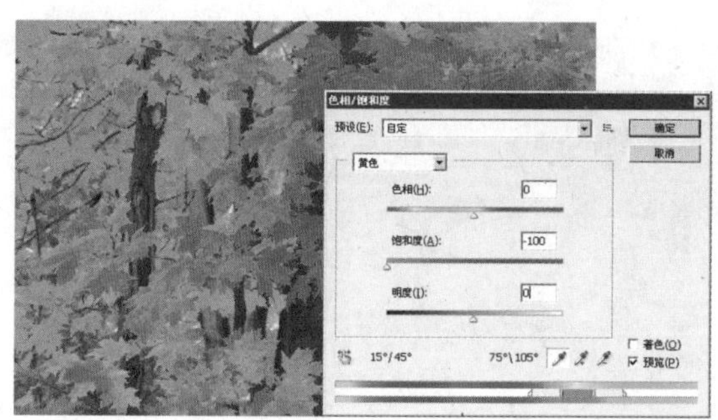

图12-292

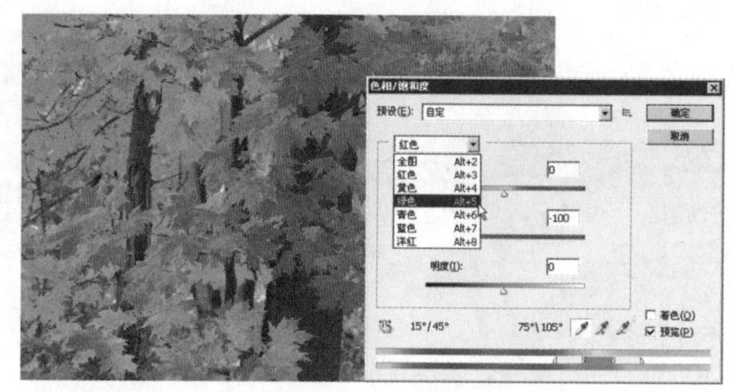

图12-293

05 和第3步一样，按照图12-294所示的方式降低饱和度，使画面中的绿色消失。

06 选择"青色"并降低饱和度，最终效果只保留了红色，如图12-295所示。

图12-294

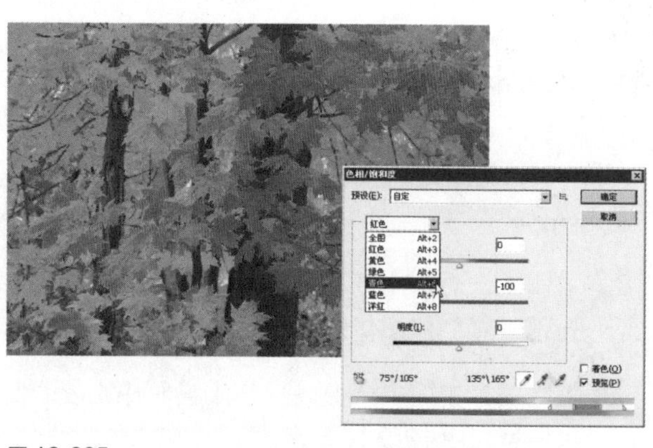

图12-295

实例 12.18　制作速写效果

通过 Photoshop 软件可以把日常的风景照制作成速写效果，为画面更添一种趣味的视觉效果。

原照片

速写效果

操作步骤

01 打开一张照片。执行“文件”/“打开”命令，打开如图 12-296 所示的照片。

02 执行“滤镜”/“模糊”/“特殊模糊”命令，在弹出的“特殊模糊”对话框中设置“品质”为“高”，设置“模式”为“仅限边缘”，如图 12-297 所示。

图 12-296

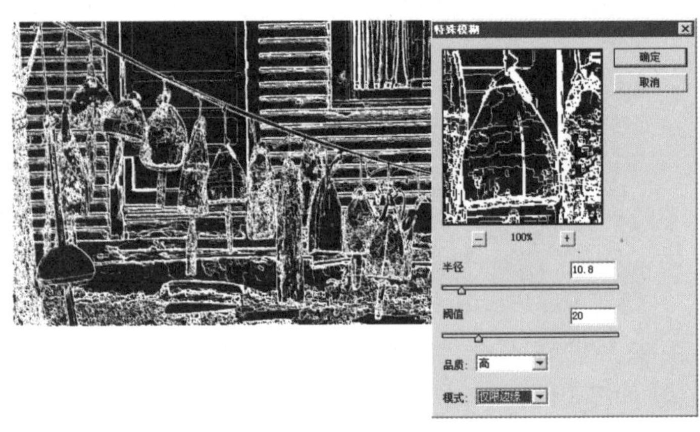

图 12-297

提示 · 技巧

在调整“特殊模糊”对话框中的各项参数设置时，“半径”值不宜过大，否则线条会看不清楚。在设置“阈值”时，其值越大，线条越少。

03 对图像进行反相处理。执行“图像”/“调整”/“反相”命令，或按快捷键【Ctrl+I】，进行反相处理，得到的图像效果如图 12-298 所示。

04 擦除图片中的多余部分。在工具箱中选择“橡皮擦工具”进行涂抹，擦除图片右下角的区域，图像效果如图 12-299 所示。

图 12-298

图 12-299

05 在擦除的区域输入文字。在工具箱中选择“横排文字工具”，并在该工具选项栏中设置字体和字号，然后输入文字，图像效果如图 12-300 所示。最终的图像效果如图 12-301 所示。

图 12-300

图 12-301

实例 12.19 在集体照中添加人物

在拍摄集体照时，常常由于拍摄条件的限制，其中一人要担当拍摄者，而造成缺席的遗憾。这一遗憾也可以用 Photoshop 来弥补。

原照片

最终效果

操作步骤

01 执行“文件”/“打开”命令，打开如图 12-302 所示的照片。

02 为一张单人照片去除背景，在工具箱中选择“移动工具”，将单人照片拖动到集体照中，自动生成图层1，效果如图12-303所示。

图 12-302

图 12-303

03 选择单人所在的图层1，按快捷键【Ctrl+T】调出自由变换控制框，按住快捷键【Shift+Alt】进行等比例缩放，并调整角度与大小，使之与集体照中的其他人像同比例，如图12-304所示。按快捷键【Ctrl+L】，弹出“色阶”对话框调整色调。

04 选中单人所在的图层1，按住【Ctrl】键单击图层1缩览图，生成整个人物的选区，然后按快捷键【Shift+Ctrl+I】将选区反选，执行“选择”/“修改”/“羽化”命令，弹出“羽化选区”对话框，将“羽化半径”设为2像素，最终效果如图12-305所示。

图 12-304

图 12-305

实例 12.20　突出人物

利用 Photoshop 中的修图工具可以在集体照中突出人物主体，让你成为众人中闪亮的焦点。

原照片

最终效果

操作步骤

01 打开一张集体照。执行"文件"/"打开"命令，选择一张集体照并打开，如图 12-306 所示。

02 制作模糊效果。选择工具箱中的"磁性套索工具"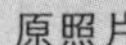，将需要突出的人物主体勾画出来，按快捷键【Shift+Ctrl+I】将选区反选，图像效果如图 12-307 所示。

图 12-306

图 12-307

03 将画面的模糊程度分为 3 个层次，首先制作最远处的模糊效果。为了使选区能够更自然地与画面融合在一起，可对选区执行"羽化"命令，按快捷键【Ctrl+Alt+D】，在弹出的"羽化选区"对话框中设置"羽化半径"为 30 像素，如图 12-308 所示。

04 选择工具箱中的"矩形选框工具"⬚，框选画面中最远处的区域作为选区，并按住【Shift】键进行选区添加，图像效果如图 12-309 所示。

图 12-308

图 12-309

05 执行“滤镜”/“模糊”/“高斯模糊”命令，在弹出“高斯模糊”对话框中进行模糊设置，得到的图像效果如图 12-310 所示。

图 12-310

06 使用同样的方法制作第二层模糊。选择“矩形选框工具”⬚，框选画面。在此过程中，可以根据需要按住【Shift】键添加选区，或按住【Ctrl】键减去多余选区。效果如图 12-311 所示。

07 对选区进行模糊处理，在“高斯模糊”对话框中进行设置，图像效果如图 12-312 所示。

图 12-311

图 12-312

08 对主体人物后面的人物图像进行模糊处理。选择“矩形选框工具”⬚，框选画面，效果如图 12-313 所示。

09 对选区执行“高斯模糊”命令，图像效果如图 12-314 所示。

图 12-313

图 12-314

提示 · 技巧

由于视觉关系中近实远虚的道理，在每次使用“高斯模糊”滤镜时，“半径”值都要递减2像素，以达到近实远虚的效果。

10 由于整张照片拍摄得比较暗，还需要对色调进行处理。执行“图像”/“调整”/“曲线”命令，在弹出的对话框中调整曲线，图像效果如图12-315所示。

11 对主体人物的脸部做光滑修补处理。选择工具箱中的“仿制图章工具”，按住【Alt】键在脸部肤色正常的位置进行取样，释放【Alt】键，单击需要修饰部位的皮肤，得到的图像效果如图12-316所示。

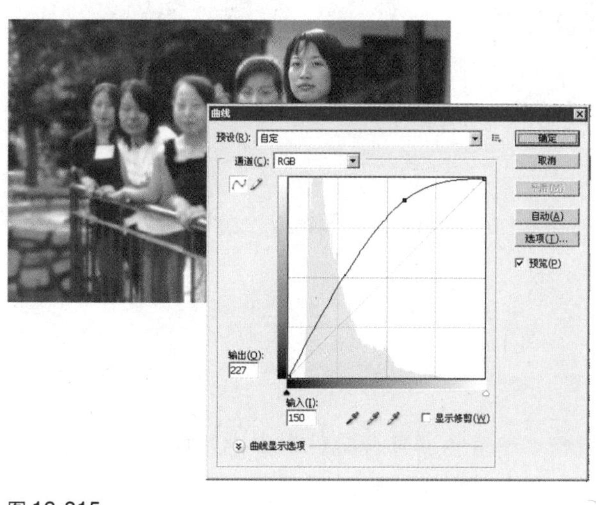

图12-315

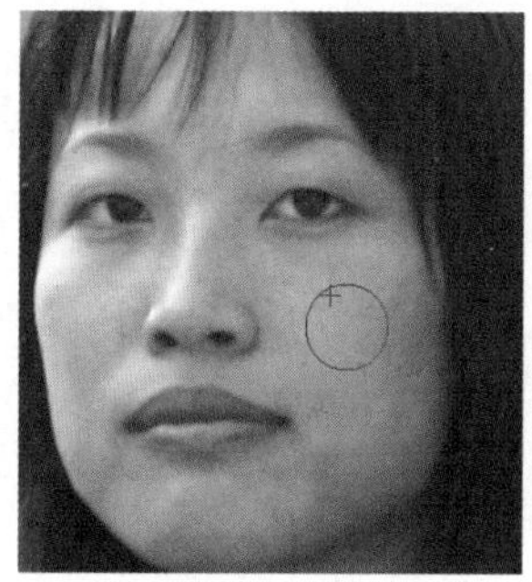

图12-316

12 对整个画面进行裁剪处理，以突出主体人物。选择工具箱中的“裁剪工具”，拖动出一个裁剪框，按【Enter】键确认裁剪，得到的图像效果如图12-317所示。

13 对不满意的部位做进一步的处理。使用工具箱中的“模糊工具”涂抹画面，最终的图像效果如图12-318所示。

图12-317

图12-318

实例 12.21 修复浸水受损的照片

以前很多家庭都会把照片压在写字台的玻璃板下，因此常常会出现写字台上的水渗透到照片上的情况。浸过水的照片往往水迹斑驳，极易损毁。要想将这些珍贵的照片复原，也可以借助 Photoshop 来实现。

原照片

修复后的效果

操作步骤

01 执行“文件”/“打开”命令，打开如图 12-319 所示的照片。

02 照片显得有些昏暗，因此可以执行“色阶”命令进行明暗度的调整。按快捷键【Ctrl+L】，弹出“色阶”对话框，单击对话框中的“设置黑场”吸管工具，吸取照片暗部的衣褶，比衣褶暗的部分都将变暗，如图 12-320 所示。

图 12-319

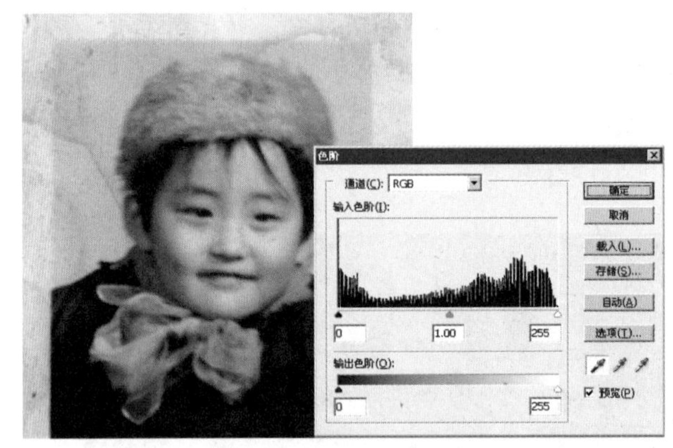

图 12-320

03 单击“设置白场”吸管工具，吸取图像中脸部侧面的明亮部位，比面部侧面亮的部分将会变亮，如图 12-321 所示。

04 在工具箱中选择“橡皮擦工具”，擦除背景。在擦除人物周围的区域时，可在工具选项栏中把橡皮擦的笔刷设成软笔刷，效果如图 12-322 所示。

图 12-321

图 12-322

05 选择“仿制图章工具”，选择软笔刷修复帽子，保持帽子柔软的质感。下面对脸部的水痕进行清除。在工具箱中选择“修复画笔工具”，按住【Alt】键吸取脸部正常图像的像素，然后释放【Alt】键，拖动鼠标进行修补，如图 12-323 所示。

图 12-323

06 在“图层”面板中新建图层 1，在照片图层中，按快捷键【Ctrl+T】调出自由变换控制框，调整图像大小，并按住快捷键【Shift+Alt】，等比例缩小图像，如图 12-324 所示。

07 在工具箱中选择“魔棒工具”，单击照片的背景以生成选区，为照片填充背景颜色，再把新建的图层填充为白色，并拖动到照片图层下方。最终效果如图 12-325 所示。

图 12-324

图 12-325

实例 12.22 制作插画效果

利用 Photoshop 可以制作出生动的类似于各类杂志、漫画书上的插画效果。

原照片

插画效果

操作步骤

01 在 Photoshop 中执行“文件”/“打开”命令，打开用于制作插画效果的照片，如图 12-326 所示。

02 打开的彩色照片最好是没有经过任何艺术处理的。按快捷键【Ctrl+J】，生成“背景副本”图层，如图 12-327 所示。

图 12-326

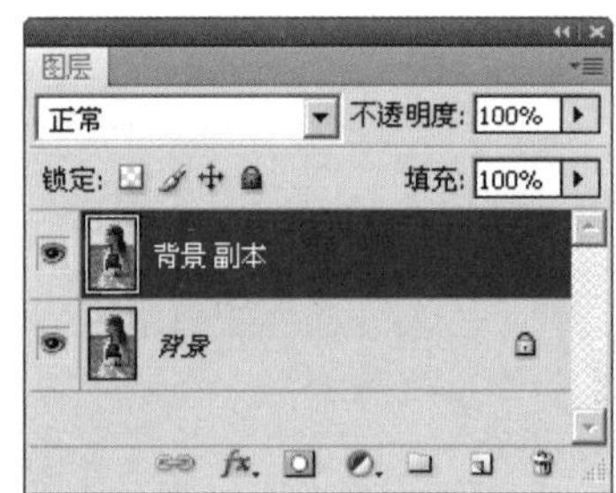

图 12-327

03 执行“滤镜”/“纹理”/“颗粒”命令，在弹出的“颗粒”对话框中设置“颗粒类型”为“斑点”，如图 12-328 所示。

04 用鼠标拖动滑块来调整“强度”和“对比度”值，并将“对比度”设置为最大值，如图 12-329 所示。

图 12-328

图 12-329

05 单击“确定”按钮，得到一种类似淡彩画的效果，如图 12-330 所示。

06 执行“图像”/“调整”/“色阶”命令，或直接按快捷键【Ctrl+L】，在弹出的“色阶”对话框中，用鼠标拖动右边的白色三角滑块向左移，单击“确定”按钮，效果如图 12-331 所示。

图 12-330

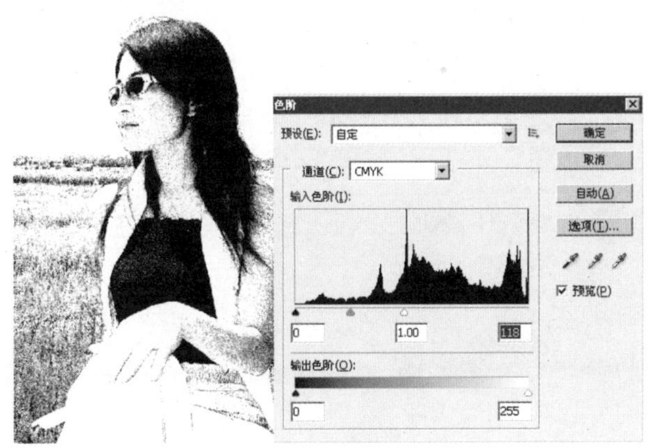

图 12-331

07 执行“图像”/“调整”/“色相/饱和度”命令，或直接按快捷键【Ctrl+U】，在弹出的“色相/饱和度”对话框中，用鼠标拖动滑块来降低“饱和度”值，最后得到的效果如图 12-332 所示。

图 12-332

实例 12.23　制作反转片效果

应用“应用图像”命令，结合色阶调整，可得到反转片效果。

原照片

最终效果

操作步骤

01 执行“文件”/“打开”命令，在弹出的“打开”对话框中选择所要处理的素材照片，单击“打开”按钮将其打开，如图 12-333 所示。

02 切换到“通道”面板，选中“蓝”通道，如图 12-334 所示。

图 12-333

图 12-334

03 执行“图像”/“应用图像”命令，在弹出的对话框中进行参数设置，设置完成后单击“确定”按钮，效果如图 12-335 所示。

04 在“通道”面板中选中“绿”通道，如图 12-336 所示。

05 执行“图像”/“应用图像”命令，在弹出的对话框中进行参数设置，设置完成后单击“确定”按钮，效果如图 12-337 所示。

06 在“通道”面板中选中“红”通道，如图 12-338 所示。

图 12-335

图 12-336

图 12-337

图 12-338

07 执行“图像”/“应用图像”命令，在弹出的对话框中进行参数设置，如图 12-339 所示。设置完成后单击“确定”按钮，效果如图 12-340 所示。

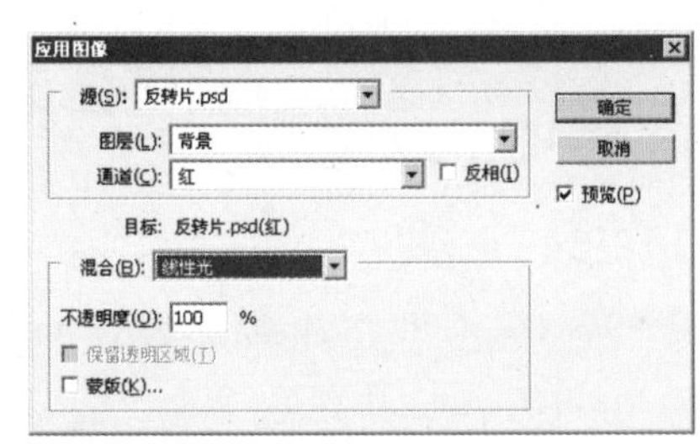

图 12-339

图 12-340

08 单击“图层”面板底部的“创建新的填充或调整图层”按钮，在弹出的下拉菜单中选择“色阶”命令，在弹出的“色阶”面板中进行参数设置，如图 12-341 所示。设置完成后，图像效果如图 12-342 所示。

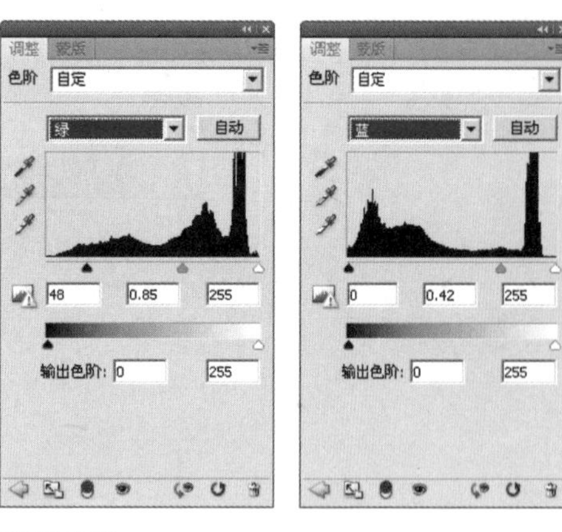

图 12-341

图 12-342

实例 12.24 模拟微距效果

一般的相机都有微距拍摄功能，如果没有，可以使用 Photoshop 来模拟微距效果。

原照片

最终效果

操作步骤

01 执行“文件”/“打开”命令，在弹出的“打开”对话框中，选择所要处理的素材照片。

02 选择工具箱中的“裁剪工具”，参照图 12-343 进行裁剪，效果如图 12-344 所示。

图 12-343

图 12-344

03 选择工具箱中的“仿制图章工具”修复图中红色部分，效果如图 12-345 所示。

04 执行“图像”/“调整”/“曲线”命令，打开“曲线”对话框，调整曲线的弧度，增强画面整体的亮度和对比度，效果如图 12-346 所示。

图 12-345

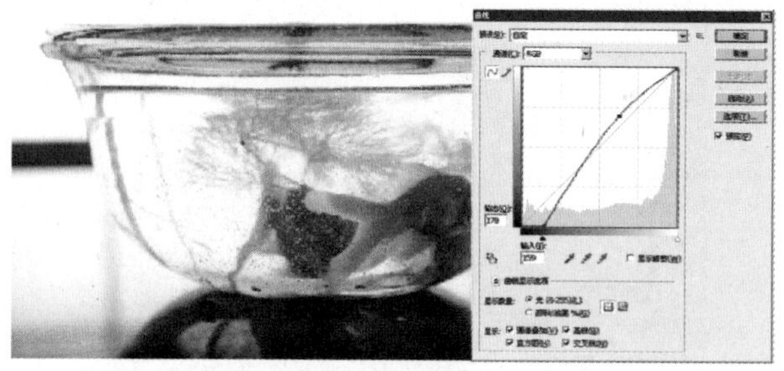

图 12-346

05 执行“图像”/“调整”/“色相/饱和度”命令，打开“色相/饱和度”对话框，调整整体画面的色彩浓度，效果如图 12-347 所示。

06 按【Ctrl+J】复制背景图层，命名为“图层 1”，将其转换为智能对象图层，然后执行“滤镜”/“模糊”/“高斯模糊”命令，在“高斯模糊”对话框中进行参数设置，如图 12-348 所示。

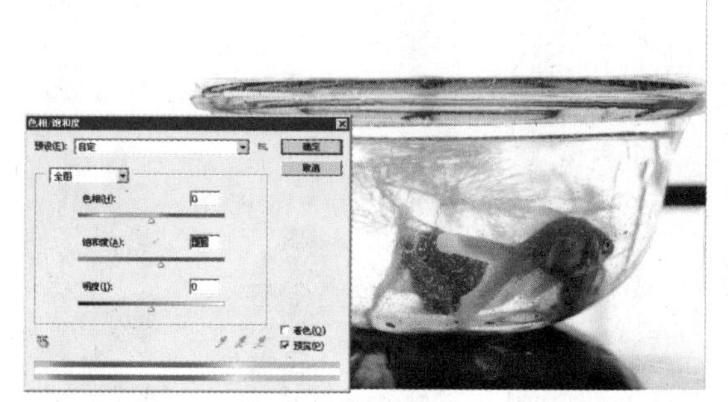

图 12-347

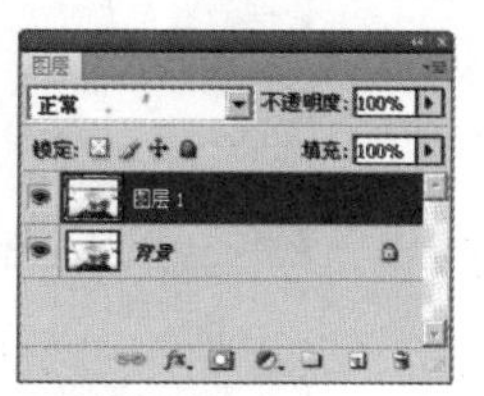

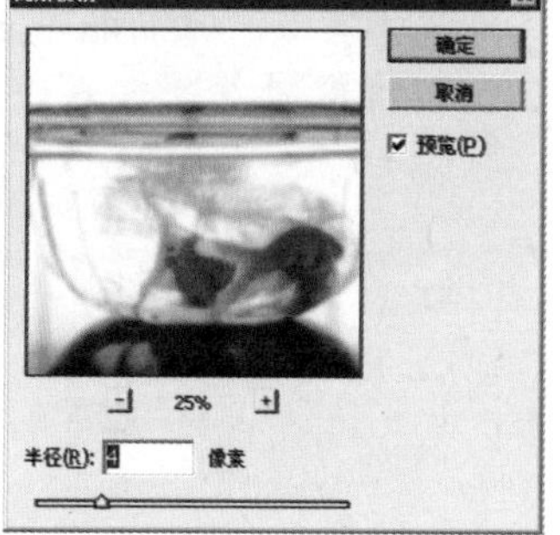

图 12-348

07 参数设置完成后单击“确定”按钮，按快捷键【Ctrl+F】，重复应用“高斯模糊”滤镜，图像效果如图 12-349 所示。

08 单击“图层”面板底部的“添加图层蒙版”按钮，为图层 1 添加图层蒙版，然后选择工具箱中的“渐变工具”，采用默认前背景色，填充径向渐变，选择工具箱中的“画笔工具”，不断切换前背景色涂抹画面，效果如图 12-350 所示。

图 12-349

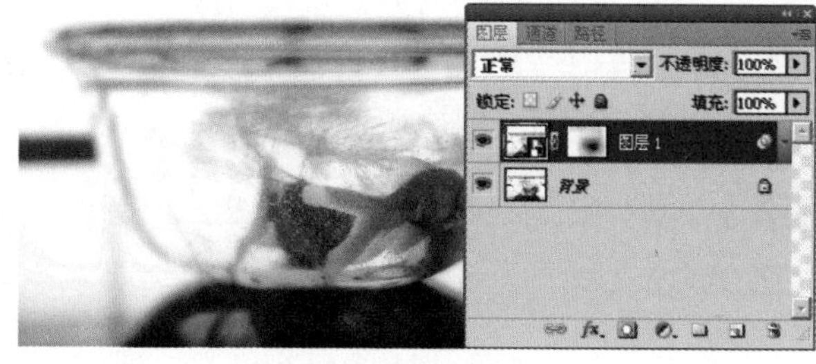

图 12-350

09 单击"图层"面板底部的"创建新的填充或调整图层"按钮，在弹出的下拉菜单中选择"曲线"命令，在弹出的"曲线"面板中进行参数设置，如图12-351所示。设置完成后，按快捷键【Ctrl+Alt+G】执行创建剪贴蒙版命令，图像的最终效果如图12-352所示。

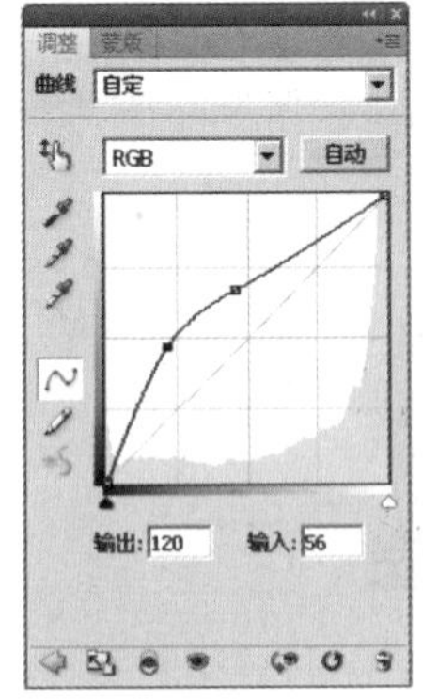
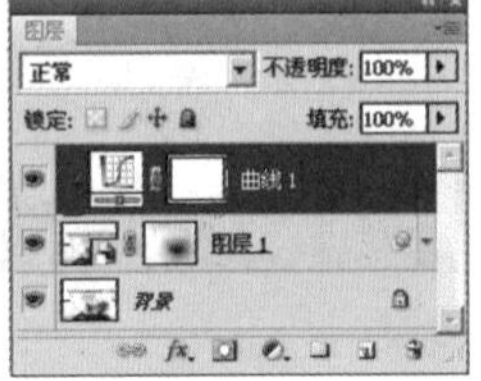

图12-351

图12-352

实例12.25　清晰焦点模糊照片

本例中原照片人物由于光照的原因，其面部不清晰，通过调整可使照片变得清晰自然。

原照片

修复后的效果

操作步骤

01 执行"文件"/"打开"命令，在弹出的"打开"对话框中选择所要处理的素材照片，单击"打开"按钮将其打开，如图12-353所示。

02 复制背景图层得到"背景副本"图层，设置"背景副本"图层的混合模式为"滤色"，效果如图12-354所示。

图 12-353

图 12-354

03 按快捷键【Shift+Ctrl+Alt+E】，得到图层 1。单击“图层”面板底部的“创建新的填充或调整图层”按钮，在弹出的下拉菜单中选择“亮度/对比度”命令，在弹出的“亮度/对比度”面板中进行参数设置，如图 12-355 所示。设置完成后，效果如图 12-356 所示。

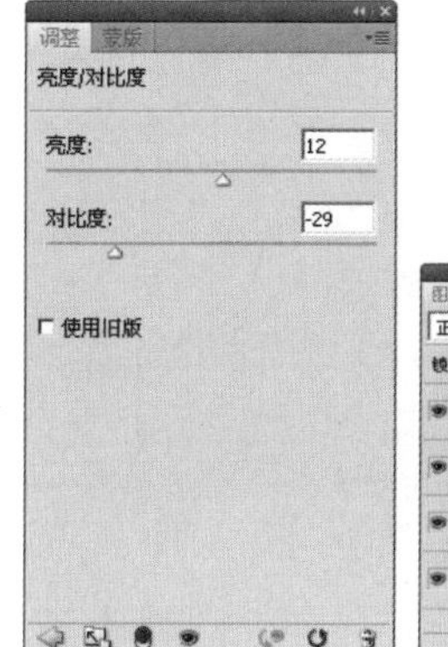

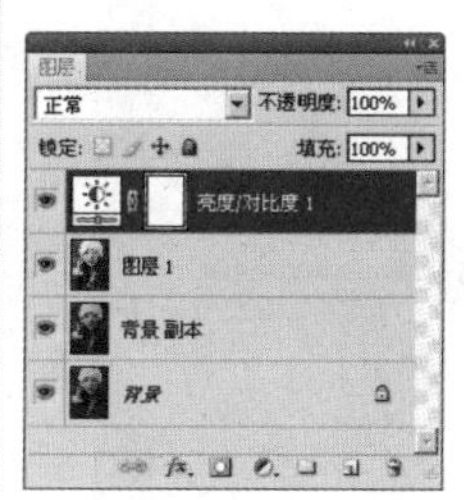

图 12-355

图 12-356

04 单击“图层”面板底部的“创建新的填充或调整图层”按钮，在弹出的下拉菜单中选择“曲线”命令，在弹出的“曲线”面板中进行参数设置，如图 12-357 所示。设置完成后，效果如图 12-358 所示。

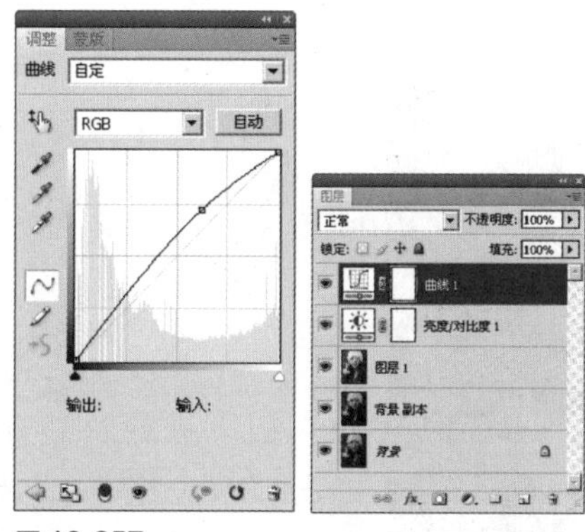

图 12-357

图 12-358

05 单击“图层”面板底部的“创建新的填充或调整图层”按钮，在弹出的下拉菜单中选择“色阶”命令，在弹出的“色阶”面板中进行参数设置，如图12-359所示。设置完成后效果如图12-360所示。

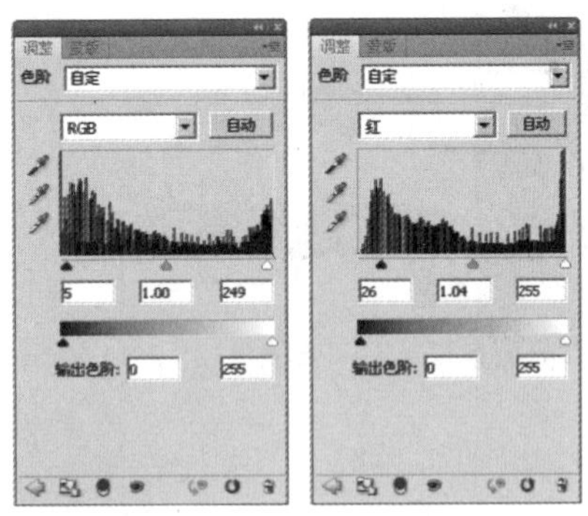
图12-359

图12-360

06 单击“图层”面板底部的“创建新的填充或调整图层”按钮，在弹出的下拉菜单中选择“色相/饱和度”命令，在弹出的“色相/饱和度”面板中进行参数设置，如图12-361所示。设置完成后，效果如图12-362所示。

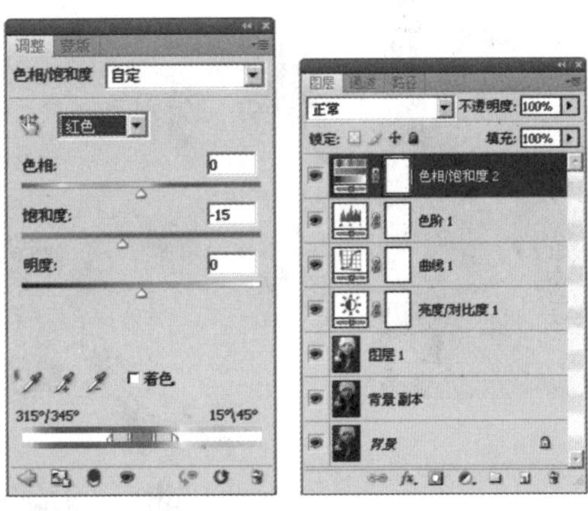
图12-361

图12-362

07 按快捷键【Shift+Ctrl+Alt+E】，得到图层2，然后将其转换为智能对象图层，执行“滤镜”/“锐化”/“USM锐化”命令，在“USM锐化”对话框中进行参数设置，如图12-363所示。设置完成后单击“确定”按钮，使照片变得清晰，效果如图12-364所示。

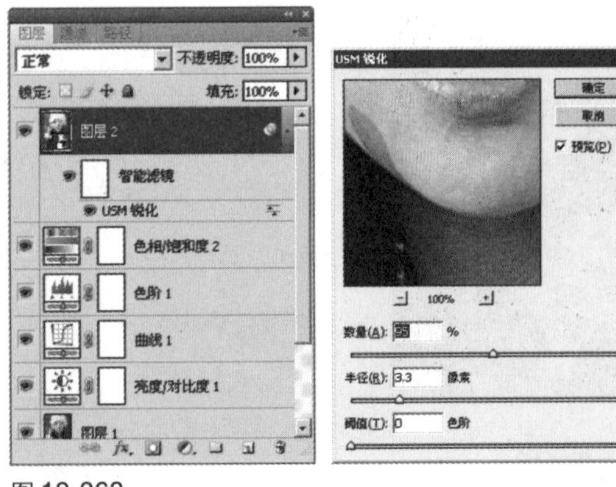
图12-363

图12-364

08 调整画面亮度。单击“图层”面板底部的“创建新的填充或调整图层”按钮，在弹出的下拉菜单中选择“曲线”命令，在弹出的“曲线”面板中进行参数设置，设置完成后，效果如图 12-365 所示。

09 调整画面色调。单击“图层”面板底部的“创建新的填充或调整图层”按钮，在弹出的下拉菜单中选择“曲线”命令，在弹出的“曲线”面板中进行参数设置，设置完成后，效果如图 12-366 所示。

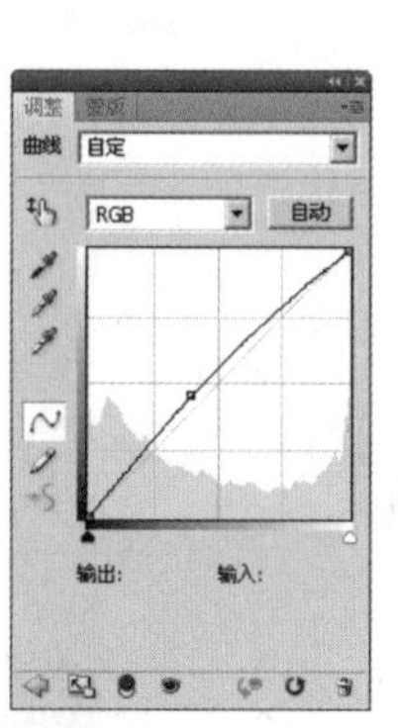

图 12-365

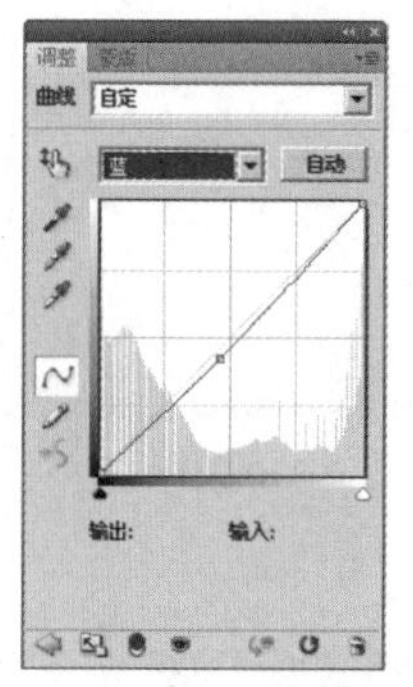

图 12-366

10 按快捷键【Shift+Ctrl+Alt+E】，得到图层 3，将其转换为智能对象图层，然后执行“滤镜”/“模糊”/“特殊模糊”命令，在“特殊模糊”对话框中进行参数设置，如图 12-367 所示。

11 参数设置完毕后，单击“确定”按钮，然后选择“修补工具”将人物脸上的黑点去掉，使皮肤变得光滑，效果如图 12-368 所示。选择工具箱中“套索工具”建立选区，然后按快捷键【Shift+F6】打开“羽化选区”对话框，设置其参数，如图 12-369 所示。

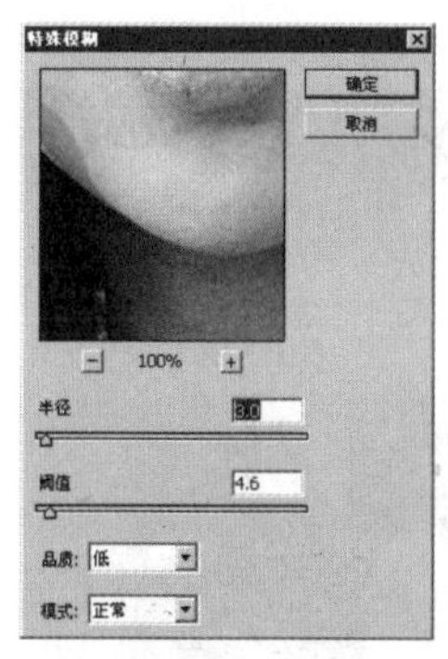

图 12-367

图 12-368

图 12-369

12 单击“图层”面板底部的“创建新的填充或调整图层”按钮，在弹出的下拉菜单中选择“曲线”命令，在弹出的“曲线”面板中进行参数设置，如图 12-370 所示。设置完成后选择工具箱中的“画笔工具”，设置柔角画笔，选择一定的不透明度及流量值，在曲线蒙版中进行涂抹，效果如图 12-371 所示。

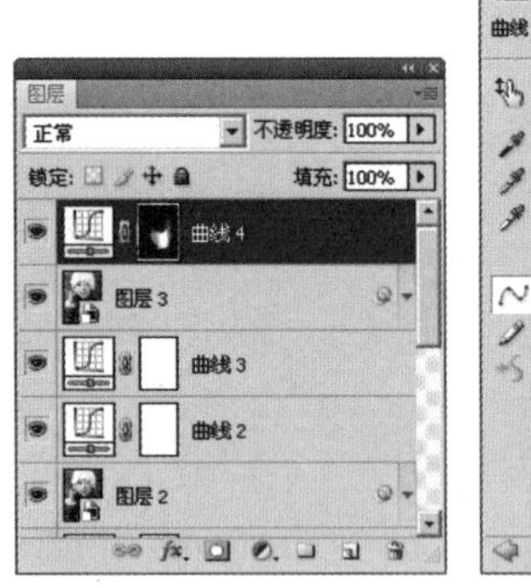
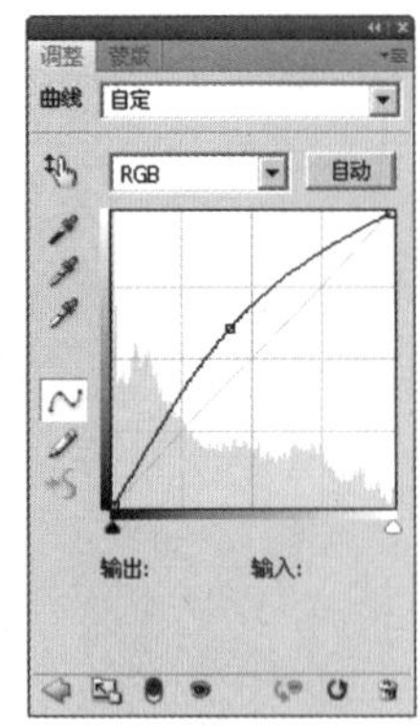

图 12-370

图 12-371

13 单击"图层"面板底部的"创建新的填充或调整图层"按钮，在弹出的下拉菜单中选择"色阶"命令，在弹出的"色阶"面板中进行参数设置，如图 12-372 所示。最终图像效果如图 12-373 所示。

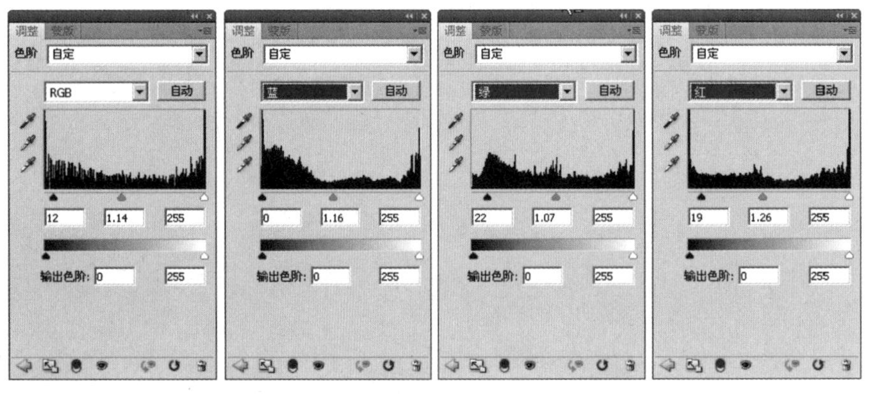

图 12-372

图 12-373

实例 12.26　淡彩插画效果

本实例主要运用"阈值"命令及各个图层不透明度的不同设置，制作出淡彩插画效果。

原照片

制作后的效果

操作步骤

01 打开图片。执行“文件”/“打开”命令，选择光盘中的素材文件，单击“打开”按钮，打开的文件如图 12-374 所示。

02 复制背景图层得到“背景副本”图层，执行“图像”/“调整”/“自动色调”命令，得到的图像效果如图 12-375 所示。

图 12-374

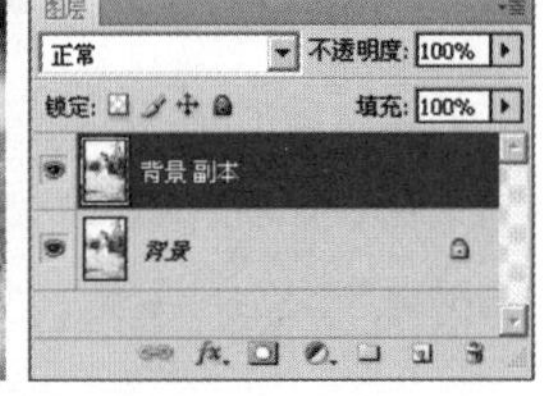

图 12-375

03 单击“图层”面板底部的“创建新的填充或调整图层”按钮，在弹出的下拉菜单中选择“色彩平衡”命令，在弹出的“色彩平衡”面板中进行参数设置，如图 12-376 所示。设置完成后，效果如图 12-377 所示。

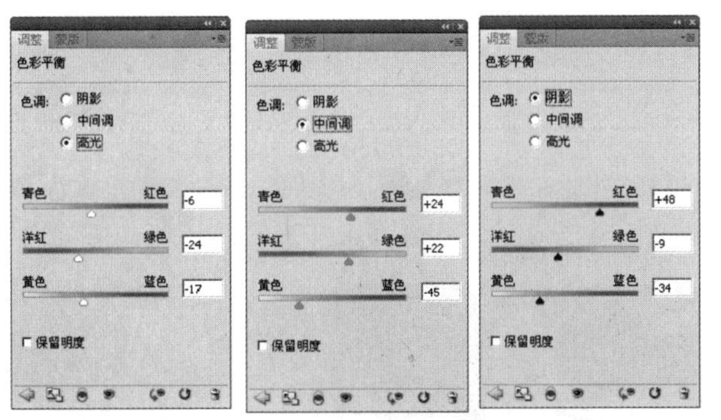

图 12-376

图 12-377

04 按快捷键【Shift+Ctrl+Alt+E】，得到图层 1，然后将其转换为智能对象图层，执行“滤镜”/“锐化”/“USM 锐化”命令，在“USM 锐化”对话框中进行参数设置，如图 12-378 所示。设置完成后单击“确定”按钮，使照片变得清晰，效果如图 12-379 所示。

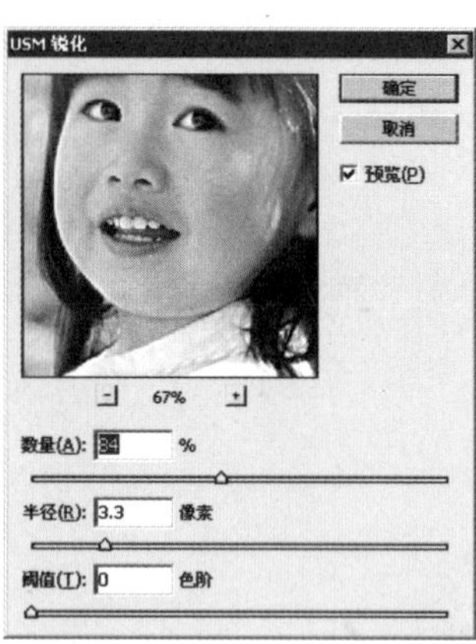

图 12-378

图 12-379

05 按住【Shift】键选择所有可见图层，按快捷键【Ctrl+E】合并所有选中的图层，从而得到新的背景图层，“图层”面板如图 12-380 所示。

06 反复按快捷键【Ctrl+J】，得到几个副本图层，隐藏“图层 1 副本”及“图层 1 副本 2”图层，“图层”面板如图 12-381 所示。

图 12-380

图 12-381

07 选择“图层 1”，执行“图像”/“调整”/“阈值”命令，弹出“阈值”对话框，设置其参数，如图 12-382 所示。单击“确定”按钮，图像效果如图 12-383 所示。

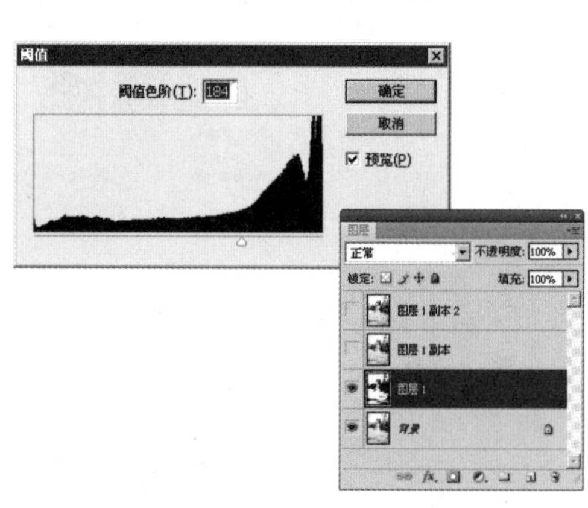

图 12-382

图 12-383

08 选择“图层1副本”图层，单击“图层可见性”图标使之显示，设置该图层的不透明度为70%，效果如图12-384所示。

09 执行“图像”/“调整”/“阈值”命令，弹出“阈值”对话框，设置其参数，单击“确定”按钮，得到的图像效果如图12-385所示。

图12-384

图12-385

10 选择“图层1副本2”图层，单击“指示图层可见性”图标使之显示，设置该图层的不透明度为79%，效果如图12-386所示。

11 执行“图像”/“调整”/“阈值”命令，弹出“阈值”对话框，设置其参数，单击“确定”按钮，得到的图像效果如图12-387所示。

图12-386

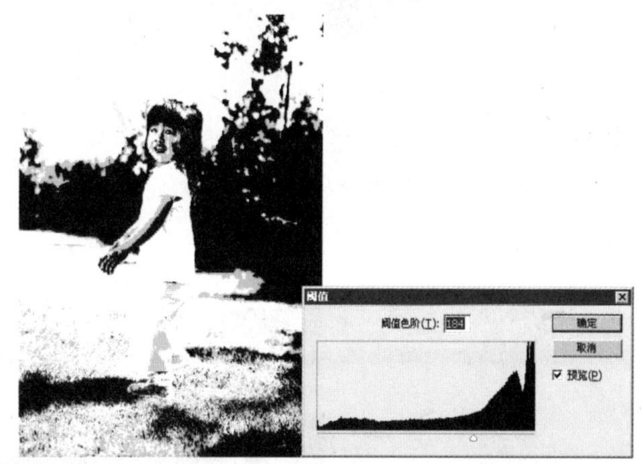

图12-387

12 将背景图层拖动到“图层”面板底部的“创建新图层”按钮上，得到“背景副本”图层，将“背景副本”图层拖动到“图层”面板的最上层，并设置其填充不透明度为50%，得到的图像效果如图12-388所示。

13 调整画面亮度。单击“图层”面板底部的“创建新的填充或调整图层”按钮，在弹出的下拉菜单中选择“曲线”命令，在弹出的“曲线”面板中进行设置，如图12-389所示。

图 12-388

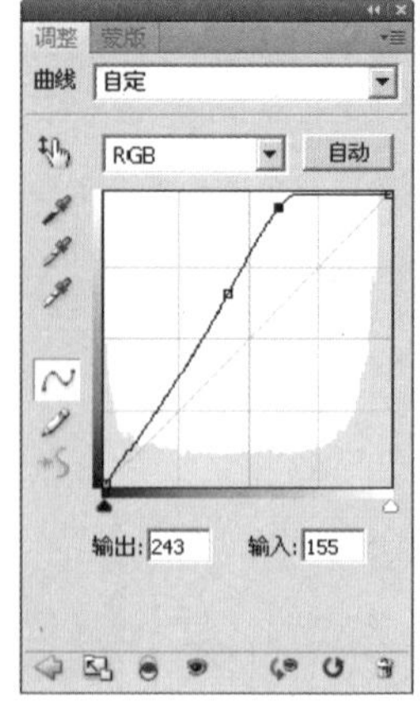

图 12-389

14 参数设置完成后，在“曲线”面板中单击“剪切蒙版”按钮，得到的图像效果如图 12-390 所示。

15 单击“图层”面板底部的“创建新的填充或调整图层”按钮，在弹出的菜单中选择“照片滤镜”命令，在弹出的“照片滤镜”面板中进行参数设置，效果如图 12-391 所示。

图 12-390

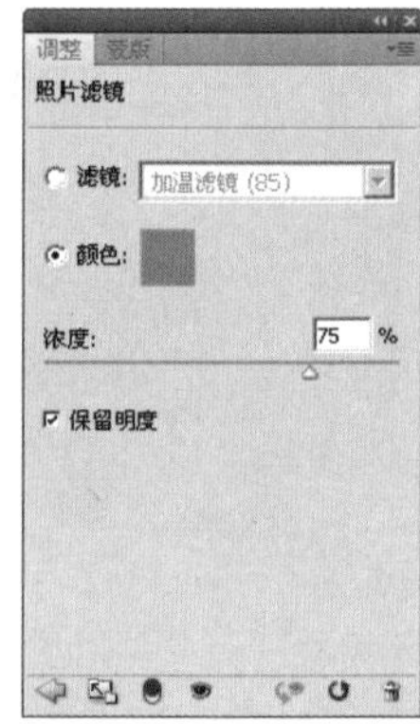

图 12-391

实例 12.27 制作条纹效果

本实例主要通过“矩形选框工具”制作线条，结合图层混合模式，制作纹理效果。

原照片

制作后的效果

操作步骤

01 执行“文件”/“打开”命令，打开要处理的照片。

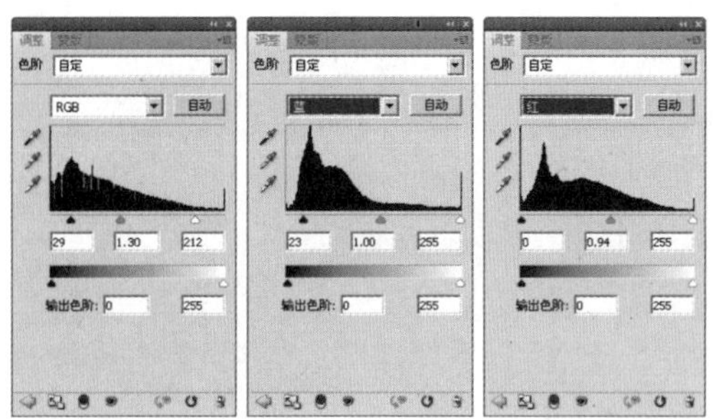

图 12-392

02 单击“图层”面板底部的“创建新的填充或调整图层”按钮，在弹出的菜单中选择“色阶”命令，在弹出的“色阶”面板中进行参数设置，如图 12-392 所示。设置完成后，得到的图像效果如图 12-393 所示。选择工具箱中的“画笔工具”，设置一定的不透明度及流量，在曲线蒙版中进行涂抹，效果如图 12-394 所示。

图 12-393

图 12-394

03 单击“图层”面板底部的“创建新的填充或调整图层”按钮，在弹出的下拉菜单中选择“曲线”命令，在弹出的“曲线”面板中选择不同的通道进行曲线调整，如图 12-395 所示。设置完成后，选择工具箱中的“画笔工具”，设置一定的不透明度及流量，在曲线蒙版中进行涂抹，效果如图 12-396 所示。

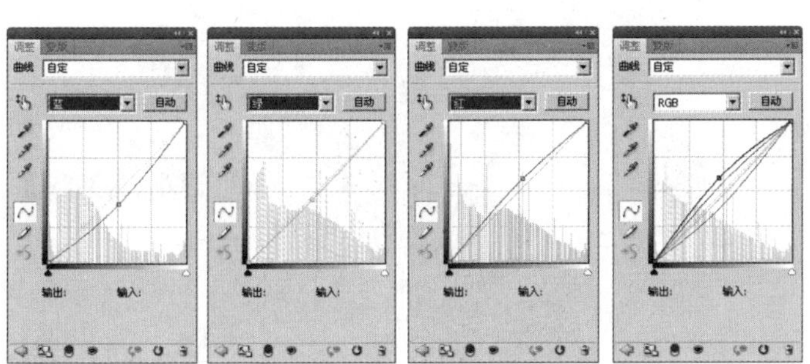

图 12-395

图 12-396

04 按快捷键【Shift+Ctrl+Alt+E】，执行“滤镜”/“艺术效果”/“木刻”命令，在弹出的“木刻”对话框中进行参数设置，如图12-397所示。单击“确定”按钮，得到的图像效果如图12-398所示。

图 12-397

图 12-398

05 单击“图层”面板底部的“创建新图层”按钮，新建图层2，选择“铅笔工具”，设置其笔触大小为1像素，恢复默认前景色和背景色，绘制两种颜色图案，如图12-399所示。

06 按住【Ctrl】键单击图层2缩览图以载入选区，执行“编辑”/“定义图案”命令，弹出“图案名称”对话框，定义其名称为“条纹”，如图12-400所示 。

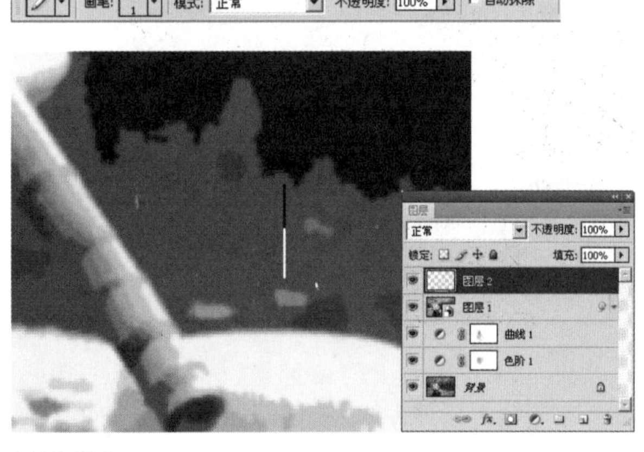

图 12-399

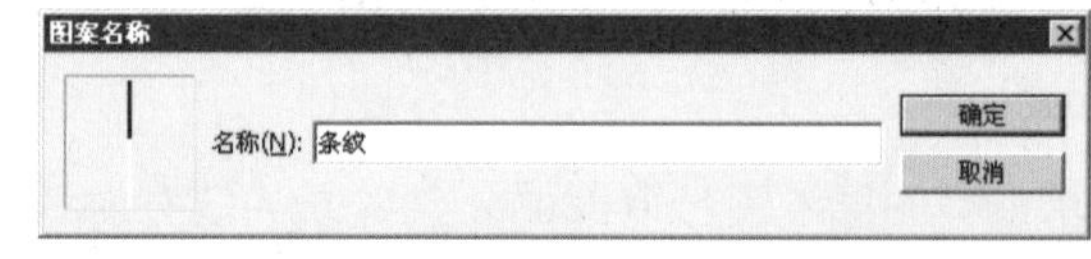

图 12-400

07 新建图层3，执行“编辑”/“填充”命令，选择编辑好的图案，单击“确定”按钮，效果如图12-401所示。设置图层3的混合模式为“柔光”，不透明度值为50%，填充不透明度为90%，效果如图12-402所示。

图 12-401

图 12-402

08 单击“图层”面板底部的“创建新的填充或调整图层”按钮，在弹出的下拉菜单中选择“渐变映射”命令，弹出“映射渐变”面板，如图 12-403 所示。设置其参数，效果如图 12-404 所示。

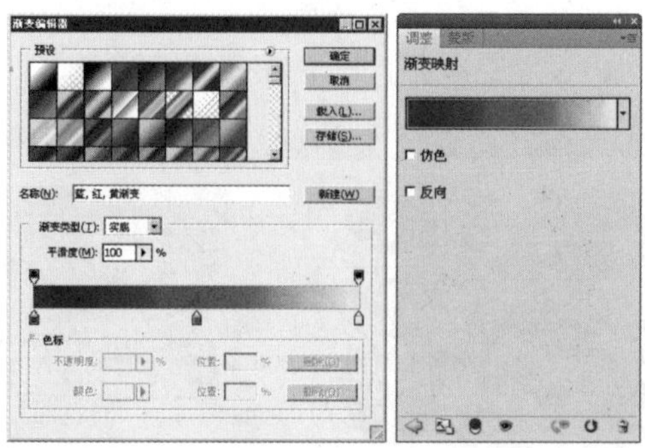

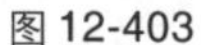

图 12-403

图 12-404

09 设置“渐变映射 1”图层的混合模式为“柔光”，设置不透明度为 50%、填充不透明度为 59%，“图层”面板如图 12-405 所示。图像的最终效果如图 12-406 所示。

图 12-405

图 12-406

实例 12.28 静物照片艺术化效果

本例原照片是一张普通的水果静物照，可以通过调整将其艺术化，以增强照片的观赏性与实用性。

原照片

制作后的效果

01 执行“文件”/“打开”命令，在弹出的“打开”对话框中选择所要处理的素材照片，单击“打开”按钮将其打开，如图 12-407 所示。

02 单击“图层”面板底部的“创建新的填充或调整图层”按钮，在弹出的下拉菜单中选择“色相/饱和度”命令，在弹出的“色相/饱和度”面板中进行参数设置，设置完成后，效果如图 12-408 所示。

图 12-407

图 12-408

03 单击“图层”面板底部的“创建新的填充或调整图层”按钮，在弹出的下拉菜单中选择“色阶”命令，在弹出的“色阶”面板中进行参数设置，如图 12-409 所示。设置完成后，效果如图 12-410 所示。

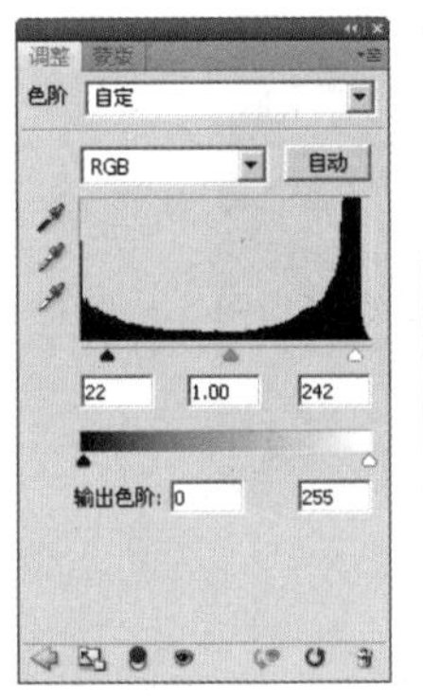

图 12-409

图 12-410

04 按快捷键【Shift+Ctrl+Alt+E】，得到图层 1，单击“图层”面板底部的“添加图层蒙版”按钮，选择工具箱中的“画笔工具”，设置一定的不透明度和流量值，恢复默认前景色为黑色，在画面中进行涂抹，并设置图层 1 的混合模式为“柔光”，如图 12-411 所示。图像效果如图 12-412 所示。

图 12-411

图 12-412

05 单击“图层”面板底部的“创建新的填充或调整图层”按钮，在弹出的下拉菜单中选择“渐变映射”命令，在弹出的“渐变映射”面板中进行渐变参数设置，如图 12-413 所示。设置完成后，效果如图 12-414 所示。

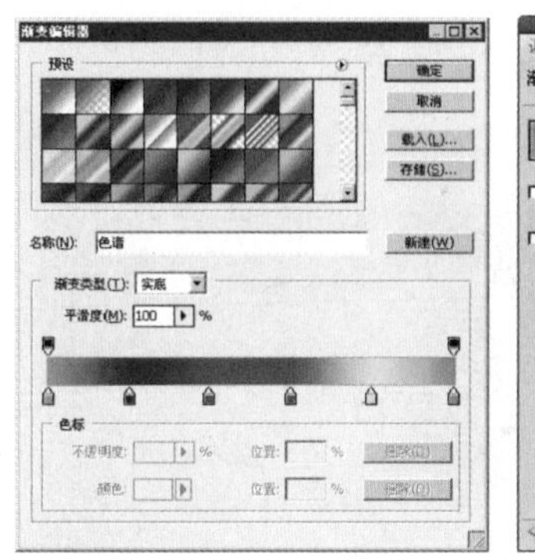

图 12-413

图 12-414

06 选择工具箱中的“画笔工具”，设置一定的不透明度和流量值，恢复默认前景色为黑色，在“渐变映射 1”图层蒙版中进行涂抹，并设置“渐变映射 1”图层的混合模式为“颜色”，不透明度值为 55%，如图 12-415 所示，图像效果如图 12-416 所示。

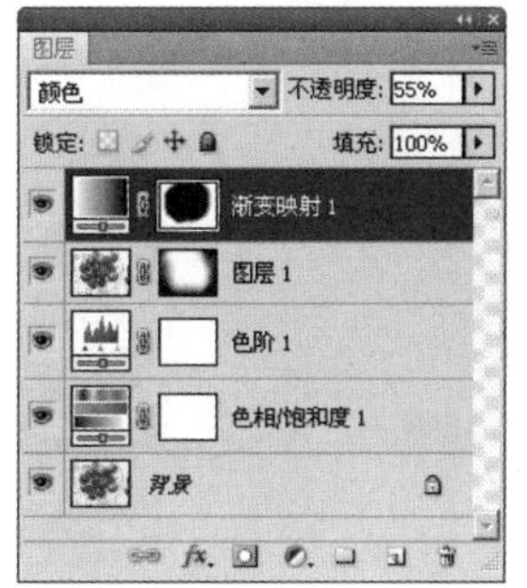

图 12-415

图 12-416

07 新建图层 1，设置前景色为（R：223，G：229，B：118），选择工具箱中的“画笔工具”，设置一定的不透明度值和流量值，在图层 1 中进行涂抹，效果如图 12-417 所示。

08 按快捷键【Shift+Ctrl+Alt+E】，得到图层 2，先将其转换为智能对象图层，然后执行“滤镜”/“像素化”/“马赛克”命令，在打开的“马赛克”对话框中进行参数设置，设置完成后单击“确定”按钮，效果如图 12-418 所示。

图 12-417

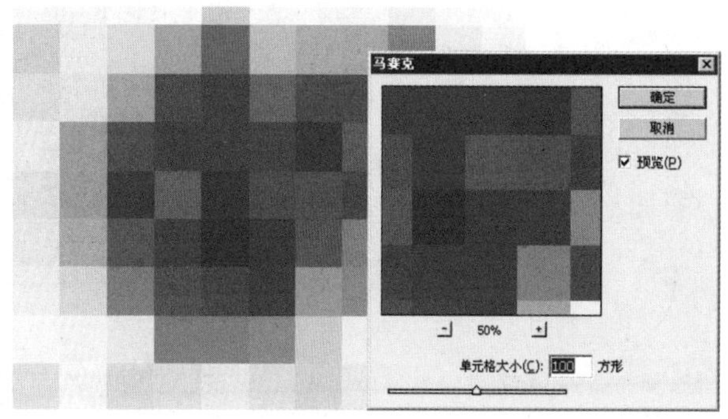

图 12-418

09 单击"图层"面板底部的"添加图层蒙版"按钮，选择工具箱中的"画笔工具"，设置一定的不透明度和流量值，恢复默认前景色为黑色，在画面中进行涂抹，效果如图12-419所示。

10 单击"图层"面板底部的"创建新的填充或调整图层"按钮，在弹出的下拉菜单中选择"色阶"命令，在弹出的"色阶"面板中进行参数设置，设置完成后，效果如图12-420所示。

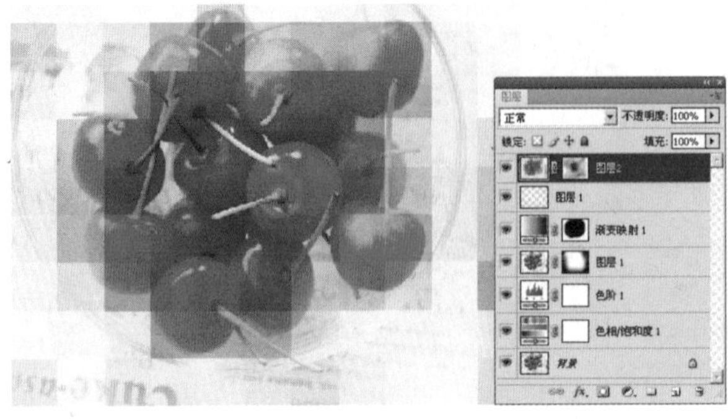

图12-419

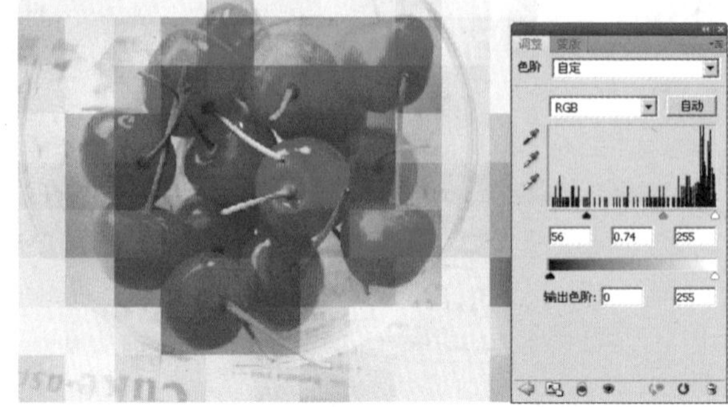

图12-420

11 单击"图层"面板底部的"创建新的填充或调整图层"按钮，在弹出的下拉菜单中选择"色彩平衡"命令，在弹出的"色彩平衡"面板中选择不同的色调进行设置，如图12-421所示。设置完成后，效果如图12-422所示。

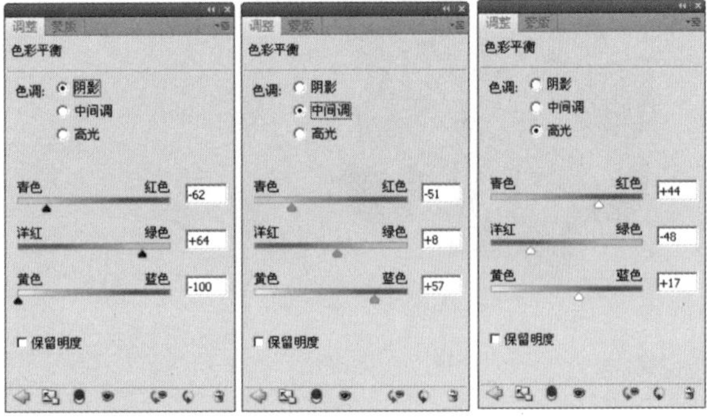

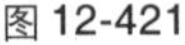

图12-421

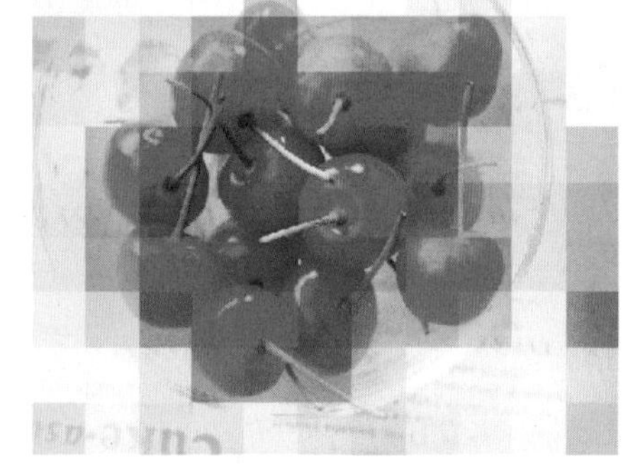

图12-422

实例12.29 增加风景照片的神秘感

本实例通过"曲线"调整、渐变映射并结合图层混合模式，给风景照片蒙上了一层神秘的面纱。

原照片

制作后的效果

操作步骤

01 执行“文件”/“打开”命令，在弹出的“打开”对话框中选择所要处理的素材照片，单击“打开”按钮将其打开，如图12-423所示。

图 12-423

02 单击“图层”面板底部的“创建新的填充或调整图层”按钮，在弹出的下拉菜单中选择“色阶”命令，在弹出的“色阶”面板中进行参数设置，如图12-424所示。设置完成后，效果如图12-425所示。

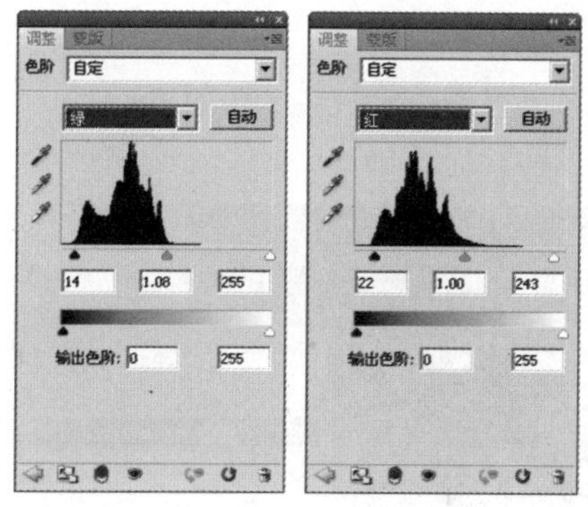

图 12-424

图 12-425

03 单击“图层”面板底部的“创建新的填充或调整图层”按钮，在弹出的下拉菜单中选择“曲线”命令，打开“曲线”面板进行曲线调整，如图12-426所示。设置完成后，效果如图12-427所示。

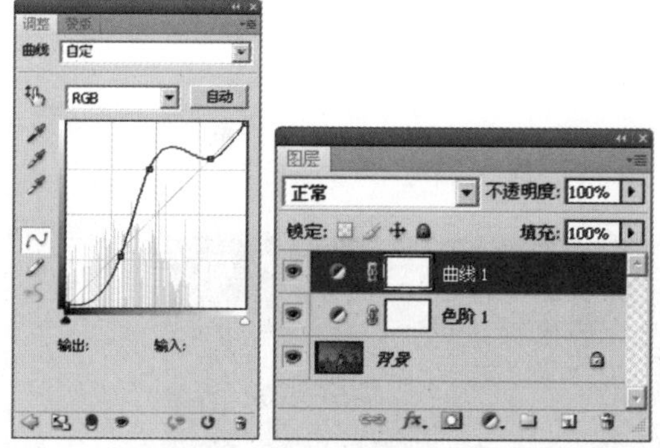

图 12-426

图 12-427

04 单击“图层”面板底部的“创建新的填充或调整图层”按钮，在弹出的下拉菜单中选择“色相/饱和度”命令，在弹出的“色相/饱和度”面板进行参数设置，设置完成后，效果如图 12-428 所示。

05 单击“图层”面板底部的“创建新的填充或调整图层”按钮，在弹出的下拉菜单中选择“渐变映射”命令，在弹出的“渐变映射”面板中进行渐变设置，如图 12-429 所示。

图 12-428

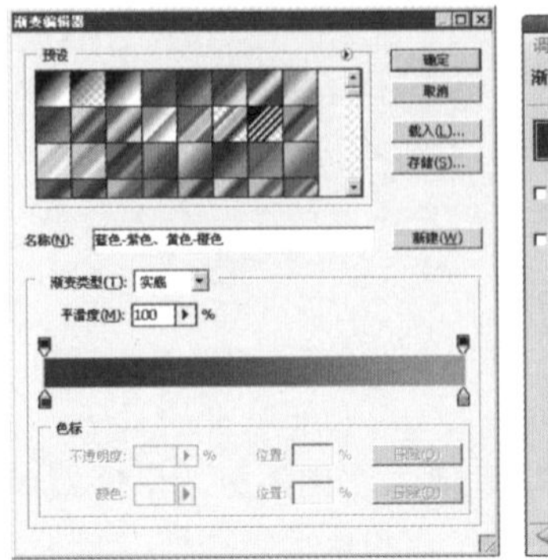

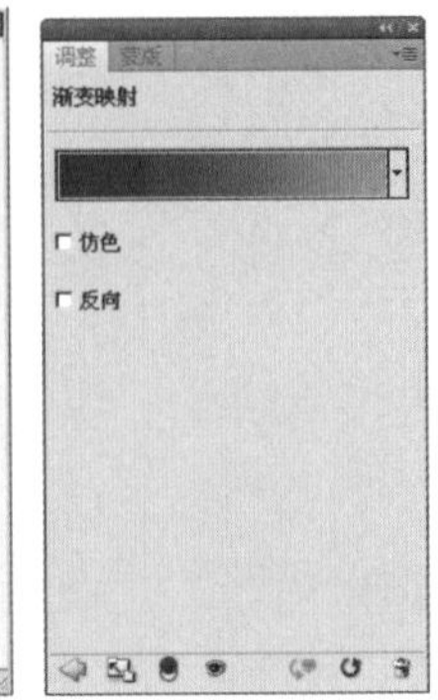

图 12-429

06 参数设置完成后，效果如图 12-430 所示。设置“渐变映射 1”图层的混合模式为“点光”，效果如图 12-431 所示。

图 12-430

图 12-431

07 单击“图层”面板底部的“创建新的填充或调整图层”按钮，在弹出的下拉菜单中选择“亮度/对比度”命令，在弹出的“亮度/对比度”面板中进行参数设置，如图 12-432 所示。设置完成后，按快捷键【Ctrl+Alt+G】创建剪贴蒙版，效果如图 12-433 所示。

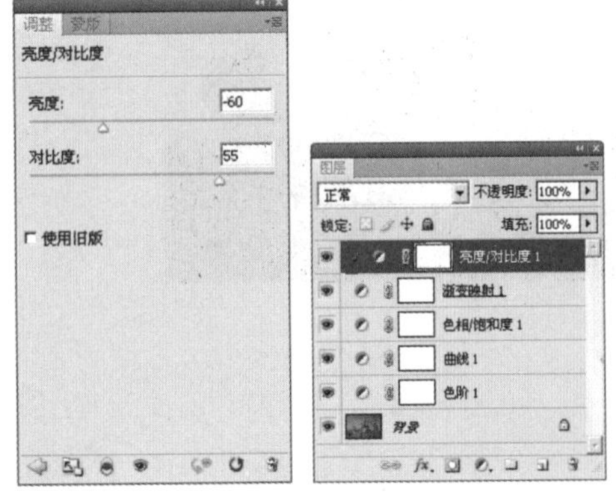

图 12-432

图 12-433

08 按快捷键【Shift+Ctrl+Alt+E】，得到图层 1。新建图层 2，填充图层 2 为黑色，如图 12-434 所示。单击“图层”面板底部的“添加图层蒙版”按钮，选择工具箱中的“画笔工具”，设置一定的不透明度和流量值，恢复默认前景色为黑色，在画面中进行涂抹，效果如图 12-435 所示。

图 12-434

图 12-435

09 设置图层 2 的混合模式为“叠加”，填充不透明度为 80%，“图层”面板如图 12-436 所示。图像最终效果如图 12-437 所示。

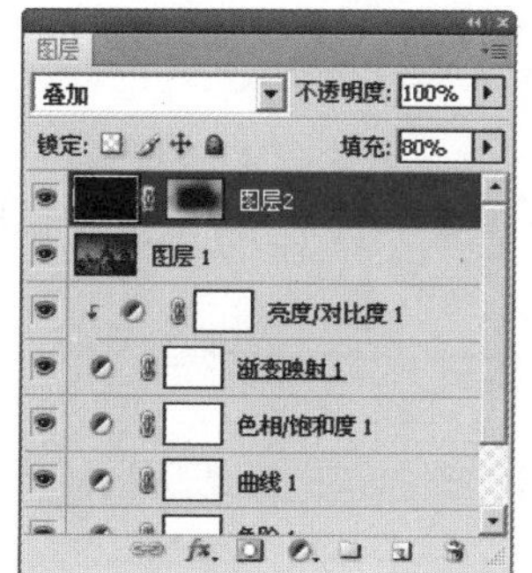

图 12-436

图 12-437

实例 12.30　制作沧桑艺术效果

在 Photoshop 软件中，可以为彩色照片制作多种艺术效果，如沧桑效果。

原照片

修复后的效果

操作步骤

01 执行"文件"/"打开"命令，在弹出的"打开"对话框中选择需要的照片，单击"打开"按钮，打开的照片如图12-438所示。

02 切换到"图层"面板，将背景图层拖动到"图层"面板底部的"创建新图层"按钮上，生成"背景副本"图层，"图层"面板如图12-439所示。

图12-438

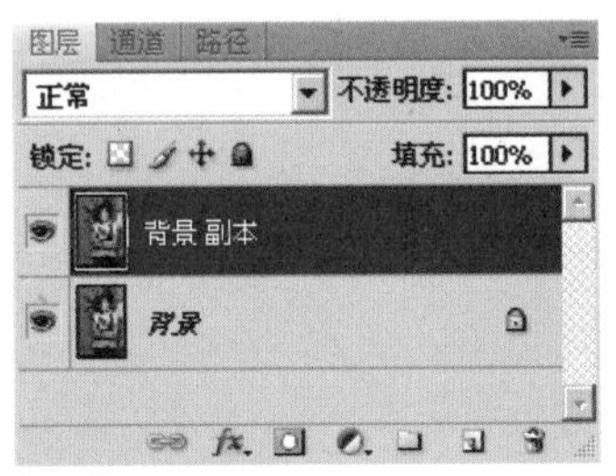

图12-439

03 设置前景色为黑色、背景色为白色，在"通道"面板中选择"红"通道，如图12-440所示。

04 执行"滤镜"/"素描"/"绘图笔"命令，设置完成后，单击"确定"按钮，图像效果如图12-441所示。

图12-440

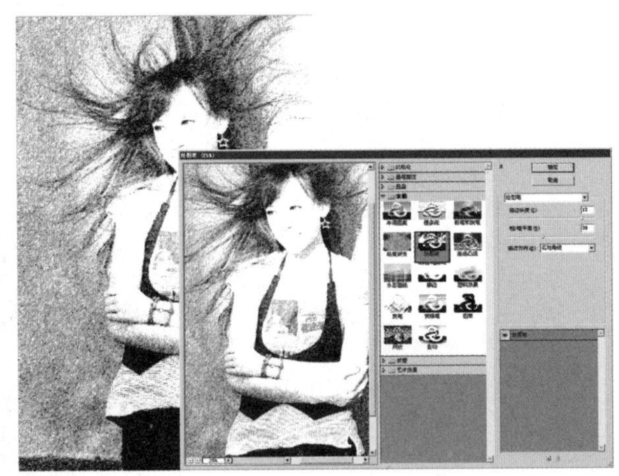

图12-441

05 在"通道"面板中选择"绿"通道，执行"滤镜"/"素描"/"绘图笔"命令，或按快捷键【Ctrl+F】，效果如图12-442所示。

06 在"通道"面板中选择"蓝"通道，执行"滤镜"/"素描"/"绘图笔"命令，或按快捷键【Ctrl+F】，效果如图12-443所示。

图 12-442

图 12-443

07 切换到“图层”面板，将背景图层拖动到“图层”面板底部的“创建新图层”按钮上，生成“背景副本 2”图层，并将其拖动至“背景副本”图层上方，效果如图 12-444 所示。

08 将“背景副本 2”图层的混合模式设置为“颜色减淡”，效果如图 12-445 所示。

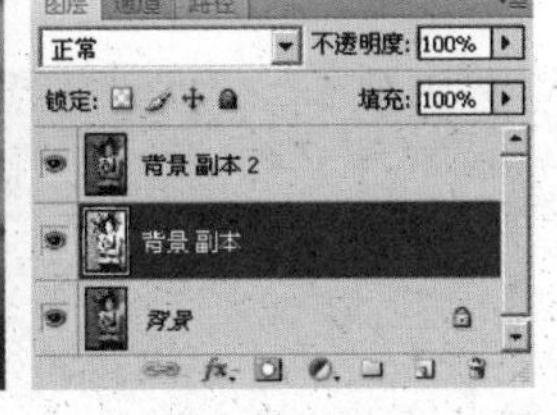

图 12-444

图 12-445

09 在“背景副本 2”图层中按快捷键【Ctrl+A】，按快捷键【Ctrl+Shift+C】全选文件进行合并拷贝，然后按快捷键【Ctrl+V】进行粘贴，自动生成“图层 1”图层，图像效果如图 12-446 所示。

10 将图层 1 拖动至“图层”面板底部的“创建新图层”按钮上，以创建“图层 1 副本”图层，并将其拖动至图层 1 的上方，如图 12-447 所示。

图 12-446

图 12-447

11 执行“滤镜”/“艺术效果”/“霓虹灯光”命令，弹出“霓虹灯光”对话框，如图12-448所示。

12 设置完参数后，单击“确定”按钮，效果如图12-449所示。

图12-448

图12-449

13 选择“图层1副本”图层，在“图层”面板中将其混合模式设置为“差值”，效果如图12-450所示。

14 单击“图层”面板底部的“创建新图层”按钮，创建新图层“图层2”，设置前景色为黑色，按快捷键【Alt+Delete】填充前景色，效果如图12-451所示。

图12-450

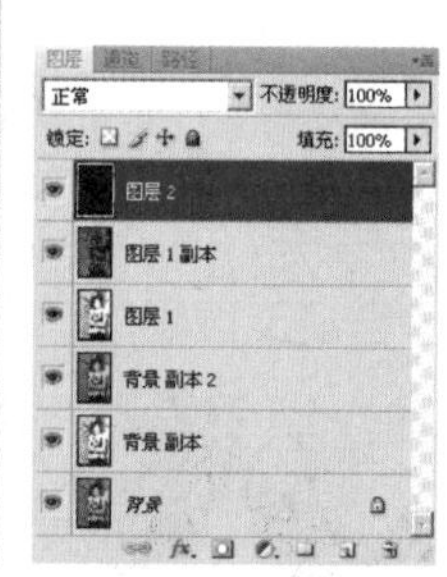

图12-451

15 选择“图层2”，执行“滤镜”/“渲染”/“纤维”命令，在弹出的“纤维”对话框中，单击“随机化”按钮，效果如图12-452所示。

16 选择图层2，将其混合模式设置为“颜色减淡”，效果如图12-433所示。

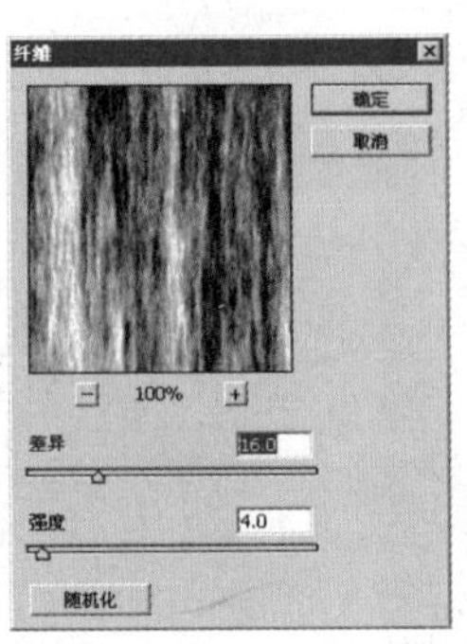

图 12-452

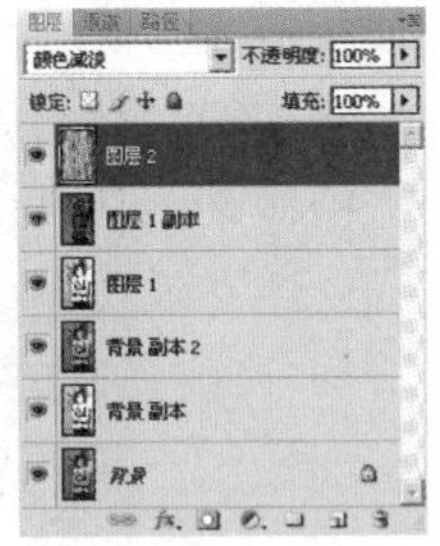

图 12-453

17 单击“图层”面板底部的“创建新填充或调整图层”按钮，在弹出的下拉菜单中选择“渐变映射”命令，在弹出的“渐变映射”面板中单击渐变色条，弹出“渐变编辑器”窗口，设置渐变颜色，如图 12-454 所示。

18 单击“确定”按钮，图像中出现了蓝与黑的渐变效果，如图 12-455 所示。

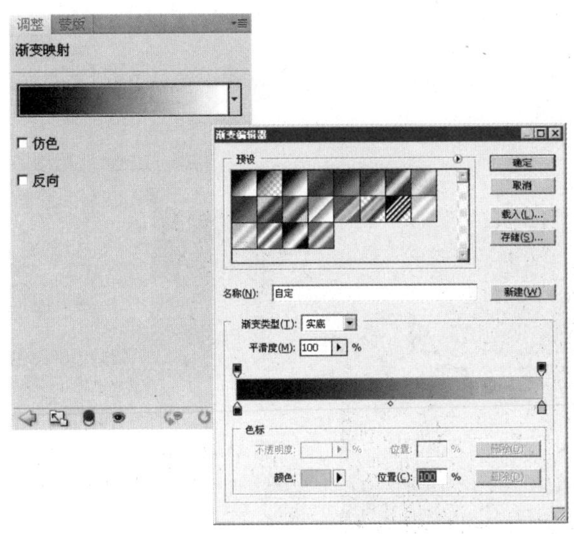

图 12-454

图 12-455

实例 12.31 制作人物在天空中飘浮的效果

制作人物在天空中随风飘散的效果，主要运用了图层混合模式中的“溶解”模式。

原照片

制作后的效果

操作步骤

01 执行“文件”/“打开”命令，打开一张素材照片，如图 12-456 所示。

02 将背景图层拖动至“创建新图层”按钮上，创建“背景副本”图层，选择工具箱中的“钢笔工具”，绘制人物轮廓，并按快捷键【Ctrl+Enter】使其转换为选区，如图 12-457 所示。

图 12-456

图 12-457

03 按快捷键【Ctrl+Shift+I】反选选区，按【Delete】键删除背景，将背景图层隐藏，如图 12-458 所示。

04 选择工具箱中的“污点修复画笔工具”，将人物脸部皮肤修整到完美无瑕，如图 12-459 所示。

图 12-458

图 12-459

05 在“调整”面板中单击“自然饱和度”按钮，在弹出的“自然饱和度”面板中设置参数，效果如图 12-460 所示。

06 在“调整”面板中单击“亮度/对比度”按钮，在弹出的“亮度/对比度”面板中设置参数，效果如图 12-161 所示。

图 12-460

图 12-461

07 按快捷键【Ctrl+A】，按快捷键【Ctrl+Shift+C】全选文件进行合并拷贝，然后按快捷键【Ctrl+V】进行粘贴，自动生成“图层 1”图层，将其他图层隐藏，图像效果如图 12-462 所示。

08 执行“文件”/“打开”命令，打开一张蓝天素材图片，如图 12-463 所示。

图 12-462

图 12-463

09 选择工具箱中的“移动工具”，将人物拖动到天空图像中，如图 12-464 所示。按快捷键【Ctrl+T】调整大小，此时将自动生成图层 1，如图 12-465 所示。

10 单击“图层”面板底部的“添加图层蒙版”按钮，将前景色设置为黑色，选择工具箱中的“渐变工具”，在工具选项栏中选择从前景色到透明的渐变，填充线性渐变。

图 12-464

图 12-465

11 选择工具箱中的“橡皮擦工具”，按【F5】键调出“画笔”面板，单击“画笔”面板右上角的控制按钮，在弹出的下拉菜单中选择“湿介质画笔”命令，选择画笔笔尖，如图 12-466 所示。

12 将图层 1 拖动至“创建新图层”按钮上得到“图层 1 副本”图层，将图层 1 隐藏。选中“图层 1 副本”图层，并将该图层的混合模式设置为“溶解”，用“橡皮擦工具”在人物上单击，以制作碎片效果，如图 12-467 所示。

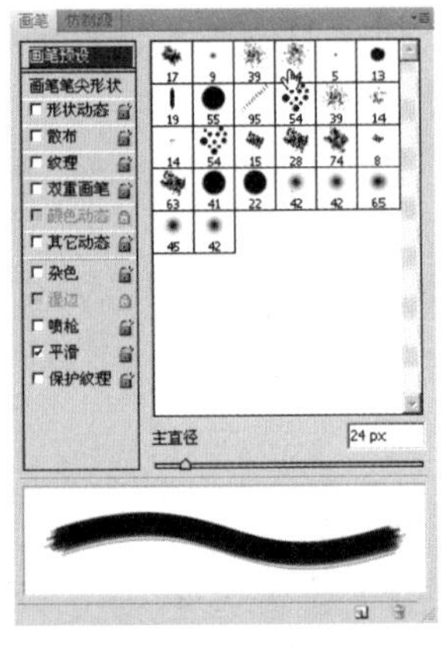

图 12-466

图 12-467

13 显示图层 1，并选择“图层 1 副本”图层的蒙版，按快捷键【Ctrl+I】执行“反相”操作，效果如图 12-468 所示。

14 复制“图层 1 副本”图层得到“图层 1 副本 2”图层，执行“滤镜”/“液化”命令，在弹出的“液化”对话框中进行设置，效果如图 12-469 所示。

图 12-468

图 12-469

15 隐藏"图层 1 副本"图层，选择工具箱中的"橡皮擦工具"，将"图层 1 副本 2"图层中碎片密集的地方擦除，效果如图 12-470 所示。

16 为了更好地将画面中的图像融合起来，将图层 1 的混合模式设置为"溶解"，效果如图 12-471 所示。

图 12-470

图 12-471

17 选择工具箱中的"画笔工具"，按【F5】键打开"画笔"面板，单击"画笔"面板右上角的控制按钮，在弹出的下拉菜单中选择"湿介质画笔"命令，选择画笔笔尖如图 12-472 所示。

18 将前景色设置为灰色，绘制碎片，并设置图层的混合模式为"溶解"，效果如图 12-473 所示。

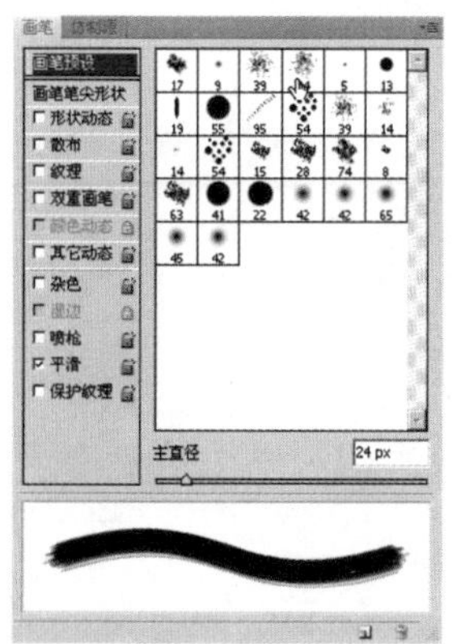

图 12-472

图 12-473

19 设置前景色为黑色，新建图层，同样设置图层的混合模式为“溶解”，绘制碎片效果，如图12-474所示。

20 在工具箱中选择“钢笔工具”，在人物的左侧绘制路径，如图12-475所示。

图12-474

图12-475

21 将路径转换为选区，设置前景色为白色，新建图层并填充前景色，取消选区，如图12-476所示。

22 单击“图层”面板底部的“添加图层蒙版”按钮，设置前景色为黑色，选择工具箱中的“画笔工具”，设置笔刷为尖角，调整到适当的大小，将尖端涂抹成透明状态，然后涂抹中间部分，直到得到缠绕的效果，如图12-477所示。

图12-476

图12-477

23 显示缠绕的路径，将路径转换为选区，新建图层并填充为绿色，取消选区，按快捷键【Ctrl+T】将其等比例缩小，并调整其在画面中的位置，效果如图12-478所示。

24 单击“图层”面板底部的“添加图层蒙版”按钮，设置前景色为黑色，选择工具箱中的“画笔工具”，涂抹中间部分，直至得到缠绕的效果，如图12-479所示。

图 12-478

图 12-479

25 重复操作，绘制多条缠绕的线条，效果如图 12-480 所示。

26 选择工具箱中的“画笔工具”，设置“间距”为 164%，其他设置如图 12-481 所示。

图 12-480

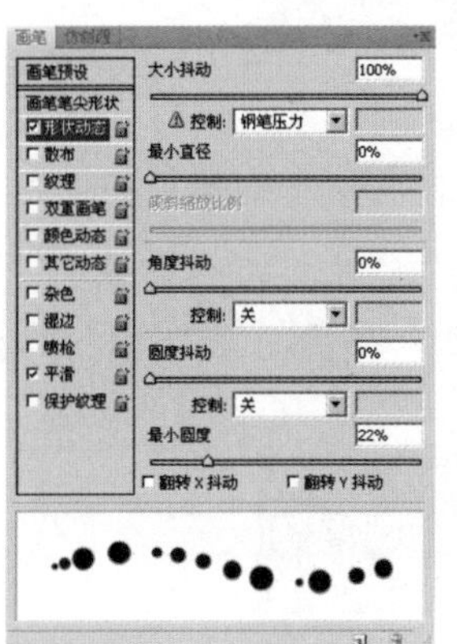

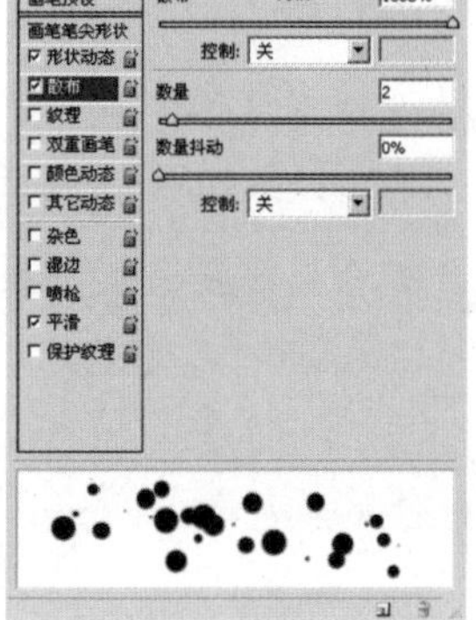

图 12-481

27 将前景色设置为蓝色，新建图层，在缠绕的线条间涂抹，效果如图 12-482 所示。

28 设置该图层的混合模式为“线性光”，效果如图 12-483 所示。

图 12-482

图 12-483

29 选择工具箱中的“画笔工具”，将刚才的画笔调小，将前景色设置为白色，新建图层，绘制圆点，效果如图 12-484 所示。

30 单击“图层”面板底部的“添加图层蒙版”按钮，执行“滤镜”/“渲染”/“云彩”命令，使白色圆点具有若隐若现的效果，如图 12-485 所示。

图 12-484

图 12-485

31 选择工具箱中的“画笔工具”，设置适当的大小，将前景色设置为白色，新建图层，在根部绘制圆点，效果如图 12-486 所示。

32 在将前景色设置为绿色，新建图层，在根部绘制圆点，效果如图 12-487 所示。

图 12-486

图 12-487

33 选择工具箱中的“钢笔工具”，绘制路径，并将路径转换为选区，如图 12-488 所示。

34 设置前景色为白色，新建图层，选择工具箱中的“渐变工具”，在工具选项栏中设置渐变色为从前景色到透明，填充线性渐变，取消选区并调整图层顺序，效果如图 12-489 所示。

图 12-488

图 12-489

35 调整图层的不透明度为 50%，选择工具箱中的“橡皮擦工具”，设置笔刷为柔角，修饰图形，效果如图 12-490 所示。

36 用同样的方法绘制其他形状，并调整为透明效果，移动到所需的位置上，最终效果如图 12-491 所示。

图 12-490

图 12-491

实例 12.32 制作鹦鹉的动态效果

制作鸟类在天空中的动态效果，可以让拍摄下来的呆板动作变得生动起来，主要运用重复变换和图层蒙版混合模式，使画面更有层次感。

原照片

制作后效果

操作步骤

01 执行“文件”/“打开”命令，打开一张素材照片，如图 12-492 所示。

02 选择工具箱中的“钢笔工具”绘制动物轮廓，如图 12-493 所示。

图 12-492

图 12-493

03 按快捷键【Ctrl+Enter】将其转换为选区，按快捷键【Ctrl+J】复制选区内容并创建新图层，图层名称默认为“图层 1”，隐藏背景图层，如图 12-494 所示。

04 将背景色设置为黑色，在“图层”面板中单击“创建新图层”按钮，创建新图层名称为“图层 2”，按快捷键【Alt+Backspace】填充前景色，并且拖动该图层到“图层 1”下方，如图 12-495 所示。

图 12-494

图 12-495

05 在“图层”面板中选择“图层 1”，按快捷键【Ctrl+T】自由变换，将鹦鹉变换大小并移动到适当的位置，如图 12-496 所示。

06 将“图层 1”拖动到“图层”面板下方的“创建新图层”按钮上，自动生成“图层 1 副本”，如图 12-497 所示。

图 12-496

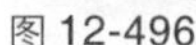

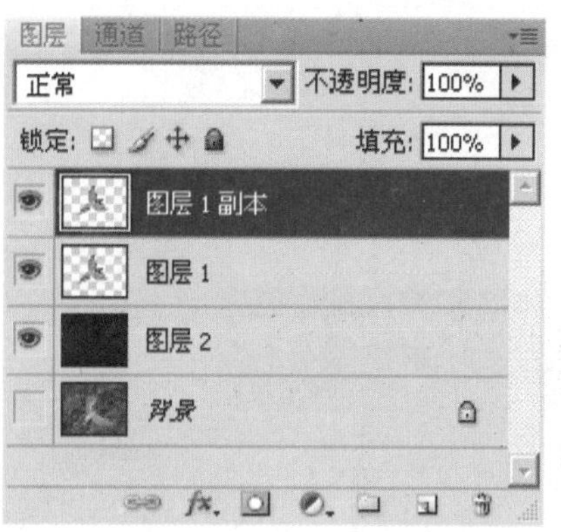

图 12-497

07 将“图层 1 副本”图层的混合模式设置为“变亮”，不透明度设置为 50%，如图 12-498 所示。

08 按快捷键【Ctrl+T】自由变换，将图像适当缩小并顺着鸟飞的方向移动一段合适的距离，按住【Ctrl】键拖动定界框的左上角，使图像产生轻微的变形，如图 12-499 所示。

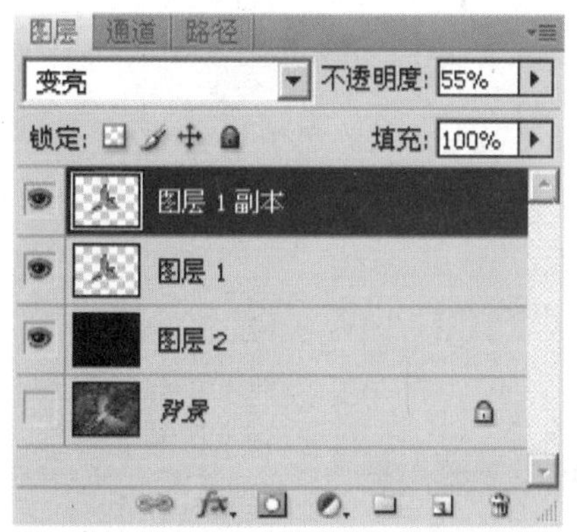

图 12-498

图 12-499

09 按【Enter】键确认变换操作，先按住【Ctrl+Shift+Alt】键，同时连续按【T】键，每按一次，会延续上一步的操作数据变换出一只鹦鹉并自动创建新图层，连续操作数次，将“图层 1”拖动到最上方，如图 12-500 所示。

10 在“图层”面板中按住【Shift】键单击“图层 1 副本”和“图层 1 副本 12”，按快捷键【Ctrl+G】将这些图层编入组内，如图 12-501 所示。

图 12-500

图 12-501

11 将前景色背景色恢复为默认值，在“图层”面板中选择“组 1”，单击“图层”面板底部的“添加图层蒙版”按钮，在工具箱中选择“渐变工具”，在图层蒙版中设置渐变，如图 12-502 所示。

12 在工具箱中选择“多边形套索工具”，选中鹦鹉的左边翅膀，在“图层”面板中选择“图层 1”，按快捷键【Ctrl+J】复制选区内容并创建新图层，如图 12-503 所示。

图 12-502

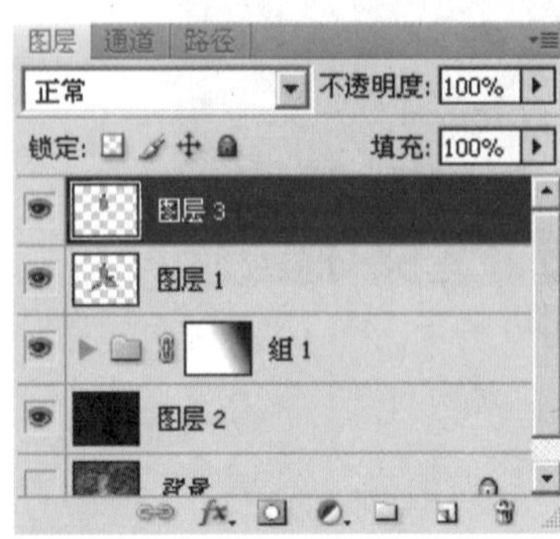

图 12-503

13 变换翅膀的大小，重复上面的操作，制作出左边翅膀的影子，如图 12-504 所示。

14 同样选中翅膀的所有图层，按快捷键【Ctrl+G】将这些图层编入组内，并命名为“组 2”，如图 12-505 所示。

图 12-504

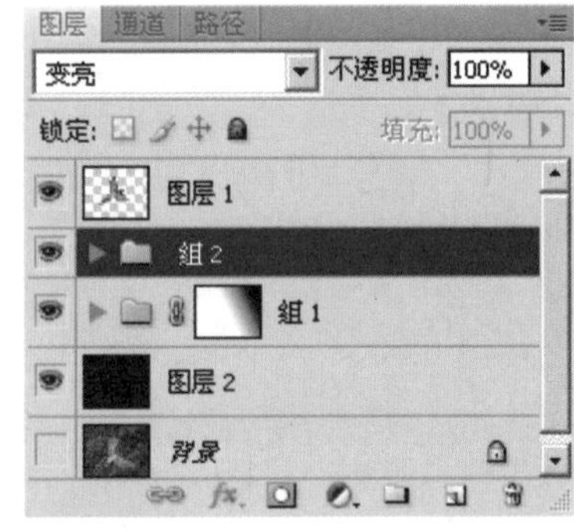

图 12-505

15 在工具箱中选择“多边形套索工具”，选中鹦鹉的右边翅膀，在“图层”面板中选择“图层 1”，按快捷键【Ctrl+J】复制选区内容并创建新图层，如图 12-506 所示。

16 变换翅膀的大小，重复上面的操作，制作出右边翅膀的影子，如图 12-507 所示。

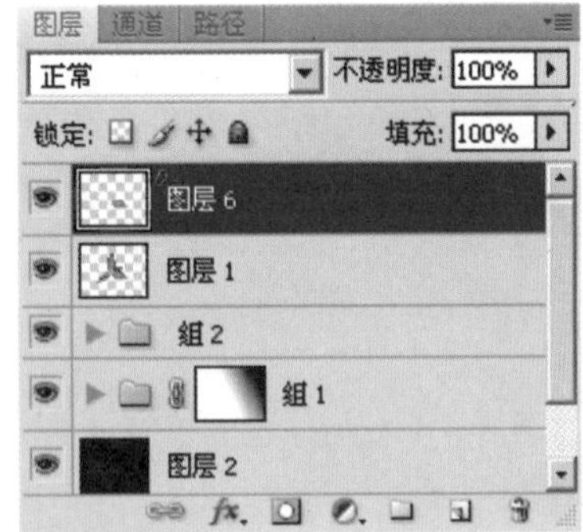

图 12-506

图 12-507

17 同样选中翅膀的所有图层，按快捷键【Ctrl+G】将这些图层编入组内，并命名为“组 3”，如图 12-508 所示。

18 在工具箱中选择“多边形套索工具”，选中鹦鹉的尾巴，在“图层”面板中选择“图层 1”，按快捷键【Ctrl+J】复制选区内容并创建新图层，如图 12-509 所示。

图 12-508

图 12-509

19 变换尾巴的大小，重复上面的操作，制作出尾巴的影子，如图 12-510 所示。

20 同样选中尾巴的所有图层，按快捷键【Ctrl+G】将这些图层编入组内，并命名为“组 4”，如图 12-511 所示。

图 12-510

图 12-511

21 在“调整”面板中单击“色彩平衡”按钮，在弹出“色彩平衡”面板中设置参数，效果如图 12-512 所示。

22 执行“文件”/“打开”命令，打开另一张素材照片，如图 12-513 所示。

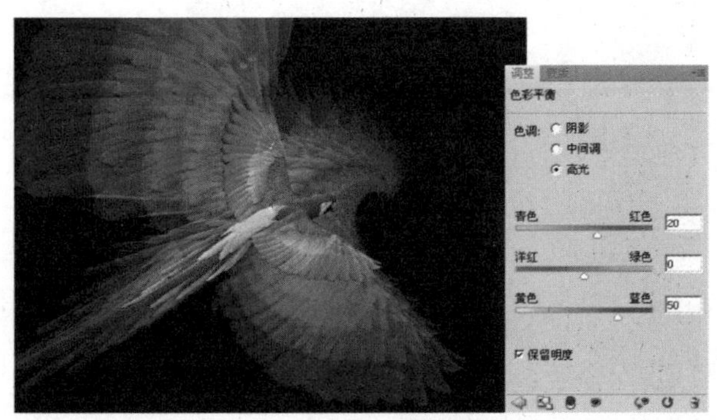

图 12-512

图 12-513

23 将这张素材图像拖动到鹦鹉文件里，将其图层拖动到黑色背景上方，调整到适当的位置，如图 12-514 所示。

24 在工具箱中选择“钢笔工具”，绘制路径如图 12-515 所示。

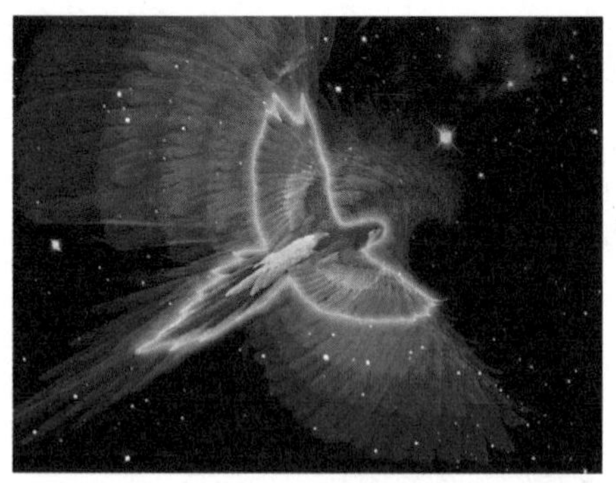

图 12-514

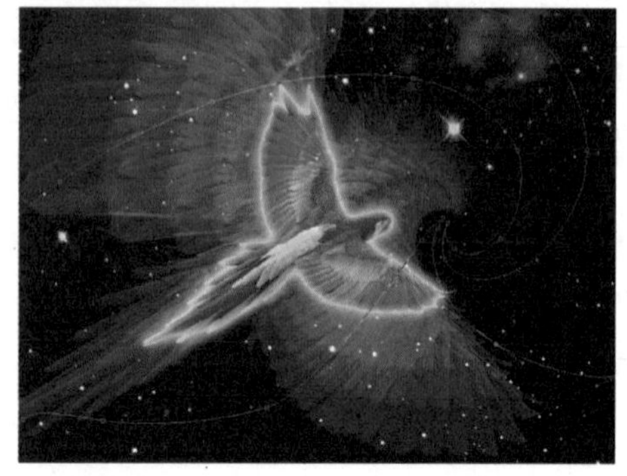

图 12-515

25 设置“画笔工具”为“柔角”，大小适当，新建图层并命名为“图层 8”，选择“钢笔工具”，右击路径，选择“描边路径”，效果如图 12-516 所示。

26 在工具箱中选择“橡皮擦工具”，擦除翅膀覆盖的部分，效果如图 12-517 所示。

图 12-516

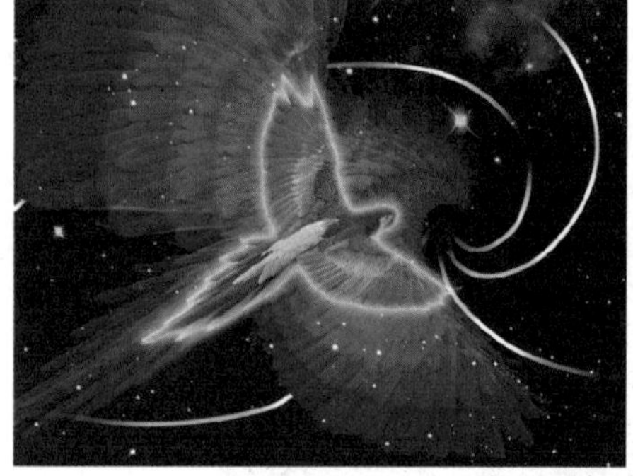

图 12-517

27 执行“滤镜”/“模糊”/“高斯模糊”命令，效果如图 12-518 所示。

28 拖动“图层 8”到“图层”面板下方的“创建新图层”按钮上，得到“图层 8 副本”，并调整其混合模式为“溶解”，不透明度为 10，效果如图 12-519 所示。

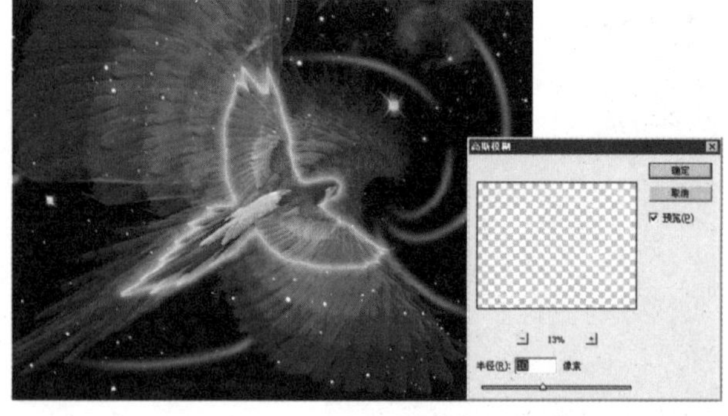

图 12-518

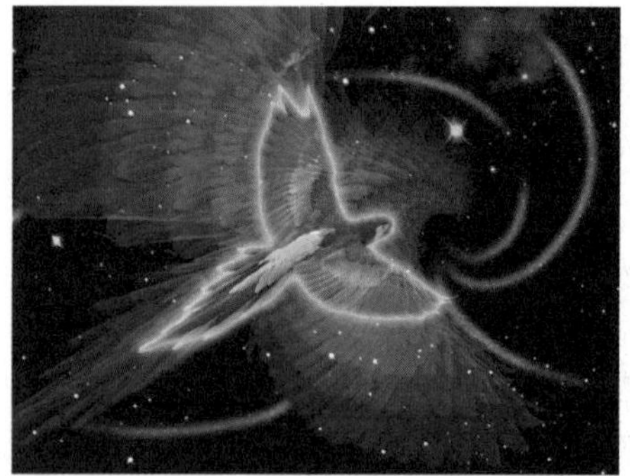

图 12-519

实例 12.33　制作特殊的服装

利用背景花纹来制作衣服的花纹，简单的操作，巧妙的结合，给人一种特别的感觉，以产生视觉上的冲击力。

原照片

制作后效果

操作步骤

01 执行“文件”/“打开”命令，打开一张素材照片，如图 12-520 所示。

02 用“选取工具”将人物选取，按快捷键【Ctrl+J】复制选区内容并创建新图层，图层名称为“图层 1”，如图 12-520 所示。

图层　通道　路径
正常　不透明度: 100%
锁定:　填充: 100%
图层 1
背景

图 12-520

03 单击“图层”面板下方的“创建新图层”按钮，新建图层名称为“图层 2”，选择“渐变工具”，设置参数如图 12-521 所示。

04 设置完毕，单击“确定”按钮，在“图层 2”中拖动鼠标以进行线性渐变，然后调整图层顺序，将“图层 2”拖动到“图层 1”的下方，效果如图 12-522 所示。

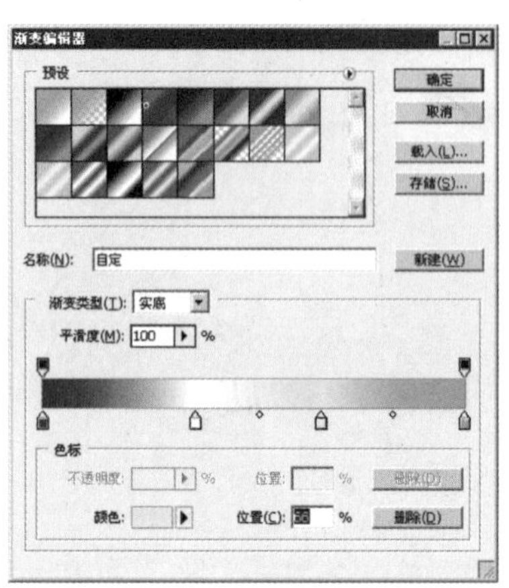

图 12-521

图 12-522

05 执行“滤镜”/“扭曲”/“波浪”命令，弹出“波浪”对话框，设置参数如图 12-523 所示。

06 设置完毕，单击“确定”按钮，效果如图 12-524 所示。

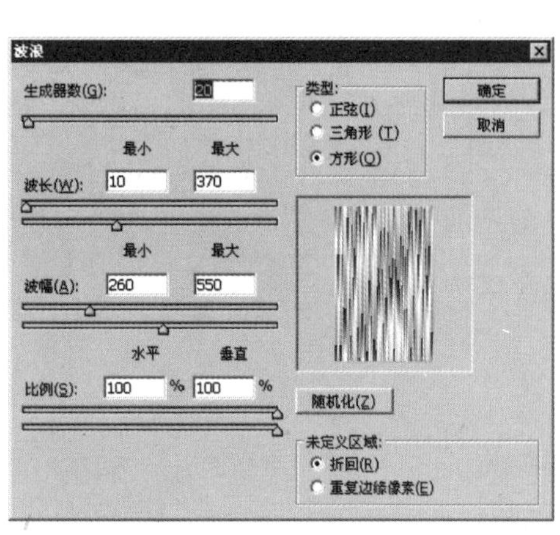

图 12-523

图 12-524

07 在工具箱中选择“钢笔工具”，绘制裙子的轮廓，按快捷键【Ctrl+Enter】转换为选区，效果如图 12-525 所示。

08 在“图层”面板中选择“图层 2”图层，按快捷键【Ctrl+J】复制选区内容并创建新图层，为该图层命名为“图层 3”，拖动“图层 3”到“图层 1”的上方，效果如图 12-526 所示。

图 12-525

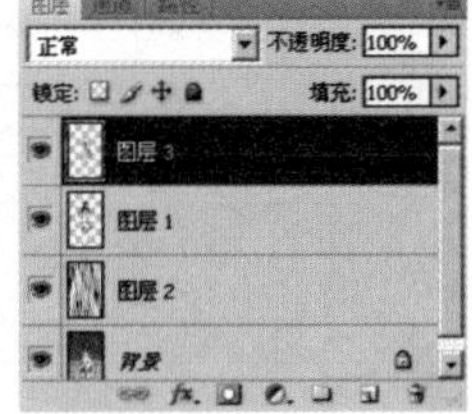

图 12-526

09 单击“图层”面板中的“添加图层样式”按钮，在弹出的菜单中选择“斜面和浮雕”，弹出“斜面和浮雕”对话框，设置参数如图 12-527 所示。

10 参数设置完毕，单击“确定”按钮，效果如图 12-528 所示。

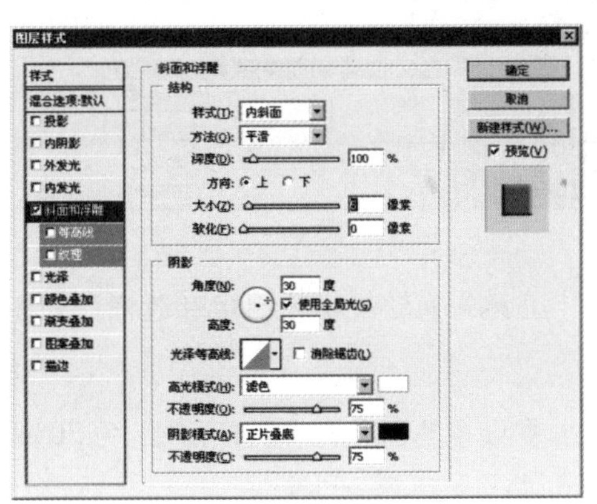

图 12-527

图 12-528

11 在“图层”面板中选择“图层 1”图层，单击“图层”面板中的“添加图层样式”按钮，在弹出的菜单中选择“投影”，设置“投影”对话框的参数如图 12-529 所示。

12 参数设置完毕，单击“确定”按钮，效果如图 12-530 所示。

13 在工具箱中选择“矩形选框工具”，框选人物的上半身，如图 12-531 所示。

14 执行“图像”/“调整”/“亮度/对比度”命令，弹出“亮度/对比度”对话框，设置“亮度”为 90，单击“确定”按钮，按快捷键【Ctrl+D】取消选区，效果如图 12-532 所示。

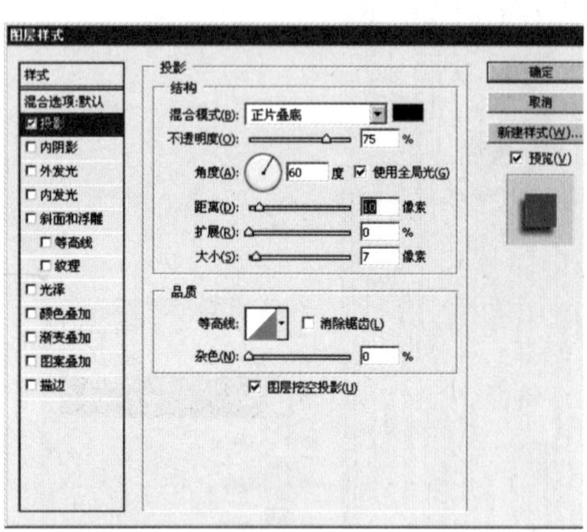

图 12-529

图 12-530

图 12-531

图 12-532

15 在“图层 2”上方新建图层，选择工具箱中的“矩形选框”工具，拖动鼠标绘制矩形选框，如图 12-533 所示。

16 将前景色设置为绿色，按快捷【Alt+Backspace】填充前景色，并设置该图层的“不透明度”为 80%，如图 12-534 所示。

图 12-533

图 12-534

17 单击“图层”面板中的“添加图层样式”按钮，在弹出的菜单中选择“描边”，弹出“描边”对话框，设置完参数后单击“确定”按钮，效果如图 12-535 所示。

18 在“图层”面板中新建图层，默认名称为“图层 5”，在工具箱中选择“椭圆形选框工具”，按住【Ctrl+Shift+Alt】键，拖动鼠标绘制正圆形选区。按快捷键【Alt+Backspace】填充前景色，如图 12-536 所示。

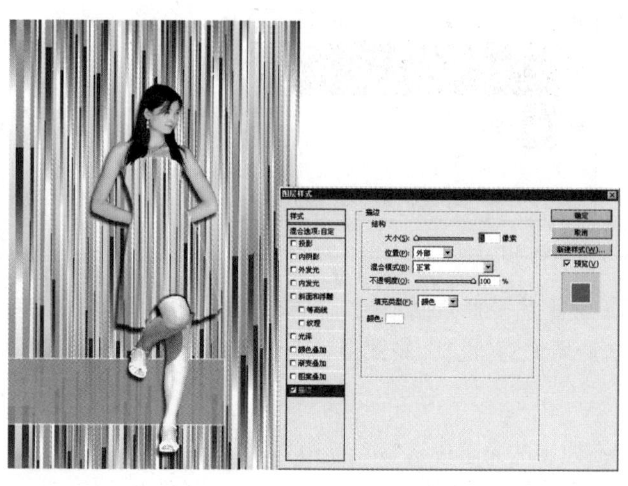

图 12-535

图 12-536

19 执行“选择”/“变换选区”命令，按住【Shift+Alt】拖动定界框，缩小一些，按【Delete】键删除中心部分，按快捷键【Ctrl+D】取消选区，如图 12-537 所示。

20 单击“图层”面板中的“添加图层样式”按钮，在弹出的菜单中选择“描边”，弹出“描边”对话框，设置完参数后单击“确定”按钮，效果如图 12-538 所示。

图 12-537

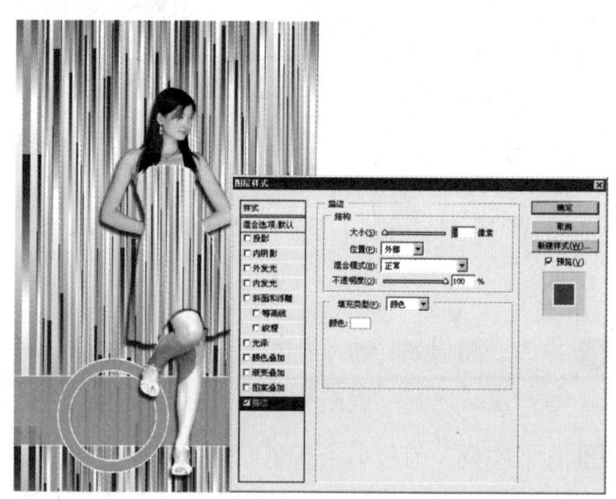

图 12-538

21 拖动“图层 5”到“创建新图层”按钮上，复制另外一个绿色圆环，按快捷键【Ctrl+T】自由变换，并放置到适当位置，再复制两个，效果如图 12-539 所示。

22 在工具箱中选择“自定义形状”工具，在工具选项栏中选择形状，如图 12-540 所示。

图 12-539

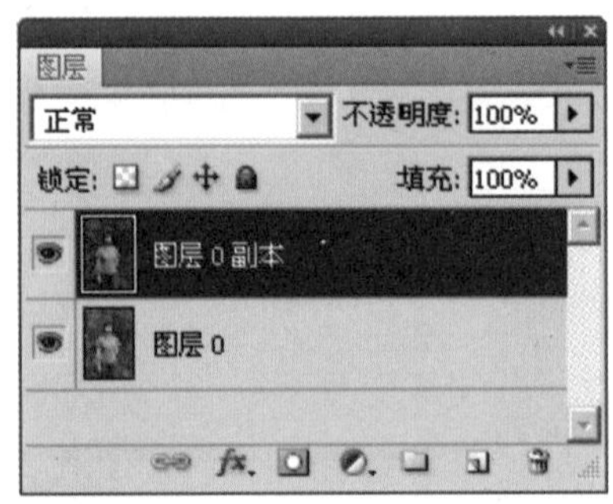

图 12-540

23 新建图层并将其命名为“图层 6”，按住【Shift】键拖动鼠标绘制路径，按快捷键【Ctrl+Enter】将路径转换为选区，再按快捷键【Alt+Backspace】填充前景色，将图层的不透明度改为 80%，如图 12-541 所示。

24 单击“图层”面板中的“添加图层样式”按钮，在弹出的菜单中选择“描边”，弹出“描边”对话框，设置完参数后，单击“确定”按钮，按快捷键【Ctrl+D】取消选区，效果如图 12-542 所示。

图 12-541

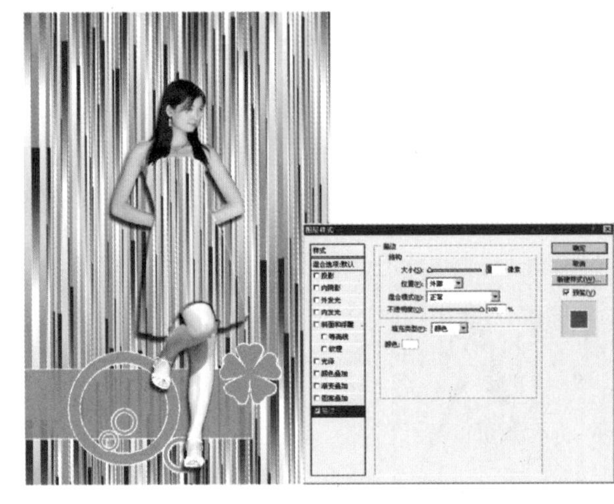

图 12-542

25 拖动“图层 6”到“创建新图层”按钮上，复制另外一片叶子，按快捷键【Ctrl+T】自由变换并放置到适当位置，再复制 3 个，效果如图 12-543 所示。

26 在“图层”面板中，新建图层，命名为“图层 7”，在工具箱中选择“矩形选框工具”，绘制矩形选区，按快捷键【Alt+Backspace】填充前景色，效果如图 12-544 所示。

27 将前景色设置为黑色，新建图层，再绘制一个矩形选区，按快捷键【Alt+Backspace】填充前景色，如图 12-545 所示。

28 在工具箱中选择“文字工具”，输入文字，在“文字”选项栏中设置参数，如图 12-546 所示。

图 12-543

图 12-544

图 12-545

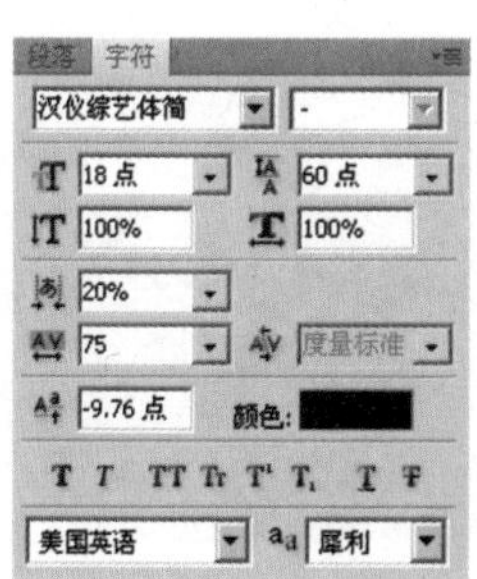

图 12-546

29 将文字颜色设置为白色，在适当的位置，输入英文字母，如图 12-547 所示。

30 选中所有文字图层、“图层 7”、“图层 8”，单击“图层”面板下方的“连接图层”按钮，按快捷键【Ctrl+T】旋转适当角度并放置到右上角，拖动“图层 6”到“创建新图层”按钮上，复制另外一片叶子，按快捷键【Ctrl+T】自由变换，放置到汉字的前面，调整图层到最上方，最终效果如图 12-548 所示。

段落 字符
Arial Regular
18点 60点
100% 100%
20%
75 度量标准
-9.76点 颜色:
美国英语 犀利

图 12-547

图层 通道 路径
正常 不透明度: 100%
锁定: 填充: 100%
XUAN
XUANZHUANMUMA
旋转裙摆的年代
图层 8
图层 7

图 12-548

读书笔记